대한민국 안보전략론

대한민국 안보전략론

초판발행일 | 2012년 6월 30일
2쇄 발행일 | 2012년 7월 27일

지은이 | 하정열
펴낸곳 | 도서출판 황금알
펴낸이 | 金永馥

주간 | 김영탁
디자인실장 | 조경숙
편집제작 | 칼라박스
주 소 | 110-510 서울시 종로구 동숭동 201-14 청기와빌라2차 104호
물류센타(직송 · 반품) | 100-272 서울시 중구 필동2가 124-6 1F
전 화 | 02) 2275-9171
팩 스 | 02) 2275-9172
이메일 | tibet21@hanmail.net
홈페이지 | http://goldegg21.com
출판등록 | 2003년 03월 26일 (제300-2003-230호)

값 25,000원

ISBN 978-89-97318-19-3-93390

대한민국 안보전략론

— 평화통일 일류국가의 길 —

하정열 지음

황금알

머리말

안부는 산소다. 안보는 국가의 생존이다. 국가사상國家思想과 국가안보전략國家安保戰略이 없는 민족은 영원한 생명력을 누릴 수 없다. 앞으로 대한민국은 불확실한 안보환경을 극복하고, 주변 4대 강국의 틈바구니 속에서 생존하면서, 한반도의 평화통일을 달성하고 일류국가로 번영·발전해야 한다. 이를 위해서는 국가안보전략을 바로 세우고 효율적으로 추진해야 한다.

21세기에 우리는 제반 기회를 최대한 활용하여 잠재된 위험요인을 극복하고 조국통일祖國統一의 꿈을 실현하고 한반도 평화체제를 정착시켜야 한다. 생존보장을 바탕으로 일류국가에 합류하여 인류의 평화와 번영에 이바지할 수 있는 부강한 나라가 되어야 한다.

'국가안전보장國家安全保障, national security'은 사전적으로 외부로부터의 군사·비군사적 위협이나 침략을 억제함으로써 국가의 평화와 독립을 수호하고 안전을 보장하는 일을 뜻한다. 이를 줄여 '국가안보' 또는 '안보'라고 한다. 국가안보를 대상으로 전략을 수립하면 국가안보전략이 된다.

국가안보전략은 보는 시각이나 분석의 수준, 지역과 분야별로 다양하게 분류될 수 있다. 이것을 몇 가지 특정기준에 의해 중첩되지 않게 분류한다는 것은 불가능하다. 세계적인 석학들 간에도 치열한 논의가 진행 중이다. 그만큼 국가안보전략은 복합적이고 포괄적이어서 단순하게 분류하기 힘들다. 대한민국의 안보전략은 바로 국가안보전략을 의미한다.

본서, '대한민국 안보전략론'은 21세기에 대한민국의 생존을 보장하고, 번영·발전과 평화통일을 이루어 일류국가로 도약할 수 있는 기반적 토대와 모델을 제시하기 위해 작성되었다. '정책적 해결능력을 담고 있는 전략'을 제시하기 위해 망원경과 현미경을 동시에 사용하여 이를 통합하는 접근방법을 모색하였다. 분석의 수준은 '대한민국'이라는 국가 단위체Units로 한정시켰다. 따라서 졸저의 이름이 『대한민국 안보전략론』이 되었다. 안보전략이 아니고 '안보전략론'으로 이름을 붙인 것은 대한민국의 안보전략을 수립하는 데 필요한 이론적인 틀을 함께 제시했기 때문이다.

『대한민국 안보전략론』은 총 5개 장章으로 구성하였다. 제1장에서는 안보전략의 개념과 사명과 역할 및 구성요소 등 안보전략과 관련한 이론적인 틀을 개괄적으로 살펴보았다. 제2장에서는 안보전략의 대상기간인 21세기의 안보전략 환경을 평가하고 국가이익과 국가목표를 정립하였다. 제3장에서는 국가안보전략의 목표와 추진 기조, 추진방책을 포함한 국가안보전략의 기본방향을 제시하였다. 제4장에서는 국방, 외교, 정치 · 심리, 경제, 평화통일 분야를 포괄하는 분야별 전략의 핵심내용을 정립하였다. 제5장에서는 대한민국의 특수성을 고려한 국가안보분야의 쟁점과 과제를 다루었다.

졸저는 2009년 박영사에서 발간한 『국가전략론』의 내용 중 안보전략 부분을 발췌하고 새로운 생각을 추가하여 재정리한 것이다. 따라서 『국가전략론』과 중복된 내용이 많이 있음을 밝혀둔다. 그 과정에서 최근까지 지속적으로 확장되어 온 안전보장의 개념과 학문적 방법론을 적용하려고 노력하였다. 특히 1990년대부터 발전해 온 포괄적인 의미의 안전보장 개념을 적용하여 국방 분야에 추가하여 외교, 정치 및 경제 분야를 포함시켰다. 사회, 환경, 문화 분야 등도 포함할 수 있으나, 내용이 방대하고 국가전략과 중첩되어 이를 제외하면서도 한반도의 특성을 감안하여 평화통일전략을 포함시켰다.

졸저는 많은 '불확실성'과 '불명확성'을 내포하고 있다. 독자 여러분들의 지도와 충고를 받아 지속적으로 보완해나갈 것이다.

평화통일된 일류국가를 염원하며

통일 하정열

차
례

제4장 분야별 안보전략

도표 차례

그림 차례

제1장

국가안보전략의 고찰

전략이란 고민의 산물이며, 또한 그 해결의 방향이다. 작게는 개인의 고민에서 크게는 범세계적인 고민까지를 포괄하는 개념이다. 국가안보전략國家安保戰略은 그러한 고민을 바탕으로 국가의 생존과 번영발전을 보장하기 위하여 수립되고 집행되며, 국가 기관이 통일적이고 종합적으로 관장하는 전략이다. 이러한 안보전략은 국가 기능별 정부부문이 관장하는 분야별 전략의 영역을 포함한다. 즉 국가안보전략은 국가의 안전보장을 달성하기 위하여 개별 영역의 전략들을 포괄하고 유기적으로 통합하는 종합적인 전략이다.

국 가안보전략[1]의 주체인 국가는 인류의 역사만큼이나 오래되었다. 국가란 이를 구성하고 있는 기관들과 그들이 수행하고 있는 기능들의 집합체이다. 국가안전보장은 외부로부터의 군사·비군사적 위협이나 침략을 억제함으로써 국가의 평화와 독립을 수호하고 안전을 보장하는 일을 뜻한다. 한반도는 지정학적 환경과 남북분단이라는 특수성으로 인해 국가안전보장의 중요성이 강조되어 왔다.

안전보장의 개념은 과거의 군사적인 제한된 개념에서 사회 각 분야와 세계적인 기구까지를 포괄하는 개념으로 확대되고 있다. 또한 안전보장의 대상도 정치, 경제, 사회, 문화, 환경에 이르기까지 폭넓게 확산되고 있다.

근대국가가 성립된 이후 국가의 주권과 국민의 생명을 대내외적인 위협으로부터 보호하려는 안전보장의 과제는 대단히 중요한 국가의 업무가 되어 왔다. 학문적으로도 국가안전보장 연구는 국제정치학의 핵심적인 연구분야의 하나로 여겨져 왔다. 그런데 시대의 흐름과 더불어 안전보장의 주체가 누구인가, 혹은 국가나 개인의 안전보장에 위협을 가하는 행위자는 누구인가에 대해서는 많은 이론적이고 실제적인 변화가 나타났다.

냉전시기였던 미국과 소련의 양극체제하에서는 안전보장 연구는 현실주

---

1) 국가안전보장전략은 이를 줄여 국가안보전략 또는 안보전략으로 사용된다. 따라서 본 저서에서는 가능한 안보전략으로 사용하되, 필요한 부분에서는 국가안보전략 또는 국가안전보장전략이라는 용어도 함께 사용할 것이다. 안전보장은 통상 안보로 줄여 사용할 것이다.

의자들이 주도하였다. 그들은 안전보장의 주요 행위자로서 국가에 대한 다른 국가로부터의 군사적 위협을 가장 핵심적인 위협요소라고 보았다. 그들은 국가안보를 보장하기 위한 방책으로 자위력 확보, 세력균형과 동맹형성 및 집단안보체제를 중시하였다.

냉전이 종료된 이후에는 국가 이외의 행위자에 의한 위협과 비군사적 위협요인에 대한 새로운 인식이 제기되었다. 현실주의에서 주요 안보위협으로 제기되었던 군사적 요인 이외에 경제, 사회, 환경 문제 등이 새로운 위협요인으로 인식되었다. 안전보장의 주체에 대해서도 기존에 중시되던 국가안보뿐만 아니라 인간안보, 국제안보나 글로벌 차원의 안보가 주목을 받게 되었다.

본 장에서는 이러한 변화요인을 고려하되, 대한민국의 입장에서 안보전략에 관한 이론적·개념적인 틀을 정립할 것이다. 이를 위해 우선 안보의 역할과 기능 및 특성을 살펴보고, 안보전략의 사명과 역할을 포함한 안보전략의 개념을 정립하려 한다.

다음으로 안보전략의 기반적 요소인 국가 위기관리 개념과 한반도 위기의 특성 및 위기관리 방향을 규명한 후, 안보전략 구성요소의 범주를 정할 것이다. 이러한 작업은 분단된 한반도 특성을 고려하여 주관적인 관점이 반영되어 있음을 밝혀 둔다.

제1절
국가안보전략의 개념과 역할 정립

1. 국가의 기능

국가안보란 안보의 주체가 국가이며, 안보의 객체도 국가임을 의미한다. 즉 국가로서 대한민국이 안보의 주체요, 객체이다. 대한민국은 안보의 중심에 서 있다. 따라서 국가안보를 이해하기 위해서는 국가에 대한 이해가 선행되어야 한다.

국가國家, Nation, State란 통치조직을 가지고 일정한 영토에 정주定住하는 다수인으로 이루어진 단체를 말한다. 즉 일정한 영토 내에 거주하는 사람들로 구성되고, 그 구성원들에 대해 최고의 통치권을 행사하는 정치단체이자, 개인의 욕구와 목표를 효율적으로 실현시켜 줄 수 있는 가장 큰 제도적 사회조직으로서의 포괄적인 단체이다.[2]

이러한 국가의 개념은 고대국가에서 현대국가에 이르기까지 많은 변화를 겪으며 발전해 왔다.[3] 근대국가를 규정하는 특징은 일반적으로 영토領土,

---

[2] 국가란 사전적 의미에서 보면 "일정한 영토에 거주하는 다수인으로 구성된 정치조직이나 그 단체로서 영토, 국민, 주권이 그 개념의 3요소"라고 규정하고 있다(민중서관, 국어대사전, 2007, p.322).

[3] 리프먼(W. Lippmann)은 "가장 적게 통치하는 정부가 가장 좋은 정부라고 보는 것이 18세기의 진리라면, 가장 많이 공급해 주는 정부가 가장 좋은 정부라고 보는 것이 20세기의 진리"라고 지적하면서 국가의 기능은 사회적·역사적 상황에 따라 변화해 왔다고 주장한다.

Territory, 인민人民, People, 주권主權, Sovereignty이다.[4] 근대국가는 수세기 동안 국내의 안정뿐만 아니라 국외의 적으로부터 국민을 보호하고 경제적인 번영을 이룩하기 위한 꾸준한 노력을 해 왔다.

이러한 근대국가의 개념은 점차 현대국가로 기능이 확대되었다. 현대적인 의미의 국가란 국민 전체의 정치적 참여를 기초로 하는 국제관계에 있어서 정치적인 자립체이며, 그 자립의 존재와 그 존재를 자랑으로 하는 국제정치적인 개성이라고 말할 수 있다. 다시 말하면 자립자존自立自存을 가치관으로 하는 생각과 이를 바탕으로 행동하는 국제정치적 인격을 갖는 조직이다.

이러한 현대국가는 어떠한 기능을 갖고 있는가? 학자에 따라 견해의 차이가 있다.[5] 이를 정리하면 국가의 기능은 제1차적 기능과 제2차적 기능으로 구분할 수 있다. 먼저 1차적인 기능은 개인의 자유와 안전을 보장해 주기 위해 대외적으로 적의 침략으로부터 국민과 영토, 그리고 주권을 보호하는 국가안보적 기능과 대내적으로는 국민의 생명과 재산을 보호하고 사회질서를 유지하는 치안유지 기능을 갖고 있다. 즉 국가안보는 고대 국가가 수립된 이후부터 현대국가에 이르기까지 국가가 해결해야 할 가장 중요한 과업이었다. 국가의 2차적인 기능은 경제, 사회, 문화 등의 제분야에서 공동복지사업을 증진시켜 국민의 삶의 질을 향상시켜 주는 것이다.

국가는 이러한 기능을 수행하여, 국민에게 삶의 터전을 마련해 주고 행복의 요소를 제공해 주며, 국민 각자의 이상을 실현토록 보장해 주는 역할을 한다. 국가는 국민에게 안전을 제공함으로써 예측 가능한 생활의 기반을 마련해 주고 있다. 국민은 그가 필요로 하는 안전과 안보, 그리고 경제적 터전을 제공하는 정치조직이나 국가에 그의 충성심을 바쳐 왔다.

---

4) 대한민국 헌법 총강 제1, 2, 3조에 의하면 국가의 구성요소는 국민, 주권, 영토를 의미한다(김철수, 헌법학신론, p.967).
5) Jacobson, G. A.는 국토보전(군사력)과 국내안전(경찰력), 국제관계(외교력)를 유지하고 국민을 위한 교육을 실시하는 기능으로 구분하였으며, Almond, G. A.는 재화·인간서비스 등 자원의 추출과 재화·서비스·가치 등의 분배, 행동규제 등을 기능으로 구분하였다.

2. 국가안전보장의 개념

인간사회에서 개인이 불안하듯이 국가도 불안하다. 국가가 불안한 이유는 내외부의 위협이 존재한다는 사실과 그에 대응할 수 있는 능력의 한계 때문에 국가이익이 손상될 것이라는 우려 때문이다. 이러한 우려를 감소하거나 제거하기 위해 각 국가는 안보전략을 수립한다. 이러한 안보전략의 실패는 곧 국가의 소멸까지도 초래할 수 있다. 따라서 안보전략은 국가전략의 일환으로 수립된다.

국가전략에 대해 명확한 이론구성을 해낸 것은 리델 하트Liddel Hart의 대전략大戰略, Grand Strategy과 앙드르 보프레Andre Beaufre의 총력전략總力戰略, Total Strategy이다.[6] 전자는 주로 전쟁시의 국가최고기관에 의한 전쟁지도라고 할 수 있는 성격을 갖고 있으며, 또한 전쟁 이후의 대책까지를 포함한 국가전략이다. 후자는 국가의 안전보장을 위하여 전·평시를 통해 안보, 국방, 정치, 경제전략 등 국가의 기능별 또는 분야별 전략을 통합하는 기능을 갖고 있다.[7]

'국가안전보장'은 국가+안전보장이다. 즉 안보의 주체인 국가가 안보의 객체인 국가를 보호하고 번영시키는 것이 국가안전보장이다. 이를 줄여 '안전보장' 또는 '안보'라는 개념으로 통용되고 있다.

안전보장Security은 기본적인 개념으로는 대외적인 안전을 확보하는 의미로 사용되었다. 그러나 간접침략 등의 문제가 대두됨으로써 대내적인 안전의 확보 문제도 포함되었다. 고전적인 의미의 안전보장이라는 개념은 위험이라든지 위기 및 침략으로부터 자국의 안전을 지킴으로써 공포, 걱정과 불

---

6) 저자는 이러한 모든 개념을 통합하여 국가전략론(박영사, 2009)을 저술한 바 있다. 필요시 참조하기 바란다.

7) 콜린스(John M. Collins)는 「大戰略論(Grand Strategy)」을 통해 국가전략은 전·평시를 막론하고 국가목표와 국가이익을 달성하기 위하여 한 국가의 모든 힘을 규합해 내는 것이며, 이러한 맥락 속에는 하나의 포괄적인 정치전략(政治戰略)이 들어 있는데, 이것은 제반 대내외 문제, 경제전략 및 군사전략과 모두 관련을 갖고 있으며, 각 구성요소는 국가안보(國家安保)에 대해 즉각적 또는 간접적으로 영향을 준다고 주장하고 있다.

안함이 없도록 하는 것을 뜻한다. 영어의 security는 라틴어의 securitas (se는 free from 즉 '~로부터의 자유'를 의미하며, curitas는 '불안 또는 걱정'을 의미한다)에서 유래하였다.[8]

안전보장은 안전이라는 상태개념과 보장이라는 행위개념으로 이루어진다. 따라서 보장이 전제되지 않는 안전보장은 진정한 의미가 없다고 할 수 있다.

안전보장의 논리는 통상 "어느 곳의 무엇으로부터(위협), 무엇을(대상), 언제(시간), 무엇을 가지고(수단), 어떻게(방법) 지키는가?"라고 하는 다섯 개의 요소로 전개된다.

첫째, "어느 곳의 무엇으로부터 지키는가?" 하는 명제는 위협이 발생하는 장소와 위협의 상태를 인식하는 것이다. 즉 국내적·국지적·지역적으로 발생하는 군사·비군사 등 각종 위협의 실태가 무엇인가를 인식하는 것이다. 여기에는 군사, 정치·심리, 경제, 사회, 문화, 환경 등의 각종 위협이 포함된다.[9]

둘째, "무엇을 지키는가?" 하는 명제는 지켜야 할 가치와 이익을 정의한다. 국가의 정통성, 영토, 주권, 정치적인 독립, 국민의 생명과 재산 등을 보전하고, 이를 향상시키는 것을 의미한다.

셋째, "언제 지키는가?" 하는 문제는 위협의 발생 시기를 파악하는 것으로서, "위협이 이미 존재하느냐?", "앞으로 일어날 수 있느냐?"를 판단하여 시간 상태에 따라 대응방안을 결정하는 것이다.

넷째, "무엇을 가지고 지키는가?" 하는 것은, 지키기 위하여 사용하는 수단을 선택하고 결정하는 것이다. 위협의 종류와 양상에 따라 군사적·정치적·경제적 또는 심리적인 수단 등이 사용될 수 있다.

---

8) 이러한 안보의 개념을 정의하기 위해서는 위험, 위기, 침략, 안전, 공포, 위협, 불안, 능력과 취약성 등의 관련된 용어들을 이해해야 한다.
9) 위협의 강도는 통상 위협의 구체성, 공간적·시간적인 근접성, 이익 침해의 심각성, 역사적인 경험, 국가 간의 우호성 등에 따라 결정된다.

다섯째, "어떻게 지키는가?" 하는 것은 지키는 방법을 선택하고 결정하는 것이다. 여기에는 국내적 측면의 방법과 대외적 차원에서의 방법이 포함될 수 있다. 예를 들면 개별적이고 독자적인 안전보장, 집단적인 안전보장, 비동맹과 중립에 의한 안전보장을 생각할 수 있다.[10]

'국가안전보장'이라는 말은 1947년 미국의 '국가안전보장법National Security Act'에서 처음으로 사용되었다. 이 법에 의해 설치된 미국의 국가안전보장회의NSC: National Security Council의 임무는 군을 포함한 정부의 각 부처가 국가의 안전보장에 관련되는 사항을 보다 효율적으로 운용할 수 있도록 내정內政과 외교 및 군사정책을 종합적으로 대통령에게 조언하는 것이다.

즉 국가안전보장의 개념은 군사, 정치, 경제, 사회, 문화, 과학기술의 제 분야를 포괄하는 종합적인 성격을 갖고 있다. 이 관점에서 보면 광의의 국방 개념보다도 더욱 넓은 내용을 포괄한다.[11] 국방은 무력침략에 대한 방위를 주 대상으로 한다. 그러나 국가안전보장은 무력침략은 물론이고 정치, 심리, 경제, 사회, 환경 등의 측면에서의 위협에 대해서도 국가의 안전을 확보하려는 것이다.

이러한 안전보장의 개념도 냉전의 종식을 계기로 보다 포괄적인 안보개념으로 변하고 있다. 앞에서 설명한 대로 냉전 이전의 안보는 흔히 국가안보를 지칭하였다. 그 내용은 대체로 군사적·정치적·경제적인 수단을 중심으로 이해되어 왔다. 즉 안보는 국가의 핵심가치에 위협이 없는 상태로 흔히 이해되어 왔다. 냉전 이후 이러한 안보의 개념은 상대적으로 위상이 약화되었다.

반면 사회적·문화적·환경적·생태적 안보의 개념이 전면에 등장하면서 안보의 핵심은 국가안보에서 인간과 환경안보로 확대되고 있다. 세계화와 정보혁명의 결과 국가의 힘이 군사력보다는 경제력과 기술력 등에 의해

---

10) 국방대학교, 『안보관계용어집』(국방대학원, 1994), pp.48-49.
11) 이 점에 대해 왈트(Stephen Walt)는 안전보장의 연구는 전쟁의 현상에 대한 것이며, 안전보장은 군사력의 위협과 사용 및 통제에 관한 연구로 제한해야 한다는 전통주의 입장을 강조하고 있다.

좌우되는 경향이 커진 점도 영향을 미쳤다. 지식정보화 사회에서는 국가의 목표 또한 군사적 힘에 추가하여 경제력, 기술력의 확보에 치중하는 양상이 보편화되고 있다. 군사적인 부문은 강제적인 억압에 관한 것이고, 정치적인 부문은 주권과 통치체제 등에 관한 것이다. 경제적인 부문은 무역, 생산, 재정에 관한 것이며, 사회적인 부문은 집단적인 삶의 실체에 관한 것이다.

미래 안보는 행위자의 다양화와 안보 내용의 복합화가 특징이라 할 수 있다.[12] 안보 문제를 유발하는 주체뿐 아니라 이를 해결하는 주체들이 민족 국가 차원을 벗어나 국제사회 수준 및 非국가 행위자 수준으로 확대되고 있다. 따라서 안보의 분석단위들이 단위체인 국가에서 UN 등 국제체제와 ASEAN 등 국제적인 하부체제 및 테러집단이나 개인까지 확대되는 추세에 있다. 국가들이 협력하여 안보 문제를 다루면 '협력안보cooperation security'가 되고, 국가들이 공동으로 안보 문제를 다루면 '공동안보common security'가 된다. 또한 여러 행위자들이 서로 협력하여 안보를 다루면 '다자안보 multilateral security'가 된다.

전통적인 국가가 갈등을 전장을 중심으로 해결하였다면, 이제는 위협이 좀더 모호하고 불규칙적이며 비합리적인 차원으로 확산되는 것이 새로운 안보위협의 추세이다. 그 결과 군사안보뿐 아니라 환경, 에너지, 인구, 난민, 국제범죄, 테러 등 초국가적 위협이 대두되었다. 이렇게 보다 광범위한 안전보장의 의제를 받아들이는 것은, 우리가 어떠한 부문들이 안전보장에 의미가 있는가를 검토할 필요가 있음을 의미한다.

미래 안보의 개념은 '포괄안보comprehensive security'로서 테러와 반테러 간 의 전쟁, 인종, 종교, 문화 등 인간의 정체성正體性, Identity과 관련된 갈등, 경 제적 빈부 격차, 정치적 억압과 폭력, 실패한 국가들의 인권 및 참상 같은 반 평화적인 요소들을 다룰 것이다. 뿐만 아니라 지구 온난화, 에너지와 물 부족, 정보화 심화에 따른 인간소외와 비인간화 등 인간문명의 모든 측면과

---

12) 안전보장의 복합체 이론은 부잔(Berry Buzan)이 1983년에 출판한 『국민과 국가와 공포 (People, States and Fear)』에 처음으로 언급한 이래 활발하게 사용되고 있다.

직 · 간접적으로 연관된 요소들도 대상으로 할 것이다.

그러나 안전보장의 영역이 군사적인 분야를 벗어났을 경우에는 안전보장 문제의 식별이 쉽지 않다. 또한 엄청나게 광범한 문제에 대해 단순하게 안전보장이라는 개념을 사용하는 것은 그만큼 정치적인 위험성이 커지게 된다.

군사적인 측면에서 보면, 미래의 안보환경은 변화의 템포가 빠르고 유동적이면서 안보위협의 유형과 주체가 다양해지게 된다. 냉전시대 이후의 전쟁은 민족 · 종교 · 영토 · 자원 · 환경 · 인권 문제 등 복잡다양한 요소에 의해 촉발되고 있다. 국제 테러리즘 · 마약 · 조직범죄 · 사이버 테러 · 해적 등 초국가적이고 비군사적 위협이 등장해 개인은 물론 전세계의 안보를 위협하고 있다. 이러한 위협요소는 9 · 11 테러와 2011년 노르웨이 참사에서 볼 수 있듯이 불특정 다수를 대상으로 하고 있으며, 시간 · 공간 · 수단에 관계없이 인명을 살상하고 파괴한다.

그 결과 위협의 진단과 대처가 과거에 비해 훨씬 큰 불확실성 속에서 이루어진다. 미래 안보의 가장 심각한 위협은 더 이상 핵전쟁이나 대규모 군대 간의 충돌이 아니라 테러나 대량살상무기 같은 비대칭 위협에서 비롯되는 위험이다. 또한 세계화 · 정보화의 심화는 사이버 테러와 같은 새로운 취약점을 노정하면서 갈수록 지구촌 인간의 삶을 불안하게 만들 것으로 예상된다. 특히, 9 · 11 테러 이후 메가테러리즘Mega-terrorism, 대량살상무기와 탄도미사일 확산, 사이버 테러, 북한 등 실패한 국가들의 인권 문제, 에너지 및 식량 안보와 환경 문제 등 새로운 안보 이슈들이 핵심 문제로 등장하였다. 이러한 안보 문제의 해결을 위한 협력적 패권질서로의 전환과 권역별 공동안보체제의 강화가 요구될 것이다.

이러한 모든 개념을 감안하여 졸저에서는 국가안전보장의 개념을 다음과 같이 정의하고자 한다. '국가안전보장'이란 국내외로부터 기인하는 각양 각종의 위협으로부터 국가목표를 달성하는데 있어서 추구하는 제가치를 보전하고 향상시키기 위해 국방, 외교, 정치 · 심리, 경제, 사회, 과학기술 등에 있어서의 정책체계를 종합적으로 운용함으로써 기존의 위협을 효과적으로 배제하고, 일어날 수 있는 위협의 발생을 미연에 방지하며, 발생한 불시의 사태에 적절히 대처하는 것을 말한다.

3. 전략의 특성

전략戰略, Strategy이란 말의 어원은 동양에서는 '전승을 위한 꾀' 또는 '책략策略'이란 의미에서 비롯되었다. 서양에서는 희랍어의 '장군將軍, Strategos'이란 말로부터 'Strategy'로 변천하였다.[13] 서양에서의 'Strategy'란 말은 오랫동안 전쟁에서의 용병을 중심으로 한 군사전략에 국한하여 사용되어 왔다. 20세기에 들어서 국가총력전 개념이 도입되고, '대전략大戰略, Grand Strategy'이란 용어가 사용되기 시작하면서 나아가 전 · 평시를 망라한 전략으로 그 개념의 범위가 확대되었다.[14]

1801년 파리에서 발간된 군사사전은 처음으로 'Strategime'이라는 용어를 "전투의 규칙 또는 적을 패배시키거나 굴복시키는 방법"이라고 정의하였고, '전술'을 병력이동의 과학이라고 정의하였다. 나폴레옹 전쟁 기간 중에 전략이란 용어는 점차 'Strategime'이란 뜻을 함축하게 되었고, '장군의 술'은 광범한 영역의 제반활동을 포함하였을 뿐 아니라 전쟁수행을 위한 계

---

13) 전략이라는 용어는 고대 그리스의 'Strategos' 또는 'Strategia'라는 말에서 유래되었다. 처음에는 'Strategos'라는 말은 고대 아테네에서 10개의 부족단체로부터 차출된 10개 연대(Taxi)를 총지휘했던 장군의 명칭이다. 그리고 'Strategos'가 구사하는 용병법을 'Strategia'라고 하였는데 이것은 장군의 지휘술(Generalship) 또는 장군의 술(The Art of The General)을 뜻하며 이와 같은 말들이 발전되어 오늘날의 Strategy라는 용어가 되었다.

14) 옛날부터 전략이란 어떻게 전쟁을 해서 승리할 것인가와 전쟁이란 무엇인가를 주제로 다루어 왔다. 손자병법에는 전략이란 용어는 없으나 여기에 해당하는 병자(兵字), 즉 전쟁, 병법, 전략, 전술 등 '용병지법(用兵之法)'을 설명하고 있다. 즉 손자는 백번 싸워 백번 승리하는 것이 최상이 아니라 싸우지 않고 승리하는 것이 최상의 전략이라는 '부전승전략(不戰勝戰略)'을 강조하였다. 알렉산더대왕, 시저, 징기스칸, 이순신과 나폴레옹 등 위대한 장수들은 이를 구현하기 위하여 노력하였다. 클라우제비츠는 그의 전쟁론에서 정책과 전략, 전술을 언급하고 있는데 정책이 전쟁목적(戰爭目的)을 결정하고, 그 목적에 따라 전략은 군사목표(軍事目標)를 결정하며, 전술은 결정된 군사목표를 달성하는 수단, 즉 전투를 하는 것으로 정의하였다.

획에 관련되는 활동을 포함하게 되었다.

클라우제비츠Carl von Clausewitz는 "전략은 전쟁목적을 달성하기 위한 전투의 사용이고, 전술은 전투에서의 전투력의 사용이다"라고 하였다. 데니스 마한Dennis H. Mahan은 "전략은 군대를 지휘하는 장군의 과학이고, 전술은 부대를 조직적으로 결집시키고 이동시키는 술術"이라고 정의하였다.

근래에는 전략이라는 용어가 우리 일상생활 전분야에서, 거의 모든 사람이 자주 사용하는 보편적이고 아주 일상적인 생활용어가 되었다. 즉 '전략'이라는 단어는 이제 더 이상 군사전문가의 전문용어라고 말할 수 없게 되었다.[15)

전략은 본질상 가치의 체계, 힘의 체계 및 이익의 체계로 구성된다.[16) 전략이란 본질적으로 수단을 목적에 적용시키는 방책이다. 그것의 성공은 목적과 수단의 조정에 달려 있다. 즉 전략이란 목적을 구현하기 위하여 구체적 수단을 제공하는 것임과 동시에 인간사회에 있어서 고민을 해결하기 위한 일련의 프로세스이기도 하다. 그리고 우리의 의지와 행동을 저지하려고 하는 상대의 의지와 행동의 자유를 속박하고, 무력화함으로써 결과적으로 행동의 주도권을 누릴 수 있도록 한다. 이것이 바로 전략의 임무이다.

따라서 이러한 모든 요소와 의미를 포괄하는 차원에서 본 저서에서는 "전략이란 일정한 집단과 개인이 이익을 구현하고 목표를 달성하기 위하여 가

---

15) 전략이라는 용어는 군사 전문가만의 전유물이 아니다. 국가에는 국가전략이, 기업가에게는 기업전략이, 그리고 축구감독에게는 필승전략이 있을 것이다. 영업사원에게는 영업전략이, 심지어 대학을 들어가기 위한 수험생에게는 자신이 받은 수능 점수로 어느 대학을 지원하는 것이 합격의 영광을 누릴 수 있을까 하는 원서접수전략이 있을 수 있다.

16) 프랑스의 전략가인 앙드르 보프레(Andre Beaufre) 장군은 그의 저서 「전략입문(An Introduction to Strategy)」에서 "전략의 본질이란 두 개의 상반된 의지가 충돌할 때 생겨나는 추상적인 상호작용이다. …따라서 전략은 힘의 변증법적 술이다. 더 명확히 말해서 그들의 쟁점을 해결하기 위해 힘을 사용하는 두 개의 상반된 의지의 변증법적인 술(術)이다"라고 설명하고 있다. 그는 "전략은 하나의 사고방식(A Method of Thought)이며, 그 목적은 각 현상을 계통적으로 배열해서 그 우선순위를 확정하고 가장 효과적인 행동방책(Course of Action)을 선택하는 데 있다. 각개의 상황에는 그것에 맞는 특별한 전략이 있을 것이다. 어느 상황에서는 최선의 전략이라 할지라도 다른 상황에서는 최악일 수도 있다. 이것이 기본적인 진리이다"라고 기술하고 있다.

용한 수단과 방법을 효율적으로 활용하는 방책이다"라고 개념규정을 하고 자 한다.

이러한 전략의 본질은 전략이 지닌 특성을 알아봄으로써 보다 쉽게 이해할 수 있다. 전략은 일반적으로 미래성, 전체성, 상대성, 간접성, 융통성, 비밀성과 난해성 등의 특성을 지니고 있다.

첫째, 미래성未來性이다. 전략은 사안에 따라 현재가 아닌 미래의 문제를 주로 다룬다. 현재가 아닌 미래에 소망하는 최적의 상태를 만들기 위해 가용한 수단을 동원하여 그 달성 방안을 제시한다. 따라서 전략은 미래를 예측하는 능력을 필요로 한다.

둘째, 전체성全體性이다. 전략은 전체를 한 덩어리로 묶어 포괄적으로 달성하고자 하는 목표를 정하고 그 달성방법을 결정하는 것이다. 따라서 사소한 것은 무시하고 거시적인 접근방법을 사용한다. 또한 전략은 전체적으로 다루다 보니 모든 일을 하고자 할 때 가장 먼저 시작하는 과정이라는 특성을 가지고 있다.

셋째, 상대성相對性이다. 전략은 추구하고자 하는 목표가 있기에 반드시 경쟁하거나 대상이 되는 상대가 있다. 이때 상대하는 대상에 따라 유형적인 존재와 무형적인 대상으로 구분되기도 한다.

넷째, 간접성間接性이다. 전략은 상대가 알아차리지 못하도록 간접적으로, 은밀하게 목적하는 바를 추구한다. 전략이 직접적이라는 것은 전략답지 못한 것이다. 대체로 전략이 간접적이지 못하면 성공의 가능성은 그만큼 낮아진다고 할 수 있다.

다섯째, 융통성融通性이다. 전략은 현재가 아니고 미래를 다루는 것이므로 변화하는 상황에 맞게 적용될 수 있어야 한다. 이것은 미래예측에 대한 인간의 한계 때문이다. 만일 인간이 미래를 정확히 예측할 수 있다면 전략을 수립하지 않고 바로 실행계획을 만들 것이다. 그러므로 전략은 통상 포괄적이고 개략적인 용어로 표현된다.

여섯째, 비밀성秘密性이다. 전략은 상대가 있기 때문에 비밀적인 성격이 높다. 상대가 원하지 않는 방향으로 전략을 세워야 할 경우는 특히 더 심하다. 전략은 노출되었을 경우 그 전략은 실패라고 보아야 할 경우가 대부분이다. 그러므로 전략은 고도의 비밀을 요구한다. 때로는 전략을 공개하는 경우가 있다. 즉 전략을 공개함으로써 공개하지 않는 것보다 더 이로운 경우에만 통상 비밀성을 훼손할 수 있다.

끝으로, 난해성難解性이다. 전략은 흔히 어렵다고 한다. 그 이유는 관련분야의 전문가만이 알 수 있는 내용이 대부분이기 때문이다. 전략은 기본적으로 미래에 관한 상황을 예측할 수 있어야만 수립될 수 있기 때문에 비전문가가 보기에는 어렵게 느껴지는 것이 너무나 당연한 것이다. 그렇지만 아무리 어렵고 난해하다 하더라도 그 내부에는 과학적이며, 동시에 각각의 요소들이 정확한 상관관계를 유지하고 있어야 한다.[17)]

이상에서 전략이 가지는 몇 가지 주요 특성을 열거하였다. 여기서 제시한 순서가 갖는 의미는 없다. 따라서 중요도는 상황에 따라 달리 해석될 수 있을 것이다. 단지 전략이 지닌 특성을 이해하고 접근함으로써 좀더 올바르게 전략을 수립하고 집행할 수 있도록 하기 위함이다.

4. 국가안보전략의 사명과 역할

국가안보전략은 한 나라가 자신의 안전을 보장하고 동시에 보다 나은 미래를 확보하기 위해 추구해야 할 목표와 방법을 다루는 역할을 수행한다. 국가안보전략은 국가안보라는 절대적인 가치에 준해서 국가의 행동을 조정하고 통합한다.

국가안보전략은 앞에서 설명한 전략의 일반적 특성에 추가하여 다음과 같은 고유의 특성을 갖는다.

첫째, 안보전략은 미래에 대한 '선견성先見性', 즉 비전을 가져야 한다. 최

---

17) 김진항, 『전략이란 무엇인가』(양서각, 2006), pp.192-204.

소한 10년 이후를 바라보면서 변화될 안보 환경을 고려한 대응방안을 제시해야 한다.

둘째, 안보전략은 중장기성中長期性을 갖는다. 정권별로 시대에 따라 국가이익과 국가목표가 약간씩 변화될 가능성은 있지만 제2차 세계대전 후 1990년대 초반까지 지속적으로 추진되어 온 미국의 소련에 대한 봉쇄전략이나, 대한민국의 평화통일전략처럼 안보전략은 중장기적인 관점에서 추구해야 할 전략이다.

셋째, 안보전략은 '복합성複合性'을 지닌다. 어느 한 가지 특정한 이익과 목표만을 추구하거나 한 가지 변수만을 고려한 안보전략이란 존재하기 힘들다. 국방, 외교, 정치, 경제, 통일 등을 종합적으로 고려한 전략이어야 한다.

넷째, 안보전략은 나라의 전통과 가치에 따라 독특한 특수성特殊性을 갖는다. 즉 한 나라의 가장 효과적인 안보전략이 다른 나라에서는 도리어 걸림돌이 될 수 있다. 대한민국에는 분단의 특수성으로 인해 평화통일전략이 핵심적인 안보전략이 되어야 하나, 다른 나라에는 고려할 필요가 없는 것이다.

국가안보전략의 핵심적인 사명은 국가의 생존과 번영발전을 보장하는 것이다. 따라서 어느 나라에게나 안보전략이 필요하다. 그러나 상대적으로 약한 나라에게 안보전략은 더 필요하다. 절대적 우위의 힘을 가진 국가는 상대를 어떻게 이길까 하는 전략을 고려하기보다는 그냥 힘으로 밀어붙이면 승리할 수도 있기 때문이다. 특히 대한민국처럼 주변국에 강대국을 가진 나라는 안보전략이 없이는 생존할 수 없다. 왜냐하면 대부분의 정치적 혹은 군사적인 위협은 원거리보다는 짧은 거리에서 보다 효과적으로 작용하기 때문이다. 즉 지역적인 불안정은 근접성과 연계되어 있다. 따라서 대부분의 국가들은 원거리에 있는 국가보다는 인접 국가를 더 두려워한다.

이렇게 볼 때 주변에 세계의 강국들로 둘러싸여 있는 우리나라는 생존과 번영발전을 위해서 안보전략이 가장 필요한 나라이다. 즉 우리나라는 안보전략에 대한 많은 연구를 해야만 하는 필요조건을 갖추고 있다.

안보전략의 일반적인 역할은 국가의 생존과 번영에 대한 국가정책실현을 보증하는 것이다. 이러한 역할을 효율적으로 수행하기 위해 안보전략은 국가의 의지와 행동의 자유를 획득해야 한다. 안보전략은 평시의 대비와 유사시의 운용을 통합하고 연결한다.[18] 이를 위해 국가는 국력을 증진시키고, 이를 소요에 따라 효율적으로 통합하고 적절하게 배분하여 운용하여야 한다.

안보전략에 있어서 생존과 번영, 그리고 안전의 가치는 상호 밀접하게 연계되어 있다. 왜냐하면 안전한 생존이 보장되지 않고는 번영은 없으며, 또한 번영에 의한 물적 가치의 확보가 없이는 안전한 생존은 성립하기 어렵기 때문이다. 이를 다른 말로 표현하면 국토, 경제와 방위의 상호 의존성을 의미한다. 이 때문에 자유민주주의 사회에 있어서 생존, 번영, 그리고 안전은 국가안전보장의 3개의 지주이다.

안보전략에서 가장 중시해야 할 고려요소는 국가안전보장에 영향을 미치는 국가이익國家利益, National Interests과 국가목표National Objectives를 분명히 정의하고, 우선순위를 정하는 것이다. 국가이익은 각 국가가 처해 있는 상황이나 역사적인 전통 또는 추구해 온 국가가치國家價値, National Value에 따라 다양하게 설정되고 규정될 수 있다. 국가목표란 국가이익을 지키고 구현하기 위해 달성해야 할 특정목표를 말한다.[19] 국가목표는 대체로 상대적인 기준이나 절대적인 기준에 따라 정해지기 쉽다. 예를 들면 국가경쟁력은 세계 몇 위인가, 1인당 GDP(국내총생산량)가 몇 년 안에 어떤 수준에 도달하느냐 등이 이에 해당한다.

국가이익이나 국가목표는 국가형태와 그 나라의 경제·사회적 발전수준에 따라 달라질 수 있다. 19세기 제국주의 국가들의 국가목표는 대내적으로

---

18) 박휘락, 『전쟁, 전략, 군사입문』(법문사, 2005), p.101.
19) 이것은 사실상 국가이익 그 자체를 의미하는 것으로서, 영구적인 것은 아니지만 다분히 장기적이며 추상적인 성격을 띤다.

는 질서 유지와 부의 축적이었다. 대외적으로는 군사력 확장을 통한 식민지 획득 등 이른바 부국강병富國强兵으로 표현되는 것이었다. 구소련의 경우에는 대내적으로는 공산주의 사회의 건설을, 대외적으로는 국제계급투쟁에 의한 세계적화를 국가목표로 삼았다. 한편 제2차 세계대전 이후에 탄생한 대부분의 신생 개발도상국의 경우에는 국제 냉전체제하에서 대외적으로는 중립이나 비동맹을 유지하거나 또는 안보동맹을 통해 국가안전을 보장하면서, 대내적으로는 치안유지와 국민적 통합, 그리고 근대화의 추진을 국가목표로 삼았다.

안보전략이란 단순히 '계획'이나 '방안'뿐 아니라 실천으로서의 '전략행동'을 포함한 개념이다. 안보전략에 있어서 가장 중요한 점은 단순히 현실 사태에 잘 대처하여 결과를 수확하는 데 그치지 않는다. 그 사태종결을 넘어선 미래시점에 있어서 보다 바람직한 미래를 창조하는 리델 하트의 '대전략적大戰略的 관점'이 존재해야 한다.

국가는 국가이익을 구현하기 위한 국가의지에 따라 국가전략을 결정하고, 그 실현을 보증하기 위한 수단으로서 안보전략을 수립한다. 이러한 과정은 옛날부터 막연한 것이지만 존재하고 있었다. 그러나 안보전략이라는 명칭으로 논의되기 시작한 것은 20세기 중반 이후의 일이다. 그것은 국제사회가 상호간에 밀접한 관계를 맺게 되고, 국가의 안보전략이 단순히 군사뿐 아니라 정치, 외교, 경제, 사회, 문화 등과 같은 요소에 대해서 관계를 갖게 되었음을 의미한다.

세계화와 지식정보화가 빠르게 진행되고 있는 21세기의 불확실성 시대에서 각 국가는 국제사회의 일원으로서 국제사회의 요구에 어떻게 대처할 것인가와 국가의 생존과 번영에 대해서 국력의 제수단을 어떻게 효율적으로 운용할 것인가에 대해서 종합적이고 합리적인 대책을 수립해야 한다. 국가의 최고 통치기관은 이를 통합적으로 조정하고 통제해야 할 필요성이 요구된다.

안보전략은 국가가 생존과 번영 및 안전을 구현하기 위해 힘을 어떻게 행사하는가에 따라 다르게 나타날 수 있다.[20] 대한민국에 안보전략이 가장 필요한 시기는 지금과 같은 전환기와 위기시이다. 좋은 시절보다는 어려운 시기에 대비하고, 국가가 어려울 때 힘을 발휘하는 것이 진정한 안보전략이다. 좋은 안보전략을 갖는 국가는 위기극복과 전환에 강하고, 안보전략이 나쁘거나 없는 국가는 우왕좌왕할 수밖에 없다.

지금 대한민국에는 그 어느 때보다 훌륭한 안보전략이 필요하다. 분단을 효율적으로 관리하면서, 북한의 위협을 억제하고 평화를 창출하며, 한반도의 평화통일을 이루어내야 하기 때문이다. '천안함 격침사태'나 '연평도 포격사태' 등의 실패를 다시 반복하지 않기 위해 국가적 지혜를 모아 중장기 안보전략을 수립하고 구현해야 한다.

---

20) 배정호, 『일본의 국가전략과 안보전략』(나남출판, 2006), pp.45-47.

제2절
국가위기관리 개념과 한반도 위기의 특성

1. 국가위기관리Crisis Management의 개념

국제관계에서 '위기危機, Crisis'는 전쟁과 평화의 중간 상태라고 말할 수 있다. 위기는 갈등의 현상에서 발생하게 되는데, 갈등이란 어떤 목표나 동기를 충족시키는데 필요한 하나의 구체적인 반응이 다른 하나의 목표나 동기를 충족시키기 위한 반응과 조화될 수 없는 경우에 발생하게 된다.[21]

'국가위기National Crisis'란 국가주권이나 국가를 구성하는 정치, 경제, 사회, 문화체계 등 국가의 핵심요소와 가치에 중대한 위해가 가해질 가능성이 있거나 가해지고 있는 상태를 의미한다. 이러한 국가위기는 단기 경고 또는 무경고하에 발생할 가능성이 많기 때문에 신속한 판단과 결심이 요구된다. 그리고 적시에 효율적으로 관리하지 못할 경우에는 위기가 확대되고, 새로운 위기를 초래할 수 있다.

국가위기관리란 국가가 위기를 효과적으로 대비하고, 대응하기 위하여 자원을 기획 · 조직 · 집행 · 조정 · 통제하는 제반 활동을 말한다. 이러한 위

---

21) 갈등의 개념은 국가, 사회, 조직과 같은 개념과 밀접한 연관성이 있다. 인간이 사회생활을 이해함에 있어서 통합의 개념과 상대되는 개념이다(구영록, 『인간과 전쟁』, 서울법문사, 1983. pp. 21-30). 갈등은 이해 당사자들이 서로 추구하는 목표들의 상호 양립이 불가능함을 인식함으로써 나타나게 되는데 이때부터 위기는 시작된다고 볼 수 있다.

기관리는 위기조치를 통해 이루어진다. 위기조치란 위기관리를 위한 구체적인 조치로서 위기상황 발생시 이를 신속하게 조치하고 통제하기 위한 제반활동이다. 위기관리는 사태인지, 위기평가, 대안모색, 시행 등의 과정으로 구성되며 위기상황이 종결될 때까지 반복한다.

위기관리 원칙은 다음과 같다. 첫째, 최고정책결정자는 정책결정과정에서 종합적이고 합리적인 정확한 판단을 해야 한다. 둘째, 결정된 정책을 실행할 때는 정치적인 통제가 있어야 한다. 셋째, 목표를 어느 정도 제한하고, 유연하고 점진적인 대응을 유지해야 한다. 넷째, 상대방에게 정확한 의사전달이 요구되며 가능한 신속하게 위기를 진화해야 한다.[22]

위기관리 대상은 안보 분야, 재난 분야, 국가핵심기반 분야로 분류할 수 있다. 안보 분야 위기는 북한의 군사력 사용 위협, 침투 및 국지도발, 비군사적 위협, 북한 내부의 급변사태와 WMD 등 국제적인 갈등 등이 있을 수 있다. 재난 분야 위기는 자연재난과 인적 재난으로 구분할 수 있다. 국가핵심기반 분야 위기는 테러, 폭동, 재난, 해킹 등의 원인에 의해 국가경제와 정부기능 유지에 중대한 영향을 미칠 수 있는 인적·물적 기능체계가 마비되는 상황을 말한다.

이러한 국가위기를 관리하는 국가기구로는 ①국가안전보장회의, ②외교안보정책조정회의, ③국가위기상황센터, ④국가재난안전대책본부, ⑤중앙사고수습본부 등이 있다.

대한민국에서 국가위기관리를 위한 기본문서는 국가위기관리 기본지침(대통령훈령 제229호)이다. 이 기본지침은 국가위기 관리를 위한 분야별·기관별 위기관리 활동 방향과 기준을 제시한다. 이를 바탕으로 각 기구는 위기관리 표준메뉴얼과 훈령을 만들어 사용한다. 안보 분야 국가위기 유형은 북핵 우발사태, 서해 NLL 우발사태, 독도 우발사태, 테러, 비군사적 해상분쟁 등 12개로 상정하고 있다.

---

22) 조영갑, 『한국위기관리론』(팔복원, 1995), pp.59-61.

안보 분야 위기 중 전면전의 발발 가능성이 높으면, 국가차원에서 충무계획과 국가전시지도지침을 적용한다. 국방차원에서는 '작계 5027'과 국방전시정책서를 적용한다. 재난 분야에서는 국가위기유형으로 약 10개를 분류하여 중앙안전관리위원회에서 이를 관리한다. 국가핵심기반 분야에서는 국가위기유형으로 약 10개를 분류하여 국가정책조정회의에서 이를 관리한다. 국방부의 경우에는 '국방 위기관리 훈령(국방부 훈령 제1019호)'을 작성하여 국방위기를 관리하고 있다. 국방위기는 북핵 우발사태, 미사일 시험발사, 개성공단 우발사태, 파병부대 우발사태 등 약 20개 유형을 상정하여 대응하고 있다.

2. 한반도 위기의 특성

한국전쟁 이후 한반도에서 발생한 위기는 사건발생단계로부터 종결단계에 이르기까지 몇 가지 고유한 구조적인 특성을 가지고 있다.

첫째, 위기의 성격 측면에서 보면, 북한의 위협은 그들의 호전적인 정치적인 목표에서 비롯되었기 때문에 다분히 체제위협적인 특성을 지니며, 위협수단은 군사적으로 강도가 높은 도발과 테러를 선호한다.

둘째, 위기발생의 배경 측면에서 북한의 도발은 남북한 경쟁과 대립이 고조되는 시기에 독자적인 계획하에 추진되었다.

셋째, 위기의 지각과 최초 반응면에서 보면 한국정부는 북한의 위기도발을 전면전과 연계하여 그에 상응하는 반응을 하려는 경향이 있다. 반면 북한은 위기도발의 책임을 인정하지 않고, 오히려 이를 한국정부의 책임으로 전가하려 한다.

넷째, 위기관리 과정의 측면에서 보면, 북한의 도발에 한국의 고위 정책결정자들은 군사적 보복으로 대응하려는 경향이 지배적이다. 위기관리방식은 국가이익과 국가목표를 감안하지 않고 비체계적이고, 특정사건 위주로 처리하는 특성을 지닌다.

다섯째, 위기정책결정 및 결과 측면에서 보면 한국정부는 북한을 직접적으로 억제할 방안을 강구하지 못하고 있다. 상대적으로 북한은 위기도발 측면에서 독자적인 영역을 확보하고 있다.

여섯째, 한반도 위기시 주변국은 자국의 국익에 따라 행동하고 있다. 즉 사태 자체의 심각성과 중대성보다는 자국의 안보적인 이익 차원에서 대응하려는 경향이 있다. 한국의 적극적인 후원자로서 미국은 자국의 국익과 관련이 있을 시는 즉각 주도적으로 개입하였으며, 사태가 전쟁으로 확대되는 것을 방지하기 위한 노력을 강화하였다. 중국과 러시아는 북한의 지원자로서 동맹정치의 틀 속에서 행동하는 특성을 보이고 있다. 일본은 중간자로서의 역할을 하고 있다.[23]

한반도 안보위기는 북한에 의해서 일방적으로 조성되어 왔다. 즉 이것은 위기를 유발하는 주체가 북한이므로 북한이 어떤 대남정책을 수립하느냐에 따라 위기발생 여부가 결정되는 의미를 지지고 있다. 그리고 주변국의 안보전략은 한반도 평화에 지대한 영향을 미치고 있다. 이를 국가안보적인 위기차원에서 분류하면 다음과 같다.

(1) 무력적화통일 대 억제전략의 대립

남북한 간의 첨예한 군사적 대결과 대치가 지속되는 근본원인은 북한의 대남공산화전략, 특히 무력에 의한 적화통일 군사전략 때문이다. 북한은 공산화 통일을 달성하기 위한 수단으로 '평화적 방도'와 '비평화적 방도'라는 두 가지 방법을 병행하고 있다.

무력적화통일을 위한 북한의 대남군사전략은 전후방 동시 기습공격으로 초전부터 혼란을 조성하고, 전쟁의 주도권을 장악함과 동시에 전차, 장갑차, 자주포로 장비된 기동부대를 고속으로 종심 깊숙이 돌진시킴으로써 미군의 증원 이전에 전 남한을 석권한다는 단기 속전속결 전략이다.

---

23) 조영갑, 위의 책, pp.562-564.

한·미 양국은 1953년 10월 1일 '한미상호방위조약'을 체결하면서 제2조에 '조약 당사국은 개별적이며 공동으로, 자조적이며 상호 원조적으로 침략국의 무력공격을 억제하기 위하여 적절한 수단들을 유지하고 발전시킬 것'을 명시함으로써 북한의 무력남침 재발을 방지하기 위한 억제전략을 대북 군사전략의 기조로 유지해 왔다.

(2) 과도한 군사력 집중

한반도에는 북한의 군사적인 위협이 상존하고 있다. 타 국가들은 일반적으로 인구의 약 1%에 해당하는 병력을 보유하고 있으나, 북한은 약 5%, 남한은 1.5% 수준을 유지하고 있다.

북한은 남한에 비해 재래식 전력戰力에서 양적 우위를 유지하고 있을 뿐만 아니라, 지상군의 70%와 장사정포 등 주요 전력을 평양과 원산선 이남 지역에 집중 배치하고 있어서 우리의 수도권은 물론 한반도 대부분이 북한의 집중포화에 노출되어 있는 실정이다. 아울러 18만 명에 달하는 북한의 특수부대는 전후방을 동시에 공격할 수 있는 능력을 갖추고 있는 등 우리의 안보에 심각한 위협이 되고 있다.

(3) 북한 핵의 불투명성

북한은 핵카드를 이용하여 위험한 '벼랑 끝 전술'을 펼치며 많은 것을 얻고자 노력하고 있다.[24]

북한이 핵을 보유하려는 의도는 군사·안보 측면에서 보면 생존과 위협수단의 확보로 판단된다. 즉 미국을 포함한 주변국의 위협으로부터 국가안보를 유지하고, 한·미 동맹 관계를 기반으로 한 한국의 위협을 군사력으로 억제하며, 정치적으로는 김정은의 정치기반을 강화하고, 외교적으로는 핵 협상을 통해 경제지원을 유도하고 미국과의 수교를 달성하려는 것으로 추

---

24) 이미 북한은 핵을 이용한 협상카드로 주한미군의 핵무기 철수, 한국정부의 핵 부재 선언, 남북 비핵화선언과 팀스피리트 훈련의 중단 등 얻을 수 있는 많은 것을 얻은 바 있다.

정된다.[25]

남북한은 1991년 12월 31일 '한반도 비핵화 공동선언'에 합의하였다. 공동선언의 핵심은 핵무기의 시험 · 제조 · 생산 · 접수 · 보유 · 저장 · 배비 · 사용을 금지하는 비핵 8원칙을 준수하는 것이다. 이를 위해 핵에너지를 평화적 목적으로만 사용하며, 핵재처리 시설과 우라늄 농축시설의 보유를 금지한다. 비핵화를 검증하기 위해 상대방이 선정하고 쌍방이 합의하는 대상들에 대하여 남북핵통제공동위원회가 규정하는 절차와 방법으로 사찰을 실시하며, 남북핵통제공동위원회를 구성하여 운영하자는 것이다. 그러나 이것은 북한의 위반으로 무실화되었다.

대한민국은 지역안정의 최대 걸림돌인 북핵 문제의 평화적인 해결과 남북 간의 군사적인 긴장완화를 통한 한반도 평화체제의 구축을 모색하고 있으나, 북한은 핵개발을 추진하면서 우리의 신뢰구축 노력에 여전히 소극적인 입장을 견지하고 있다.

그러나 주변 4국은 북한의 핵 보유는 물론이고, 통일한국의 핵 보유를 용인하지 않는다는 입장을 견지하고 있다. 따라서 우리의 핵옵션의 선택은 외교적으로 상당히 부담되는 요소로서, 최악의 경우에만 고려할 수 있을 것이다.

(4) 북한 김정은 정권과 체제의 불안정성

북한 김정은 정권과 체제는 불안정하다. 불안정의 근본원인은 수령독재체제에서 온다. 북한의 독재정권은 북한인의 삶을 보장하지 못하고 있으며, 자유를 구속하며 인권을 탄압하고 있다. 이로 인해 북한 주민들은 먹는 문제를 해결하지 못하고 있으며 자유로운 삶을 누리지 못하고 있다. 따라서 북한은 여러 가지 형태의 위기사태가 발생할 가능성이 높다.

김정은이 김정일의 직책을 모두 물려받았다고 하더라도 그 체제가 얼마

---

25) 북한이 핵무기개발에 집착하는 가장 큰 이유는 김정은 체제의 안전을 확보하기 위해서일 것이다. 북한은 핵 포기의 전제조건으로 체제보장을 집요하게 요구하고 있다.

의 기간 동안에 어떠한 절차를 거쳐 안정적으로 정착될 것인지에 대한 전망은 쉽지 않다. 북한의 권력구조가 복잡하고, 북한 군부의 동향과 주민들의 움직임도 예단할 수 없기 때문이다. 지금의 전략환경은 김정은 체제가 성공적으로 정착되는 데 우호적이지만은 않다. 북한은 연평도포격사건, 핵실험, 장거리 미사일 시험 발사 등 잇따른 강경조치를 취하면서 국내외 상황을 악화시켰다. 김정은이 '선군노선'만을 무조건 고수할 수도 없고, 그렇다고 개혁개방 및 비핵화의 길로 나아갈 수도 없는 딜레마에 빠질 가능성도 있다. 북한이 자신의 미래를 결정할 수 있는 선택범위 또한 매우 좁아졌음을 의미한다.

우리는 좋든 싫든 당분간은 김정은의 체제정착과정을 지켜보며, 체제의 실태와 본질을 예측해야 하며, 정책변화를 예의 주시해야 한다. 특히 한반도의 안정을 도모하고 통일을 주도해야 할 우리의 입장에서는 김정은 체제에서 오는 영향요소를 정확히 분석하는 작업은 매우 중요하다.

김정은은 약관에 불과한데다 경험과 업적이 빈약해 수많은 도전에 직면할 수밖에 없을 것으로 예상된다. 즉 김정은의 연령ㆍ경력ㆍ업적 부문의 결함은 체제구축 작업에서 '가시밭길'을 예고할 수도 있을 것이다. 아무리 그 측근 세력이 김정은으로의 세습을 강조하며, 선군정치를 부르짖는 가운데 인민들을 다그친다고 하여도, 개혁과 개방으로의 체제 개편과 정책 전환을 하지 않는 한 그의 미래는 밝지 않을 것이다.[26] 즉 김정은의 자질과 역량이 부족한 것으로 판단될 경우에는 후계체제의 구축과정은 불안해질 수 있다.

지금 북한 내부 기류를 완전히 파악하기는 쉽지 않다. 그러나 김정은 체제가 잡음 없이 마무리될 것이라고 보기도 쉽지 않다. 김정은이 북한의 경제 문제를 어떻게 헤쳐 나갈지도 지켜볼 대목이다. 권력승계가 쉽지 않다고 보는 이유로 군부갈등, 가족 간 권력투쟁, 경제적 어려움 등 3가지를 꼽을

---

26) 2010년 11월 1일자 로동신문에서는 "당대표자회 정신을 받들고 강성대국건설에서 새로운 혁명적 앙양을 일으키자"라는 장문의 사설을 발표하여 세대교체 시점에도 강성대국건설에 매진할 것을 다짐하고 있다.

수 있을 것이다. 매일경제 주최 제11회 세계지식포럼 참석차 방한한 크리스토퍼 힐 미 덴버대 국제관계대학원 학장은 북한의 3대 세습에 대해 "중세로 되돌아간 느낌"이라고 밝혔다. 그는 "북한의 권력승계가 군부 반발로 순탄치 않을 것"이라고 예견했다.

이제 북한에서는 '3대 세습'이라는 '정치적 실험'이 시작되었다. 김정은이 능력을 발휘해 최고지도자가 될지 아니면 중간에 낙마할지 현재로서는 알수 없다. 다만 북한의 정치문화나 주민들의 정치의식 수준으로 볼 때 우리는 김정은으로의 세습이 안착될 가능성이 높다는 전제하에 대북정책을 구사해야 할 것이다. 지나치게 김정은을 폄훼할 경우 그가 정치적 성공을 거두었을 때의 대안이 마땅치 않기 때문이다. 물론 우리는 김정은의 낙마와 그에 따른 다양한 비관적 시나리오에 대해서도 철저하고 은밀한 준비를 게을리하지 말아야 한다. 그 어느 때보다도 '북핵 문제'는 물론 '북한 문제'에 우리의 관심을 집중시켜야 할 이유가 여기에 있다.

(5) 남북한 평화체제 미구축

한반도가 세계의 가장 불안한 지역 중 하나로 남아 있는 것은 남북한 간에 평화협정이 아직 체결되지 않았고, 동북아지역에 평화체제가 구축되지 않았기 때문이다. 한반도에서 공고한 평화를 정착시키기 위해서는 우선적으로 정전협정을 평화협정으로 대체하는 것이 선결과제이다.

그러나 남북한 간에 평화에 대한 개념과 평화유지 방법에 입장 차이가 매우 크다. 평화의 개념 면에서 남한은 전쟁이나 무력충돌 없이 국내적 · 국제적으로 사회가 평온한 상태를, 북한은 한반도에서 외세가 배격되고 민족이 자주적인 입장에 설 때 평화의 기본조건이 구비되고, 한반도가 북한에 의해 사회주의체제로 통일될 때 진정한 평화가 도래하는 것으로 보고 있다.

평화유지 방법에서는 남한이 정전협정이 유효하고, 남북기본합의서와 부속합의서를 남북한이 이행시 공고한 평화상태가 정착된다고 본다. 북한은 남북한 간에 불가침선언과 미 · 북 간에 평화협정이 체결되어야 하는데, '남북기본합의서' 제2장 남북불가침 규정과 '불가침 분야 부속합의서' 채택으로 남북 불가침 선언은 이미 해결되었으므로 미·북 간 평화협정이 중요하다는 입장을 견지하고 있다. 즉 북한은 미군을 철수시켜 남한을 무력적화 통일하려는 전략으로서 평화협정 체결을 주장하는 것이다. 북한은 '남북기본합의서'를 이행하지 않으면서 정전협정을 사문화하고 무력화시키기 위해 노력하고 있다.

(6) 동북아 평화체제의 부재

동북아지역은 역내국가 간 경제적인 상호의존성이 증대되었음에도 불구하고, 국가 간의 이해의 상충으로 경쟁관계가 지속되고 있다. 중국의 국력 신장에 따른 미국과 일본의 견제가 점진적으로 표면화되고 있다. 북한의 대량살상무기 문제를 포함한 영토, 자원, 환경 문제 등 다양한 분쟁요인이 잠재된 가운데, 각국은 군 현대화를 통한 군사력 증강을 추구하고 있어 안보 상황의 유동성과 불확실성이 지속되고 있다.

또한 동북아지역에서는 동북아 평화체제에 대한 역내 국가들의 입장차이로 정부차원의 안보협력체제가 형성되지 못하고 있다.

미국은 아·태 경제협력체를 안보포럼으로 개편, 이를 아·태 지역 안보 협력의 기초로 삼고, 한·미와 미·일 안보동맹을 보완하려는 구상을 하고 있다. 중국은 정부차원의 다자안보체제 구축 가능성은 희박한 것으로 보고, 역내 국가들의 양자간 신뢰회복에 우선을 두고 추진하고 있다. 일본은 북한의 핵·미사일 위협, 주한미군의 위상 변화 가능성에 대비하여 다자안보 논의에 적극적인 구체안을 제시하시 못하고 있다. 러시아는 다자안보 논의에 적극적이며 '동북아 다자안보협의체' 또는 '북아·태 안보협의체' 창설을 제의하고 있다. 이는 대미 군사 긴장 완화, 일·중의 군사력 증대 견제, 한반도에서의 자국 영향력 증대에 목적을 두고 추진되고 있는 것으로 판단된다. 그러한 노력에도 불구하고 아직까지는 동북아지역에서 평화체제 정착은 요원해 보인다.

제3절
국가안보전략의 구성 요소

전략은 목표, 개념, 수단으로 구성된다는 것이 보편적인 견해다.[27] 따라서 국가안보전략은 국가이익을 정의한 후 추구할 안보목표에 대한 개념적인 구도가 필요하다. 특히 자국의 이익을 증진시키고 목적을 달성하는 방법, 안보위협으로부터 나라를 효율적으로 보호하고 위협을 극소화시키는 방안, 가장 유리하고 효율적인 방법으로 문제에 접근하여 최대한으로 나라에 유리하게 이용하는 길이 무엇인가에 대한 폭넓은 합의가 포함되어야한다.

안보전략은 ① 한 나라가 추구하는 국가이익과 국가목표의 파악과 우선순위라는 동기적인 요소, ② 주변환경에 대한 평가와 위협 등의 문제를 파악하고 대응방안을 정하는 인식적인 요소, ③ 주어진 환경 속에서 구체적으로 목적하는 바를 달성하기 위해 가장 효과적인 방법을 선택하고 동원할 수 있는 운영적인 요소를 포함하고 있다.

안보전략의 우선순위를 정할 때는 안보환경에 대한 판단이 큰 역할을 한다. 안보전략의 우선순위는 대내외적인 도전, 국회와 국민의 요구, 자원의 가용성 등에 의해 결정된다. 그 순위는 안보환경의 변화, 기존 전략의 목표달성 여부, 국내 각종 안보문제에 대한 국민 요구의 증대, 상대국가의

---

27) 이는 미국의 육군대학원(U.S. Army War College) 교수였던 아더 라이크(Arther F. Lykke, jr.) 예비역 육군 대령에 의해서 정의되었다.

안보전략과 정책의 변화, 국내외 자원의 변화, 국력의 신장, 강대국의 요구, 선거에 의한 정권 교체 등에 의해 변화한다. 즉, 안보전략의 우선순위는 고정적이지 않다.

국가가 부강하면 할수록 국가이익과 안보전략이 다루는 범위는 커진다. 대한민국의 국력이 신장된 것에 비해 국가이익과 안보전략 개념의 체계화는 미흡하다고 할 수 있다. 따라서 대한민국의 안보전략도 보다 체계화되고 구체성을 지녀야 한다.

안보전략의 구성요소는 아직까지 학문적으로 정립되지는 않았지만, 안보환경 평가, 국가이익, 국가목표, 안보전략의 목표 및 추진기조, 분야별 전략 등이 될 수 있을 것이다.

1. 안보환경 평가

안보전략이 일관되고 효과적으로 수립·집행되기 위해서는 논리성과 설득력을 갖추어야 한다. 이를 위해서는 합리적인 미래 정세의 예측을 포함한 정확한 안보환경 평가에 기반을 두어야 한다.

안보전략은 앞에서 설명한 대로 미래를 상정한다. 즉, "현재의 안보문제 또는 관련이 있는 안보 사안들이 미래에 어떻게 될 것인가?" 하는 물음에 답을 찾아야 전략적 대안을 수립할 수 있다. 따라서 언제나 상황분석, 그것도 미래 목표 시점의 안보상황을 예측하여 분석하는 것이 가장 중요하다. 그런데 문제는 미래를 미리 상정한다는 것이 쉽지 않다는 점에 있다.

그럼에도 불구하고 전략가는 미래에 일어날 사안에 대해 미리 그 상황을 상정해서 그에 대한 대응조치를 취해야 한다. 전략가는 사전에 예측하여 맥을 잡아 일을 함으로써 최소의 노력으로 미래를 효율적으로 대비해야 한다. 미리 예측한다는 것은 일을 적게 하고도 큰 결과를 얻을 수 있음을 말

한다.[28]

전략적으로 생각한다는 것은 대단히 경제적이다. 조그만 노력으로 큰 결과를 얻기 때문이다. 어느 집단을 막론하고 전략가가 없다는 것은 대단히 불행한 일이다. 집단의 규모가 크면 클수록 전략가의 가치는 커진다. 왜냐하면 전략가의 활동은 시행착오를 최소화하고 작은 노력으로 큰 성과를 얻을 수 있기 때문이다. 전략가는 지금까지 존재하지 않았던 산업, 미개척 시장과 같은 경쟁사와의 생존경쟁이 없는 새로운 시장Blue Ocean을 개척한다.[29] 즉, 매력적인 제품과 서비스로 싸우지 않고 이길 수 있는 시장을 만들어 내는 전략을 구상한다.

지식정보화사회에서 안보전략가들이 블루오션 개념을 바탕으로 국가이익을 구현하고 국가목표를 실현할 수 있는 안보전략을 세워야 한다. 이를 위해서는 '안보전략에 영향을 주는 기본적인 요소'들을 정확하게 예측하고 분석하려는 노력을 해야 한다.

(1) 세계 및 동북아 정세: 세계화시대에서 세계 및 동북아정세의 변화는 대한민국의 안보전략에 직접적으로 영향을 미친다. 특히 국가자원이 부족하여 해외자원에 의존하고, 해외무역에 의존하는 우리의 입장에서는 세계정세의 사소한 변화에도 민감할 수밖에 없다. 동북아지역은 세계 4강의 힘이 충돌되는 지역이다. 북한의 핵문제를 해결하는 과정에서 식별할 수 있듯이 한반도의 위기는 바로 주변 4강의 이익에 영향을 준다. 중국의 국력이 급격히 신장하고 미국에 위협을 주는 국가로 등장하기 때문에 동북아 지역의 정세변화는 세계의 이목을 집중할 수밖에 없으며, 바로 한반도 안보에 영향을 미칠 수 있다. 따라서 안보전략가는 세계와 동북아정세를 투시하면서 부정적인 영향요소를 극소화하고, 긍정적인 요소는 극대화하는 전략을

---

28) 김진항, 앞의 책, pp.30-32.
29) 블루오션 전략이란 기존의 경쟁체제에서 탈피하여 그 누구도 하지 않은 새로운 분야를 개척하여 경쟁자 없이 목표를 달성하고자 하는 전략이다. 블루오션 전략의 기본적 관점은 뉴 패러다임의 창조다. 기존의 관념을 과감히 뛰어넘어 지금까지 누구도 생각하지 못했던 분야와 방법을 생각해 내는 것이다. 블루오션 전략의 특징은 차별화와 저비용을 동시에 추구하는 것이다.

구상해야 한다.

(2) 남북관계 발전: 우리는 분단이라는 특수한 환경에서 평화통일이라는 분단국 특유의 국가이익과 국가목표를 지니고 살고 있다. 대한민국의 생존은 북한으로부터 위협받고 있다. 따라서 남북관계가 안보전략에 핵심변수이다. 우리나라는 이념과 체제를 달리하는 두 개의 정부가 수립되어 국제냉전의 와중에 동족상잔의 쓰라린 전쟁을 경험했다. 휴전상태에서도 북한은 힘에 의한 통일을 추구하면서 국가이익과 민족이익이 갈등해 왔다. 안보전략가는 북한의 위협에 효율적으로 대처하고 분단 상태를 평화적으로 관리하면서 통일을 성취해야 하는 시대적인 소명을 안고 있다. 따라서 분단국 특유의 통일이라는 과제가 안보전략의 큰 축을 이루고 있다.

(3) 국내정세: 국내상황의 변화는 안보전략이 토대를 두고 있는 또 다른 중요한 변수이다. 대한민국은 총력방위체제를 확립해 북한의 도발을 억지하고 평화를 만들어 가야 한다. 이를 위해서는 국내정세가 안정되고, 국민들은 단결되어야 한다. 핵심 자원을 안정적으로 확보하고, 핵심 과학기술을 발전시켜 산업국가로서의 위상을 확립해야만 국가생존과 발전이 가능하다. 따라서 안보전략가는 우리의 제한사항을 극복하고 장점을 활용하면서 번영발전을 도모하고 일류국가로 도약할 수 있는 전략을 수립해야 한다.

(4) 동맹·평화체제 발전: 대한민국은 국제냉전과 동서 양대 진영 체제하에서 미국과의 군사동맹으로 안보체제를 유지해 왔다. 미국의 후원하에 국가건설을 추진하고 경제성장을 이룩하였다. 21세기에는 대주변국을 포함한 포괄적인 동맹체제로 발전될 가능성이 높다. 안보전략가는 주변국에 비해 국력이 빈약한 대한민국이 생존·번영할 수 있도록 동맹전략을 효율적으로 활용하여 평화체제를 정착시켜야 한다.

2. 국가이익

안보전략은 국가이익을 수호하고 때로는 쟁취하는 전략이다. 상당히 오랫동안 '국가이익國家利益, National Interests'이라는 개념은 주권국가가 대외정책 차원에서 사용해 온 개념이었다. 그러나 오늘날에는 국내적 차원에서의 공공이익도 포함하여 포괄적인 개념으로 사용되고 있으며, 국가가치를 구현하는 기반으로 결정된다. 이러한 국가이익에 영향을 주는 국가가치는 역사적 혹은 이념적 근원을 갖는 유산이나 규범으로서 국민 전체가 소중히 여기는 것이다.[30] 대한민국의 국가이념과 가치는 ① 홍익인간, ② 인본주의, ③ 자유민주주의, ④ 시장경제, ⑤ 열린 민족주의로 정리할 수 있을 것이다.

국가이익은 역사, 문화, 전통, 가치, 규범 그리고 국가가 처하게 되는 시대적 상황에 따라 다소 상이할 수 있다. 일반적으로 ① 국가의 자기보존, ② 국가의 번영과 발전, ③ 국위선양, ④ 국민이 소중히 여기는 가치와 체제의 보존 및 신장 등을 추구하고 수호하려는 것을 의미한다.

국가이익을 그 중요도에 따라 여러 범주로 나누기도 한다. 본서에서는 국가이익을 "주권국가가 대내외적으로 인지하고 추구하는 가치價値, Values"라고 정의하고자 한다. 그리고 국가이익을 네털라인 교수와 구영록 교수의 분류에 따라 '존망의 이익Survival Interests', '핵심적 이익Vital Interests', '중요한 이익Major Interests', '지엽적 이익Peripheral Interests' 등 네 가지로 구분하였다.[31]

대한민국의 국가이익은 헌법에서 찾아볼 수 있다. 헌법 전문에는 '자유민주주의적 기본질서의 확립', '국민생활의 균등한 향상', '항구적인 세계평화와 인류공영에 이바지'와, '평화통일' 등이 명시되어 있다. 또한 본문에는 대통령의 책무와 관련하여 '국가의 독립', '영토의 보존', '국가의 계속성'과 '국가보위', '조국의 평화적 통일', '국민의 자유와 권리증진', '민족문화의 창달' 등이 포함되어 있다.[32]

---

30) Laure Paquette, *National Values and National Strategy*, Ph.D. Dissertation(Kingston: Queen's University, 1992), p.67.

31) 구영록, 『한국의 국가이익』(법문사, 1995), pp.31~32.

32) 『국방백서 1998』은 국가목표라는 용어 대신에 국가이익이라는 용어를 사용하고 있다. 대한민국 헌법에 반영된 기본정신에 따라 어떠한 상황에서도 추구해야 할 국가이익은 첫째, 국민의 안전보장, 영토보존 및 주권보호를 통해서 독립국가로서 생존하는 것이다. 둘째, 국민생활의 균등한 향상과 복지 증진을 실현할 수 있도록 국가의 발전과 번영을 도모하는 것이다. 셋째,

헌법에 명문화된 사항들을 다음과 같이 국가이익의 개념으로 재정리할 수 있을 것이다. 즉 '대한민국의 국가이익'은 첫째, 국민의 안전보장, 영토의 보존, 주권의 보호를 통해 독립국가로서 '생존'하는 것이다. 둘째, 국민생활의 균등한 향상과 복지를 증진하고 국가의 '발전과 번영'을 기하는 것이다. 셋째, 자유와 평등, 인간의 존엄 등 기본적인 가치와 '자유민주체제'를 유지 발전시키며, '민족문화를 창달'하는 것이다. 넷째, '국위를 선양'하고 세계평화와 인류공영에 이바지하는 것이다. 다섯째, 조국의 '평화적 통일을 달성'하는 것이다.

참여정부는 2004년 대한민국 헌법에 근거하여 국가이익을 다음과 같이 다섯 가지로 정의하였다.[33] ① 국가안전보장: 국가, 영토, 주권수호를 통해 국가존립 보장, ② 자유민주주의와 인권신장: 자유, 평등, 인간의 존엄성 등 기본적인 가치와 민주주의 유지 발전, ③ 경제발전과 복리증진: 국민경제의 번영과 국민의 복지 향상, ④ 한반도의 평화적 통일: 평화공존의 남북관계 정립과 통일국가 건설, ⑤ 세계평화와 인류공영에 기여: 국제역할 확대와 인류 보편적 가치 추구 등이다.

이러한 모든 개념을 포함하여 재정리하면 21세기 전반부의 대한민국의 국가이익은 ① 국가의 안전보장과 정치적 자주, ② 번영과 발전, ③ 평화통일, ④ 자유민주주의 함양, ⑤ 국위선양 등으로 정리할 수 있을 것이다. 세부적인 사항은 제2장의 관련 항목에서 기술할 것이다.

자유와 평등, 인간의 존엄성 등 기본적 가치를 지키고 자유민주주의체제를 유지 · 발전시켜 나아가는 것이다. 넷째, 남북한 간의 냉전적 대결관계를 평화공존관계로 변화시키고 궁극적으로 통일국가를 건설하는 것이다. 다섯째, 인류의 보편적 가치를 존중하고 세계평화와 인류공영에 기여하는 것이다. 이 중 독립국가로서의 생존과 주권을 수호하는 것이 최상위로 지켜야 할 국가이익이며, 이는 투철한 안보에 의해서 보장되는 것이다.

33) 국가안전보장회의(NSC), 평화번영과 국가안보(국가안전보장회의 사무처, 2004), pp.20-27.

3. 국가목표

국가안보전략은 국가목표를 국가안보 차원에서 달성하는 전략이다. '국가목표國家目標, National Objectives'는 국가이익을 구현하고 신장하기 위하여 국가가 달성하고자 하는 목표를 의미한다. 국가목표는 국가이익을 구현하기 위해 필요한 요건으로서 국가이익의 하위개념이며 국가이익의 증진 · 보호 · 획득에 필요한 행위와 상황으로 정의될 수 있다.

국가이익이 추상적이고 크게 변화하지 않는 반면, 국가목표는 보다 구체적이고 중장기적으로 변할 수 있는 성격을 가진다. 국가목표가 사실상 국가이익 그 자체라는 견해도 있으나, 분명한 것은 국가목표는 국가이익보다 더 구체적이고 세부적으로 기술될 수 있다는 점이다. 물론 국가목표도 국가의 체제가 크게 변하지 않는 한 정권교체에 의해 큰 영향을 받는다고 보기는 어렵다. 다만 국가목표의 설정과 상이한 목표 간의 우선순위 결정은 시대적 상황과 정권의 성격에 따라 영향을 받을 수 있다. 일반적으로 국가의 핵심적인 목표는 생존과 번영이다.

국가목표를 실현하기 위한 국가전략과 안보전략은 선택의 문제로서 정권에 따라, 또는 정치지도자에 따라 변화될 수 있는 가변적인 것이다. 정치지도자나 정권의 철학과 비전, 그리고 의지에 따라 다를 수 있으며 그 성과도 다르게 나타나게 마련이다.

대한민국 국무회의는 1973년 대한민국의 국가목표로 다음 세 가지를 의결한 바 있다. 첫째, 자유민주주의의 이념하에 국가를 보위하고 조국을 평화적으로 통일하여 영구적 독립을 보존한다. 둘째, 국민의 자유와 권리를 보장하고 국민생활의 균등한 향상을 기하여 복지사회를 실현한다. 셋째, 국제적 지위를 향상시켜 국위를 선양하고 항구적 세계평화에 이바지한다.[34]

---

34) 대한민국의 국가목표는 국방부에서 발간하고 있는 『국방백서』에 언급되어 있는데, 그것은 1973년 국가안보회의에서 의결된 것으로, 『국방백서』가 처음 발간된 1988년도부터 1997년까지 수록되어 있다. 『국방백서 1997-1998』에 따르면, 대한민국의 국가목표는 자유민주주의 이

대한민국의 국가목표는 통일 이전까지는 생존, 번영, 통일로 요약할 수 있을 것이다. 이러한 세 가지 목표 중에서 통일은 생존과 번영을 위한 수단으로 이해될 수 있다. 따라서 당면 목표일 수는 있지만, 생존과 번영을 희생시켜 가면서 추구하여야 할 가치는 아니다.

생존과 번영의 두 개의 가치를 안보문제와 관련하여 살펴보자. 안보문제는 생존의 가치와 직결된다. 안보는 국가목표의 가장 기초적이고 근저에 있는 기본적인 가치를 보호하는 데 그 목적이 있다. 생존의 가치가 달성된 연후에나 번영의 가치 구현이 가능한 것이다. 번영의 가치는 경제나 사회 문화 등의 부문에 의해서 달성될 수 있지만, 생존의 가치는 오로지 안보에 의해서만 성취될 수 있다.

이러한 내용을 포괄적으로 고려하여 본서에서는 대한민국의 21세기 전반부의 국가목표를 대전략차원에서 '평화통일된 일류국가'로 정하고, 이를 구현하기 위하여 ① 국가의 생존보장, ② 번영과 발전 구현, ③ 평화통일 달성, ④ 일류국가 건설 등 4개의 핵심목표로 정리하고자 한다. 세부적인 것은 다음 장에서 기술활 것이다.

4. 국가안보전략의 목표 및 기조

국가안보전략을 올바르게 수립하기 위해서는 국가이익을 구현하고 국가목표를 달성할 수 있는 안보전략의 목표와 기조가 정립되어야 한다. 그러나 대한민국은 건국 이후 오랜 동안 국가이익과 국가목표를 바탕으로 한 안보전략을 체계적으로 수립하지 못했다. 여러 가지 원인이 있겠으나, 다음 세 가지 중요한 요인을 빼놓을 수 없을 것이다. 첫째, 대한민국의 국력이 미약했기 때문에 국가이익을 구현하고 국가목표를 달성하기 위한 종합적인 안

념하에 국가를 보위하고, 조국을 평화적으로 통일하여 영구적 독립을 보전하고, 국민의 자유와 권리를 보장하고, 국민생활의 균등한 향상을 기하여 복지사회를 실현하며, 국제적 지위를 향상시켜 국위를 선양하고, 항구적인 세계평화에 이바지하는 것이다.

보전략을 수행할 능력을 갖지 못하였다. 둘째, 대한민국은 약소국으로서 대외자주성이 크게 제약되어 독자적인 안보전략의 수립이 어려웠다. 셋째, 미국에 정치적·군사적으로 크게 의존함으로써 스스로 안보목표와 기조를 정립하고 추진해 나갈 수 있는 역량을 제한하는 결과를 초래하였다.

안보환경의 변화에 대응하여 대한민국의 국가이익과 국가목표를 구현할 수 있는 종합적인 안보전략을 제시하는 학문적 연구는 정부의 정책수립과 시행을 측면지원하는 매우 중요한 작업이다. 그러나 문제의 중요성에도 불구하고 국내학계의 연구노력은 미흡한 점이 많았다.

국가안보전략을 수립시에는 안보전략이 갖는 특성인 중장기성中長期性, 복합성複合性, 선견성先見性 등을 고려하여, 미시적인 시각으로 분석하고 거시적인 시각으로 종합하여 통합적인 계획을 발전시켜야 한다.

안보전략의 목표 및 기조는 국가전략 차원에서 국가이익을 보호하고 국가목표를 달성하기 위한 핵심적인 요소이다. 따라서 평화를 지키고 만들어서 국가의 생존을 보장하고, 국민의 생명을 보호할 수 있는 방향으로 수립되어야 한다. 세부적인 내용은 안보전략의 기본방향에서 기술할 것이다.

5. 분야별 전략

안보전략은 시각이나 분야별로 다양하게 분류될 수 있다. 안보전략을 몇 가지 특정기준에 의해 중첩을 피하면서 분류한다는 것은 쉽지 않다.

그러나 안보전략이 한 국가가 생존과 번영·발전을 위해 국방, 외교, 정치, 경제, 사회 등 제분야에서 중장기적으로 추진해야 할 정책들에 대한 종합적이고 체계적인 계획과 구상이라고 한다면, 안보전략은 분야별 전략 등의 하위전략으로 구성될 수 있다. 안보전략의 하위전략인 분야별 전략들은 전략수단에 따라 국방전략, 외교전략, 정치·심리전략, 경제전략, 사회·문화전략, 과학기술전략 등으로 구성할 수도 있을 것이다.

본서에서는 대한민국의 특성을 고려하여 분야별 안보전략을 국방전략,

외교안보전략, 정치·심리전략, 경제안보전략, 평화통일전략 등 5개로 구분하였다.

제2장

안보환경 평가 및 국가이익과 국가목표의 도출

국가안보전략은 국가전략의 일환으로서 생존 위협에 대처하여 국가의 안전을 보장할 뿐만 아니라 기회를 포착하여 국가의 발전과 번영을 추구하는 포괄적인 전략이다. 이러한 포괄적인 안보전략을 수립하는데 있어서 가장 중시해야 할 고려 요소는 안보환경을 정확히 평가하고, 국가이익과 국가목표를 분명히 정의한 후 그 우선순위를 정하는 것이다.

제2장에서는 국가대전략 차원에서 이 전략의 대상기간인 21세기 전반부의 전략환경戰略環境을 평가해 보고, 우리가 지녀야 할 대한민국의 기본이념과 가치를 도출하며, 국가이익과 국가목표를 제시할 것이다.

이론 분야에서 설명한 대로 안보환경 평가는 모든 단계에서 지속적으로 이루어져야 한다. 그러나 안보전략체계로 볼 때는 국가이익과 국가목표를 기술한 다음에 안보환경 평가를 기술하는 것이 논리적이다.[1] 여기서는 독자들이 급변하는 21세기의 특성을 먼저 이해하는 것이 중요할 것으로 판단하여 안보환경 평가를 먼저 기술하였음을 밝혀 둔다.

안보환경 평가에서는 21세기 전반부의 예측 가능한 모습을 그려본 후 세계정세와 동북아 정세하에서 남북한 관계의 변화와 국내정세를 분석할 것이다.

대한민국의 기본이념과 가치는 우리가 추구해야 할 국가이익과 결부되며, 국가목표로 나타나는 것으로서 가장 기본적이고 중요한 우리 국가와 민족의 철학적 사상 즉 '국가사상'[2]과 '민족문화'에 바탕을 둔 것이다. 이러한 사고를 바탕으로 홍익인간을 포함한 다섯 가지 요소로 기본이념과 가치를

---

1) 안보환경(정세)평가를 하는 시기를 어느 특정 시점으로 한정하는 것은 지극히 잘못된 일이다. 왜 냐하면 이는 전략의 수립, 집행, 평가 등 모든 과정을 통해 지속적으로 실시되어야 하기 때문이다. 그럼에도 불구하고 가장 합리적이고 논리적인 시점을 선택하여 제시하였음을 밝혀 둔다.
2) 국가사상(國家思想)을 바르게 정립하는 문제는 쉽지 않다. 서문 첫 머리에서 기술한 대로 국가사상이 없는 민족과 국가는 영원한 생명력이 없다고 말할 수 있다면, 이제는 국가사상을 정립하는 문제를 국가의 핵심과제로 추진해야 한다. 김효전은 「근대 한국의 국가사상(국권회복과 민권수호)」(철학과 현실사, 2000)이란 저서에서 국가사상에 대해 기술하고 있다. 그러나 국가사상을 국민의 공감대 속에서 올바르게 정립하기 위해서는 많은 토론과 담론화 과정을 거쳐야 할 것이다.

도출하였다.

국가비전과 국가전략의 방향은 안보전략을 수립하는 데 방향과 근저根底를 제공하는 나침반이다. 안보전략은 불확실한 미래에 기반을 두고 수립되기 때문에 국가이익과 국가목표를 염출한 후 안보전략의 기본방향을 제시하고자 한다.

다가올 시대는 너무 빠른 속도로 변화하기 때문에 안보환경을 정확히 평가하기에는 무리가 있다. 지식·정보혁명이 가져올 변화의 속도와 방향은 예측하기가 쉽지 않기 때문이다. 그러나 이 어두움을 뚫고 미래를 투시하면서 가능한 정확히 예측하려고 노력하고, 이를 바탕으로 국가안보전략을 수립하는 것은 전략가와 지도자의 몫이다.

즉 불확실성 시대의 미래 안보환경의 변화를 투시하면서 통일된 일류국가까지를 바라보면서 국가에 비전과 전략을 제시할 수 있는 국가안보전략가의 역할이 그 어느 때보다 중요하다. 불확실성으로 다가오는 미래는 기다림이 아닌 만들어 가는 대상이다. 안보전략가는 단순한 예측像測, Forecasting보다 미래를 준비하고 이를 현재화하는 예지像知, Foresight능력을 갖추어야 한다. 예측은 일기예보와 같이 미래를 맞추는 능력이지만, 예지는 안보전략가가 스스로 주체가 되어 국민과 함께 적극적으로 미래를 만들어 가는 능력이다. 진정한 안보전략가는 우리가 지금 어디에 있는지를 판단하기보다는 어디로 가야 하는지를 알려주어야 한다. 안보전략가에게 있어서 미래의 꿈은 미사여구가 아닌 과학이요 공학이며, 생존전략이기 때문이다.

안보전략가는 범凡세계적이며 국제적인 비전과 철학을 갖추어야 한다. 지금까지 한반도 문제는 지정학적인 영향으로 역사적으로 철저하게 국제 문제로 연결되었다. 즉 한국의 도전은 항상 외부의 격변에 따른 내부의 대응에 따라 좌우되어 왔다. 20세기 초 한국 문제의 제1차 식민화, 20세기 중반 세계냉전 시점의 분단과 전쟁이 이어졌다. 지금은 세계화·국제화의 도래, 미국 국력의 쇠퇴, 중국의 부상이라는 다중격변에 따른 미래구상을 세울 때이다. 요점은 간단하다. ① 세계화와 지역화 사이의 동조와 충돌 지점의 대차대조를 정확히 판별해야 한다. ② 미국·중국·일본·러시아의 전통적 4강 구조 이외에 새로운 세계 주역의 등장, 특히 유럽연합(EU), BRICs(브라질, 러시아, 인도, 중국), 이슬람권, 국제기구, 국제 NGO 등 새로운 주체들에 대한 시야포착이 필요하다. ③ 동아시아 지역통합 및 평화비전과 한반도 평화체제 정착의 과제를 결합하여 양자를 이끌 복합비전의 창출이 중요하다. ④ 대북한과 통일 문제에 대한 국제사회와 남북관계 및 북한 내부의 3자 선순환체제가 구축되어야 한다. 북한의 핵·기아·인권 문제는 지난 20년 간 국제사회와 남북한 모두가 해결에 실패해 온 3중 중첩 문제라는 점을 주목하여 한반도의 평화·민주·인간화라는 3중 선순환 구조의 비전과 연계성을 제시할 수 있어야 한다.

이러한 모든 필요충분조건을 염두에 두면서 제2장을 기술하였다.

제1절
안보환경 평가

1. 21세기 전반기의 모습

우리가 살고 있는 21세기 전반기는 지식정보화 · 세계화 · 과학화 · 디지털화 · 로봇화가 빠른 속도로 추진되는 세계화, 지식정보화, 과학화시대이다. 스마트폰의 발전에서 볼 수 있듯이, 정보기술혁명이 몰고 온 변화로 세계는 지식과 정보 우위의 사회로 변모하고 있다. 지식과 정보를 가진 자가 경제적 · 사회적 우위를 점하며 세계 경쟁에서도 살아남을 수 있다.[3] 따라서 개인이건 국가건 간에 어떻게 지식화 · 정보화에서 앞서가느냐가 그들의 미래를 결정하게 될 것이다. 이는 안보전략에서도 지식정보화가 엄청난 영향을 미칠 수 있다는 것을 의미한다.

정보통신의 혁명으로 20세기 후반에 시작된 지식정보화와 세계화 물결은 앞으로 더 본격화될 전망이다. 국가와 국가, 지역과 지역, 산업과 산업의

---

3) 앨빈 토플러는 『부의 미래』에서 "오늘날의 상황은 산업혁명이 유럽을 휩쓸어 버리고 그 반대론자들을 공포에 질리게 했던 1800년대 중반의 상황과 정확하게 일치한다"라고 판단하며 새로운 혁명을 예고하고 나섰다. 『제3의 물결』로 온 세계에 충격을 던졌던 토플러는 15년 만에 펴낸 그의 신작 『부의 미래』를 통해 새로운 혁명이 목전에 왔음을 강조한다. 그는 현재 상황이 미래에 대한 비관과 낙관이 뒤섞인 시기라고 진단한다. 새로운 문명이 기존의 문명을 잠식하는 시대에 사는 사람들은 둘로 나뉘게 된다. 과거의 문명에서 큰 이익을 얻었거나 좋은 관계를 유지했던 사람은 과거를 찬양하고 미래를 부정한다. 그러나 그렇다고 해서 혁명의 속도는 느려지지 않는다. 이미 혁명은 시작되었다.

상호작용과 의존이 크게 증대하고 있다. 이제는 안보분야의 핵심인 국방과 외교 분야뿐 아니라 정치·경제·사회·문화 등 모든 분야를 통틀어 오늘 외국에서 일어난 일이 내일 그대로 우리에게 영향을 미치는, 그야말로 국경이 크게 좁혀진 평평한 세상Flat World이 되고 있다.

그리고 이제는 엄격히 말하여 외치와 내치를 구별하기 어려운 세상이 되어 가고 있다. 국방과 외교, 국내정치와 경제가 긴밀히 상호의존하고 상호작용하고 있다. 따라서 국내의 올바른 안보전략을 세우는 일과 올바른 세계전략을 세우는 일은 동전의 양면처럼 서로 떼어 놓고 생각할 수 없는 세상이 되고 있다.

안보분야에서도 급속한 환경변화의 흐름을 타고 있다. 한 축은 정부의 모든 인간 활동영역에서 동시에 진행되고 있는 세계화로서, 하나의 지구촌을 향한 세계적 정치·경제적 통합의 추세일 것이다. 또 다른 흐름의 축은 디지털화와 유비쿼터스화의 발전이 가속화되면서 나타나는 지식산업, 정보산업의 약진과 생명과학, 미세기술 등 첨단 국방과학기술연구의 급속한 발전을 통한 안보산업구조의 전환과 급속한 변화이다.

앨빈 토플러는 『부富의 미래Revolutionary Wealth』에서 오늘날 세계가 직면한 위기상황은 경제발전의 속도를 제도와 정책이 따라가지 못하는 데서 생기는 '속도와 충돌' 때문이라고 진단한다. 이러한 속도의 충돌은 바로 올바른 결정을 신속하게 내려야 하는 안보분야에도 지대한 영향을 미친다.

초스피드와 비획일성, 비동시성 등이 공존하는 지식혁명 시대의 시간은 개념 자체가 다르다. 인터넷에서의 1분은 영겁에 가까운 시간이고 외환 딜러들은 10분의 1초 안에 거래를 완료한다.

피터 드러커는 그의 저서 『미래사회Next Society』에서 지식사회의 세 가지 주요 특성을 다음과 같이 정리하였다. ① 국경이 없다. 왜냐하면 지식은 돈보다 훨씬 쉽사리 돌아다니기 때문이다. ② 상승 이동이 쉬워진다. 누구나 손쉽게 정규교육을 받을 수 있기 때문이다. ③ 성공뿐 아니라 실패 가능성도 높다.[4] 이러한 특성은 안보분야에도 영향을 줄 것이다.

〈그림 2-1〉에서 보는 21세기의 안보환경은 다가올 미래 환경에 대하여 핵심적인 내용을 도식한 것이다.

〈그림 2-1〉 안보환경 평가

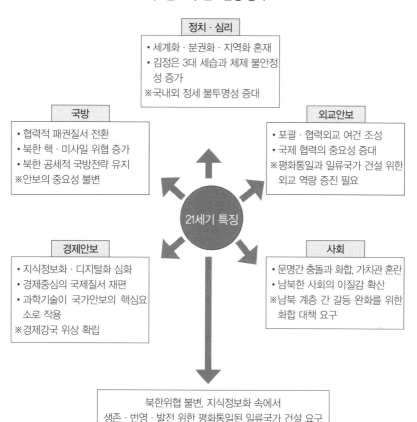

정치 · 심리
• 세계화 · 분권화 · 지역화 혼재
• 김정은 3대 세습과 체제 불안정성 증가
※국내외 정세 불투명성 증대

국방
• 협력적 패권질서 전환
• 북한 핵 · 미사일 위협 증가
• 북한 공세적 국방전략 유지
※안보의 중요성 불변

외교안보
• 포괄 · 협력외교 여건 조성
• 국제 협력의 중요성 증대
※평화통일과 일류국가 건설 위한 외교 역량 증진 필요

21세기 특징

경제안보
• 지식정보화 · 디지털화 심화
• 경제중심의 국제질서 재편
• 과학기술이 국가안보의 핵심요소로 작용
※경제강국 위상 확립

사회
• 문명간 충돌과 화합, 가치관 혼란
• 남북한 사회의 이질감 확산
※남북 계층 간 갈등 완화를 위한 화합 대책 요구

북한위협 불변, 지식정보화 속에서
생존 · 번영 · 발전 위한 평화통일된 일류국가 건설 요구

---

4) 피터 드러커, Next Society(한국경제신문, 2002), p.22.

안보적 · 정치적인 측면에서 보면 이러한 지식정보화는 세계국가를 하나의 지구촌으로 변화시키면서 국가경쟁력, 생활양식과 사고방식을 결정하는 가장 중요한 추동력이 되고 있다. 컴퓨터와 과학기술의 비약적 발전에 힘입은 정보통신혁명으로 20세기를 주도하였던 정치적 · 경제적 · 사회적 패러다임은 낡은 것이 되었고, 인류생활의 모든 영역에서 새로운 패러다임이 요구되고 있다.

지식우위와 정보우위를 향한 무한경쟁이 불러오는 또 다른 요소는 공간의 확장이다. 공간의 범위는 이미 세계적으로 확장됐다. 따라서 정치적으로 단극체제에서 다극체제로 전환되고, 세계질서의 불확실성은 더욱 증폭될 것이다. 이러한 공간의 확장은 전장이 우주와 사이버 공간까지 포함하고 있다는 것을 의미한다.

21세기는 '세방화世方化, Glocalization' 시대로 국가가 아닌 지역이 세계와 경쟁하는 시대이다. 대한민국이 앞으로 맞닥뜨릴 과제 중 하나가, 밖으로는 거세져 가는 국제화 · 세계화 요구이고, 안으로는 분권화 · 지역화이다. 따라서 안보전략의 범주와 영역이 확장되고 있다.

세계 차원에서의 질서는 세계화와 반세계화의 갈등, 지역주의의 심화와 확산, 그리고 자본주의의 표준경쟁이 가속화될 것이다. 이 과정에서 EU와 동아시아, 특히 중국과 인도의 경제적 부상이 예견되고 있다. 이러한 경제적 성장과 함께 빈부격차, 에너지와 물의 부족현상은 심화될 것이다. 중국의 정치적 · 경제적 불안정, 동북아 3국의 배타적 민족주의의 발전에 따른 동아시아 공동체 발전의 한계, 그리고 EU의 정치적 결집력 후퇴 가능성과 인구 노령화 문제 등이 향후 불확실성을 가중시키는 요인이라고 할 것이다. 이러한 불확실성은 안보전략 수립에 영향을 줄 것이다.

경제적인 측면에서 보면 지식정보화 과정이 경제과정 자체의 본질을 근본적으로 바꾸어 놓고 있다. 정보화와 디지털화가 심화되면서 신제품의 개발, 생산, 유통, 소비 등 경제활동 전반의 리듬이 빨라지고 혁신과 속도가 기업생존의 가장 핵심적인 메커니즘으로 등장하게 되었고,[5] 그 결과 지식요소가 생산의 가장 중심적인 요소로 자리잡게 되었다.[6]

21세기 신경제체제하에서 3가지의 커다란 흐름은 글로벌화, 디지털화, 그리고 네트워크화로 압축할 수 있다. 이제는 글로벌과 디지털이라는 2가지 키워드를 배제한 채 한 국가의 경제전략을 논의하기 어려운 상황이 전개되고 있다. 한편 글로벌, 디지털과 함께 네트워크는 경제적·사회적·문화적으로 제3의 키워드로 부각되고 있다. 신경제체제에서 글로벌과 디지털이 필요조건이라면, 네트워크 없이는 그 충분조건을 만족시킬 수 없게 된 것이다. 이러한 디지털과 네트워크는 전쟁양상을 변화시킬 핵심적인 요소로 등장하였다. 그 결과 현대전의 양상도 네트워크 중심의 효과중심작전의 모습으로 변화되고 있다. 이러한 변화는 앞으로 더욱 가속화될 것이다.

사회적인 측면에서 보면 지식정보화의 혁명은 사회혁명이다. 세계는 속도의 불균형이라는 소용돌이에 놓여 있다. 경제적 발전의 속도를 사회제도나 정책 등이 따라가지 못하면서 생기는 불균형이다.

지식정보화의 진전은 글로벌한 개방사회를 지향하면서도 국내적으로는 계층간 불평등을 심화시킨다. 왜냐하면 자동화혁명과 정보통신혁명이 급진전됨에 따라 기업들은 컴퓨터와 정보통신기술에 투자를 집중하면서 사람의 노동을 기계노동으로 대체하게 된다. 이 과정에서 교육수준과 기술숙련도가 낮은 사람들은 재취업이 상당히 어려운 심각한 기술실업을 겪게 될 가능성이 높아진다. 이 경우 재취업을 하더라도 교육수준이 낮은 사람

---

5) 불과 10여 년 전만 해도 필름 없는 카메라, 테이프 없는 캠코더, 수천 곡의 노래를 저장해 어디서나 들을 수 있는 MP3, TV를 보고 인터넷을 할 수 있는 휴대폰 등이 일상화될 것으로 예상하지 못하였다. 하지만 이러한 제품들은 앞으로 없어서는 안 될 생필품으로까지 인식되었다. 단순한 진화가 아닌 혁명적 변화이다.

6) 이런 점을 두고 드러커(P. F. Drucker)는 "오늘날의 가치창출의 근본요소, 즉 생산에서 절대적 중요성을 가진 요소는 자본도 토지도 노동도 아닌 지식"이라고 주장한다. 토플러(A. Toffler)도 지식은 독특한 성질과 잠재력으로 인해 여타 자원의 궁극적인 대체물이 될 수 있고, 따라서 경제의 '궁극적인 자원'이 될 수 있다고 주장한다. 써로우(L. C. Thurow)는 세계화의 진전에 따라 토지, 자원, 자본의 가용성이 크게 증가하는, 즉 희소성이 감소하는 상황에서 지식과 지력을 중심으로 하는 인공적 비교우위가 경쟁의 핵심요소가 되고 있다고 주장한다.

들은 임시직이나 계약직과 같은 매우 불안정한 고용계약을 감수하게 된다. 그러나 교육수준과 기술숙련도가 높은 사람들의 경우 더 많은 취업기회와 사업기회를 가지게 되므로 양 집단 사이의 소득격차는 늘어나기 마련이다.

눈이 돌아갈 정도로 정신없이 변화하는 시대, 위태로운 경제상황과 정책, 제도의 실패가 결합돼 개인들은 절망적인 상황에 내몰릴 수도 있다. 이러한 변화는 정치적 · 사회적인 안정에 영향을 미치고 안보전략 수립에 핵심적인 변수로 작용할 수 있다.

국가안보전략을 수립하는 우리 앞에는 무수히 많은 도전과 기회가 기다리고 있다.[7] 고령화와 저출산, 성장잠재력 약화, 고용 없는 성장, 중국의 추격 등은 또다시 우리 경제의 근저를 흔들어 놓을 수 있는 중대한 도전요인들이다. 친디아(중국+인도)의 급격한 부상, 자유무역협정(FTA) 확산, 디지털 혁명 가속화 등은 국가안보환경에도 결정적인 영향을 미치는 요소가 될 수 있다.

다른 한편으로는 민족과 종교, 문화를 앞세운 문명의 충돌과 융합, 국가이익과 집단이익을 추구하기 위한 테러와 자원 · 환경 분쟁은 미래의 안보환경을 더욱 불확실하게 할 것이다.

군사적인 측면에서 보면 21세기 안보환경은 변화의 템포가 빠르고, 유동적이면서 안보위협의 유형과 주체가 다양해지고, 그 결과 위협의 진단과 대처가 과거에 비해 훨씬 큰 불확실성 속에서 이루어진다는 특징을 지닌다. 21세기의 가장 심각한 위협은 더 이상 핵전쟁이나 대규모 군대 간의 충돌이 아니라 테러나 대량살상무기 같은 비대칭 위협에서 비롯되는 위험이다. 또

---

7) 앨빈 토플러는 한반도 미래의 핵심은 시간이라고 주장한다. 일종의 전술적 탱고로 변질한 북한 핵협상에서 최종 승자는 가장 느린 템포로 춤을 춘 팀이 될 거라는 것을 아는 북한은 최대한 시간을 질질 끌려고 애쓰고 있고, 대한민국도 30년 앞을 내다본 점진적 통일 정책을 구사하고 있지만 과연 시간이 한반도를 기다려줄지 의문이라는 것이다. 대한민국의 속도 지상주의 문화와 신중하고 더딘 외교정책 사이의 모순을 어떻게 극복하느냐에 한반도의 미래가 달려 있다고 그는 강조한다.

한 세계화·정보화의 심화는 중요 하부구조에 대한 사이버테러와 같은 새로운 취약점을 노정하면서 갈수록 지구촌 인간의 삶을 불안하게 만들 것으로 예상된다. 특히, 9·11 테러 이후 메가테러리즘Mega-terrorism, 대량살상무기 확산, 탄도미사일 확산, 사이버 테러, 실패한 국가들의 인권 문제, 에너지 및 식량안보와 환경문제 등 새로운 안보 이슈들이 21세기 안보의 핵심 문제로 등장하였다. 이러한 안보문제해결을 위한 협력적 패권질서로의 전환, 권역별 공동안보체제의 강화가 요구될 것이다.

탈脫냉전 이후 전쟁은 민족·종교·영토·자원·환경·인권문제 등 복잡다양한 요소에 의해 촉발되고 있다. 그뿐만 아니라 국제 테러리즘·마약·조직범죄·사이버 테러·해적 등 초국가적이고 비군사적 위협이 등장해 개인은 물론 전세계의 안보를 위협하고 있다. 이러한 위협요소는 불특정 다수를 대상으로 하고 있으며, 시간·공간·수단에 관계없이 인명을 살상하고 파괴한다.[8]

세계화는 국제협력 증대 등 긍정적인 측면과 국가 간 불평등의 심화와 같은 부정적인 측면을 동시에 내포하고 있다. 특히 세계화로 인한 세계시장의 확대로 과학기술, 자본과 정보를 풍부하게 소유하고 있는 국가는 발전과 번영의 기회를 갖게 될 것이나, 경쟁력을 갖지 못한 국가는 그러한 기회가 제한되면서 대외의존도가 심화되어 안보적인 취약성으로 연결될 가능성이 크다. 특히 중국에 무역의존도가 높은 대한민국의 경우에는 상호간의 갈등이 안보위협으로 확산될 수 있다.

정보화시대의 도래와 함께 정보·통신의 교류가 비약적으로 확산됨에 따라 국제사회는 다양한 분야에 걸쳐 상호의존성이 증대될 것이다. 즉 경제, 기술, 환경, 자원, 교육, 문화 등 여러 분야에서 상호의존성이 증대할 것이

---

8) 스웨덴 스톡홀름 국제평화연구소(SIPRI)가 해마다 펴내는 『군비·군축·국제안보 연감』 2007 년판에 따르면, 2006년 1,000명 이상의 사망자를 낸 유혈사건은 17건이었으며, 2007년에도 그 수치는 크게 달라지지 않았다고 했다. 그 중 가장 많은 유혈투쟁을 기록한 곳은 아시아 지역이다. 이라크·아프가니스탄·카슈미르·팔레스타인·레바논·필리핀 등에서 구원(舊怨)에 얽힌 복잡한 역사와 보복의 악순환이 계속되고 있는 것이다.

며, 또 세계질서의 다원화, 지역주의의 대두, 경제적 상호의존의 증대 등은 정치와 안보의 상호의존성도 증대시킬 것이다. 따라서 국제적 상호의존을 평화적으로 관리하기 위한 국제레짐International Regime의 형성과 구축·유지를 위한 노력의 필요성이 증대될 것이다.

이러한 변화를 바탕으로 냉전의 종식을 계기로 안보의 개념도 변하고 있다. 고전적인 의미의 안보는 흔히 국가안보를 지칭하며, 그 내용은 대체로 군사적 수단을 중심으로 이해되어 왔다. 고전적 관점에서 안보는 국가의 핵심가치에 위협이 없는 상태로 흔히 이해되어 왔다. 이러한 군사적 안보의 개념은 상대적 위상이 약화된 반면 경제적·사회적·환경적·생태적 안보의 개념이 안보 논의에 등장하면서 안보의 핵심은 국가안보에서 인간안보로 확대되는 것이 21세기 안보 논의의 특징이다. 이는 세계화와 정보혁명의 결과 국가의 힘이 군사력보다는 경제력에 의해 좌우되는 경향이 커졌고, 따라서 국가의 목표 또한 군사적 힘에 더하여 경제력·기술력의 확보에 치중하는 양상이 보편화된 결과라 할 수 있다.

안보 문제를 유발하는 주체뿐 아니라 이를 해결하는 주체들이 민족국가 차원을 벗어나 국제사회 수준 및 非국가 행위자 수준으로 확대되는 추세이다. 그 결과 21세기 안보는 행위자의 다양화와 안보 내용의 중층화 및 복합화가 특징이라 할 수 있다. 전통적인 국가 대 국가, 전장을 중심으로 진행되었던 갈등이 이제는 좀더 모호하고 불규칙적이고 비합리적인 차원으로 확산되는 것이 새로운 안보위협의 추세이다. 그 결과 군사안보뿐만 아니라 환경, 에너지, 인구, 난민, 국제범죄 등 초국가적 위협 또한 다가올 위협의 주요항목이 될 것으로 예상된다. 21세기 안보는 테러와 반테러 간의 전쟁·인종·종교·문화 등 인간 정체성正體性, Identity에 관련된 갈등, 경제적 빈부 격차, 정치적 억압과 폭력, 실패한 국가들의 인권 및 참상 같은 눈에 보이는 反평화의 요소들뿐 아니라 지구 온난화, 에너지와 물 부족, 도시화·정보화 심화에 따른 인간소외와 비인간화 등 인간문명의 모든 측면과 직접

적 · 간접적으로 연관되어 있다.[9]

과학기술 측면에서 보면 디지털과 유비쿼터스 등의 활용과 신기술의 개발 등으로 첨단과학기술 속도는 가속되고, 미래사회는 빛의 속도로 변할 수 있다. 과학기술력이 국력증진의 핵심요소로 등장하기 때문에 기술패권주의는 강화될 것이다. 따라서 첨단기술 개발에서 우위를 확보하는 문제는 국가의 가장 중요한 임무 중에 하나가 될 것이다. 이러한 첨단기술은 보이지 않는 제5세대 전쟁 등 새로운 전쟁양상을 유발시킬 것이다.

세계화 · 글로벌화 · 지식정보화가 진행되면서 인간의 조절능력을 시험하는 시장의 힘이 급속하게 커졌음을 확인하게 된다. 21세기 새로운 환경에서 생존, 번영, 통일 그리고 선진일류화를 추구하기 위한 국가의 전략환경은 크게 변화되었다. 더 치밀하고 효과적인 안보전략이 요구되고 있는 것이다. 세계화 소용돌이의 한복판에 놓여 있는 대한민국은 전략적 환경의 키워드의 하나인 '평화통일된 일류국가'를 축으로 안보전략의 개념을 재구성해야 할 것이다.

흔히 위기와 함께 기회도 온다고 한다. 위기를 이겨내는 과정에서 성공과 발전의 계기를 마련할 수 있다는 뜻일 것이다. 따라서 위기는 피해야 하지만 기회는 놓치지 말고 잡아야 한다. 그런데 위기를 피하면 기회도 함께 사라진다는 데 문제가 있다. 성공과 발전은 도전에 대한 응전에서 얻어지는 것이지 저절로 생기는 게 아니기 때문이다. 따라서 기회를 잡으려면 부득이 위기와 싸우는 수밖에 없다. 이것이 국가안보전략의 수행방향이다.

2. 세계 및 동북아 정세

(1) 새로운 국제질서 형성

오늘날 세계는 과학기술의 발달에 따라 경제적 · 사회적으로 큰 발전을

---

9) 박종철 외, 『2020 선진 대한민국의 국가전략: 총괄편』(통일연구원, 2007), pp.45-48.

이루어 자유와 인권 등 보편적인 가치에 기초한 정치체제가 확대되어 가고 있다. 그러나 냉전의 종식에 따른 세계질서의 근본적인 재편에도 불구하고 불안정성은 오히려 증대되고 있다. 국가 간의 전통적인 위협뿐 아니라 국제 테러, 대량살상무기 확산 등 새로운 안보문제들이 국가와 국민의 안전을 위협하고 있다. 그러나 냉전체제의 종식은 권력의 분산현상을 가속화시켜 민주화·다원화의 급속한 과정을 밟고 있으며 새로운 기회와 다양한 위협을 형성하는 가운데 기회활용과 위협대처에 보다 더 효율적일 것을 요구하고 있다.

세계화·글로벌화가 본격화되면서 새로운 국제질서가 형성되고 있다. 지금의 국제질서는 세 부류의 큰 흐름으로부터 도전을 받고 있는 것으로 판단된다. 첫째, 미국 주도의 경제질서가 중국과 동아시아 등의 신흥경제 세력들로부터의 도전에 직면해 있다. 둘째, 세계화의 진행이 다양한 차원과 경로를 통해 급속히 진행되고 있으며, 그와 동시에 그 흐름에 반대하는 반세계화의 운동 또한 격화되고 있다. 셋째, 세계적인 지역주의 발전추세로, 지역이 국가를 대체하는 국제정치경제의 기본단위로 등장할 조짐은 이미 여러 군데서 발견되고 있으며, 심지어 EU 등 상당 정도의 제도화를 이룬 지역들 간에는 이미 지역 간 협력체제의 모색이 활발하게 진행되고 있다.[10]

정보, 기술, 자본, 재화, 용역의 흐름이 전세계적으로 확대되어 세계가 점증적으로 상호연결되는 현상, 즉 '국제화Globalization'라는 물결 속에서 세계는 중국과 인도의 부상浮上 등으로 아시아적인 요소가 더욱 커질 것으로 전망된다.[11] 새로운 강국들의 등장으로 국제사회가 미국의 단극체제에서 동

---

10) 지역주의의 경로를 통한 세계화의 추진은 전세계적으로 점차 심화·확산되고 있는 추세에 있다. 북미지역은 NAFTA를 중심으로 경제통합 현상이 심화되고 있으며, 유럽지역은 지역통합체로서의 EU가 세계화의 주도세력으로 부상하여 미국과는 구별되는 유럽식 세계화가 다른 한 축에서 진행되고 있다. 한편 동아시아 국가들 사이에는 양자간 FTA가 활발하게 맺어지고 있으며, 지역 전체를 아우르는 경제통합 틀의 구축을 위한 논의와 모색이 ASEAN+3을 중심으로 진행 중에 있다.

11) National Intelligence Council, *Mapping the Global Future*, Report of The National Intelligence Council's 2020 Project(NIC 2004-3), Dec. 2004, pp.3-4.

북아시아를 포함한 다극체제로 변화할 것이다. 세계질서는 9·11테러 이후 형성된 미국의 일방주의적 강압적 패권질서에서 다극체제하의 협력적 패권 질서로 변화할 것으로 예상된다.[12] 따라서 한미동맹을 큰 축으로 생존전략을 유지해 왔던 대한민국은 그 변화의 흐름을 예의 주시해야 할 것이다.

세계는 산업혁명 이후 최대의 지식정보혁명을 겪고 있다. 전통적인 국경 개념이 사라지고 세계경제가 하나로 통합되는 과정이 진행 중이다. 국가, 기업, 개인을 포함한 모든 경제주체의 행동약식과 시장을 규율하는 규범과 환경이 급격하게 변화되고 있다. 이 같은 패러다임 전환기의 급변하는 환경 에 적응하기 위해 국가나 경제주체들에게 새로운 전략이 요구되고 있다. 특히 대한민국처럼 외부 경제환경의 변화에 예민하고 취약한 국가일수록 그 환경에 제대로 적응하기 위한 전략이 더욱 절실하다.[13] 이것은 안보분야에 서도 예외가 될 수 없다.

범세계적으로 보면 탈냉전 이후 갈등보다는 협력의 분위기가 점증하고 있다. 특히 세계화와 정보화 혁명의 가속화, '자유무역협정自由貿易協定. Free Trade Agreement'의 증가 등 긍정적 요소와 환경오염이나 자연재난의 확대 등 새로운 안보위협의 대두는 세계적 차원에서 협력을 강화하는 요인으로 작용하고 있다. 그럼에도 불구하고 세계 차원에서 불확실성이나 불안정 요인이 해소된 것은 아니며, 테러리즘과 핵무기 등 대량살상무기의 확산, 배타적 인종주의와 민족주의의 발호가 냉전기와는 다른 불안정 요인으로 대두하고 있다.

미국은 아직도 초강대국의 역할을 하고 있다. 미국은 비록 대테러전쟁을 독자적으로 해결하지 못하고 있지만, 미국이 갖고 있는 최강의 종합국력을

---

12) 근대 국제질서의 변화를 야기하고 있는 근본적인 추동력(推動力, Driving Force)으로서 '힘 (Power)의 정치의 변화', '부(Wealth)의 추구와 분배방식의 변화', 그리고 '국제질서의 안정을 확보하고 국제적 문제를 해결하는 기본 조직단위의 변화와 그 결과 나타나고 있는 정체성과 충성심의 변화'를 들 수 있다. Stuart J. Kaufman, *"The Fragmentation and Consolidation of International System"*(International Organization, 1997), pp.173-205.
13) 류상영 외, 『국가전략의 대전환』(삼성경제연구소, 2001), p.15.

바탕으로 아직까지는 세계의 지도자 역할을 자처하고 있다. 그러나 G2로 등장한 중국의 성장전망은 2030년경에는 미국의 현재와 같은 압도적 우위에 변화를 줄 것으로 전망되고 있다.

국제질서를 유지해 나가는 여러 가지 방법 중 국제질서를 이해하고 국제체제의 변화 가능성을 설명하고 있는 대표적인 이론은 세력균형이론Theory of Balance of Power과 패권안정론Theory of Hegemonic Stability이다.[14] 특히 이 이론들은 경쟁과 힘에 의한 국제체제 구축과 질서유지를 강조하고 있으므로 미국의 패권과 세계질서에 대한 논의를 이해하는 데 도움이 된다.[15]

미래의 세계질서를 정확히 진단하고 이에 대비하는 것은 대한민국의 안보전략에서 매우 중요한 위치를 차지하는 사안이다. 장기적으로 안보전략을 수립하기 위해서는 국제관계의 형태를 예측하고, 이를 결정할 주요변수를 파악하는 것이 매우 중요하다. 세계 안보질서에 대한 지배적인 시각은 미국의 일방주의, 국력의 집중, 연성권력의 독식현상은 현재보다 약화될 것으로 예상된다. 중국과의 G2체제의 정립, 혹은 '일초다강—超多强 체제'에 근접할 것으로 예상된다.[16]

세계화 지식정보화가 진행되면서 세계정세는 적응하기 힘들 정도로 빠르

---

14) 강대국 협력에 의한 질서유지로 집단안보(Collective Security), 국제레짐(International Regime), 경제적 상호의존과 협력(Economic Interdependence and Cooperation) 등을 생각해 볼 수 있다. 또한 변혁(Transformation)에 의한 질서유지 방법으로 민주주의 공동체 확산을 통한 국제질서 유지와 국제통합(International Integration)을 고려할 수 있다. 즉 경제공동체와 같은 형태로 국가들을 통합함으로써 질서를 유지할 수 있다. Muthiah Alagappa, *"The Study of International Order, An Analytical Framework,"* in Muthiah Alagappap ed., Asian Security Order, *Instrumental and Normative Features*(Stanford University Press, 2003), pp.52-64.

15) 이상현 편, 『대한민국의 국가전략 2020』(외교 · 안보)(세종연구소, 2005), p.16.

16) 힘의 배분상황을 통해 국제질서의 형성과 변화를 설명하는 대표적 이론은 세력균형이론과 패권안정이론이다. 국제질서에서 힘의 배분이 중요한 이유는 국제체제의 특성이 무정부상태이고, 그런 상태에서 국가의 생존은 기본적으로 자조(自助, Self-help)에 의해 결정되기 때문이다. 현실주의의 오랜 전통은 세력균형과 패권체제 중 어느 쪽이 국제체제의 안정을 보다 효율적으로 유지시키는가 하는 논쟁으로 이어졌다. 세력균형 이론가들은 국가들 간의 힘이 균등하게 배분되었을 때, 각국이 모험적인 정책을 취하기 어려워지므로 평화가 유지된다고 본다. 이에 비해 패권안정론자들은 국제체제에 강력한 패권국가가 존재할 때, 다른 나라들이 도전할 엄두를 못 내기 때문에 안정이 유지된다고 주장한다.

게 변화하고 있으며, 생존과 번영발전을 위한 국가 간 무한경쟁은 가속화되고 있다. 세계의 분쟁, 테러의 확산, 동북아 세력균형, 한ㆍ미 동맹, 남북관계개선 등 새로운 이슈들이 터지는 글로벌정치에 대비하기 위해서는 안보전략의 주체들은 최소한 20년 후를 내다보는 전략 패러다임으로 안보전략을 수립하고 추진해야 한다.

지금 형성되고 있는 '新국제질서'는 아직도 그 명확한 모습을 드러내지 않고 있다. 그러나 분명한 것은 오늘날 국제사회의 큰 흐름은 자유민주주의와 시장경제가 인류의 보편적인 가치로 확산되면서 대결과 대립이 아닌 화해와 협력의 긴장완화 추세를 보이고 있다는 점이다. 이러한 추세를 잘 이용하여 민주주의 시장경제체제를 정착시켜 국가발전을 가속화시키고, 평화통일에 보다 유리한 상황을 만들어 가야 할 것이다.

21세기 전반기에 대한민국이 처할 국제안보 환경의 변화를 고려할 때, 우리의 입장에서 정확히 진단해야 한다. 강대국 간 합종연횡으로 인한 새로운 세력균형의 판도를 읽고, 그에 입각한 안보전략을 수립하는 것이 국가생존의 관건이 될 것이다. 장기적인 안보전략을 수립하는 것은 어느 국가에게나 매우 중요한 과제이다. 특히 과거에 비해 역사의 템포가 훨씬 더 빨라진 시대를 살아가기 위해 국가가 할 일은 좀더 정확한 미래의 진단 위에 안보전략을 수립하는 일이다.

(2) 미ㆍ중 양강 구도 부상과 동북아의 안보 불안정성 증대

국제정세의 불안정과 불확실성은 동북아 차원에서 보다 뚜렷하게 부각되고 있다. 동북아 지역은 세계 인구의 약 25%, GDP의 23%, 그리고 외환보유고의 약 40%를 차지하는 지역이다. 이 지역에 강대국의 이해가 교차할 뿐만 아니라 상호협력과 갈등요인이 상충되고 있다. 지역경제 상황이 대변하는 것처럼, 역내 국가들은 경제성장에 따라 경제적 상호의존성이 증대되고 있다. 일본의 쓰나미나 대지진과 같은 자연재해, 사스나 조류인플루엔자(AI)와 같은 전염병, 그리고 마약 등과 관련된 조직범죄 등 비전통적인 안보위협에 대한 공동대응의 필요성 역시 증대되고 있다.

동북아 지역에서는 아직도 갈등양상이 강하게 나타나고 있다. 북한의 핵과 미사일 문제, 군비경쟁, 국경분쟁, 한반도를 중심으로 한 북방3각과 남방3각 간의 충돌가능성 등 전통적인 안보문제가 상존하고 있다. 이 지역에서는 중·러 간의 '전략적 동반자관계' 설정과 미·일의 안보협력 강화 등 중·러와 미·일 간의 역내 기존의 냉전시기 동맹관계에 기초한 블럭간 갈등 양상이 나타나고 있다.

향후 역내 안보 불안정 요인으로는 미국과 중국 간 국력격차가 중국에 유리한 방향으로 좁혀지는 과정에서 역내 질서를 주도하기 위한 경쟁이 심화될 것이다. 중국의 G2로의 부상은 이 지역의 세력균형에 변화를 야기할 수 있는 중요한 변수라고 할 수 있다. 중국의 경제적인 성장은 경이적이다. 개혁개방이 시작된 1978년부터 2010년까지 중국 국내총생산(GDP)의 연간 평균성장률은 약 10%였다. 같은 시기 세계 평균성장치인 3.3%의 3배 가까운 수치이다.[17)]

미국은 중국의 대미 도전방지를 위해 적극적인 개입 및 봉쇄전략封鎖戰略을 강화할 가능성이 높다. 그리고 일본은 중국의 패권추구 가능성에 대비하여 경쟁적으로 군비증강을 추진할 가능성도 배제할 수 없을 것이다.

그러나 여러 도전요인에도 불구하고 당분간은 미국이 상대적인 국력과 지위를 바탕으로 상당기간 동안 동북아지역의 질서를 주도할 것이다. 그러나 초장기적으로는 '미국 주도의 다강多強체제'를 거쳐 '미·중 양강兩強구도'가 정착될 가능성이 내재되어 있다.

중국이 시장경제체제를 계속 지향할 경우에는 대미·일 의존도는 지속적

---

17) 중국의 GDP는 1978년 3,654억 위안에서 2006년 23조 4,280억 위안으로 64배 늘었다. 1인당 GDP는 같은 시기 381위안에서 1만 8,300위안(추정치)으로 48배로 증가했다. 1978년 중국의 대외교역액은 206억 달러였는데 1990년에 1,154억 달러, 2000년에는 4,742억 달러, 2005년에는 1조 4,219억 달러, 2006년엔 1조 7,604억 달러가 되었다. 30년 전 중국은 대외교역액 순위에서 세계 27위에 불과했지만 2010년 기준으로는 2위이다. 외환보유액의 증가도 눈부시다. 개혁개방 첫해 1억 6,700만 달러였지만, 2006년에 처음으로 1조 달러를 돌파하고, 2011년에는 2조 달러를 넘어서고 있다.

으로 상승할 것이다. 미국이 한국 및 일본과의 동맹을 유지하면서 '세력 균형자' 역할을 지속하는 한, 향후 상당기간 동안 지역국가 간의 안정적 협력 관계는 유지될 것이다. 미국의 경쟁국가인 중·러의 국력을 고려해 볼 때 미국에 정면도전은 곤란할 것이며, 당분간은 중국과 러시아가 동맹을 결성 하더라도 미 단독, 또는 한·미·일 협력체제가 우세할 것이다.

장기적으로는 중국의 급격한 국력신장에 대한 미국과 일본의 중국에 대한 견제가 증대되면서 역내 국가 간 경쟁관계가 심화될 가능성이 내재되어 있다. 그리고 첨단전력 위주의 군비경쟁 심화로 역내 군사적인 밀도는 지속적으로 증대될 것이다.[18] 동북아는 세계인구의 약 25%가 집중되어 있고, 세계적인 강대국의 이익이 교차하는 지역으로 적과 동맹을 구분하는 이분법적인 질서가 아닌 사안별 협력과 경쟁관계가 반복될 것으로 예상된다.

작금의 동북아질서는 그 이전에 존재했던 냉전기의 미·소 대립체제, 혹은 그 이전의 일본 제국주의체제나 중화적中華的 조공체제와 구별되는 구조적 특성을 보이고 있다. 우선 이 지역에 깊숙이 관여하는 미국이 국력면에서 압도적 우위를 보이고 있는 가운데 일본, 중국, 러시아 등도 군사력이나 경제력면에서 세계 4강 범주에 들어갈 수 있을 정도로 역내 국가들의 강대국화 현상이 나타나고 있다.

각국은 이러한 국력을 바탕으로 미국의 대테러전 전략, 일본의 보통국가 전략, 중국의 화평굴기와 유소작위 전략, 그리고 러시아의 대국부활 전략 등 자국의 국가이익과 영향력을 한층 증진시킬 수 있는 국가전략을 공통적으로 추구하고 있다.

역내 국가들의 동시적 강대국화와 국가전략이 맞서는 구조는 개별 국가들간 이해 대립의 심각화 및 역내 질서의 불안전성을 높일 개연성이 크다. 미·일 동맹이 강화되는 한편 중국과 러시아는 연합 군사훈련을 반복적으로 실시하고 있다. 대한민국과 일본, 일본과 중국, 일본과 러시아 간에는

---

18) 2000-2010년간 세계 군사비가 지속적으로 감소했음에도 불구하고, 동북아지역은 약 25%나 증가하였다.

영토, 혹은 역사문제와 같은 내셔널리즘의 대립이 상존한다.

안보측면에서 보면 동북아에는 희망과 불안이 교차하고 있다. 동북아 지역에서는 국가간 상호투자와 교역이 꾸준히 증가하고 있으며, 최근에는 교역자유화도 활발하게 추진되고 있다. 아세안(ASEAN+3), 아세안 지역안보포럼(ARF), 아시아 태평양경제협력체(APEC) 등 기존의 협력기구를 중심으로 경제협력뿐 아니라 양자, 또는 다자간의 안보협력도 강화되는 추세이다.

이러한 협력관계의 발전에도 불구하고 동북아에는 여전히 불안정한 안보요인이 증대되고 있다. 한반도 주변 4국의 국력변화와 상호관계의 유동성은 동북아 평화와 안정에 영향을 미치고 있다. 특히 중국과 러시아의 '전략적 동반자관계' 설정과 미·일 동맹관계의 강화 등 냉전적 갈등의 축이 지속되고 있다. 이와 함께 영토문제와 역사문제, 그리고 군비경쟁 등 군사안보적 영역에서의 갈등요인이 여전히 강화되고 있다. 또한 중국의 경제적 부상은 중국 경제에 대한 상이한 전망에도 불구하고 향후 동북아시아의 세력균형에 불안정요인으로 작용할 것이다.[19] 이러한 동북아 지역의 불안정성과 불확실성은 미래에 대한 정확한 예측의 필요성을 제고하고 있다.

현재 동북아에서 미·일 간에는 안보협력 강화가 지배적 추세인 반면, 중·일 간에는 역내 영향력 확대를 놓고 상호불신이 심화되는 대립지향적 쌍무주의가 추세이다. 더 나아가 최근 중국과 러시아는 전략적 연대를 확대하면서 미국의 단극지배체제를 견제할 중심세력으로 등장하고 있다.

대한민국은 국제질서 측면에서 보면 외관상으로는 '중견국가中堅國家'로 성장하였다. 그리고 이에 상응하는 국제적인 책임을 강조하고 있지만, 동북아 질서 내에서는 여전히 상대적으로 영향력이 약한 국가라고 할 수 있다. 세계 및 동북아 지역에 상존하는 불확실성과 불안정 요인들은 갈등요인이 강

---

19) 2030년 동북아다자안보체제는 대립과 협력구도가 공존하는 가운데 미국, 중국, 일본을 중심으로 한 삼각구도가 어떠한 양상을 보일 것인가에 달렸다. 미·일이 하나의 축을 형성하는 경우, 두 번째는 중·일이 하나의 축을 형성해서 미국에 대립하는 경우, 셋째는 미·중간의 협력체제가 공고해져서 일본의 위치가 동북아안보구도에 현저히 감소하는 경우를 예상할 수 있다.

하고, 협력의 제도적 기반이 미흡한 동북아 지역에서 우리의 국익확보에 불리하게 작용할 것이다. 따라서 세계 및 동북아 지역 질서에서 각 수준에 존재하는 불확실성과 불안정성을 배제하고 동북아 지역, 나아가 세계질서에서 안정적이고 협력적인 환경을 조성하는 것이 우리의 생존과 국익을 보호하는 첩경이라고 할 것이다.

대한민국이 강대국들이 포진한 동북아 환경에서 국가안보를 확보하고 북핵문제 등의 현안을 해결하면서 평화통일을 달성하기 위해서는 국가이익의 우선순위를 명백히 식별하고, 국가목표들을 양자 또는 다자간 체계적으로 실현해 나가려는 안보전략이 필요하다.

(3) 주변국의 한반도 전략

한반도에 이해관계를 걸고 있는 주변 강대국들의 한반도 전략은, 단적으로 말하여 남북한 간의 통일 등 현상변화보다는 한반도의 군사적 안정, 또는 한반도의 현상 유지를 우선시하는 것이라는 점에서 공통적인 특성을 찾아볼 수 있다.[20]

미국의 한반도 안보전략의 기조는 한국과의 동맹관계를 유지하고 이를 보다 강화하면서 북한에 대한 개입介入, Engagement을 확대하여 한반도의 안보와 평화를 유지하는 것이다. 미국은 한반도의 통일보다는 안정을 중시하고 있으며, 통일 문제는 한반도 당사자 해결원칙을 중시하고 있다. 미국의 한반도 전략의 장기목표는 한반도에서 영속적인 평화를 유지하는 현상유지 정책이다. 현상유지란 어디까지나 미국이 균형자로 기능하는 미국 주도하의 현상유지를 의미한다.

중국에게 한반도는 정치, 경제, 군사적으로 매우 중요하여 '순치脣齒관계'로 표현되고 있다. 중국은 남북한이 대화와 교류를 통해서만 냉전의식을 극복하고 상호불신을 해소할 수 있다고 판단하고 있으며, 남북한의 화해협력

---

20) 이규열, "중장기 한미동맹 발전방안," 「안보논총(1)」(국가안전보장회의사무처, 2001), pp.307-309.

을 위해 건설적 역할을 다짐하고 있다. 즉 중국은 외세의 개입 없는 한반도의 평화통일을 지지하며, 통일이 남북한 간의 대화를 통해 평화적으로 달성되기를 희망하고 있다.

중국의 한반도 안보전략은 '동북아 新국제질서의 형성'이라는 목표와 불가분의 관계를 갖고 있다. 여기에는 ① 한반도의 안정 유지, ② 한국과 경제교류협력 강화, ③ 한반도 문제에 대한 영향력 확대, ④ 대북한 지원을 통한 유리한 안보환경 조성 등이 중요한 부분을 차지한다. 중국은 남북한 간의 긴장완화 및 관계개선을 통한 한반도의 평화정착, 남북관계의 균형적 조정을 통한 한반도의 현상유지를 추구하고 있다.

일본은 경제력에 상응하는 정치적·군사적 역할 증대를 통하여 한반도에 대한 영향력을 확대하려 하고 있다. 일본의 한반도 안보전략의 목표는 한반도의 위기상황 발생을 방지하면서 한반도에 대한 정치적·경제적 영향력을 확보하는 것으로 요약될 수 있다. 이러한 전략목표에 따라 일본은 한반도에서 한국에 대한 공식지지를 표명하면서도 북한과의 관계개선에도 관심을 기울여 왔다.

일본은 안보차원에서 한반도의 평화안정이 동북아의 안정에 중요하며, 북한이 남한에 대해 위협요인으로 존재하는 한 일본에 대해서도 잠재적인 위협요인이 된다고 인식하고 있다. 이러한 인식에 기초하여 일본정부는 한일우호협력관계를 한반도 안보전략의 기조로 삼고 있다. 일본은 명목적으로는 한반도의 평화적인 통일을 지지하고 있다. 그러나 실질적으로는 한반도를 '이익선利益線'의 개념으로 보고 있으며, 통일 대한민국이 군사와 경제 면에서 일본의 경쟁세력으로 부상할 가능성이 높다고 우려하고 있다. 또한 일부 일본인들은 통일된 한국보다 분단된 남북한 상태가 일본에게 유리하다고 판단하고 있으며, 미국이 평화통일 과정에서 안정의 균형자적인 역할을 적극적으로 수행해 줄 것을 기대하고 있다.

러시아는 세계 최대의 영토와 에너지를 비롯한 풍부한 지하자원을 보유하고 있으며, 빠른 시일 내에 강대국의 지위를 회복하고 경제 선진국으로 발전하기 위하여 최대한의 노력을 벌이고 있다. 그 핵심은 다소 권위주의적인 성격을 갖더라도 정치의 안정을 기하고, 안보 억지력을 확보하며, 정부역량을 집중적으로 투입하는 전방위적인 실용주의전략을 취하는 것이다.

러시아의 한반도 안보전략은 대체로 다음과 같은 목표를 중심으로 추진되고 있다. ① 한반도의 평화와 안정유지, ② 한국과의 경제교류를 통한 실익 추구, ③ 북한에 대한 영향력 복원, ④ 한반도에 대한 영향력 확보 등이다. 러시아의 한반도 정책기조는 한국 중심의 남북한 등거리 외교가 핵심이다. 러시아는 현재 진행 중인 남북대화를 지지하고 있으며, 한반도 문제의 정의롭고 평화적이며 민주적인 해결을 희망하고 있다. 러시아는 통일한국이 자국에 우호적인 국가가 되는 경우에는 극동에 대한 러시아의 이해를 위협하지 않을 것으로 판단하여 한반도 통일에 긍정적인 반응을 보이고 있다. 따라서 기본적으로는 남북한의 직접대화에 의한 평화통일을 지지하고 있다. 그리고 러시아 일부학자들은 경제력이 우세한 대한민국 주도의 독일식 흡수통일 방식을 현재 한반도 통일의 가장 가능한 시나리오로 상정하고 있다.

따라서 향후 주변 국가들의 한반도 안보전략은 안정적인 현상유지정책을 추구할 가능성이 높다. 대한민국의 생존과 통일과정을 적극적으로 방해하지는 않을 것이지만, 그렇다고 남북한 간에 통일을 적극적으로 지원하지는 않을 것으로 예측할 수 있다.

전반적으로 볼 때 주변정세는 단·중기적으로는 북한의 핵과 미사일문제, 미·중·일 상호관계와 변화에 따라 불안정성이 고조될 수 있으나, 장기적으로는 역내 국가간 경제협력과 다자안보대화가 진전을 이루어 평화와 번영의 기회가 확대될 것으로 전망된다.

대한민국은 세계 10위권의 경제력을 가지고 있음에도 불구하고, 주변 4국과의 관계에서 상대적으로 정치적 영향력과 군사력에 있어서는 열세한 지위에 있다. 무엇보다 동북아와 한반도의 경우 정치적·경제적으로 복합성과 불안정적인 요인이 산재해 있으며, 협력과 갈등이 공존하고 있다. 이러한 현실을 고려할 때, 보다 정확한 미래전망에 기초하여 일관성 있는 안보전략을 추진할 필요가 있다. 특히 주변정세 변화가 급속하게 진행되고 있다는 점을 고려할 때, 미래에 대한 정확한 예측과 이에 대한 안보전략을 마련하는 것은 국가의 생존에 영향을 주는 중요한 일이다.

대한민국은 주동적이고 적극적으로 미 · 일 · 중 · 러 등 역내 국가들에 대해 대립적 요인들을 배제하고, 우호협력적 가능성을 확대하는 안보전략을 발전시켜야 한다. 또한 이러한 질서구축을 위한 가능성과 방안을 모색하는 것은 우리 안보전략의 핵심적인 과제라고 할 것이다.

3. 한반도의 지정경학地政經學적 위상과 특성

(1) 지정경학적 위상

우리 한반도는 지정경학적으로 중심위치에 놓여 있다. 한반도는 지정학적 림랜드Rimland요, 문명충돌의 단층선斷層線이다. 한반도는 아시아대륙과 태평양을 잇는 교량적 위치에 있다. 한반도는 중국이라는 대륙문명과 일본이라는 해양문명의 접점지대로 융성하게 발전할 수 있는 위치에 놓여 있다. 대륙과 해양세력의 교량역할 뿐만 아니라 대륙과 해양을 한꺼번에 포용하면서 다양성의 조화를 이룰 수 있는 대국적大國的 잠재가능성이 매우 큰 곳이다.[21]

한반도는 대륙국가의 해양진출을 위한 전진기지이며, 해양국가의 대륙진출을 위한 교두보이다. 한반도는 중국의 만주와 러시아의 연해주와 맞닿아 있다. 동쪽으로는 일본, 서쪽으로는 중국과 바다를 사이에 두고 서로 마주보고 있다. 한반도는 군사대국인 중국, 러시아와 일본 사이에 끼어 있다.

---

21) 세계지도에서 우리나라를 보면 중국 대륙의 한 귀퉁이에 달랑 매달려 있는 '혹'에 불과하다. 하지만 세계지도를 거꾸로 보면 그 '혹'은 태평양으로 펼쳐지는 것을 보노라면 이 또한 배산임수(背山臨水)의 명당이 아니고 무엇인가. 한반도는 대륙의 관점에서 보면 귀퉁이의 혹에 불과하지만 해양의 시점에서 보면 명당 중 명당인 셈이다.

한국처럼 4대 강국에 둘러싸여 있는 나라는 지구상에 없다. 한반도는 주변 강대국들이 서로를 견제하고 힘이 충돌하는 군사적인 요충지이다. 따라서 한반도는 과거부터 주변 강대국의 힘의 각축장이 되어 왔다. 이러한 지정경학적인 전략적 위상은 현재는 물론이고 미래에도 크게 변하지 않을 상수이다.

최근까지도 대한민국의 운명을 지배해 온 요소 중의 하나가 한반도의 지정경학적인 위치였다. 맥킨더의 '대륙 심장지대론'에 의하면 한반도는 대륙세력과 해양세력이 교차하는 특수성을 가지고 있으나, 대륙에 접속된 반도지대이므로 어디까지나 대륙세력에 편향된 것으로 본다. 그러나 스파이크맨의 '주변지대론'에 따르면 세계분쟁의 진원지로 대륙과 해양 양대 세력의 중심으로 인식되고 있다. 한반도를 지정학적인 관점에서 개관한 2대 학설이 이렇게 편향과 중심으로 혼합 주장되고 있는 바와 같이 한반도의 지정학적 위치는 중앙적Central, 병참적Communication, 기지적Base, 육교적Landbridge, 그리고 완충적Buffer인 모든 기능이 복합적으로 수행되는 중요지대이다. 오늘날의 표현을 빌리자면 미국의 전초기지이고, 일본의 긴요지대이며, 중국의 변방지대이자 러시아의 동방초소이다.

미국의 입장에서는 한반도가 태평양의 군사력에 대한 방아쇠이다. 대륙세력의 태평양 진출을 견제·봉쇄하고, 일본열도를 방어하기 위해 긴요하다. 특히 G2 세력으로 등장한 중국의 대외진출을 봉쇄하는 핵심적인 지역이다.

일본의 입장에서는 한반도가 대륙 진출의 발판springboard임과 동시에 일본열도의 심장을 겨누는 비수이다. 일본 도요토미 히데요시의 두 차례에 걸친 대륙진출 기도, 구한말 일본의 대륙진출 도발, 한국전 당시 미군 후방지원 역할 담당 등의 역사적 사례가 이를 입증한다.

중국의 입장에서는 한반도가 대륙의 머리를 때리는 망치이다. 한반도는 해양진출의 관문임과 동시에 해양세력의 침략 완충지대buffer zone이다. 몽고군의 일본 정벌 기도, 중공군의 한국전 개입 등의 역사적 사례가 이를 입증

한다.

러시아의 입장에서는 태평양으로의 진출을 막는 수갑이다. 부동항을 통한 해양진출 및 대외 영향력 확대를 위해 한반도가 필요하다.

한반도의 지정경학적 위치는 불변적 요소로서 앞으로도 한국의 안보에 중대한 영향을 미칠 것이다. 특히 한반도는 20세기 초반처럼 주변국 간의 이해관계가 충돌할 경우 언제든지 그 분쟁의 와중에 직접적으로 휘말리게 될 가능성이 매우 농후하다. 주변의 강대국들은 모두 한국보다 우월한 국력을 보유하고 있을 뿐만 아니라 우세한 군사력을 보유하고 있다. 주변국들의 군사력은 한국을 직접적 대상으로 하여 건설·유지되는 것은 아니나, 어떤 예상치 못한 위기상황이 발생될 경우 한반도 안보에 직·간접적인 위협의 실체가 될 수도 있다. 주변국들이 군사혁신 차원에서 첨단 군사력을 발전시킬 경우, 한국의 군사력은 더욱 왜소화되어, 안보 취약성은 더욱 심화될 가능성이 있다.

특히 주변국 중 어느 한 국가라도 자국의 이해관계에 집착하여 전략적 균형유지에 소홀하거나 취약요인을 제공한다면 지역정세가 불안해지고, 잠재적 갈등요인을 악화시켜 우리의 안보를 저해하는 위협으로 나타날 수 있다.

한반도 안의 대한민국은 경제 선진국으로 성장하였다. 반면 북한은 매우 비정상적인 가난한 핵 국가, 병영국가로 변모되었다. 앞으로 대한민국의 국력이 계속 신장되고, 그 힘으로 우리 주도로 남북통일을 성취하면 우리는 세계 10위권의 '중강국中强國'이 될 수 있다. 그 반대로 성장동력을 잃고 허약한 나라가 되면 통일의 주도권은 상실되고, 20세기 초반처럼 한반도의 지정학적 유리점을 탐내고 있는 주변 강대국의 공략을 받아 국익을 침탈당하고도 이익을 제대로 주장할 수 없는 왜소한 모습의 약소국으로 전락될 수도 있다.

오늘날 미국, 일본, 중국, 러시아 등 한반도 주변의 4국은 대립보다는 협력과 견제로 불안한 세력의 균형을 유지하고 있다. 그러나 천안함 폭침과 연평도 포격사태에서 볼 수 있듯이, 이들의 상호 역학관계는 불안정성이 증대되어 한반도의 안보에 결정적인 영향을 미치는 중요한 변수로 작용할 수 있다.

지정경학적으로 한반도는 남북이 분단된 가운데 세계 4강에 의해 포위된 형국이다. 그러나 한반도는 그 중앙에 위치해 있기 때문에 대한민국이 대륙 세력과 해양세력의 가교라는 이점을 잘 활용하면, 유라시아 대륙과 5대양 및 전지구적으로 뻗어나갈 수 있는 기회를 포착하여 통일과 번영 및 국위선양을 도모할 수 있다.

(2) 한반도의 특성과 미래 위협

한반도는 먼저 전장공간에 있어서는 서울을 중심으로 반경 1,500㎞를 고려할 필요가 있다. 이 1,500㎞ 내에는 북경, 상해, 동경 및 블라디보스톡 등 주요도시가 포함되고 약 10억의 인구, 동아시아 산업의 80%, 군사력의 70%가 집결되어 있는 지구상에서 가장 중요한 전략적 핵심지역이기 때문이다.

한반도는 작전지형면에서 전체 면적의 약 75%가 산악지대로서 대체로 '동고서저東高西低'와 '북고남저北高南低'의 특징을 이루고 있으며, 낭림산맥과 태백산맥을 축으로 산악과 하천이 동서로 발달되어 횡격실을 형성하고 있다.

횡으로 발달된 산맥과 하천은 양호한 방어선을 제공하나 대부대의 기동에 제한을 주며, 종으로 발달된 산맥은 기동부대의 횡적 이동과 상호지원에 제한을 준다. 울창한 수목은 관측 및 사계에 영향을 미치며, 적 특수전부대의 침투와 활동에 유리한 여건을 조성하고, 탐색작전에 제한을 준다.

동부지역의 산악은 대부대의 기동에 제한을 주나, 상륙작전과 보병 위주의 침투에 유리하다. 중부지역은 지세가 험준한 회랑형回廊形 지역으로, 도시지역을 중심으로 도로가 발달되어 있어 보병과 기계화부대의 협조된 작전이 요구된다. 서부지역은 지형이 평탄하고 도로망이 발달하여 기갑 및 기계화부대의 기동이 가능하다.

산업화 및 도시화에 의한 신시가지의 발달로 남한지역의 약 17% 면적이 도시화되었다. 이는 피아의 기동에 제한을 주나 건물지역작전의 소요를 증대시킨다. 특히 수도 서울이 휴전선에 근접하여 위치함으로써 초전에 적이 화생무기를 사용하거나 전기, 가스, 통신, 급수 및 유류시설 등에 대하여 무차별 공격을 시도할 경우 대혼란과 공황이 발생될 수 있다.

서해안은 동해안과 남해안에 비해 수심이 얕고 조수간만의 차가 크므로 피아 대규모의 상륙작전은 제한되나, 소규모의 상륙작전과 비정규전 부대의 침투에 유리하다.

한반도는 온대지역에 위치하여 사계절이 뚜렷이 구분되고 각 계절별로 기상현상의 차이가 크다. 춘계와 추계는 비교적 기후가 온화하고 강우량이 적어 군사작전에 양호한 기상조건을 제공하나, 농무와 황사현상은 시계를 제한하고 정밀장비의 정비소요를 증가시킨다. 하계의 혹서기후는 신체적 활동을 제한하며, 우기의 집중호우는 기동에 제한을 주고, 고온다습한 기후는 화력 및 전자광학 장비의 정비소요를 증대시키며, 낮은 구름에 의한 불량한 시도는 항공작전을 제한한다. 동계의 한랭한 기후는 신체적 활동을 제한하고 전투근무지원 소요를 증대시킨다. 또한 강설은 기동에 제한을 주고, 지면의 결빙은 야전축성과 장애물의 설치시간을 증가시키며, 북서계절풍은 화생 및 연막작전에 영향을 미친다.

한반도의 산악과 도시화는 지상전투의 중요성을 배가시키며, 울창한 삼림과 기후현상 등은 북한군 비대칭 전력의 침투 및 활동에 적합하여 후방지역작전의 중요성이 상존하고 있다.

예상되는 전쟁 시나리오는 전쟁 형태별로 국지·제한전은 인접국과의 국경분쟁, 독도 등 도서문제 및 동·서해에서의 해저자원 분쟁 등을 상정할 수 있다. 전면전은 해양세력보다는 주로 대륙세력과의 전쟁을 고려할 수 있을 것이다.

이때 전쟁 단계별 대응개념은 위기형성단계에서는 예방과 억제가 중요하다. 정치·외교·군사·심리전과 아울러 감시정찰체계 및 동맹관계를 최대로 활용해야 한다. 국지 및 제한전에서는 공세와 응징을 통한 우세달성이 중요하다. 필요시 선제공격도 고려하되 동시에 확전을 통제해야 할 것이다. 전면전시는 거부와 결전개념하에서 기반전력을 중심으로 거부와 결전을 시도하되 동맹 및 연합작전을 구사하고, 종전처리단계에서는 군사적 균형을 복원하여 평화를 회복할 수 있어야 할 것이다.

한반도 안정을 위해서는 '거부적 적극방위전략'을 포함한 새로운 국방전략이 발전되어야 한다. 평시와 위기시는 외교력을 이용하여 위기를 방지하는 '예방·억제전략', 국지·제한전에는 적극적인 공세로 응징, 방어하는 '적극방위전략'이 필요하다. 전면전시는 상대가 득보다는 실이 더 커서 조기에 철수하거나 휴전을 제의토록 강요할 수 있는 '거부 및 결전전략'이 필요하다. 주변강국에 비해 상대적으로 군사력이 약할 수밖에 없는 우리의 입장에서는 스위스의 '고슴도치전략'을 원용하여 국토를 사수해야 한다.

미래 전장환경은 현재의 상존하는 위협에 추가하여 다차원의 다양한 안보위협 및 도전이 예상된다. 미래에는 〈도표 2-1〉에서 보듯이 안보위협 및 도전이 시간적·공간적·차원적·유형적·전법적으로 확대 및 증가된다.

〈도표 2-1〉 미래 위협과 도전의 양상

구 분	미래 위협·도전의 다양·복합화 상황
시 간	현존 위협 및 미래 위협 대비 상황
공 간	현실 세계의 상황(real world)과 가상 세계의 상황(cyber world)
차 원	비핵(재래식 전쟁)상황과 핵(전쟁)상황
수 준	고강도 분쟁상황(HIC)과 저강도 분쟁상황(LIC)
유 형	정규전 상황과 비정규전 상황 전통적인 군사작전 상황과 전쟁 이외의 군사작전(MOOTW) 상황
전 법	전격전(blitzkreig)과 게릴라전(guerrilla) 혼재 상황
성 격	스마트(smart)하고 클린(clean)한 군사혁신 전쟁상황과 더티'(dirty)한 4세대전쟁 상황 혼재
동 맹	자주국방과 한미연합 내지 국제 공조 상황
지 역	국내적 안보상황과 국외적 안보상황 한반도 차원의 상황과 지역 및 글로벌 차원의 상황

즉 미래위협, 가상세계, 핵 상황, 저강도 분쟁, 비정규전, 전쟁 이외 작전, 게릴라전, 국외안보, 글로벌 차원대비 상황의 비중이 점점 높아질 것이다.

이러한 위협의 변화를 고려한 주요 전략요소를 평가해 보면 '중강국中强國'인 우리의 입장에서는 주변국의 절대우세 군사력에 대한 '이소제대以小制大'의 비대칭적 대책이 긴요하다. 지정학적으로 세력 균형추의 역할을 할 수 있는 '이이제이以夷制夷' 방책발전이 필요하다.

지경학적으로는 동아시아 경제권의 중앙에 있는 유리한 이점을 잘 활용하여 경제와 기술의 상생相生적 상호의존 구조를 예방과 억제전략에 활용해야 한다. 해외 의존적인 경제구조를 감안해 볼 때 해상·항공수송로의 보호가 매우 중요하다. 그리고 사이버 공간이 새로운 경제대륙으로 변모하고 있다는 점에서 사이버테러 및 항공과 우주공간의 테러 방지에도 관심을 가져야 한다. 국력 및 기술력의 증가로 통일한국의 경제는 선진경제권, 정보화사회로 진입 가능성이 높으므로 이에 걸맞는 군사독트린Military Doctrine[22]과 전쟁수행 방법의 정립이 요구된다.

4. 한반도 안보의 역사적 특성

우리나라는 대륙세력과 해양세력의 이해가 교차하는 동북아시아 대륙과 태평양의 연계축선상에 위치한 반도국가이다. 한반도가 세력균형을 이루는 완충적 위치에 있어 한반도의 향배가 세력균형에 중요 가변요소가 되었다. 이러한 지정학적으로 요충적인 위치로 말미암아 역사적으로 북방과 남방 양면으로부터 오는 수많은 침략을 받아 왔다. 즉 한반도는 대륙세력과 해양세력이 충돌할 경우 그 소용돌이에 휘말려 왔다. 주변국이 한반도를 영향권에 두고 싶은 관심지역으로 분류하여 힘의 행사를 모색해 왔기 때문이다.

우리나라는 지난 5,000년 역사에서 약 970여 회나 이민족의 침략을 받

---

22) 군사독트린이란 국가가 택하는 국가안보의 개념, 국가안보의 목표, 국가안보의 위협요소, 주적의 개념 및 군사전략 등에 대한 일련의 논리체계를 말한다.

았다. 한반도는 주변 강대국 간에 이해충돌 및 분쟁발생시 자동적으로 그 싸움에 휩싸였다. 대륙세력과 해양세력이 충돌할 경우에는 주변국가의 흥망성쇠에 영향을 미쳤다. 따라서 주변 강대국의 전쟁터로 유린당하였고, 원치 않는 대리전쟁을 강요받았다. 멀리는 중국과 고구려의 대결, 몽고제국의 침략, 임진왜란 등이 한반도의 특수성에서 기인하였다. 근세 19세기 말의 청일전쟁과 20세기 초반의 러일전쟁, 제2차 세계대전 후 남북의 분단, 북한의 6·25전쟁 도발, 유엔군의 참전, 중공군의 개입, 정전협정 체결과 지금의 대치상황도 한반도의 지정학적 특수성에서 비롯된 산물이었다.

"고래싸움에 새우등 터진다"는 말은 주변 강대국들의 각축전에서 희생되어 온 약소국이었던 우리의 처절한 신세를 말해 주고 있다. 이러한 지정학적 위치는 불변의 것이지만 그것이 항상 불리한 것이라고 할 수는 없다. 튼튼한 국력과 안보태세, 그리고 슬기로운 외교능력을 발휘할 수 있을 때에는 대륙과 해양을 잇는 연결고리로서 오히려 그것이 지정경학적으로 유리한 조건이 될 수도 있을 것이다. 안보전략가는 한반도의 지정경학적인 위상을 적극 활용하여 주변세력들 사이에서 균형자, 안정자, 그리고 완충의 역할을 수행하며, 대륙과 해양에 동시에 진출하면서 이 지역의 안정과 번영에 기여할 수 있는 전략을 구상해야 한다.

우리 민족의 힘이 절대적으로 강하고 대륙세력의 힘이 약화되었을 때는 우리의 강역이 만주지역을 포함하였다. 고조선과 고구려의 경우이다. 그러나 우리의 힘과 대륙세력의 힘이 균형을 이룰 때나 안보전략을 제대로 수립하여 추진할 경우는 압록강과 두만강을 경계선으로 하는 한반도지역을 확보하였다. 고려와 조선의 초중기의 경우이다. 대륙세력의 힘과 해양세력의 힘이 균형을 이루면 한강과 38도선을 중심으로 세력균형이 이루어졌다. 오늘날의 우리의 모습이 전형적이다. 대륙세력의 힘이 절대적元, 明, 淸이면 한반도 전체가 그들의 영향을 받았으며, 해양세력의 힘이 절대적日本이면 그들의 지배를 받았다. 힘의 균형축이 이동하면서 때로는 평양–원산선이 힘의 균형축(통일신라, 고려후기)이 되었으며, 때로는 낙동강선이 균형축(임진왜

〈그림 2-2〉 한반도에서 힘의 충돌현상

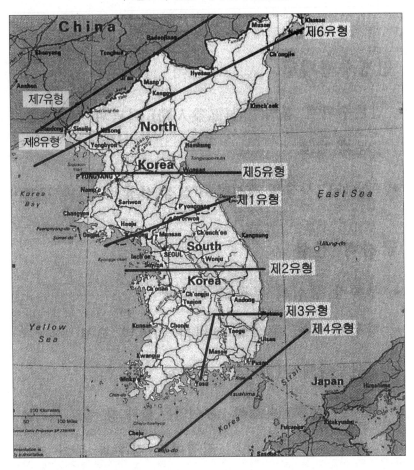

범례
　유형 1(방위 38도선) : 대륙세력과 해양세력이 힘의 균형
　유형 2(37도선, 금강) : 북의 세력이 남의 세력보다 조금 우세
　유형 3(낙동강선) : 해상세력의 불후퇴 방어선
　유형 4(대한해협선) : 한반도 전체가 대륙세력의 영향
　유형 5(북위 39도선, 대동강) : 해상세력이 대륙세력보다 조금 우세
　유형 6(청천강~두만강) : 대륙세력 반격선
　유형 7(압록강~두만강) : 해양세력이 대륙세력보다 절대 우세
※ 유형 8(한반도 통일) : 자주 · 독립국가 형태 유지

* 배기찬, 『코리아 다시 생존의 기로에 서다』(위즈덤하우스, 2006), p.37. 인용, 재작성.

란, 한국전쟁)의 역할을 하기도 하였다. 이를 지도에서 보면 다음과 〈그림 2-2〉같이 표식할 수 있을 것이다.

역사는 길고 큰 안목에서 보면 일정한 흐름이 있다. 일시적으로 반동적인 방향으로 되돌아갈 수 있지만, 결국은 올바른 방향으로 나아간다. 왜냐하면 힘의 균형과 국민들의 호국의지에 의해 안보환경이 움직이기 때문이다. 우리 조국의 역사가 바로 이를 증명한다. 우리는 한반도 안보의 역사적 특성을 인식하고 평화통일된 일류국가를 바라보며 국력을 기르고, 호국의지를 배양하여, 한반도 주인의 역사를 다시 주동적으로 써야 한다.

5. 남북한 및 국내 안보환경

(1) 북한의 국가목표와 안보전략

김정은 정권하의 북한의 국가목표는 강성국가의 건설로 북한체제를 유지하고, 한반도 통일을 구현하며, 사회주의 체제를 확산시키는 것이다. 이것은 〈도표 2-2〉에서 볼 수 있듯이 2012년 4월 11일 당대표자대회에서 개정된 노동당규약에도 명시되어 있다.[23]

〈도표 2-2〉 북한의 국가목표

구분	내 용
노동당 규약전문 (2012년 4월 11일 개정)	조선로동당의 당면목적은 공화국북반부에서 사회주의강성국가를 건설하며 전국적 범위에서 민족해방민주주의혁명의 과업을 수행하는데 있으며 최종목적은 온 사회를 김일성-김정일주의화하여 인민대중의 자주성을 완전히 실현하는데 있다.

---

23) 상대적으로 2010년 9월 28일 개정된 노동당 규약에서는 "조선노동당의 당면목적은 공화국 북반부에서 사회주의 강성대국을 건설하며, 전국적 범위에서 민족해방, 민주주의 혁명의 과업을 수행하는데 있으며, 최종 목적은 온 사회를 주체사상화하여 인민대중의 자주성을 완전히 실현하는데 있다."고 명시되어 있다. 즉 주체사상화를 김일성-김정일주의화로 수정한 것이다.

대남관계에서 북한의 기본적인 목표는 민족해방과 계급투쟁을 통해 한반도를 적화통일하는 데 있다. 이와 같은 통일방식과 통일목표는 북한체제의 최고규범인 조선노동당규약 전문에 명시되어 있다. 이것은 북한의 통일노선이 '先 남조선혁명, 後 공산화통일'임을 보여 주는 것이다.

북한이 이러한 입장을 고수하고 있으므로 남북한 간에 누적된 불신과 적대감정은 정치적 화해를 쉽게 이루지 못하게 하고 있다. 뿐만 아니라 한반도에는 고강도의 군사적 대결상태가 지속되고 있어, 아직은 '세력균형론勢力均衡論'의 억제논리보다는 '세력우세론勢力優勢論'의 붕괴논리가 적용될 수밖에 없다.

지난 반세기 동안 대한민국의 안보에 대한 위협의 근원은 주로 북한이었다. 약 120만 명의 북한군대에서 오는 군사적 위협만이 아니라, 대립되는 이념과 체제에서 정치적 위협을 가하고 있다. 특히 탈냉전으로 그 체제가 시대착오적임이 드러난 북한의 경우 구조적 위협이 더욱 심각하다. 결국 남북한 간에는 상호적인 위협과 공포가 여전히 상존하고 있는 것이다. 다만 비군사적 측면에서 그 균형이 남한에 유리하게 작용하고 있을 뿐이다.

북한은 군비증강의 경제적 한계를 인식하고 대량살상무기를 기반으로 한 '생존전략生存戰略'을 추구하고 있다. 북한의 군사도발 위협은 중·단기적으로 심각하며, 전면전의 감행 가능성을 완전히 배제할 수 없는 상황이나, 주된 군사도발은 국지·제한전 수준이 될 것으로 전망되고 있다.

북한은 김정은 시대에도 경제난과 체제불안 등 위기관리를 위해 통치체제를 강화하고 '대남적화통일전략'을 변함없이 추구하고 있다. 북한은 현대전의 특성을 입체전, 기계화전, 과학전, 속도전으로 규정하고 있다. 정치적·경제적·군사적 역량을 총동원하여 핵과 미사일 등을 개발하고, 비대칭 전력을 강화하는 등 전쟁을 준비하고 있다. 특히 미국이 이라크에서 안정화 작전에 어려움을 겪었다. 북한은 아프가니스탄에서 산악전과 게릴라전에 미국이 취약한 모습에 고무되어, 약 18만 명 규모로 증강한 특수전 부대를 이용한 비정규전과 배합전 능력을 강화하고 있다. 즉 제4세대 전쟁 수행능력을 강화하고 있다.

전면전시 북한군은 배합전에 고속기동전을 추가하여 전쟁 초기부터 비선형전투를 수행하고, 전 전장에서 동시전투를 강요할 것이다. 특히 북한군은 장거리 화력, 특수작전부대, 전자공격 등으로 아군의 지휘통제시설에 대한 집중적인 공격을 실시할 것이다. 또한 특수작전부대를 운용하여 기동로 상의 퇴로차단과 애로지역을 사전에 선점하여 기동로 축선상의 부대이동뿐 아니라 피난민의 이동도 제한시키려 할 것이다. 수도권과 대도시지역에 대한 대량살상무기, 미사일, 포병 등의 공격을 통해 주요시설을 파괴하고 혼란을 초래하려 시도할 것이다.

합리적 논리에 비추어 보면, 북한이 전면전을 도발할 가능성은 감소될 것으로 전망된다. 그 이유는 ① 전투준비태세의 수준이 열악해지고(기근으로 인한 사기 저하, 병력 전용, 훈련 부족, 장비의 노후화 등), ② 경제난, 특히 에너지난으로 인해 전쟁 지속 능력이 저하되고 있으며, ③ 중국과 러시아 등의 외부로부터 군사 지원을 받을 가능성이 적고, ④ 특히 한국의 군사력뿐만 아니라 한·미 연합방위 능력이 막강하여 전쟁에서 실패할 가능성이 매우 크기 때문인 것으로 분석된다. 그러나 북한은 비합리적인 집단이다. 정치적 협상에서 유리한 위치를 차지하기 위해 국지 및 제한전 수준의 군사도발을 감행해 올 가능성이 매우 높은 것으로 예측되고 있다. 그 가능성은 크지 않지만, 유사시는 핵과 미사일을 앞세워 전면전을 일으킬 위험성을 배제해서는 안 된다. 우리는 적이 공격해 오지 않으리라는 것을 믿지 말고, 내가 완벽히 준비되어 있음을 믿으라고 한 손자의 경구를 유념할 필요가 있다.

북한은 방대한 재래식 전력과 대량살상무기를 보유하고, 강성대국^{强盛大}

國[24]과 선군정치先軍政治[25]를 강조하고 있다. 휴전협정을 수시로 위반하며[26] 대남적화통일을 포기하지 않고 있다.

북한체제의 변화 및 남북한 관계발전 문제와 관련하여 대략 3가지의 시나리오를 상정할 수 있다. 첫째, 북한이 정치적으로 안정을 유지하고, 경제적으로 개혁과 개방을 꾸준하게 추진하며, 남북한 관계가 지속적으로 발전하는 것이다. 여기서 정치적 안정이란 김정은 정권이 존속하거나 교체되더라도 현재의 당·국가체제가 유지되는 경우를 말한다. 둘째, 김정은 정권이 급변사태 등으로 붕괴되고 민주적인 체제가 등장하여 남북한이 정치적 통합의 과정에 들어가는 것이다. 셋째, 최악의 사나리오는 핵 문제 등으로 북·미 관계가 악화되면서 미국의 '외과수술식 처방'에 대한 북한의 강력대응, 또는 북한의 기습공격에 의해 전쟁이 발발하는 것이다. 전쟁이 발생하여 어느 한 쪽에 의해 무력통일이 이루어질 수도 있겠지만, 그렇지 못하고 정전停戰으로 이어져 남북관계의 단절과 적대적 상태가 장기간 지속될 수도 있다.[27]

이러한 전환과정에서 위기는 더욱 빈번하게 조성될 수 있다. 북한 핵문제

---

24) 북한에 이 구호가 등장한 것은 1997년 7월 22일자 로동신문 사설 「위대한 당의 영도 따라 사회주의 건설에서 일대 앙양을 일으키자」라는 제목의 글에서 언급된 '주체의 강성대국'이라는 내용이 최초이다. 이후 98년 초부터 '강성대국'이라는 용어가 다시 등장했고, 이어 8월 22일 로동신문 정론 '강성대국'이 발표되면서 본격적으로 언급되기 시작했다. 북한이 주장하는 '강성대국'이란 "정치·군사·경제·문화의 모든 면에서 커다란 위력과 영향력을 행사하며 세계에 존엄을 떨치는 나라"를 뜻하고, 그 바탕이 되는 것이 사상과 군사력이라고 한다. 김정은 시대에는 강성국가라는 표현을 쓰고 있다.

25) 선군정치의 논리체계는 주체사상의 4대 원칙, 즉 사상에서의 주체, 정치에서의 자주, 경제에서의 자립, 국방에서의 자위를 기본원칙으로 하여 ① 군사(軍事)를 국사(國事) 중의 제일국사로 한다는, 즉 국정의 제1순위를 군사에 둔다는 '군사선행(軍事先行)원칙', ② 사회주의 혁명의 주력군을 종래의 노동자와 농민을 대신하여 인민군대로 내세운다는 '선군후로(先軍後勞)원칙', ③ 주체사상의 '사회정치적 생명체론'을 재해석한 '선군통일체론', ④ 군대가 없으면 사회주의 국가도 당도 인민도 없다는, 즉 군대가 곧 당이자 국가이고 인민이라는 의미의 '선군원리론', ⑤ 총대에 의해 혁명의 승패가 결정되고, 총대 위에 조국의 안녕과 인민의 행복이 있고 당도 있다는 '총대철학'으로 짜여 있다.

26) 북한은 지난 60여 년 동안 공중과 해상에서 각 100건 이상, 지상에서 43만 건 이상 휴전협정을 위반하였다. 북한의 휴전협정과 도발을 막는 과정에서 한국군 540여 명과 미국군 220여 명이 전사했다.

27) 정성장 편, 『대한민국의 국가전략 2020』(대북·통일)(세종연구소, 2005), p.37.

해결과정에서 관련 행위자들 사이에 오산과 불신으로 인해 많은 노력을 낭비하였다. 이러한 역학관계 전환과정에 잠재하고 있는 위험한 기회조성의 가능성을 적시해 주고 있음을 뜻한다. 그리고 북한 지도체제의 변화와 북한의 내부붕괴에 따른 급변사태의 발생가능성은 항상 상존하고 있다.

한반도는 냉전구도가 해체된 시점에도 신냉전구도가 지속되는 가운데 세계에서 가장 병력밀도가 높은 분쟁 위험지역으로 지목되고 있다. 한반도 차원의 위협 및 도전은 북한의 호전적인 존재와 군사적인 도발로부터 야기되고 있다.

따라서 우리는 북한의 어떠한 도발도 억제해야 하고 유사시는 싸워 이길 수 있어야 한다. "당신은 전쟁에 관심이 없을지 모르지만 전쟁은 당신에게 관심이 있다"라는 엘빈 토플러의 말처럼 전쟁은 우리의 의지와 상관없이 한반도에서 언제 발생할지 모르므로 이 땅에서 전쟁을 억제하고 예방하기 위해 최선을 다해야 한다.[28] 특히 우리는 싸우지 않고 이겨야 한다. 왜냐하면 6 · 25전쟁 당시와는 비교도 할 수 없는 파괴력을 가진 남북한의 군사력이 충돌한다면 그로 인해 그 동안 우리가 심혈을 기울여 이룩해 온 일류 대한민국으로 도약할 수 있는 민족적 역량을 송두리째 잃어버릴 수 있기 때문이다.

김정은 체제의 북한의 안보전략과 대남전략의 변화를 단정적으로 예측하기는 어렵다. 김정은의 권력승계 과정에서 권력투쟁 등이 가속화될 수도 있다. 또한 북한은 '벼랑 끝 전술'의 지속과 국제적 고립 심화, 핵무장을 배경으로 한 막다른 골목에서의 군사도발, 경제난 및 인권침해, 자유화 바람 등으로 인한 민심이반 등으로 주민탈출 및 북한사회의 시위 등과 같은 현상이 복합적으로 작용하여 정권붕괴사태가 발생될 수도 있을 것이다.

---

28) 세계전사에서 보면 북한의 기습남침으로 발발한 6 · 25전쟁을 비롯한 수많은 전쟁이 사전 예고 없이 일어났다. 도요토미 히데요시(豊臣秀吉)는 전국시대 통일 이후 전쟁경험이 풍부한 30여만 명의 병력을 보유하고 대륙정복의 야욕을 가지고 있었다. 그러나 조선은 그것을 정확히 알고 대비하지 못하였기 때문에 처참한 피해를 당한 것이다.

그러나 앞으로 북한의 안보전략에서 변치 않을 요소는 북한은 군사력을 중시하면서 기습, 배합전, 속전속결의 공격적인 군사전략을 기초로 남북관계의 균형추를 북한 쪽에 유리하게 변하도록 노력할 것이라는 점이다. 북한의 안보전략의 변천과정은 〈부록 2〉 북한의 국가안보전략에서 보다 상세히 언급할 것이다.

(2) 북한 위협의 특성

북한은 이미 세계적 차원의 과군비의 병영국가임에도 불구하고, 북한주민의 최소한의 삶의 질을 희생하며 핵과 미사일을 개발하고 군사력을 증강하고 있다. 이러한 현상은 선군정치를 앞세우는 북한 정권의 특성으로 보아 김정은 시대에도 지속될 것으로 전망된다.

북한의 군사도발 위협은 중·단기적으로 심각하다. 북한의 안보에 대한 위협은 군사적으로는 물론 정치·경제·사회·심리면 등 매우 광범위한 분야에서 다양한 형태로 나타날 수 있다.

북한은 기습, 배합전, 속전속결의 공격적인 군사전략을 기초로 군사력의 약 2/3 수준을 휴전선 가까이 전진 배치하여 기습 공격 태세를 준비해 놓고 있다. 약 300문의 장사정포로 서울을 위협할 뿐만 아니라, 핵무기를 비롯한 대량살상무기로 남한의 전국토를 동시다발적으로 타격할 수 있다.

북한은 미군 증원 이전의 5-7일 속전태세를 강화하고 있다. 병력규모는 1980년대 75만 명 수준에서 1990년대 100만 명, 2000년대 약 120만 명 수준으로 증가되었다. 전체 인구의 약 5% 이상이나 되는 젊은이가 현역복무를 하고 있다.

북한은 4대 핵능력을 보유하고 있다. 첫째는 생산 중인 핵물질로서 영변의 원자로에서 매년 핵폭탄 1개의 제조가 가능한 분량의 플루토늄을 생산할 수 있다. 둘째는 이미 추출된 핵물질로서 핵실험 이전에 40-50kg의 플루토늄을 추출한 것으로 추정되고 있다. 셋째는 이미 보유 중인 핵무기로서 약 10여 개가 거론되고 있다. 넷째는 고농축 우라늄(HEU)으로서 북한이 파키스탄에 미사일을 제공하는 대가로 이를 확보했을 것으로 판단되고 있다.

북한은 대량의 생·화학무기와 다양한 운반수단을 보유하고 있다. 북한은 스커드 미사일과 노동1호를 실전배치하고, 중거리 미사일인 대포동-1호를 개발한데 이어, 지금은 장거리미사일인 대포동-2호를 개발하고 있는 것으로 알려져 있다.[29] 특히 북한은 2010년 10월 10일 노동당 창건 65주년 열병식에서 사거리 약 3200㎞에 달하는 '무수단' 탄도미사일을 공개하였다. 북한은 이에 추가하여 2012년 4월 13일에는 광명성 3호를 발사하고, 이어진 4월 15일 군사 퍼레이드에서는 신형 장거리 탄도미사일을 공개하였다. 우리의 안보의 입장에서는 북한 핵탄두의 소형경량화도 의미심장하지만 북한의 장거리 미사일의 질과 양이 계속 증가되고 있는 점에도 신경을 쓰지 않을 수 없다.

북한은 신종 비대칭 전력으로서 사이버무기와 전자전무기를 은밀하게 발전시키고 있는 것으로 파악되고 있다. 2009년 7월 7일 한국과 미국은 사이버공격(DDOS: 분산형 서비스 거부)을 집중적으로 받았다. 그 배후로 북한이 유력하게 지목되면서 북한의 사이버전 능력에 주목하게 되었다. 북한은 현재 인민군 총참모부 정찰국 소속으로 약 1,000명의 '기술정찰조'를 운영하고 있으며, 전문해커들은 주로 중국에 머물면서 한국의 주요 국가기관 인터넷망에 끊임없이 침투를 시도해 온 것으로 파악되고 있다.

북한은 EMP탄을 이미 보유했거나 수년 내 개발을 완료할 것으로 전망되고 있어 대책마련이 시급하다. 2008년 미 하원 'EMP소위원회'는 북한이 EMP탄을 개발해 미국을 위협할 가능성이 있다고 전망했다. 미 하원 군사위 바틀렛 의원도 북한이 EMP탄을 가까운 미래에 개발할 것이라고 밝힌 바 있다.

정치·심리전 능력으로서 북한 정권은 남북관계가 이념전, 체제전 및 민족간의 전쟁이란 특성을 지니고 있는 점을 교묘하게 활용하여 정치·심리

---

29) 박병진, 「북한의 미사일 개발 역사는」, 세계일보(2009년 04월 05일).

전을 매우 능숙하게 구사해 왔다. 앞으로도 자주 · 민족 · 평화 · 통일이란 한국 국민의 염원을 역이용하여 한국 내 친북 동조세력을 키우고 반미주의를 확산시키며, 보 · 혁 갈등을 확산시킴으로써 안보 무정부상태를 창출하고자 진력을 다할 것으로 추정된다. 즉 북한은 총칼과 병행하여 정치 · 심리전이란 정신적 무기를 적극적으로 개발해 활용할 것으로 전망된다.

지상군은 공세적 기동화 부대구조를 강화해 왔다. 종래의 기갑사단 부대구조를 기갑여단과 기계화여단으로 세분화하여 운용하면서, 이들 부대의 분할지휘를 용이하게 하기 위해 기갑군단 및 전차군단을 창설하였다. 이에 따라 1980년대 후반 60여 개 여단이, 2000년대에는 100개 여단으로 변화되었다.

공군은 1990년대 초반 MIG-29 전투기를 러시아로부터 기술 도입, 조립 생산하여 실전화하였다. 공군 부대는 종래 3개 지역 전선사령부를 설치, 전단별 독립 작전체제로 운영하던 구조를 기동 및 임무별로 6개 전투기 사단으로 재편하여 사단별 작전체제를 강화하였다. 특히 노후화된 MIG-17 전투기와 IL-28 폭격기를 전진배치하여 서울 도달시간을 전투기는 6분, 폭격기는 10분으로 대폭 단축시키는 조치를 취하였다.

한반도에서 전면전이 발발하면 북한군은 비대칭적인 수단을 투입하여 전쟁 초기부터 비선형 전투를 수행할 것이다. 즉 전후방 전 전장에서 동시전투의 양상이 전개될 것이다.

북한군은 장거리 화력, 특수작전부대와 전자공격 등으로 아군의 C4I시설에 대한 집중적인 공격을 실시할 것이다. 또한 특수작전부대를 운용하여 후방지역의 애로지역을 사전에 선점하여 기동로 축선상의 부대이동뿐 아니라 피난민의 이동도 제한시키려 할 것이다. 수도권과 대도시 지역에 대해서는 대량살상무기와 미사일 및 포병 등의 공격을 통해 핵심 국가시설을 파괴하여 혼란을 초래하려고 할 것이다.

북한군의 이러한 비대칭적 위협은 앞으로 더욱 다양화 · 복합화되고, 이로 인해 우리의 안보 취약성은 더욱 증대될 것으로 전망된다. 북한의 비대

칭적 위협이 재래식 전력기반의 속전속결작전, 화생무기, 장사정포, 특수 8
군단 등에서 핵 및 미사일전력과 사이버전, 전자교란전 등의 첨단기술 전력
으로 빠르게 확대되고 있다. 중요한 것은 이와 같은 개별적인 비대칭 능력
이 상호유기적으로 결합되고 복합될 경우에는 그 위력은 상상을 초월할 것
이며, 이에 대한 우리 군의 효과적인 대응이 상당이 어려워질 수도 있을 것
이다.

북한군은 기존의 재래식 수단에 추가하여 각종 비대칭적 위협들을 배합
해서 활용할 것으로 예상된다. 국지 및 제한적인 도발시에는 이들 수단을
개별적, 또는 부분적으로 배합하고 적용할 것이다. 그러나 전면전시에는 이
들을 모두 통합하거나 배합하여 복합적으로 운용할 가능성이 크다.
'Hybrid戰 개념'의 경우에는 위협의 속도, 압박과 충격, 파괴의 강도는 상
상을 초월할 수 있다.[30]

대한민국은 안보전략을 수립시에는 이러한 북한 위협의 본질과 특성을
바탕에 두고, 유사시 최악의 상황을 상정하여야 한다. 가장 효과적인 안보
전략은 싸우지 않고 이기는 것이다. 대한민국은 북한군이 감히 도전할 엄두
를 갖지 못하도록 완벽한 방위태세를 갖추어야 한다.

(3) 국내 안보환경

한반도에는 북한의 '연평도 포격' 사태와 김정은 정권의 등장 이후 야기된
미사일 발사 등으로 안보의 불확실성이 그 어느 때보다 증폭되고 있다. 특
히 '천안함 피격'과 '연평도 포격' 사태의 해결과정에서 안보에 관한 갈등이
증폭되었다. 정부의 주요 안보조치들은 상당부분 신뢰를 상실하였다. 정부
의 대북정책과 통일정책에 대한 이해집단 간의 갈등도 심화되었다. 국가의

---

30) 북한군이 추구하고 있는 Hybrid戰 개념은 한미연합군 Hi-tech기반의 재래전력의 열세 만회
를 위해 전략적 차원에서 정규군, 비정규전, WMD, 사이버전과 사이버심리전, 테러전 등 복합
공격능력을 최대 활용하여 선제기습 및 속전속결, 배합전을 수행하는 것이다(이윤규, 「보이지
않는 전쟁! 심리전 이야기」, 『The Army』, 육군협회, 2009년 8월호).

안보전략에 대한 구체적인 방안이 제시되지 않다 보니 나침반이 없는 선장처럼 대한민국의 안보가 흔들리고 있다.

또한 남북한 관계와 이를 둘러싼 대한민국 내부의 정치적 변화 등은 여전히 불확실성과 불안정의 요인이 되고 있다. 이와 함께 각 차원에서 공통으로 나타나는 테러리즘을 포함한 전통적 안보위협, 초국경적 범죄, 전염병의 확산과 같은 비전통적 위협, 에너지 확보경쟁, 경제위기 해소, 최근에 불거지고 있는 부의 배분을 둘러싼 갈등 등의 문제는 앞으로 안보상황에 불안정 요인으로 작용하게 될 것이다.

신자유주의적 세계화에 따른 경제적 취약성이 증대되고, 차세대 성장동력산업의 경우, 부는 창출할 수 있을지라도 고용이 감소되는 문제점이 노출되고 있다. 부의 분배구조 악화와 비정규직의 증대, 노사 간의 갈등증대 등으로 국민화합과 단결에 여러 가지 어려움을 겪게 될 가능성도 높아질 것으로 보인다.[31]

대한민국은 앞으로 중대한 세 가지 도전을 맞게 될 것이다. ① 중국 경제의 부상으로 대한민국의 입지가 갈수록 취약해지고, ② 고령화로 경제활동인구가 줄어들고 성장세가 둔화되며, ③ 언젠가 현실로 다가올 통일이 주는 부담 등이 그 도전들이다.[32]

대한민국은 사회통합의 문제와 '지속가능한 성장' 문제에 있어서 큰 어려움을 겪게 될 것이다. 사회통합 문제에 있어서는 '분열정치'의 심화, 지역주의의 지속, 노사갈등 및 세대별 갈등, 그리고 남북관계 및 대북정책에 대한 이념적 갈등 등 사회갈등의 해소에 어려움이 지속될 가능성이 크다. 또한

---

31) 공병호, 『10년 후 대한민국』(해냄, 2005), 제1-3장.
32) 피터 드러커는 그의 저서 『Next Society』의 「한국인을 위한 서문」(pp.3-4)에서 대한민국이 앞으로 당면할 네 가지 도전을 다음과 같이 정리하였다. 첫째, 기업구조가 개발도상국 경제에 전형적인 것에서 선진경제와 사회에 적합한 구조로 빠르게 탈바꿈해 간다. 둘째, 제조업이 차지하고 있는 부와 일자리의 창출 역할이 꾸준히 감소하며, 제조업의 생산량이 급속히 증가함에도 고용기회는 지속적으로 감소한다. 셋째, 대한민국의 거대 이웃 중국이 세계경제에서 주요한 잠재적 성장시장으로, 그리고 동시에 주요 경쟁자로 등장한다. 그리고 노동력의 중심이 급속하게 지식근로자(Knowledge Worker)와 지식기술자(Knowledge Technologist)들로 이동하며, 지식근로자의 생산성 향상이 대한민국의 중심적인 경영과제로 자리잡게 될 것이다.

고령사회,[33] 교육 및 노동시장의 후진성, 사회복지체계의 미비 등으로 '지속가능한 성장'도 큰 어려움에 처할 가능성을 배제하기 어렵다.[34] 특히 앞으로는 세계적으로 유례가 드문 저출산으로 노동력 공급과 군사력 유지에 심각한 문제가 발생할 것으로 예측된다.

경제의 고용창출 능력 감소로 늘어나는 청년실업자들을 노동시장으로 통합시켜야 하는 고도성장기에는 존재하지 않았던 새로운 문제가 발생할 것이다. 빈곤층의 증가와 빈곤의 대물림이 가져올 수 있는 계층고착화의 가능성을 차단하는 문제 역시 중요한 국가적 과제로 등장할 것이다.

오늘날 우리는 북한의 군사적 위협이라는 전통적인 위협에 추가하여 동북아 안보환경의 변화, 새로운 위협의 대두, 세계화와 정보화의 심화 등 다양한 도전에 직면해 있다. 우리는 이러한 도전들을 극복하고 평화와 번영의 기회로 활용해야 할 것이다.

한반도에서의 안보환경은 여러 가지 어려움이 있다. 하지만 평화공존을 위한 초기단계에 돌입하고 있다. 앞으로 안보환경의 변화는 장기적인 측면에서 보면, 필연적으로 남북한 사이의 내부적 관계에 있어서도 변화를 촉진시킬 것이다.

대한민국은 세계경제위기를 계기로 급격한 개혁과정을 거쳤지만, 위기를 극복하는 것만으로도 버거웠기 때문에, 현실적으로 중장기적인 국가전략에 대한 고려가 부족했다. 중장기적 전망을 갖지 못한 채 현실 문제의 해결에 매달려 왔기 때문에, 위기극복 과정에서 많은 사회적 비용과 시행착오가 발생한 것도 사실이다. 그리고 외부적 압력과 충격으로 개발연대의 경제 시스템이 사실상 와해되고 새로운 시스템으로 전환해야 하는데, 어떤 경로를 거쳐 어디에 정착해야 할 것인지 전략적 방법론과 전망이 분명하지 않은 상태

---

33) 구조조정을 통해 65세 이상 노인 가운데 공적연금을 받는 사람 비율이 2005년 16.6%에서 2030년에는 65.5%까지 높아질 수 있을 것이다. 이는 2003년 기준으로 미국(93%), 영국(91%), 일본(84%)에는 못 미치지만 경제협력개발기구(OECD) 평균 수준에는 도달할 것이란 분석이다.
34) 정성장 편, 앞의 책, p.179.

에 놓여 있다.

따라서 우리는 대한민국의 현위치를 점검하고 앞으로 지향해야 할 안보 전략의 방향을 재설계해야 한다. 주변 강대국들의 사례를 벤치마킹하면서 대한민국의 안보전략 수립과 집행과정에 시사점을 얻어야 한다.[35]

세계가 한반도를 주시하고 미래는 한민족에게 열려 있다. 대한민국은 2012년에 세계에서 7번째로 소득 2만 불에 인구가 5천만 명이 넘는 '20-50대 클럽'에 가입하였다. 프랑스의 문명비평가인 자크 아탈리Jacques Attali는 한국이 앞으로 30년 내에 거점국가가 될 것이라고 말했다. 미국의 투자 은행인 골드만 삭스는 한국이 앞으로 50년 내, 21세기 중반에는 미국 다음으로 발전하여 국민 1인당 소득이 8만 달러가 넘을 것이라고 전망했다. 독일의 『디 벨트Die Welt』지는 앞으로 30년 내에 한국은 독일을 앞서갈 가능성이 있다고 보도했다. 그러나 거기에는 조건이 있다. 평화체제가 정착되고 남북이 통일을 이루어야 한다. 궁극적으로 남북이 평화유지와 통일을 지향한다면 남북이 서로 상대방 체제를 인정하고 가능한 여러 차원에서 대화와 교류협력을 확대해 나가는 것이 필수적인 과정이다. 평화는 거저 주어지는 것이 아니다. 평화통일이란 꽃으로 활짝 필 수 있도록 인내하면서 소중하게 가꾸어야 한다.

설사 통일이 늦어지더라도 남북이 화해협력하여 한반도가 대륙과 해양을 잇는 평화의 다리가 되어야 한다. 바다로, 대륙으로 열려 있어야 한다. 그러기 위해서는 가장 중요한 나라는 역시 북한이다. 민주화를 후퇴시키고 남북이 서로 반목하여 이러한 국운 융성의 기회를 놓친다면 천추의 한을 남길 것이다.

---

35) 류상영 외, 앞의 책, p.15.

제2절
핵심적인 국가이익[36]

1. 국가의 안전보장과 정치적 자주

　대한민국의 국가대전략國家大戰略, National Grand Strategy은 우리가 당면하게 될 전략환경에 대한 평가를 바탕으로 국가의 모든 역량과 자원을 효과적으로 사용하여 국가이익[37]의 구현을 위해, 설정한 국가목표를 달성하기 위해 수립된다. 안보전략은 국가대전략의 하위전략으로서 핵심적인 국가이익을 수호해야 한다.

　대한민국은 국민의 안전보장, 영토보존 및 주권수호를 통해 독립국가로서의 생존을 보장받을 수 있어야 한다. 안보는 국가존망의 문제이다. 국가가 생존하지 않는 한 국가가 추구하는 가치는 아무 의미가 없다. 국민들에

---

36) 국가이익은 앞에서 설명한 대로 존망의 이익, 핵심적 이익, 중요한 이익과 지엽적 이익 등 4가지로 분류하기로 하였다. 여기서 핵심적 국가이익에는 존망의 이익이 포함된 개념이다.

37) 대한민국의 핵심적인 국가이익(존망의 이익 포함)은 헌법의 기본정신과 전략환경평가에 따라 다섯 가지로 정리가 가능할 것이다. 이러한 국가이익은 2030년까지 큰 변화 없이 지속될 가능성이 높다. 단 통일한국의 국가이익은 평화적 통일을 삭제하고 '정치적 자주'를 포함할 수 있을 것이다.
　① 국가의 안전보장: 국민의 안전보장, 영토보존 및 주권수호를 통해 국가의 생존을 보장
　② 평화적 통일: 남북 간의 냉전적 대결관계를 평화공존 관계로 변화시키고 통일국가를 건설
　③ 자유 민주주의의 함양: 자유와 평등, 인간의 존엄 등 자유민주주의 체제를 유지·발전
　④ 번영과 발전: 국민생활의 균등한 향상과 복지의 증진을 통해 국가의 번영과 발전을 도모
　⑤ 국위선양 : 인류의 보편적 가치를 존중하고 세계평화와 인류공영에 기여

게 조국의 상실 이상 가는 슬픔은 없을 것이다. 국가안보는 존망의 국가이 익이자 핵심적인 국가목표로서 국가의 정치적 독립과 경제발전을 확보하 고, 자유를 수호하며 생명과 재산을 보호하기 위한 근본전제이다.

우리의 존망의 국가이익은 생존을 보장하면서 21세기 통일시대를 대비하 는 것이다. 핵심적인 국가이익은 자유와 복지, 번영이 충만한 품위 있는 사 회를 건설하는 것이다. 이와 같은 국가이익에 대한 국내외로부터의 어떠한 위협도 제거해야 한다. 이를 위해서는 총력방위태세를 유지하고 전국민이 참여하는 '총력안보'와 안보를 생활화하는 '생활안보'가 중요하다. 국가안보 의 개념이 포괄적인 안보관으로 변화됨에 따라 안보의 주체는 국민 전부라 고 할 수 있다. 민·관·군 간의 협력과 화합은 물론 국가 전반에 걸친 균형 적인 발전을 통해 21세기의 다중적인 불확실성에 대비해야 할 것이다. 우리 는 국가의 생존을 위해 때로는 소중한 자유까지도 양보할 수 있는 자세를 갖추었을 때 국가의 생명력과 국가이익은 보장될 것이다.[38]

시대적인 상황과 무관하게 국가체제가 존재하는 한, 다시 말하여 대한민 국이란 영토, 국민, 그리고 주권이 존재하는 한 국가의 생존보장은 절대적 이라 할 수 있다. 국가의 생존은 내외부적인 위협으로부터 국체를 보호하고 유지하는 것, 즉 독립을 보존하는 것이다. 이를 위해서는 국가는 정치적인 자결권을 가져야 하며, 자주적으로 국가정책을 수립하고 추진할 수 있어야 한다. 즉 정치적인 자주가 보장되어야 한다.

대한민국의 정치적 자결권이 아직 확보되지 못한 주요요인은 한반도의 분단에서 기인되고 있다. 한국전쟁으로 인해 군사적 자주권이 미국에게 양 도된 이래 이를 되찾으려는 의지가 있었음에도 불구하고 현실적으로 어려 움이 상존하였으나, 1995년 평시작전통제권을 전환받은 데 이어, 2015년

---

38) 17세기 프랑스의 시인 라퐁텐의 시에서 '모든 길은 로마로 통한다'는 말이 생길 정도로 로마는 세계를 제패하였다. 로마에서는 2년 동안의 군 복무를 마친 사람들만이 시민이 될 자격을 얻었 다. 장교는 귀족의 자제만 될 수 있었고 그것을 최고의 영예로 생각했다. 이러한 로마 시민들의 상무정신이 강력한 로마제국을 건설하는 바탕이 됐다. 그러나 평화가 지속되자 귀족들과 시민 들이 군대 가기를 꺼리게 되고 노예와 용병에게 국방을 맡기면서 결국 로마는 멸망하고 말았다.

12월에는 전시작전통제권도 전환될 예정이다.[39]

대한민국 국민은 안보에 대한 불안심리를 보유하고 있다. 외부로부터의 잦은 침략을 받은 역사의 피해의식이 잠재화한 것이다. 또한 요즈음 우리 국민들은 군사력의 강화가 필요하다는 데는 공감하나, 과거에 비해 상무정신尚武精神은 약하고 국방비의 지출에는 인색하다.[40] 그러나 우리가 진정으로 한반도에서 평화를 원한다면 전쟁의 본질과 약육강식의 국제질서를 이해하고 이에 대비해야 한다.

21세기의 복잡한 전략환경에서 통일한국은 안보의 자주화 전략을 추진하여 자주국방의 능력을 확충하고 건실한 국민경제를 육성하여, 우리의 국가이익을 자주적 · 세계적인 입장에서 구현할 수 있어야 한다. 우리는 한반도에서 북한이 세계화 없는 자주화를 고집스럽게 추진한 결과로 고난을 겪고 있으며, 대한민국은 자주화 없는 세계화를 성급하게 추진한 결과로 IMF의 관리체제를 겪어야 했음을 잊지 말아야 한다. 따라서 통일한국의 정치적인 자주는 국가의 안과 밖인 시민사회와 세계의 공간을 최대한 품을 수 있을 때 비로소 가능하다. 그러므로 우리는 닫힌 통일이 아닌 열린 통일의 시각으로 폐쇄된 자주가 아닌 세계질서 속의 자주, 배타가 아닌 포용하는 자주의 개념을 정착시켜야 한다.

---

39) 작전통제권(作戰統制權) 문제는 1950년 7월 15일 당시 한국전쟁 초기에 전황이 극도로 불리한 가운데 이승만 대통령이 한국군의 작전통제권을 유엔군 사령관에게 이양하였다. 1978년 11월 7일 한미연합사령부가 창설되면서 유엔군 사령관은 휴전업무만 관장하고 한미연합 사령관이 작전통제권을 행사하는 형식으로 바뀌었다. 그 후 1992년 한미안보연례회의에서 국군의 작전통제권 중 평시작전통제권을 대한민국이 환수하기로 합의하고 1995년 이양받았으며, 전시작전통제권은 2015년 12월 전환하도록 결정되었다.

40) 우리나라가 수많은 외침 속에서도 이를 극복하고 반만 년의 역사를 이어올 수 있었던 것은 선조들의 끈질긴 상무정신이 있었기 때문이다. 고구려는 만주 벌판을 장악하는 대제국을 건설했고 수나라 양제의 100만 대군을 살수에서, 당 태종의 50만 대군을 안시성에서 물리쳤다. 신라는 "조국을 지키기 위해 목숨을 바치는 것을 무사의 최고 영예"라고 생각하는 '화랑도 정신'으로 삼국통일의 위업을 이뤘다. 그리고 고려는 '호국사상'을 바탕으로 네 차례의 거란 침입과 일곱 차례에 걸친 몽고 침입을 끈질긴 항쟁으로 물리쳤다. 조선은 의병 정신으로 임진왜란과 병자호란 등 수많은 난국을 극복했다.

2. 번영과 발전

국가가 부강하게 되기 위해서는 나라가 번영 발전할 수 있는 능력이 있어야 한다. 나라가 번영하고 발전하려면 문제가 있을 때 문제를 해결할 수 있는 자정능력을 보유해야 한다. 업그레이드가 필요할 때는 한 단계 도약할 수 있는 능력이 있어야 한다. 한마디로 국가가 능력이 있고, 국가가 유능하여야 나라가 발전하여 부강한 나라가 된다. 국민생활의 균등한 향상과 복지의 증진을 통해 국가의 번영과 발전을 도모해야 한다.

국가가 번영발전하려면 발전하려는 국민의지國民意志가 중요한데, 한국인은 경제성장과 국가발전에 대한 욕구가 매우 강하다. 경제성장에 대한 욕구는 구체적으로 선진국 수준을 염원하고 있다. 국가의 경제권이 약화되고 세계경제위기가 급속하게 진행되는 환경의 변화 속에서 우리는 양적인 성장을 탈피하고 질적 성장을 위한 사회적 · 문화적 · 정치적인 조건들을 갖추어 나가야 한다.

번영발전하기 위해서는 경제성장 동력을 유지해야 한다. 대한민국 경제발전의 아킬레스건은 긴요한 천연자원의 높은 해외의존도이다. 무역의존도가 높은 경제구조에서 교역의 신장은 경제성장의 주요동력이며, 국가존망이 걸린 중대한 과제이다. 인구는 적지 않지만 부존자원이 부족하여 국제적으로 의존성이 너무 높다. 이러한 경제적 상호의존성으로부터 기인하는 안보적 위협을 극복하기 위해서 취약한 구조개선이 필요하다. 식량 에너지, 광물자원 등 전략자원의 확보와 해상수송로의 안전보장을 위해 노력을 강화해야 한다. 에너지 수급상의 문제는 앞으로도 우리의 경제발전을 압박하는 요인으로 작용할 것이다.

한반도 전체의 번영발전도 중요하다. 북한 동포들에게도 우리 국민이 누리는 삶의 질을 나누어 갖는 의미를 중시해야 한다. 한반도가 통일을 이룰 경우에는 북한의 지하자원을 활용할 수 있을 것이다. 우리는 통일한국의 생산력과 경쟁력이 바로 한민족의 삶의 질과 사회복지를 한 단계 높여 주는 원동력의 역할을 할 수 있도록 해야 할 것이다. 이를 위한 큰 틀의 안보전략이 요구된다.

3. 평화통일

통일의 시점까지는 대한민국의 국가이익 중 핵심적인 이익은 평화통일이 될 것이다. 왜냐하면 대한민국이 번영발전하면서 일류국가로 도약하기 위해서는 현재와 같은 불안정한 분단체제로는 한계가 있으며, 국가생존을 위해서도 남북 간의 대립은 해소되어야 하기 때문이다. 그러한 차원에서 평화통일전략이 안보전략의 틀 속에서 수립되고 추진되어야 한다.

앞으로 21세기에도 남북한이 서로 대립하고 민족 간의 경쟁을 위해 국력을 낭비한다면 역사의 시계는 우리를 기다려 주지 않을 것이다. 인류역사에서 보면 새로운 환경에 적응하는 자는 흥하고, 그렇지 못한 자는 패망하였다. 우리는 국가와 민족의 생존과 번영을 위해 이 시대의 새로운 환경에 창조적으로 적응하면서 평화통일의 길을 닦아 나가야 한다.

통일은 분단된 조국을 하나의 민족국가로 만들어 가는 과정이다. 지리적 측면에서는 국토의 통일을 의미한다. 즉 민족 성원 모두가 한반도 내에서 자유롭게 거주하고 이전할 수 있는 터전을 마련하는 것이다. 국토는 남과 북의 온 겨레가 더불어 가꾸어야 할 삶의 터전이다.

정치적 측면에서 보면 국권國權, National Sovereignty의 단일화를 의미한다. 우리 민족은 장기간 단일한 정치체제 속에서 살아왔다. 남북한 간의 단일 정치체제로의 복구가 요구되는 것이다.

경제적 측면에서 보면 민족경제권의 통합을 이룩하는 것이다. 지금은 남한의 자유시장 경제체제와 북한의 사회주의 경제체제로 분할되어 있어, 민족의 공공복리公共福利, Public Welfare를 증진시키기 위한 경제권의 통합이 절실하다.

사회적 측면에서 보면 국민의 통합을 의미한다. 즉 통일된 조국에서 남북한 주민을 하나의 국민으로 통합하는 것이다.

문화적 측면에서는 문화적 동질성을 회복하는 것이다. 우리 민족은 같은 언어, 같은 문화, 같은 전통을 유지해 왔다. 그러나 분단이 지속되면서 남북한 간의 동질성이 부분적으로 파괴되고 있으며, 민족의 정체성이 붕괴될 우려가 높아지고 있다. 따라서 남과 북이 민족의 전통 위에서 민족의 앞날을 밝히는 새로운 문화 창조의 길을 열어야 한다.

통일은 곧 국토도 하나, 민족도 하나, 제도도 하나, 생활도 하나되는 것으로 규정할 수 있다. 즉 둘로 나누어진 국토와 민족, 제도가 참다운 하나로 발전적으로 거듭남을 의미한다.[41]

이러한 통일을 위한 최선의 방법은 평화적인 방도이자 민족의 발전과 번영을 약속하는 방법이어야 한다. 이를 위해서는 각 분야에서 남북이 화해하고 교류협력을 강화함으로써 평화통일의 징검다리를 하나씩 놓아 가는 자세가 바람직하다.

역사의 긴 흐름에서 보면, 통일 문제는 결국 어느 체제가 세계사적 전개에 부합되고 민족 성원의 삶의 질을 보장해 줄 수 있느냐 하는 문제로 귀결될 수 있을 것이다. 그 동안 우리가 겪었던 분단의 아픔을 그 누구도 대신해 줄 수 없듯이, 민족화합과 통일을 위한 땀 또한 어느 누구도 대신 흘려 주지 않을 것이다.

대한민국 헌법의 전문에서는 "평화적 통일의 사명에 입각하여 정의, 인도와 동포애로써 민족의 단결을 공고히 할 것"을 명시하고 있다. 제4조에서는 "대한민국은 통일을 지향하며, 자유 민주주의 기본질서에 입각한 평화적 통일정책을 수립하고 이를 추진할 것"을 규정하고 있다. 그리고 제66조 3항에서는 "대통령은 조국의 평화적 통일을 위한 성실한 의무를 진다"고 규정함으로써 평화통일을 위한 대통령의 책무責務도 제시하고 있다.

---

41) 통일교육원, 통일문제의 이해(통일교육원, 2000), pp.17-20.

이를 위해 우리는 국가전략과 안보전략 차원에서 통일전략을 수립하여 점진적 · 평화적으로 통일을 추진해 나가야 할 것이다.

4. 자유민주주의 함양

자유민주주의는 대한민국이 지켜야 할 이념이요 가치이며 핵심적인 이익이다. 우리가 추구하는 민주주의의 제도화는 보다 자유로워지고 인간다워지려는 사회적 욕구에 따라 초래되는 정치적 변화이다. 이를 위해서는 정치권력의 독과점 현상 불식, 시민사회의 자율성 보장, 정치과정의 개방화가 필요하다. 지속적으로 행정의 민주화에 맞추어 정부의 역할과 기능이 재조정되어야 한다. 민주적 의회제도의 정착을 위해서는 무엇보다도 정당의 역할이 정상화되어야 한다. 서구국가들이 민주정치를 꽃피우게 된 것은 그 사회가 건강하기 때문이다. 건강한 사회는 국가권력에 적절한 견제를 하면서 정치를 타협과 통합으로 이끄는 원동력이다.

한국의 사회는 시민사회의 성장을 기반으로 하는 시민주도형 국가로 발전해야 한다. 이 과정에서 우리는 사회내부에서 제기되는 이해관계의 다양성을 고무시키면서 갈등적 마찰을 최소화시킬 수 있는 제도적 장치를 구축해 나가야 한다. 각종 이익집단이 제기능을 다할 수 있도록 대외적 자율성과 대내적 민주성을 확보해야 한다.

북한의 시민사회 요인들은 남북한 통일을 추진하는 과정에서 중요한 변수로 작용할 것이다. 남북한 간에 건전한 시민사회를 육성 · 발전시키는 일은 민주공동체적 통일한국을 달성하는 데 결정적인 조건이 될 수 있다. 북한은 '주체형 사회주의'의 기치 아래 국가와 공조직이 사회 전부분을 전면적이고 획일적으로 통제하고 있다. 시민사회가 자율적으로 성장할 수 있는 길이 원천적으로 봉쇄되고 있다. 인권이 보장되지 못하고 있다. 따라서 북한체제의 개방화를 촉진하면서 인권이 존중되고, 시민운동 조직체들을 활성화시키기 위한 노력이 필요하다. 우리는 통일 이후의 문제들을 내다보면서 북한 내에 지방자치의 활성화, 행정의 분권과 건전한 시민사회 육성을 촉진하는 방안을 강구해 나가야 한다. 이를 통해 우리는 바로 통일 이후의 심각한 후유증과 갈등의 소지를 사전에 예방할 수 있을 것이다.

자유민주주의 이념은 통일을 지향하는 가치이며, 통일 이후에도 일류국가로 발돋움하기 위한 터전이므로, 이를 적극적으로 함양해나가야 할 것이다.

5. 국위선양

우리의 조상들은 세계사의 흐름을 충분하게 이해하지 못하고, 역사를 준비하지 못한 결과 강요된 식민지배를 감수할 수밖에 없었다. 우리는 우리가 원하는 방향으로 미래를 선택할 수 있는 역사의 주인이 되어야 한다. 우리의 경제력과 민주화 역량은 국제사회에서 우리의 위상을 높여 주고 있으며, 대한민국은 지구촌의 의제를 설정하는 데 중요한 일원이 되고 있다.

우리는 세계평화와 지역의 번영에 창조적으로 기여하면서 세계사의 선진 대열에 적극적으로 동참할 수 있는 능력과 여력을 준비해야 한다. 즉 세계사회의 일원으로서 공동번영에 기여해야 한다.

대한민국은 인접국과 선린우호관계를 유지하고 국제사회의 보편적 질서에 순응하는 평화국가여야 한다. 세계 모든 민족과 더불어 서로의 특성을 존중하는 선린우호의 기본적인 가치관을 유지해야 한다.

우리는 가시적 실리만을 추구하는 근시안적인 자세를 버리고 범인류적 복지, 인권, 민주주의, 세계 평화 등의 보편적 가치를 구현하는 데 역점을 두어야 한다.

전통문화는 더욱 계승 발전시키면서 세계에 전파하여 문화대국으로서의 위상을 정립하고, 국제문화교류를 활성화하여 세계 속의 한국문화로 승화토록 해야 한다. 한민족의 동질성을 강화하면서도 각종 국제기구의 활동을 지지하고 적극 참여하여 국위를 선양해야 한다.

우리는 통일성취과정에서도 주변국의 축복을 얻어야 하나, 통일 이후에도 주변국가의 호의를 지속적으로 확보해야 한다. 통일한국은 평화우호국가로서 동북아의 안정과 평화유지에 적극적으로 기여하고, 세계의 평화체제 구축에 능동적으로 참여해야 한다.

평화통일은 단순한 민족 재결합을 뛰어넘어 분단시대를 역사적으로 청산하고 민족의 새로운 활로를 여는 민족 비약의 새로운 출발이 되어야 한다. 통일국가의 사상적 기조는 평화공존에 두어야 한다. 통일한국은 주변국들과 우호·선린·협력관계를 계속 유지할 뿐 아니라 지역 내의 평화보장과 경제적 번영의 보루가 되며, 아시아·태평양시대의 협력체제를 구축하는데 앞장서서 그 책임과 의무를 다해야 한다. 대한민국은 신장된 국력과 선진국가의 제도적 기반을 바탕으로 국제사회에 대한 책임과 헌신이 현실화될 때 우리의 국제적 위상은 국력에 걸맞게 높아질 수 있다[42].

---

42) 국가 이익 부분은 졸저 「한반도의 평화통일전략」의 국가이익 내용(pp.63-71)을 수정, 보완하여 정리하였다.

제3절
국가목표: 평화통일된 일류국가

국가의 기본이념 및 가치와 국가이익이 식별되고 나면 국가목표가 결정될 수 있다. 대한민국의 헌법과 네털라인 교수와 구영록 교수, 그리고 전성훈의 국가이익 분류를 기초로 국가이익과 국가목표를 재분류하면 〈도표 2-3〉과 같이 정리할 수 있을 것이다. 국가이익은 중요도별로 '존망의 이익, 핵심적 이익, 중요한 이익, 지엽적 이익' 등 4가지로 분류하였고, 국가목표는 국가이익 분야에 따라 세분화하였다.

이해를 돕기 위해 간단히 설명하면 '위기관리 및 억제능력 확보'는 국가이익의 중요도에서는 존망의 이익으로 분류되며, 국가이익 분야에서는 국가안전보장에 해당하는 국가목표이다. '분단상태의 평화적 관리'도 국가안전보장에 해당하는 국가목표이지만 중요도에서는 다소 떨어지는 핵심적 이익에 속한다. '남북관계의 개선 · 발전'은 국가이익 분야에서 조국의 평화통일에 해당하는 국가목표로서 이익의 중요도에서는 핵심적 이익에 포함된다. 반면에 '통일에 유리한 국제환경의 조성 및 활용'도 조국의 평화통일에 해당하는 국가목표이지만 중요도에서는 한 단계 떨어지는 중요한 이익으로 분류할 수 있을 것이다. 그러나 이러한 세분화된 국가목표를 핵심적으로 요약 정리하면 생존 보장, 번영과 발전 구현, 평화통일 달성, 선진일류국가 건설 등 4가지로 압축할 수 있을 것이다.

〈도표 2-3〉 대한민국의 국가이익과 주요 국가목표[43]

중 요 도	국가이익분야	국 가 목 표
존망의 이익	국가안전보장과 정치적 자주	− 위기관리 및 억제 능력 확보 − 침략억제 및 억제 실패시 격퇴 − 남북한 군비 통제 · 군축 − 대량살상무기 제거 및 위협 방지 − 동북아에서 대한민국에 적대적인 국가의 등장 억제
	한반도 평화통일	− 북한의 급변사태 발생 억제 − 위기 발생시 통제 · 조정능력 확보
핵심적 이익	국가안전보장과 정치적 자주	− 분단상태의 평화적 관리 − 우방국과 안보동맹 유지 − 대량살상무기의 확산과 사용 억제 − 전략적으로 중요한 첨단기술의 확보 − 주변국과의 전략적 협력관계 강화
	번영과 발전	− 경제번영과 국력배양 − 에너지 · 자원 확보
	자유민주주의 함양	− 자유민주주의 체제의 정착
	한반도 평화통일	− 남북관계의 개선 · 발전 − 민족경제의 균형적 발전 도모 − 북한의 개방과 자유민주화 촉진 − 자유민주질서에 입각한 평화통일 달성
중요한 이익	번영과 발전	− 국민생활의 균등한 향상과 복지증진
	자유민주주의 함양	− 법치주의와 정의사회 구현 − 국민의 자유 · 인권보장
	국위선양	− 각국과 선린우호관계 유지 − 동북아의 평화정착에 기여 − 유엔을 포함한 다자간 협력활동 강화
	한반도 평화통일	− 한반도 평화체제 정착 − 통일에 유리한 국제환경 조성 및 활용
지엽적 이익	번영과 발전	− 국제경쟁력 강화와 첨단산업의 활성화 − 해외시장개척과 수출의 확대
	자유민주주의 함양	− 한반도에서 자유민주주의 정착 및 주변국 확산
	국위선양	− 동북아와 세계의 평화 및 인류공영에 이바지 − 국제위상에 적합한 국내제도와 국민의식 정비

---

43) 전성훈, 『대한민국의 국가이익과 국가전략』, 「국가전략 제5권 제2호」(세종연구소, 1995), p.183.

1. 생존 보장

대한민국의 국가목표 중 생존보장은 국가이익 분야의 국가 안전보장과 정치적 자주를 구현하기 위한 핵심적인 목표이다. 이것은 안보전략에 기저적인 방향을 제시한다. 그 동안 우리 국민은 단결된 힘을 바탕으로 한반도의 평화유지, 정치적 민주화, 경제발전이라는 세 가지의 명제를 추구해 왔다. 그 결과 우리나라는 국토분단과 냉전체제에 따른 한계를 극복하고 세계 13위권의 경제대국으로 부상하였다. 이러한 획기적인 성취에도 불구하고 우리는 한반도의 평화와 안정을 유지하는 데 큰 진전은 없었다. 즉 우리는 아직도 생존을 위협받으면서 과거 냉전시대의 유산을 간직하며 살고 있다.

대한민국은 근대국가 수립 이후 지난 60여 년 간 생존을 위한 투쟁을 계속해 왔다. 북한의 군사적 도발과 지역질서 내 불안요인 등 안보위협 요인과 맞서왔다. 대외적으로는 동맹 및 협력관계를 확대하면서 국제사회에 기여해 왔고, 국내적으로 자유민주주의와 시장경제체제를 정립해 왔다.

앞으로 전개될 불확실한 국제정세 속에서도 우리는 자유민주주의 정착과 시장경제체제의 지속적 발전을 통해 번영과 발전을 이룩해야 한다. 이를 위해 동맹과 우방국들의 협력하에 안보능력을 배양하면서 한반도 차원에서는 북한으로부터의 안보위협을 배제해야 한다. 그리고 동북아 지역질서 내에서는 전통적, 혹은 비전통적 안보위협 요인을 감소해야 할 것이다.

미래를 예측할 때 어떤 가정에 무게를 두고 방향을 잡는가에 따라 결과는 크게 달라질 수 있다. 우리의 미래, 즉 우리가 주역이 되어야 하는 미래는 우리가 서 있는 현재에서 우리 눈으로 조망해 보아야 한다.

새로운 전환기에 우리는 다시 한 번 역사의 희생물이 되는가, 아니면 과거의 질곡에서 벗어나 동북아, 그리고 나아가서는 세계무대에서 당당한 주연主演 가운데 하나가 되는가의 기로에 서 있다고 할 수 있을 것이다. 지금도 주변 강대국들의 패권추구와 상충하는 이익이 한반도에서 교차하고 있다는 점에서 과거의 전환기와 크게 다를 바 없을 것이다. 국제관계의 변화와 새로운 질서의 형성은 우리에게 도전과 동시에 기회를 주고 있다. 이러한 세계사적 대전환이 주는 기회를 국가와 민족이 융성하고 발전하는 기회로 활용하기 위해서는 올바른 안보전략을 수립하여 생존을 보장받아야 한다.

2. 번영과 발전 구현

국가목표 중 번영과 발전구현은 국가이익 분야의 번영과 발전을 현실화시키는 핵심적인 목표이다.

한 나라의 번영과 발전은 그 나라의 국민이 정신적·물질적으로 자기 향상을 이루어 내는 변신의 과정이다. 나라의 번영과 발전은 경제적 현상에 앞서는 정신현상이다. 그러므로 국가는 다수 국민들이 발전의 정신이 충만한 국민들로 변화할 수 있도록 지원해야 한다. 왜냐하면 번영과 발전의 역사는 국민의 마음이 만들어 가는 것이기 때문이다.[44] 아무리 현실이 어려워도 우리가 어떤 마음을 가지고 나아가느냐가 우리의 역사와 미래를 번영과 발전으로 이끈다고 할 수 있다. 우리가 한 마음이 되어 웅대한 꿈과 자긍심을 가지고 역동적으로 달려가면 미래는 반드시 우리의 것이 될 것이다. 따라서 우리는 큰 지혜와 용기를 가지고 대담하게 나아가야 한다. 우리 국민이 모두 함께 미래를 생각하고 꿈과 희망을 노래할 수 있게 되기를 기원한다. 우리 모두가 세계를 향하여 꿈을 꾸는 민족이 되고 미래를 향하여 준비하고 행동하는 국민이 되어야 한다.

국가의 발전은 과정이지 어떤 특정 수준의 목표달성을 의미하는 것은 아니다.[45] 성공의 수준이 아니라 매단계에서 성취감을 느끼면서 목표를 향해

---

44) 발전의 정신을 이끌어 낼 수 있는 원리 혹은 전략이 무엇이냐 하는 데 있다. 아더 루이스 (Arthur Lewis)의 '경제하려는 의지(The Will to Economize)'나 헤겔의 '인정받기 위한 열망이나 투쟁(Struggle for Recognition)', 애덤 스미스의 '가난에서 탈출하여 뽐내고 싶은 허영심(Vanity)'도 모두 발전하고자 하는 정신의 표현이라고 생각한다. 여기서 발전의 정신에 어떤 구체적인 이름을 붙이는 것도 중요하지만 어떻게 그런 정신을 유도해 낼 것이냐 하는 것이 보다 중요한 과학적 접근방법이다.

45) 슘페터(Joseph Alois Schumpeter)는 창조적 파괴를 일으키는 혁신(革新)의 과정이 경제발전

나아가고 있음을 의미한다. 모든 국민이 물적 향상을 이루어 낼 뿐 아니라 자기 성취감, 그래서 자기 만족감을 향유하고 있을 때 그 사회는 발전하는 사회가 된다. 경제와 사회발전을 이룬다는 것은 바로 국민 모두를 성공하는 사람의 대열에 참여시키는 일이라 할 수 있다.

대한민국의 번영과 발전 없이는 일류국가가 될 수 없다. 생존을 보장하기도 쉽지 않다. 번영과 발전을 통해 국가안보는 더욱 튼튼해진다. 우리는 한마음으로 단결하여 지속적인 번영과 발전을 달성해야 한다.

3. 평화통일 달성

국가목표에 있어서 평화통일 달성은 국가이익 분야의 평화통일을 구현하고, 평화통일전략에 방향을 제시하는 것이다.

통일은 한민족이 공존할 수 있는 새로운 공간을 창조해 나가는 과정이다. 북한의 핵과 미사일문제의 해결과 북한주민의 인권 및 삶의 질 향상문제의 해결을 위해서도 평화통일은 중요한 과제이다. 즉 분단국가인 대한민국의 핵심적인 이익과 목표이다. 이러한 목표를 효율적으로 달성하기 위한 안보전략은 국익과 합리성을 바탕으로 수립·추진되어야 한다. 평화통일전략은 대한민국의 입장에서 통일 민족국가의 건설을 목표로 통일 환경을 조성하면서 남북관계를 관리하고 개선해 나가려는 정부의 정치적인 선택이다.

통일이 민족의 지고의 선善이요, 21세기의 국가의 핵심적인 목표라 할지라도 전쟁을 수반한 통일은 민족의 생존 자체를 위협한다. 따라서 우리가 통일전략에서 견지해야 할 일관된 기조는 ① 민주적 절차에 의한 평화통일, ② 민족성원 모두의 인권 및 번영이 보장되는 평화통일 추진 등으로 요약할 수 있을 것이다.

을 일으킨다고 보며, 이러한 혁신이 경제 전반으로 퍼져나가는 과정을 발전의 과정으로 보았다. 혁신의 노하우가 외부로 유출되면서 혁신이 경제 전체로 퍼져나가고 또한 새로운 혁신으로 이어지면서 경제 전체를 역동적인 발전의 과정으로 이끌게 되는 것이다.

평화통일을 달성하기 위한 우리의 통일방안은 우선 점진적 접근방법만이 통일을 가져올 수 있다는 전제하에 "선先 평화정착 후後 평화통일"의 입장을 체계화한 것으로서 '기능주의機能主義'에 신기능주의적인 시각을 가미한 통합방안이라고 할 수 있다. 대한민국의 통일방안은 '한민족공동체 통일방안'(1989)과 이를 재확인한 '민족공동체 통일방안'(1994)을 계승하고 있다.

우리가 평화통일이라는 국가목표를 추진함에 있어서 가장 중요한 요소는 올바른 대 북한관계를 정립하기 위해 일관되게 기본원칙을 준수해야 한다는 점이다.[46] 이 기본원칙은 국민적 공감대를 바탕으로 수립된 3단계 통일방안이다. 이것은 대한민국의 정부 교체, 북한 내부의 변화, 또는 남북한관계 변화 등 많은 발생 가능한 변수들을 소화하면서 그 동안 점진적으로 추진되어 왔으며, 앞으로도 지속적으로 추진되어야 한다.

이를 위해서는 우리는 북한의 변화를 유도해야 한다. 북한 당국이 우선 대남, 대미, 또는 국제관계에 대한 인식을 전환하고, 북한의 인권을 개선하면서 개혁과 개방을 추진토록 여건을 조성해 나가야 한다.

4. 일류국가 건설

국가목표에서 일류국가 건설은 국가이익 중 번영과 발전, 자유민주주의 함양, 국위선양을 구현하는 것이다.

지금까지 우리가 건국, 산업화, 민주화의 길을 모범적으로 걸어왔다면, 앞으로 대한민국은 선진화를 뛰어넘어 세계 일류국가의 대열에 입성해야 한다. 그것은 바로 대한민국의 목표이다.

이를 위해 대한민국의 좌표는 무엇이며 어떠한 역할을 담당해야 할 것인

---

46) 전문가들은 현재 우리 내부적으로 공감하는 통일정책이 없다는 점을 가장 우려했다. 문정인 연세대 교수는 "남북연합이든, 독일식 흡수통합이든 뭔가 우리 안에 합의된 통일개념을 먼저 정립해야 한다"라고 했다. 이동복 북한민주화포럼 대표도 "지금 대한민국에는 통일정책이 없다"라고 했다(조선일보, 2008년 8월 15일).

〈그림 2-3〉 21세기 전반기 대한민국의 국가안보전략 체계도

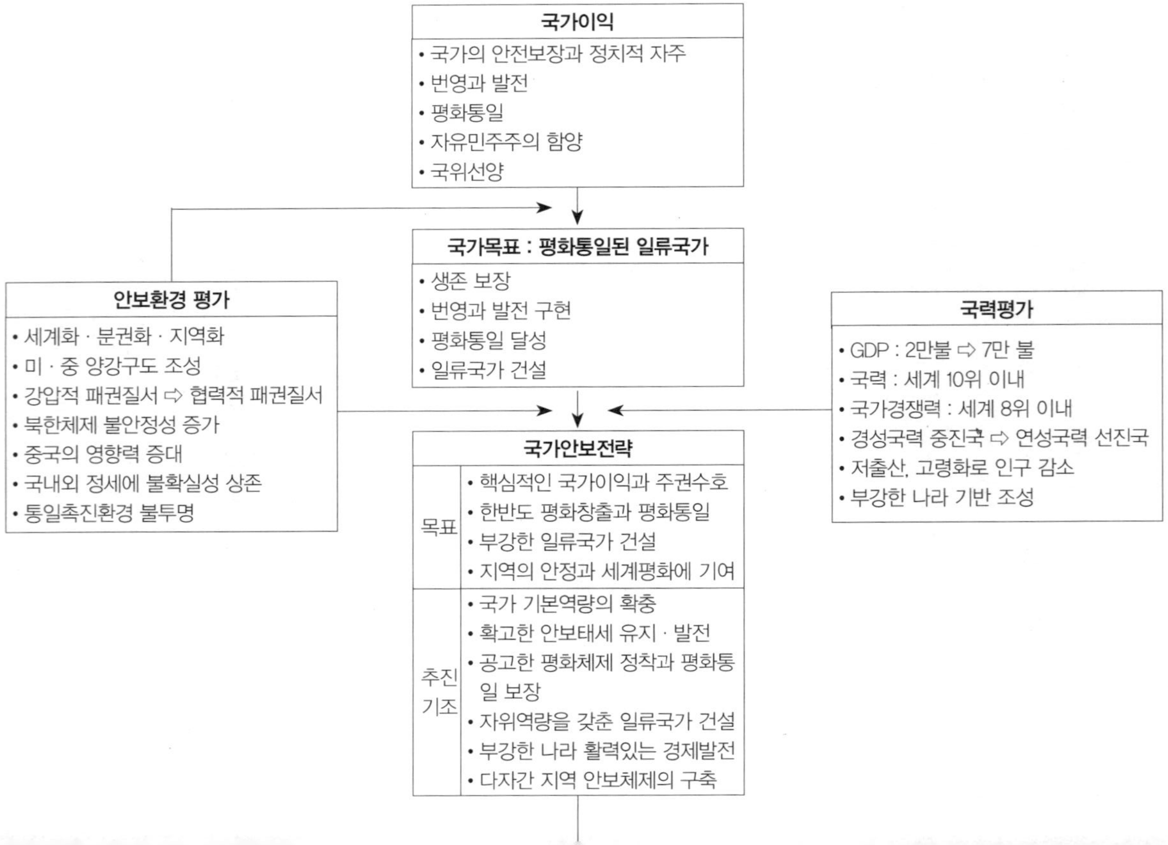

국가이익
- 국가의 안전보장과 정치적 자주
- 번영과 발전
- 평화통일
- 자유민주주의 함양
- 국위선양

국가목표 : 평화통일된 일류국가
- 생존 보장
- 번영과 발전 구현
- 평화통일 달성
- 일류국가 건설

국력평가
- GDP : 2만불 ⇨ 4만 불
- 국력 : 세계 10위 이내
- 국가경쟁력 : 세계 8위 이내
- 경성국력 중진국 ⇨ 연성국력 선진국
- 저출산, 고령화로 인구 감소
- 부강한 나라 기반 조성

안보환경 평가
- 세계화 · 분권화 · 지역화
- 미 · 중 양강구도 조성
- 강압적 패권질서 ⇨ 협력적 패권질서
- 북한체제 불안정성 증가
- 중국의 영향력 증대
- 국내외 정세에 불확실성 상존
- 통일촉진환경 불투명

국가안보전략

목표
- 핵심적인 국가이익과 주권수호
- 한반도 평화창출과 평화통일
- 부강한 일류국가 건설
- 지역의 안정과 세계평화에 기여

추진 기조
- 국가 기본역량의 확충
- 확고한 안보태세 유지 · 발전
- 공고한 평화체제 정착과 평화통일 보장
- 자유역량을 갖춘 일류국가 건설
- 부강한 나라 활력있는 경제발전
- 다자간 지역 안보체제의 구축

	국방전략	외교안보전략	정치·심리전략	경제안보전략	평화통일전략
목표	• 일류 정예강군 육성 • 자주적 국방역량의 강화 • 영토수호와 평화관리	• 대한민국의 독립과 주권 보장 • 한반도 평화정착과 평화통일 기반 확충 • 인류국가의 위상확립	• 다원적 자유민주주의 국가 건설 • 삶의 질이 보장된 품격 있는 사회정착 • 올바른 국가전략의 수립 및 추진	• 부강하고 역동적인 나라 • 더불어 잘사는 경제공동체 • 국가안보에 기여하는 활력있는 경제	• 평화로운 국토통합 달성 • 공동이익을 추구하는 민족공동체 형성 • 평화통일된 자유·민주·복지국가 수립
추진기조	• 튼튼한 국방태세 확립 • 자주국방과 방위충분성 전략 확보 • 견고한 군사동맹체제 발전 • 군사적 신뢰구축의 실천적 구현 • 한반도 평화체제 정착 • 국방개혁의 안정적 추진	• 외교안보 추진역량의 강화 • 외교의 다변화·다원화·다차원 추진 • 평화통일 촉진환경 조성 • 주변 강국의 안정적 관리 • 국익우선의 국제협력 여건 보장 • 세계 평화에 적극적 기여	• 미래지향적인 시대정신 창출 • 성숙된 자유민주주의 사회 건설 • 건실한 제도의 정착 • 국민을 위한 화합과 통합의 여건 조성 • 전쟁지도 개념과 수행체제 발전 • 상호주의전략의 효율적 적용	• 역동적인 시장경제체제로 성장동력 유지 • 전통산업과 지식기반 산업의 균형 발전 • 지역·산업·계층 간 균형 발전 • 경제 속에 희망찬 복지국가 건설 • 노동시장 활성화 국가경쟁력 강화 • 첨단과학기술로 방위산업과 국방기술 선도	• 민족공동체 통일방안의 기본이념 구현 • 화해협력정책의 투명성·일관성 보장 • 상호주의전략의 신축성·균형성 유지 • 사실상의 통일과 제도적 통일의 병행추진 • 선 평화정착 후 평화통일 • 균형발전과 화합단결의 일류 통일국가 건설

가? 역사의 교훈을 되새긴 국가는 흥하고 그렇지 못한 국가는 쇠퇴한 것이 역사의 법칙이다. 세계 일류국가가 되는 참다운 미래는 이를 생각하고 화합을 꿈꾸는 사람들이 참여하고 힘을 모아 서로의 생각과 가치를 나누는 데에서 출발해야 할 것이다. 21세기에는 우리 조국이 물질적으로뿐만 아니라 정신적으로도 세계 일류국가의 반열에 올라서야 한다.

우리는 세계 일류국가의 모습을 다음과 같이 그려볼 수 있을 것이다. 첫째, 일류의 시민의식과 문화, 일류의 과학기술과 산업을 통해 경제발전과 사회통합이 실현되는 나라이다. 둘째, 중산층이 두터운 희망과 행복의 나라이다. 셋째, 누구나 노력하면 성취할 수 있고 실패해도 재기할 수 있는 따뜻한 공동체이다. 넷째, 하드파워보다 소프트파워가 강한 나라이다. 일류국가의 구체적인 비전은 '부강한 나라, 따뜻하고 희망찬 사회, 행복한 국민'이다. 이러한 일류국가는 자기나라는 자기가 지킬 수 있는 안보가 튼튼한 나라를 바탕으로 하고 있다.

이를 위한 부문별 비전으로는 다원적 민주주의, 역동적 시장경제, 창조적 지식정보 국가, 협력적 희망의 공동체사회, 자주적인 국방 등을 제시할 수 있을 것이다.

21세기 전반기의 대한민국 국가안보전략의 체계도는 〈그림 2-3〉과 같이 정리할 수 있을 것이다. 제3장 '국가안보전략의 기본방향'과 제4장 '분야별 안보전략'은 국가안보전략의 체계도에 따라 기술할 것이다.

제3장

국가안보전략의 기본방향

국가안전보장은 국가존망의 문제이다. 국가가 생존하지 않는 한 국가나 국민이 추구하는 가치는 아무 의미가 없다. 이 점에 있어 남북이 정전체제하에 분단되어 살고 있는 우리의 경우는 사실상 생존 자체가 위협받고 있다. 국가안보가 국가존망의 이익인 관점에서 보면, 경제적 번영, 세계 평화질서의 증진, 가치의 보급 등은 안보의 이익을 지원하는 국가이익의 하부개념이 될 수도 있다. 따라서 국가안보전략의 목표, 추진기조와 추진방책을 올바르게 정립하는 것은 생존을 위한 핵심적인 과제이다.

안 보전략은 복잡하고 변화무쌍한 모양을 하고 있는 광범위한 주제이다. 심각한 위험이 놓여 있는 어려운 의사결정을 기반으로 하고 있다. 안보전략이 다루는 문제의 핵심은 국가가 직면하게 되는 안보위협들이다. 따라서 전략의 수립과 시행은 대부분 위기관리 활동이다. 이러한 안보전략은 국가의 특성, 국가전략의 양상, 안보환경에 대한 인식과 평가, 안보수단의 확보 여부 등에 따라 전략적 특성이 달라질 수 있다.

안보전략의 개념과 관련, 졸저에서는 "국가가 국내외적 위협으로부터 자신의 생존과 번영을 위한 가치와 목표의 안전을 도모하고, 국가이익 및 국가목표를 추구하는 데 위협이 될 수 있는 것에 대해 총체적으로 대응하는 방안이다"라고 개념정의를 한다.[1]

국가안보는 대한민국이 추구하는 국가이익 중 가장 우선순위가 높은 국가존망의 이익과 직결되어 있다. 국가안보는 곧 국가생존의 문제이다.

종전의 개념으로는 국가가 외부로부터 국권이나 영토의 침탈로부터 방호하기 위하여 군사나 외교 분야가 국가생존전략의 수단이었다. 그러나 지금은 국가와 국민의 생존이 외부의 침략뿐만 아니라 경제, 환경 등에 의해서도 위협을 받고 있다. 따라서 안보전략의 범위는 생존에 해당하는 모든 분야로 확대되었다고 본다.

---

1) 국가안전보장의 사전적 의미는 "외부로부터의 군사적·비군사적 위협이나 침략을 억제, 또는 제거함으로써 국가의 평화와 독립을 수호하고 안전을 보장하는 일"로서 "국방이나 방위의 개념보다 넓고 군사 분야뿐 아니라 비군사 분야까지 포함하는 것"으로 규정할 수 있다. 이런 점에서 일반적으로 안보란 외부적인 위협으로부터 내부적인 가치를 보호할 수 있는 국가의 능력을 말하며, 안보전략은 그러한 가치를 위해 국가가 취하는 노력을 뜻한다. 그러나 안보의 의미를 광의로 해석할 경우 안보위협은 외부로부터의 위협뿐 아니라 내부로부터의 위협을 포괄한다.

제1절
국가안보전략의 목표

1. 핵심적인 국가이익과 주권수호

모든 국가는 국가이익을 추구하며, 이 국가이익을 추구하기 위하여 힘, 또는 권력을 추구한다는 것이 한스 모겐소Hans J. Morgenthau 교수의 국제정치에 관한 핵심적인 이론이다.[2]

앞에서 설명한 대로 모든 국가들은 자국의 이익을 확대하기 위하여 부단히 노력하고 있다. 이렇게 모든 국가가 보편적으로 추구하고 있는 이익을 국가이익이라고 부르는데, 가장 중요한 것은 국가안보, 경제발전, 국가위신 등이다.[3] 이들 세 가지 요소들은 상호 보완적인 성격을 가지고 있으며, 개별 국가의 국력을 가름하는 척도가 되고 있다. 예컨대 경제발전이 이룩되면 군사력의 증강이 용이해지며, 군사력이 증가되면 국가안보가 강화될 수

---

2) Hans J. Morgenthau, *Politics Among Nations: The Struggle for Power and Peace*(New York: Alfred A. Knopf, Inc., 1973), p.36.
3) 로버트 오스굿(Robert Osgood)은 국가이익의 근본요소를 국가안보, 또는 자기보호(Self-Preservation)라고 표현한다. 영토의 보전, 정치적 독립, 정치제도의 유지 등이 자기보존이며 자급자족능력, 국가위신, 민족적 영광 등은 국가이익의 추가적 요소로 간주한다. 찰스 베어드 (Charles A. Beard)는 국가이익의 핵심적 요소로 영토의 보전과 경제적 번영을 꼽고 있으며, 알렉산더 조지(Alexander L. George)와 로버트 코헨(Robert Keohane)은 국가안보, 정치적 자유, 경제적 번영 등을 포함시키고 있다. 한편 한스 모겐소(Hans Morgenthau)는 국가이익의 가장 중요한 요소로 국가안보를 지적하고 국가안보는 영토의 보전, 정치제도의 유지, 민족문화의 창달 등을 포함하는 개념으로 설명한다.

있다. 국가안보와 경제발전의 증진은 결과적으로 국가의 위신을 높여 준다. 따라서 모든 국가는 국가이익을 꾸준히 증대시켜 강력한 국력을 키우려고 노력하게 된다.[4]

국가가 생존을 위협당하거나 또는 그 존속이 불확실해진다면, 국가가 평상시 추구해야 할 다른 국가이익은 부수적으로 되거나 희생될 수밖에 없다. 어떤 국가든 국가의 존립이 국내외의 적대적인 집단에 의해 위협을 받을 때 비상사태의 선포, 위수령, 혹은 계엄령선포 등과 같은 극한적인 조치를 취하게 된다. 국가의 존립 자체가 위태로운 지경에 이른 경우, 국가존망의 이익이 국가이익 중 최고의 우선순위를 차지하게 된다.

대한민국은 국내적으로는 국가안보 달성과 지속적인 경제성장, 한반도 차원에서는 남북한 평화체제 정착 및 통일이라는 복수의 과제들을 안고 있다. 동시에 동북아 차원에서도 평화와 번영질서 유지에 공헌해야 한다는 중차대한 과제를 갖고 있다. 국내적 차원에서 달성하려는 국가안보와 경제성장, 그리고 한반도 차원에서 실현하려는 평화체제 정착 등의 국가적 목표는 동북아 지역질서의 평화유지와 번영이라는 과제와 밀접하게 연동되어 있다. 동북아 차원의 평화와 번영의 기반 없이 대한민국의 평화와 번영이 성립할 수 없다. 더욱이 대한민국은 지역질서의 형성과 유지에 기여를 할 수 있는 나라가 되었다.

대한민국의 존망과 핵심적인 국가이익은 생존을 보장하면서 평화통일을 달성하고 자유와 복지, 번영이 충만한 부강한 국가와 품위 있는 사회를 건설하는 것이다. 이러한 국가이익에 대한 국내외로부터의 위협을 제거해야 한다. 이를 위해서는 총력방위태세를 유지하고 전국민이 참여하는 '총력안보總力安保', 즉 안보를 생활화하는 '생활안보生活安保'가 중요하다. 국가안보의 개념이 포괄적인 안보관으로 변화됨에 따라 안보의 주체는 국민 전부라고 할 수 있다. 민·관·군 간의 협력과 화합은 물론 국가 전반에 걸친 균형적

---

4) 박준영, 『국제정치학』(박영사, 2000), pp.19-20.

인 발전을 통해 통일 이후 다중적인 불확실성에 대비해야 할 것이다. 우리는 국가의 생존을 위해 때로는 소중한 자유까지도 양보할 수 있는 자세를 갖추었을 때 국가의 생존은 유지되고 국가의 핵심이익은 보장될 것이다. 우리는 인류의 평화와 안정을 위협하는 요소를 제거하기 위한 국제사회의 노력에 적극 동참하며 생존과 안보 등 우리의 핵심 국가이익을 다양하고 포괄적인 차원에서 극대화시켜야 한다.

한 나라가 주권을 수호할 수 없거나 정치적 자주권을 행사하지 못한다면, 그것은 국가기능을 상실한 나라이다. 주권의 수호를 위해서는 적절한 힘이 뒷받침되어야 한다. 통일 이전 북한의 직접적 위협이든, 통일 이후의 주변국의 잠재적 위협에 대응하든 최종적으로는 대한민국의 방위력으로 이 목표를 달성하려는 의지를 갖고 노력해야 한다. 주권수호를 위한 자주국방의 구현을 위해 장기국방정책을 수립하고 소요 군사력을 점진적으로 건설해 나가야 한다.

한반도에서 국권國權을 올바르게 행사하기 위해서는 지금까지의 안보전략에서 한 단계 발전하여 한반도 전체의 방위문제를 중시해야 한다. 향후 주변국으로부터의 군사적 위협에 적극 대처하지 못하여 생존이 위협받는 경우도 상정할 수 있으므로 북한의 위협에 중점 대비하는 수준에서 한 걸음 더 나아가 미래의 불확실한 위협에 동시 대비할 수 있는 태세를 강화해 나가야 한다.

대한민국은 세계 평화와 동북아 지역의 안정을 위해 국가위상에 맞는 책임과 역할을 수행해야 한다. 즉 우호적인 주변 안보환경을 설정하여 적대국가의 등장을 예방해야 한다. 안보외교에서도 정치적 자주권의 행사 능력을 기반으로 한 중재자의 입지 확보가 중요하다. 한반도의 지정학적 여건과 남북한 간 군사적 대치상황을 고려해 볼 때, 우리의 외교안보능력을 강화하기 위해서는 주변국가와의 우호협력관계를 더욱 증진시켜 나가야 한다.

2. 한반도 평화창출과 평화통일

국가는 평화를 유지하고 유사시 전쟁에서 승리하여 국가의 생존을 보장하기 위하여 국가안보목표를 설정한다. 그 목표를 달성하기 위하여 군사력을 중심으로 국가 제분야의 노력을 통합 및 조정한다. 국가안보전략은 국가의 생존측면에 중점을 둔 국가전략의 다른 표현으로서, 군사력을 핵심으로 하는 국가의 총체적인 전략이다.[5]

대한민국은 세계화 · 국제화라는 환경 속에서 한반도의 평화와 국가의 번영 및 발전의 기틀을 다져 평화통일의 기반을 확충해야 하는 역사적 시점에 서 있다. 따라서 항상 전쟁의 위험 속에서 살고 있는 우리의 입장에서 안정된 평화를 창출하는 일은 매우 중요하다. 경제는 잘 사느냐 못 사느냐의 문제지만 안보는 죽느냐 사느냐가 걸린 문제이다. 전쟁에서는 승자라 할지라도 막대한 피해를 입게 되며, 패자는 모든 것을 송두리째 잃게 된다. 그래서 평화를 지키는 일, 즉 안보가 가장 중요한 이유이다. 그렇기 때문에 오늘날 미국과 같은 최강대국들도 정예군사력을 육성하기 위해 혼신의 노력을 기울이고 있는 것이다. 전쟁을 방지하고 평화를 유지하기 위해서는 평시에 철저히 대비하는 길밖에 없다는 사실을 너무도 잘 알고 있기 때문이다.

우리는 평화를 지키는 일에 만족해서는 안 된다. 적극적이고 주동적으로 평화를 만들어 가야 한다. 우리는 단기적으로 한반도에 평화가 정착될 수 있도록 노력해야 하고, 중장기적으로는 평화통일을 달성할 수 있도록 최선을 다해야 한다.

한반도에서 항구적인 평화구조를 정착시키기 위해서는 남북한 간 평화체제라는 법적 · 제도적인 장치를 마련해야 한다. 남북한 간에 군사 및 비군사 회담을 지속적으로 활성화시켜 나가야 한다. 남북기본합의서 내용의 사실상 이행을 위하여 점진적으로 우리측의 요구와 기대를 표출하고, 북한을 납

---

5) 박휘락, 앞의 책, pp.100-101.

득시켜 나가야 한다. 가시적인 군사적 신뢰구축 조치를 이행해 나가는 노력을 해야 한다. 남북한 간의 군사관계의 진전은 한·미 군사관계의 변동을 초래할 수 있으므로 대미 공조체제를 유지하는 것이 중요하다.

남북한 간의 신뢰구축을 위해서는 북한이 보유하고 있는 핵과 화생무기 등 대량살상무기의 위협이 우선적으로 제거되어야 한다. 북한의 핵을 포함한 대량살상무기의 비확산 합의는 한반도 평화정착에 가장 중요한 현안이다. 한반도 평화통일에 주변국의 전폭적인 지지확보의 방안으로서 6자회담을 포함한 다자회담의 추진과 합리적인 결론도출을 위해 적극적으로 노력해야 한다.

남북한 간의 군축은 남북한 연합의 필요충분조건으로 설정하여 추진해야 한다. 기초적인 군사적 신뢰구축 조치가 달성되는 시점이 되면, 군비통제 문제를 적극적으로 해결하는 접근이 필요할 것이다. 전반적으로 축소지향적인 군사력 균형을 추구해야 한다. 군사적 비대칭성을 완화해 나가야 한다. 남북한은 쌍방의 군사력에 대해서 위협을 느끼지 않도록 군비통제를 실시해야 한다.

남북한 당사자 간의 한반도 평화협정 체결도 추진되어야 한다. 남북한 기본합의서 정신에 입각하여 정전협정 체제를 한반도 평화협정 체제로 전환하는 노력이 중요하다. 남북한 간 평화협정 체결과 이에 대한 미국과 중국의 보장, 나아가서 유엔이 보장하는 소위 '2+2 방식'을 고수하되, 보조차원에서 미·북 평화협정 체결, 또는 다른 형태의 한반도 평화협정도 수용할 수 있도록 검토해야 한다.

3. 부강한 일류국가 건설

부강한 일류국가 건설은 모든 나라의 목표이자 비전이 될 수 있다. 국가가 생존을 보장받으면서 번영발전하기 위해서는 그 나라는 부강해야 한다. 국제사회에서 자주적인 외교력을 행사하고, 존경과 신뢰를 받는 나라가 되기 위해서는 일류국가가 되는 것이 최선의 길이다. 따라서 부강한 일류국가 건설은 국가전략의 목표이자, 안보전략의 목표가 된다.

우리는 항상 꿈을 꾸며 살아간다. 여러 사람이 같은 꿈을 꾸면 희망이 되고 현실이 된다고 한다. 우리의 조국도 꿈을 꾼다. 그것을 우리는 비전이라 부른다. 우리는 21세기에 대한민국이 지향하고자 하는 비전을 명확하게 가시화할 필요가 있다. 비전이 모호할 경우 전략적 선택이 애매해지고, 지향하고자 하는 목표 달성이 어렵다. 비전을 명확히 하여 그 방향으로 모든 역량을 결집할 수 있는 국가 차원의 전략이 필요하다.

대한민국의 미래비전에서 공통된 요소가 있다. 국력을 배양하여 우리 내부의 번영과 함께 국제평화에 기여하는 '평화통일된 일류국가'를 건설하는 것이다. 영토는 협소하나 정치적으로는 안정과 통합, 경제적으로는 번영, 외교적으로는 세계평화에 기여하는 국가를 지향하는 것이다. 이를 위해 우리는 동북아에 한정되어 있는 시각의 한계를 극복하고, 국제질서의 이해공유자로서 역할을 강화해야 한다.

대한민국은 국제사회의 책임 있는 일원으로서 제 몫을 다할 수 있어야 한다. 경제력, 인구, 국가자원, 안보능력 등과 같은 외형적인 요소가 그 바탕이 된다. 더 중요한 것은 사회 구성원 누구나 다양성과 공공성을 존중하며, 자신의 성장욕구를 자유롭게 성취할 수 있어야 한다. 인간존중의 가치를 사회 전체에 뿌리내리게 해야 한다. 만인평등의 원칙에서 여성들의 사회진출은 물론 소외계층의 사회참여 범위를 확대해 나가야 한다.

대한민국은 자위역량을 갖춘 준※강대국이 되어야 한다. 대한민국이 한민족의 생존을 보장하기 위해서는 해양 및 대륙세력의 결집지역에서 우리는 한반도 전체를 직접 책임지고 관리할 수 있는 역량을 확보해야 한다. 이를 위해서는 부강해야 한다. 냉전적·반도적·의존적사고와 행동에서 탈피해야 한다. 범세계 차원에서 전략적으로 생각하고 행동하는 대국적인 국민의식을 형성해 나가야 한다.

절제 속에 풍요로운 복지국가를 건설해야 한다. 개방과 자율의 자유민주주의 시대에서는 국가나 체제 전체의 발전만을 지속적으로 강조할 수는 없다. 개인의 삶의 질과 창의성도 국가의 물량적 발전만큼 중요하기 때문이다. 물질적 풍요와 정신적 만족이 동시에 고려되는 우리들의 삶의 질을 높여나가야 한다. 즉 일류국가가 되어야 한다.

창의성과 합리성을 존중하는 과학기술국가를 만들어야 한다. 일류국가가 되기 위해서는 새로운 지식을 창출하고 관리할 수 있는 지식정보국가가 되어야 한다. 세계를 선도하는 창조적인 과학과 기술체제로 발전해야 한다.

세계와 함께하는 문화국가가 되어야 한다. 세계문화를 전통문화와 창의적으로 재구성하여 새로운 '한민족문화'를 정립해야 한다. 여기에는 무엇보다 조화와 균형의 가치관이 기조를 이루어야 한다.

국가역량, 즉 국력은 국가전략과 안보전략의 방향설정과 그 성패에 중요한 영향을 미친다. 우리는 협소한 국토, 제한된 자원, 남북 대치상황 등 국가역량을 제약하는 요인을 갖고 있다. 그러나 지난 60여 년 동안 이룩한 과학기술력, 사회적 다원성에 기초한 체제통합능력, 보편적 가치인 자유민주주의와 시장경제를 조화롭게 병행 발전시킨다면, 우리는 사랑하는 조국을 부강한 일류국가로 만들 수 있을 것이다.

4. 지역의 안정과 세계평화에 기여

대한민국 헌법 제5조에서는 "대한민국은 국제평화의 유지에 노력하고 침략적 전쟁을 부인한다"라고 명기하고 있다. 이는 우리가 한반도의 평화뿐만 아니라 동북아 및 세계의 평화유지에 기여해야 함을 강조한 것이다. 한반도 평화는 동북아시아 안정의 핵심이요, 동북아의 안정은 세계평화와 안정의 기반이다. 동북아의 안정과 주변 네 나라 간의 긴장요인을 감소시켜 세계평화에 기여하기 위해서도 평화정착이 되어야 한다.

세계와 동북아 및 한반도 안보환경의 변화는 우리에게 전략적 선택을 요구하는 몇 가지 중대한 과제를 제기하고 있다.

첫째, 세계화와 지식정보화의 추세 속에서 우리의 국익증진을 위한 국력의 결집을 위해서는 무엇보다도 평화적인 안보환경이 보장되어야 한다. 그러나 남북한 간의 상호 불신과 냉전적 대결구조는 한반도는 물론 동북아지역의 안보환경까지도 불안하고 불안정하게 하고 있다. 이러한 한반도 안보환경과 특히 북한의 공격적인 군사전략軍事戰略, Military Strategy[6]은 우리에게 한편으로는 냉전적 대결구조를 전제로 한 대북 군사대비태세를 유지하도록 강요하고 있다. 다른 한편으로는 한반도에 항구적인 평화환경을 조성하기 위해 냉전구조의 해체를 추구해야 하는 매우 어려운 전략적 과제를 부여하고 있다.

둘째, 21세기 불확실성 시대의 세계정세는 국가 간의 무한경쟁의 상황으로, 이러한 안보환경이 우리에게 주는 의미는 국가의 생존과 번영 · 발전을 위해서는 남북한 간의 화해 협력을 통해 공존공영의 기반을 다져야 한다는 것이다. 이를 위해 남북한 모두 각각의 역량과 노력을 서로 공생 · 공영을 도모하는 데 이용하여야 할 것이다. 과거 냉전시기에 우리는 미국을 비롯한 서방진영의 지원에 의존하여 국가의 생존과 번영을 도모했다. 그러나 이제 우리는 우리 스스로의 노력과 힘을 바탕으로 남북관계를 개선하고, 공생 · 공영을 보장하는 국제환경을 능동적으로 조성해 나가야 한다.

셋째, 동북아 및 한반도 주변의 지역안보환경 역시 우리에게 자주적 안보역량의 확충과 아울러 국제 및 지역 안보협력安保協力, Security Cooperation[7]체제의 발전을 요구하고 있다. 특히 동북아지역에는 미 · 일 · 중 · 러 등 세계의 강국들이 위치하고 있다. 최근 이들 강대국들 간에 진전되고 있는 상호견제와 협력이라는 전략관계의 변화에 효과적으로 대응하는 문제는 우리의 안보와 직결되며, 우리의 대북관계 개선 노력에도 직 · 간접적으로 관련되는

---

6) 국가목표를 달성하기 위하여 군사적인 수단을 효과적으로 준비하고, 계획하며, 운용하는 방책을 말한다.
7) 공동의 적 또는 위협에 대한 공동의 안전이나 이익을 추구하기 위하여 국가 간의 안보적 부문에 있어서 협조적인 관계를 유지하는 것을 말한다.

중대한 전략적 과제이다. 따라서 우리는 기존의 양자관계와 병행하여 대 북한 관계개선 노력을 보완하고 지원할 수 있는 다자간 안보협력체제를 발전시켜 나갈 필요가 있다. 우리는 21세기의 불확실한 안보환경에 대한 능동적 적응을 통해 남북관계개선과 평화통일에 유리한 국제적 여건을 조성해 나가야 한다.

한반도는 주변 네 나라의 이해관계가 첨예하게 엇갈려 있는 곳이다. 이들 나라들은 한반도 문제에 있어서 이해를 달리하며, 협력 · 경쟁 · 대립관계에 있다. 그들은 각기 남북한을 그들의 목적과 이익을 위한 지렛대로 생각한다. 그들 사이의 이해 충돌이 남북한 간의 충돌까지를 내포하게 된다.[8]

동북아 정세는 남북한 관계의 전개에 크게 좌우될 것이다. 남북한 간의 분단과 긴장의 지속은 동북아 지역의 발전을 저해하고 정치 · 군사적 긴장을 심화시킬 것이다. 반면 남북한의 협력과 통일의 진전은 동북아 지역의 경제통합과 경제발전을 촉진하고 정치 · 군사적 긴장을 크게 완화시켜 줄 것이다.[9]

우리는 안보역량을 구축하여 한반도 전체를 직접 책임지고 관리할 수 있는 능력을 확보함으로써 냉전적 · 반도적 · 의존적인 사고에서 완전탈피하고, 지구차원에서 전략적으로 생각하고 행동하는 대국적인 국민의식을 형성해야 한다. 한민족의 생존을 보장하기 위해서는 우리는 동북아에서 전략적인 위상을 확보해야 한다. 역내 해양 및 대륙세력의 결집지역에서 한반도는 지역안보와 안정의 중심에 위치하고 있다. 강대국들에 의한 전략적 관심과 개입의 주축으로서의 위치와 가치를 확보하여야 한다.

우리는 평화체제를 구축하고 평화통일을 달성해야 한다. 동시에 동북아 질서의 재편에 적극 참여하고 다자안보협력체를 모색하면서 세계평화에 기여해야 한다.

---

8) 근대역사에서 청일전쟁, 러일전쟁, 한국전쟁 등 여러 번의 군사충돌이 한반도와 관련해 있었는데, 분단상태에서는 그와 유사한 일이 쉽게 재현될 수도 있을 것이다.
9) 민병천, 『평화통일론』(대왕사, 2001), pp.54-57.

국가안보전략의 추진기조

1. 국가 기본역량의 확충

국가안보를 보장하기 위해서는 국가의 역량이 이를 뒷받침해 주어야한다. 국가안보의 개념은 군사적 차원에서부터 정치, 경제, 사회와 환경 등의 비군사적 차원으로 확대되고 있다. 또한 안보연구에서 국내정치 환경의 중요성에 대한 관심도 높아지고 있다. 특히 정치적 불안정이 만연하고 있는 제3세계 국가 등에서는 안보에 대한 위협이 외부로부터만 가해지는 것이 아니라 주로 국내문제에 의해서 야기될 수 있다는 점이 부각되고 있다. 이에 따라 세계 각국의 안보전략도 그 초점이 군사적 대결구도에서 벗어나 점차 다각화되는 경향을 보이고 있다. 이른바 '포괄적 안보Comprehensive Security'의 개념이 보편화되고 있는 것이다.

국가의 기본역량은 국가전략과 안보전략의 방향설정과 그 성패에 중요한 영향을 미친다. 대한민국은 유무형의 국가역량을 보유하고 있다. 우리는 세계의 상위권에 속하는 경제력을 보유하고 있으며, 튼튼한 자위능력과 함께 한·미 안보협력체제를 바탕으로 하는 전쟁억제능력을 유지하고 있다. 그동안 국제사회에서 축적한 외교력과 국제적인 협력망도 우리의 귀중한 자산이다. 그리고 오랜 전통을 자랑하는 문화적인 유산도 우리가 보유하고 있는 값진 역량이다. 또한 무형의 국력요소인 과학기술력, 교육역량, 사회적 다원성에 기초한 체제통합능력과 인류의 보편적인 가치이며 세계적인 추세인 자유민주주의와 시장경제체제를 조화롭게 병행 발전시키고 있는 것도 우리의 큰 강점이다.

그러나 협소한 국토와 제한된 자원, 한반도의 지정학적인 조건, 남북 대치상황, 급격한 인구의 감소전망[10] 등 우리의 국가역량을 제약하는 요인도 적지 않다. 부존자원이 없는 우리나라가 경이적인 경제성장을 이뤄 낸 것은 우수한 국민들, 즉 우수한 인적 자원 때문이었다. 이제 그 인적 자원의 감소가 국가 발전에 제동을 걸고 있다.[11] 또한 탈냉전과 세계화에 따른 무한경쟁시대에 능동적으로 대처하기에는 국내적인 여건이 아직도 미흡한 실정이다. 특히 국민이 공감하는 국가전략과 시대정신 및 국가사상이 정립되거나 담론화되지 못하고 있다.

우리는 보유하고 있는 국가역량을 효율적으로 활용하고 잠재역량을 적극적으로 개발하여 우리의 국가이익을 구현하고 국가목표를 달성해야 한다. 부강한 일류국가로 발전하기 위해 시장경제체제의 강화를 통한 국가경쟁력 제고라는 기본과제를 설정하고 이를 지속적으로 추진하면서 국가역량을 높여나가야 한다.

우리 경제가 저성장단계로 진입하는 과정에서 국가역량을 높이기 위해 필수적으로 추진해야 할 과제는 정부의 혁신이다. 성장잠재력의 확충, 사회안전망 구축 및 국가균형발전 등으로 재정수요는 급증하는 데 비해 저성장과 고실업으로 재정능력은 취약하여 감축관리가 불가피하기 때문이다.[12]

---

10) 통계에 따르면 조금씩 늘어나고 있는 추세지만, 2011년 우리나라 가임 여성의 합계 출산율이 1.24명이라고 한다. 한 여성이 평생 동안 1.24명의 아이밖에 낳질 않는다는 것이다. 합계 출산율은 2.1명 정도가 돼야 인구가 현상 유지된다. 이는 홍콩을 제외하고 전세계에서 가장 낮은 수치이다. 이러한 추세라면 우리나라의 인구는 2030년 무렵부터 감소할 것이라는 전망도 있다.

11) 지속적인 출산율 저하와 전염병으로 로마 제국의 인구는 격감했다. 길고 긴 로마 제국의 국경을 지킬 인력마저도 부족한 실정이 되었다. 국경을 지키는 군인이 줄어들자 이민족의 침입이 잦아졌다. 결국 로마 제국은 A.D. 476년 멸망했다. 인구 감소가 국방력 약화로 이어져 망국(亡國)의 길을 재촉한 것이다.

12) 재정적자는 심리적 마지노선인 국내총생산 대비 1%선이 2004년에 이미 무너졌다. 기획재정부는 2012년도 국채 발행규모를 79조 8,000억 원으로 책정했다. 이 가운데 적자국채 발행은 약

그리고 개발 및 고성장시대의 정부 주도형 패러다임을 탈피하고, 민간의 활력을 극대화하지 않으면 지속적인 성장을 달성하기도 힘들다.

글로벌 스탠더드Global Standard에 입각한 시장경제가 제대로 작동하기 위해서는 절반의 성과에 머무르고 있는 일련의 구조개혁이 제대로 마무리되어야 한다. 우리 경제의 경쟁력을 제도적으로 뒷받침할 수 있는 인프라와 고부가가치 산업의 육성을 위한 연구개발비의 투자를 활성화하여 저효율의 경제체질을 탈피하고 경쟁력을 강화하여야 한다. 한마디로 우리나라 50대 기업들도 전형적인 고용 없는 성장을 경험하고 있는데, 어떻게 고용 없는 성장을 고용 있는 성장으로 바꿀 것인가가 국가역량 확충을 위한 큰 도전이다.

우리는 다양한 안보적 위협과 번영발전의 호기가 동시에 혼재하고 있는 불확실성의 특수상황하에서 시대적 위협을 극복하고 민족사적 사명을 완수해야 한다. 이를 위해서는 전국민의 총체적인 지혜를 결집하여 국가적인 의지와 노력을 통합하고, 국가안보전략을 뒷받침할 수 있는 국가의 기본역량을 극대화해야 할 것이다. 국가의 이념과 사상체계 및 시대정신에 대한 공론화 과정을 거쳐 국민들이 공감할 수 있는 국가전략과 안보전략의 개념을 정립해야 할 것이다. 즉 국민들이 대한민국의 국가이익과 국가목표에 대한 공감대를 갖는다면 불확실성 시대에도 국가의 정체성은 확립될 수 있을 것이다.

2. 확고한 안보태세 유지 · 발전

우리는 국가이익을 수호하고 증진하는 방향에서 변화하는 상황에 냉철하게 대응해야 한다. 한국군은 한반도에서 전쟁을 억제해야 하며, 억제 실패 시는 반드시 승리해야 하고, 한반도의 평화적 통일을 힘으로 뒷받침해야

14조 원이다. 우리나라의 국가채무는 상대적으로 낮은 편이다. 하지만 상대적으로 빠르게 상승하는 모습을 나타내고 있다.

한다. 화해협력정책은 튼튼한 안보태세에 바탕을 두고 남북 간에 화해와 교류협력을 실시하여 한반도에 평화를 정착시키는 정책적 노선이다. 튼튼한 안보태세가 확립될 때만 평화를 파괴하는 일체의 무력도발을 억지 및 응징할 수 있을 것이다.

역사란 과거와 현재의 기록이다. 역사에 대한 건전하고 올바른 이해 없이는 미래의 창조가 불가능하다. 역사를 통해 민족적 자긍심을 재인식하고 미래를 바람직하게 창조해 나갈 수 있기 때문이다. 대륙을 호령하던 초강대국 고구려의 힘의 바탕은 상무정신이었으며, 이는 역사적 시련을 극복하게 한 원동력이었다. 고토 회복을 염원하는 고려인들의 북진의지北進意志와 자주정신은 약 50년 동안 7차에 걸쳐 계속된 몽고의 침략에 대항하는 줄기찬 저항정신으로 표출되었다. 특히 배중손을 지휘관으로 한 삼별초의 군대는 제주도에서 4년간에 걸친 항전을 벌였다.

안보는 국가의 번영을 지켜주는 보호막이며 발전의 기반이다. 안보 없는 조국은 존재하지 않는다. 우리는 역사에서 상무정신이 없는 국민이 무기와 장비만 가지고 그 국가를 지켜냈다는 이야기를 들어본 적이 없다. 국민들이 국방의 대의大義를 인정하고 내 나라는 내가 지킨다는 상무정신으로 충만할 때 우리나라의 안보태세는 확립되는 것이다.

지난 반세기 동안 대한민국의 안보에 대한 위협의 근원은 주로 북한이었다. 남북한 군사관계는 근본적으로 북한의 위협이 지속되고 있지만 북한의 전쟁수행능력 한계로 인해 전면전 발발의 가능성은 낮아지고 있는 반면 다양한 정치군사적 목적으로 북한의 국지도발 가능성은 상존하고 있으며, 남북한 군사적 신뢰구축 노력은 구조적 군비통제를 시작할 정도의 신뢰구축을 이루지 못하고 있다.[13] 약 120만의 북한군대에서 오는 군사적 위협만이 아니라 남북한은 이념과 민족, 그리고 의도에 있어서 대립되는 이념과 체제에서 서로에게 정치적 위협을 가하고 있다. 특히 탈냉전으로 그 체제가

---

13) 박종철 외, 앞의 책, pp.105-109.

시대착오적임이 드러난 북한의 경우 구조적 위협이 더욱 심각하다. 결국 남북한 간에는 상호적인 위협과 공포가 여전히 상존하고 있는 것이다. 다만 그 균형이 남한에 유리하게 작용하고 있을 뿐이다.

특히 21세기 전반기 시점을 생각할 때 우리의 국가이익과 국가목표를 방해할 수 있는 최대의 위협은 통일이 안 될 경우에는 북한으로부터의 군사적 위협이 될 것이다. 그리고 동북아 지역 차원에서 보면 역내 대립과 갈등구도의 재현이라 할 수 있다. 우리는 이러한 위협요소를 국민들의 상무정신의 강화, 대한민국의 국력배양과 국력결집, 동맹과 우방관계의 확대, 지역질서 구성을 위한 적극적 구상의 제시와 협력체 결성 주도를 통해 억제해 가야 할 것이다.

굳건한 국방력은 전쟁을 예방하기 위해 필수적이다. 강력한 대북 억제력 없는 대화는 매우 위험하다. 평화정착을 위해서는 튼튼한 안보태세를 확립해야 한다. 북한의 남침이나 무력도발을 격퇴할 수 있는 튼튼한 국방력을 유지할 때 북한도 무력통일을 포기할 것이다.

북한의 체제위기가 심화될 경우에는 북한은 국면전환을 위하여 국가적인 차원의 무력도발을 감행할 가능성이 상존한다. 우리는 북한의 어떠한 도발에도 즉각 대처할 수 있는 양상별 대응책을 구체적으로 수립하고 훈련을 내실화하는 등 확고한 대비태세를 확립해야 한다. 우리는 북한의 다양한 도발에 적극 대응하기 위해 '총력안보總力安保' 개념하에 정부 각 부서가 유기적으로 협조하며, 중앙과 지방이 하나가 되어 움직이는 민·관·군 통합방위체제를 계속 강화시켜야 한다. 그리고 평화통일을 추구하는 과정에서 발생할 수도 있는 우발적 위기상황에 효과적으로 대처하면서 안전보장에 만전을 기할 수 있도록 노력을 경주해야 할 것이다.

3. 공고한 평화체제 정착과 평화통일 보장

한반도에서 평화통일의 대전제는 전쟁을 억제하고 평화를 보장하는 것이다. 평화통일은 전쟁억제를 토대로 평화가 보장되는 조건 위에서 성립된다.

대한민국 국민은 행복하지 못한 큰 요인 중 하나로 전쟁과 테러 위협 등 안보 불안요인을 꼽고 있다. 우리는 한반도의 평화를 갈망하고 있다. 이를 위해 우리는 '평화지키기Peacekeeping'에서 한 발짝 더 나아가 '평화만들기Peacemaking'를 병행해야 한다. 즉 우리의 안보는 분단시대에 자신을 지켜내는 안보를 넘어 민족이 하나 되는 통일시대로 건너가는 안보의 기틀을 닦아가야 한다.

대한민국의 과거의 안보전략은 지나치게 안보위협에 대한 대응 개념으로 일관하는 수동적이고 소극적인 것이었다. 이제는 국가목표와 민족의 염원을 반영한 보다 적극적이고 진취적이며, 포괄적인 안보전략을 펴나갈 때가 되었다. 그 핵심이 바로 평화통일이며 이것이 적극적인 안보전략의 출발점이라 할 수 있다. 즉 국가안보 구현의 적극적인 안보전략에서 출발함으로써 나라의 안보기조를 확고히 유지하는 가운데 그 바탕 위에서 다양하고 종합적인 통일전략을 추진해 나가야 한다.

한반도에서 평화와 안정을 보장하고 나아가 화해와 협력의 장을 열어 평화체제를 정착시키기 위해서는 북한으로 하여금 대남적화전략을 포기토록 해야 하며, 군사적인 위협으로는 아무것도 이룰 수 없다는 것을 명확히 인식시켜야 한다. 우리는 강력하고 확고한 전쟁억지력을 갖추어야 한다. 한국군의 강력한 억지력은 한반도의 냉전구조의 해체와 자신감 있고 유연한 대북정책의 추진을 위한 전제조건이다.

한반도의 평화정착을 위해 서둘러야 할 중요한 과업은 평화관리에서 한 단계 더 전진하여 평화체제를 구축하는 일이다. 이는 남북관계를 공생공영의 관계로 발전시키는 선행조치이다. 남북한 사이에 조성된 상호불신과 적대의식 및 군사적 긴장이 지속되는 한 어떠한 평화체제 정착도 가시적인 성과를 거두기는 어려울 것이다.

평화체제란 한반도에서 전쟁을 방지하고 평화질서를 유지하며, 이의 준수를 보장하는 협약이나 기구를 비롯한 법과 제도적 장치 전체를 총칭하는 개념이다. 구체적으로는 현 정전협정을 남북한 당사자가 협의하여 새로운 평화협정으로 대체함으로써 정전상태를 항구적인 평화상태로 전환하며, 이 협정의 준수를 국제적으로 보장받는 것을 의미한다.[14] 평화체제를 구축하는 것은 남북한의 공존공영을 이루는 전제조건이다.

남북한은 실질적인 협력관계 증진을 통해 정치적이고 군사적인 신뢰구축과 군축을 실현하고 국제적인 지지와 협력을 확보해야 한다. 이러한 실질적 평화보장조치가 마련되면 현재의 정전체제를 공고한 평화체제로 전환시킬 수 있다. 공고한 평화체제를 수립하기 위해서는 남과 북이 당사자가 되고 미국, 중국 등 이해 관련 국가가 이를 보증하는 방식의 평화협정 체결이 바람직할 것이다.

평화체제를 구축하려면 상대방으로 하여금 그 체제의 안전을 위협하는 일이 없을 것이라는 믿음을 갖도록 확신을 심어주는 일이 중요하다. 이를 위해서는 남북한 간의 군사적 균형을 통한 효과적인 억지상태 견지, 쌍방 간의 적대행위를 유발시킬 수 있는 공세적인 군사력의 배치나 운용의 적절한 제한, 우발적인 사건이 대규모의 충돌로 확대되는 것을 방지하기 위한 적절한 분쟁조정 장치의 준비가 필요하다.

우리는 북한의 변화를 촉진하는 기회를 적극적으로 조성해 나가야 한다. 북한의 변화를 촉진하기 위하여 각종 접촉을 강화하면서 기회를 만들어 내야 한다. 단기적으로는 김정은을 비롯한 권력 내부 엘리트의 대외인식 변화를, 중기적으로는 북한 주민의 정치·경제·문화 측면의 대외인식 변화를, 그리고 장기적으로는 북한 사회주의체제의 변화를 추구해야 한다. 이를 위해 해외동포, 관광단, 문화교류, 물품제공, 공동사업, 국제행사 등 다양한 수단을 활용해야 할 것이다.

---

14) 한반도 평화체제란 "남북한 간에 적대행위가 종료되고, 공고한 평화가 구축된 상태를 말하는 것"으로서 남북기본합의서 제5조에서는 '남북 사이의 공고한 평화상태'라는 표현을 사용하고 있다.

그리고 통행, 통신, 통관 등 3통을 정상적으로 확보해야 한다. 대한민국의 기술과 자본이 북한지역에 투자될 수 있도록 해야 한다. 우리 시장의 대북 개방을 적극화하며, 남북한이 세계시장에 공동진출을 하기 위해 인적·물적·정보교류를 활성화해야 한다.

우리는 한반도에 평화공존이 유지될 수 있는 여건을 조성해 나가야 한다. 1992년 체결한 남북기본합의서 내용의 실질적인 이행을 북한에 촉구하여야 한다. 그리고 남북한 합의에 의한 평화통일의 추진체로서 남북한 정상회담을 정례화해야 한다. 김정은 정권과는 평화통일을 합의하에 달성하는 단계적 수단을 모색할 점진석인 선략도 검토할 필요가 있다.

즉 남북한 관계의 전개를 둘러싼 모호성은 통일된 민족국가의 모습을 전망하는 데 있어서 상당한 불확실성을 제기한다. 따라서 남북관계를 단계적으로 개선해 나가고 평화적으로 민족통합을 달성하기 위해서는 북한의 핵문제를 포함한 대량살상무기의 해결, 정치적 신뢰구축, 북한의 개혁과 개방의 유도 및 협력의 제도화, 군사적 신뢰구축을 통합하는 개선구도를 설정하여 단계별로 이를 실천하는 것이 바람직할 것이다.

통일의 과정에서 가능한 외세의 개입을 차단할 수 있도록 노력해야 한다. 주변 4강의 영향으로 독자적인 행보가 영향을 받게 되면 최소한 주도권을 확보해야 한다. 그것만이 우리의 자주권과 독립을 보장하는 길이다.

4. 자위역량을 갖춘 일류국가 건설

자위역량을 갖추지 못하면 일류국가가 될 수 없다. '안보'는 국가의 생존을 보장하는 산소이다. 국민의 생명과 재산을 지키는 보험료이다. 특히 통일과정과 통일 이후의 한반도 안보는 많은 도전에 직면할 것이다. 따라서 우리는 최악의 시나리오까지를 염두에 두고 자위역량을 강화해야 한다. '힘'은 불안한 정세를 진정시키는 특효약이 될 수 있다. 민족의 영광은 때로는 싸워서 쟁취해야 할 때도 있다.

역사는 우리에게 스스로 지킬 힘이 없는 나라는 영원한 생명력이 없다는 냉혹한 사실을 가르쳐 주고 있다. 생존은 오로지 스스로 지키고자 하는 의지와 이를 뒷받침하는 힘에 의해서만 보장되기 때문이다.

조선의 16대 임금 인조는 전쟁발발 후 45일 만인 1637년 1월 30일에 청나라 황제에게 항복의 예를 올렸다. 인조는 삼전도에서 청나라 태종에게 '삼배구고두三拜九叩頭(한 번 절할 때마다 세 번 머리를 땅바닥에 찍는 것)'의 예를 올렸다. 청나라 태종이 소리가 나지 않는다고 하여 인조는 얼어붙은 땅에 머리를 사정없이 부딪쳐 이마는 피투성이가 되었다. 조선이 조공을 바치던 이민족 왕에게 머리를 조아린 굴욕의 순간이었다. 김훈은 역사소설『남한산성』에서 이 처참한 광경을 적나라하게 기술하고 있다.

왜 당시 조선은 이러한 삼전도의 굴욕은 왜 당해야 했는가? 병자호란이 일어나기 39년 전 조선은 이미 7년 동안이나 임진왜란의 국란을 겪었다. 임진왜란이 있기 10년 전 이율곡이 조정에 건의한 '10만 양병설養兵說'을 무시한 결과였다. 유성룡은 일본과 '7년 전쟁'을 겪고 난 후 다시는 우리 민족이 그런 치욕을 당하지 않도록 하기 위해『징비록』을 썼다. 그러나 그 책이 나온 지 약 한 세대가 지난 39년 만에 여진에게 두 차례에 걸쳐 패배를 당하고, 굴욕적인 항복을 하며 삼전도의 굴욕을 당하게 되었다.

이제 한국전쟁 후 반세기가 넘는 분단 경험 속에서 거부할 수 없는 국민 합의사항으로 자리잡은 것은 어떠한 경우에도 이 땅에서 전쟁이 재발되어서는 안 된다는 것이다. 손자는 "전쟁은 국가의 존망과 생존이 달려 있음으로 심사숙고하지 않으면 안 된다孫子曰 兵者 國之大事 死生之地 存亡之道 不可不察也"라고 하였다. 국가가 부강해도 전쟁을 좋아하면 반드시 망하고, 비록 천하가 태평해도 전쟁을 잊으면 국가는 위태로워진다. 전쟁의 재발을 방지하기 위해서는 스스로 지킬 수 있는 힘을 갖추어야 한다.

한반도에서 전쟁을 억제하고 평화를 보장하는 것은 모든 문제에 앞서는 선행조건先行條件이다.[15] 포용정책 및 평화이니셔티브나 평화번영정책도 한 반도의 전쟁억제와 평화보장을 대전제로 해서만 추진이 가능하다. 평화체 제정착은 전쟁억제를 위한 강력한 군사대비태세가 뒷받침될 때에만 비로소 실현될 수 있으며, 튼튼한 안보가 뒷받침되지 못한다면 그저 희망에 불과할 것이다. 이를 위해서는 이스라엘이나 스위스처럼 총력안보체제를 굳건히 유지해야 한다.[16] 즉 자위역량을 갖추어야 한다. 자강의 정신이 필요한 것 이다.

스스로를 지키지 못하는 나라를 일류국가라 부를 수 없다. 따라서 우리가 일류국가를 건설하기 원한다면 먼저 전쟁을 억제할 수 있는 역량을 갖추어 야 한다.

5. 부강한 나라 활력 있는 경제 발전

경제는 안보의 기반이다. 즉 안보전략의 핵심 중추이다. 부강한 나라가 되기 위해서는 경제가 지속적으로 발전해야 한다. 즉 활력이 있어야 한다. 더불어 첨단기술의 혁신과 하이테크 전쟁의 변화에 대응해야 한다.

그러나 경제의 앞날에 대한 불안이 상존하고 있다. 세계 경제위기에 더해 구조적인 문제가 정리되지 못하여 미래의 전망이 불투명하기 때문이다. 그 동안 우리는 노동생산성의 저하의 덫에 걸려 선진국으로 접어드는 문턱에 서 '저성장의 늪'에 빠져 허우적거리고 있었다. 다른 선진국들도 한때 이러 한 저성장의 사슬에 걸려 고전한 경험을 갖고 있다. 조직이론에서 '이카로 스 패러독스'라는 현상이 있다. 이는 성공한 조직은 그 성공했던 방식 때문

---

15) 손자도 "싸우지 않고 적을 굴복시키는 것이 최선의 방책이다(不戰而 屈人之兵 善之善者也)"라 고 강조하고 있다.
16) 이스라엘은 상상을 초월하는 높은 안보위협에 직면해 있지만 정부와 국민이 혼연일체가 되어 총력안보체제를 유지함으로써 도전을 극복하고 있으며, 스위스는 약소국의 위상을 유지하면서 도 온 국민이 단결하여 통합방위체제를 유지하고 소위 '고슴도치전략'을 구사하면서 국가의 주 권을 사수하였다.

에 망한다는 것이다. 성공했던 방식이 너무 강해 조직에 각인되어 있기 때문이다. 이 고비를 극복하지 못한 국가들은 선진국 반열에 들지 못하고 추락했다. 반면 다양한 혁신 노력으로 성장의 활력을 되찾아 글로벌화에 성공한 국가들은 '선진경제'의 달콤한 열매를 따먹을 수 있었다.

우리 경제의 성장잠재력이 떨어지고 있었던 원인은 여러 가지를 꼽을 수 있다. 잘못될 수 있는 것은 모두 최악의 순간에 잘못된다는 '머피의 법칙'과 같다. 단기적으로는 한국경제를 압박하고 있는 유가에 따른 기업들의 글로벌 경쟁력 저하, 부동산시장 불안, '북한 핵과 미사일 사태' 등 지정학적 리스크가 있다. 국가채무를 무시하고 보편적 복지를 앞세운 포퓰리즘과 빠른 속도의 고령화도 현안이다. 고령화는 노동인구 감소, 저축률 저하로 이어져 투자를 줄임으로써 성장잠재력을 떨어뜨리게 된다. 사회갈등의 확산도 문제이다. 정치·사회적인 갈등구조가 경제의 불확실성을 높여서는 성장잠재력을 갉아먹고 지속성장을 기대하기도 어렵게 만든다.

대한민국의 성장이 4% 이하로 둔화될 것으로 전망되고 있다. 세계경제성장이 둔화될 조짐이고, 유럽경제위기의 재연 가능성도 높다. 한국 경제가 연평균 4% 이하의 낮은 성장을 하게 되면 세계 10위 이내의 선진부국으로 진입하기 어렵다.

우리의 이러한 처지는 국가경쟁력 상실에 기인한다. 국력을 높이고 국가의 부를 축적하기 위해서는 경제의 성장동력을 유지해야 한다. 지식정보화시대에 탄력적으로 대응하고 적극적으로 대처하기 위하여 산업구조조정 및 사회발전의 내실화를 도모해야 한다.

우리 경제가 직면하게 될 중요한 대외 도전은 세계경제위기, 원유 등 부존자원의 부족, 수출여건 악화 등과 같은 요인이 될 것이다. 무엇보다 우리 경제를 불안하게 만들 가장 큰 변수는 북한리스크이다. 북한이 더 이상 도발을 못하도록 관리하는 것이 중요하다.

지속적인 경제성장을 위해 부족한 자원을 적정가격에 공급받는 것은 매우 중요한 문제이다. 특히 원유자원 확보를 위해 원유 가격이 하향안정화를 보일 때 꾸준히 투자해야 한다. 자원 보유국은 대부분 개발도상국이다. 전력, 도로와 통신 인프라 등이 필요하다. 따라서 우리의 강점인 플랜트 기술을 수출하여 인프라를 지어 주고 대신 유전과 광산 등의 지분을 받는 '패키지 딜'을 추진하는 것이 서로를 돕는 '상생공영相生共榮전략'이 될 것이다.

우리는 지난 반세기 동안 수출만이 살 길이라 믿고 뛰고 또 뛰었다. 2010년에는 400억 달러 이상의 수출초과를 달성하였다. 우리 국민에겐 수출을 통해 국가발전을 이룩한 소중한 성취문화成就文化와 저력이 있다. 경제는 마음에서 시작한다. 우리 모두가 지혜를 모으고 응집하여 다시 뛰기 시작하면 또 하나의 기적을 이루어 세계 속에 우뚝 설 수 있다.

대한민국 경제가 이 같은 도전을 이겨내고 선진체제로 진입하느냐의 여부는 전적으로 우리가 어떤 자세로 대응하느냐에 달려 있다. 우리는 지난 반세기 만에 아무런 자본과 자원 및 기술이 없던 최빈국을 세계 10위권의 경제대국으로 일궈 낸 의지와 열정 그리고 역동성이 있다. 우리들이 이러한 잠재력을 발휘한다면 일류국가로 도약하지 못할 이유가 없다.[17]

경제가 발전되어야 국방력을 지속적으로 유지할 수 있다. 그러나 나라가 부유만해서는 안 된다. 그것을 바탕으로 강해져야 한다. 특히 주변 4국에 둘러싸인 대한민국은 부강한 나라가 되어야만 국체를 지킬 수 있다. 이를 통해 우리 조국은 도전을 극복하면서 통일과 번영의 새로운 민족사를 만들어 나갈 힘을 축적할 수 있다. 그 중심에 오늘 우리가 서 있다!

6. 다자간 지역안보체제의 구축

세계화 · 지식정보화 시대에는 세계질서의 다원화 및 국제사회의 다극화, 국제관계에서 경제력의 비중 증대에 따라 힘의 개념이 변화하고 있다. 또한 국제적 상호의존의 심화로 어느 한 국가의 노력만으로 안전보장을 추구하

---

17) 골드만 삭스는 2012년 4월 보고서를 통해 2030년 대한민국의 1인당 GDP가 7만 8,000달러에 이를 것으로 전망했다(조선일보, 2012. 4. 9).

기에 한계가 있는 국제적 성향을 지닌 안보문제들이 증가하고 있다.

변화하는 안보환경에 대응할 수 있는 안보의 패러다임 및 전략적 사고가 필요하다. 새로운 안보개념으로서 포괄적 안보, 공동안보共同安保, Common Security, 협력안보協力安保, Cooperative Security 등이 제시되고 있다. 즉 다자간 안보협력의 중요성이 강조되고 있다.

우리는 미국뿐 아니라 주변국들과도 선린우호관계를 유지하며 안보적 협력을 도모하여야 한다. 우리의 국력은 많이 신장되었지만 아직도 능력 및 자원은 한계가 있고 안보위협의 다양성 때문에 완전한 자주국방을 조기에 실현하는 것은 어렵다. 따라서 우리가 국가의 안보와 번영을 추구하면서 평화통일을 구현하기 위해서는 주요 관련국뿐 아니라 국제기구들과의 협력을 증진시켜야 한다. 동북아지역에서 냉전이 종식되더라도 한반도 주변에는 강대국들이 포진하고 있으므로 어떠한 방향으로 세력이 재편될지 아직은 불확실하고 유동적인 상황이다.[18] 따라서 우리는 당분간 한미동맹을 기본축으로 하여 주변국들과의 군사교류와 협력을 강화해 가면서 지역 내 다자간 안보협력체제의 구축을 위해 주도적이고 적극적으로 노력해야 한다.

한반도의 평화공존 시기를 보다 앞당기기 위해서는 남북한과 미국, 일본, 중국과 러시아를 포함하는 동북아 6국 체제가 안정되어야 하고, 전방위적 안보협력이 강화되어야 할 것이다. 한반도 관련 다자협력체제를 남북한이 주도하는 지역협력체제로 발전적으로 확대하는데 주도적인 역할을 해야 할 것이다.[19] 이때 다자안보협력체제는 남북한 평화공존을 계기로 한반도 평화체제의 정착 및 보장장치의 일환으로 발전되어야 할 것이다.

남북관계가 글로벌 시대의 현안으로 부상한 만큼 국제적인 안보전략의 틀을 유지하면서도 대한민국의 안보목표와 수단을 분명히 할 필요가 있다.

---

18) 동북아 안보환경의 특수성은 미국, 일본, 중국, 러시아라는 세계 4대 강국이 이 지역에서 치열한 경쟁을 벌이고 있고, 이들 간에 역사적 · 정치적 · 문화적, 국가이익의 관점에서 공통점이 많지 않다는 점이다. 동시에 이념적 갈등의 잔존, 지역의 주도권을 둘러싼 군비경쟁, 한반도에서의 남북한 사이의 무력대치 상황 등 불확실한 상황이 상당한 기간 지속될 전망이다.
19) CSCAP, 4자회담, 6자회담, ASEM 등.

그리고 국제적인 안보협력과 함께 국내적인 합의의 형성이 병행되어야 할 것이다. 대한민국의 화해협력정책은 한국판 관여전략이라 할 수 있다.

우리는 북한의 군사도발 억제, 화해와 협력, 평화통일을 위한 여건조성을 위하여 한미 안보동맹을 더욱 발전시켜야 한다. 그리고 역내 다자 지역안보 체제를 구축해야 한다.

이를 위해서는 주변국을 포함한 아시아지역 국가와의 협력기반의 확충에 노력해야 할 것이다. 미국과는 정치·군사·안보·경제적 측면을 망라하는 포괄적 동반자 관계로 발전되어야 한다. 일본과는 과거사 문제에 대한 올바른 인식을 토대로 미래지향적인 우호협력관계로 발전시켜야 한다. 한반도와 국경을 접하면서 북한의 동맹국인 중국과는 부분적 협력에 머물러 왔던 양국관계를 조금 더 포괄적으로 확대시켜 동반자로의 관계를 강화해야 한다. 동북아 안보문제에 적극 참여하려는 러시아와는 한반도 문제의 평화적 해결과 동북아지역의 안정과 발전을 위해 동반자적 우호협력관계를 구축하여야 한다.

한반도의 평화와 통일은 우리 전략뿐 아니라, 미국 등 강대국의 세계전략과 밀접하게 연관되어 있는 문제이다. 한반도 문제를 다자적인 방식으로 해결하려고 할 경우에는 한반도 문제의 국제화를 심화시켜 우리의 주도권이 상실될 우려가 있다. 따라서 대한민국이 동아시아 다자안보협력체 형성과정에서 주도적인 역할을 수행함으로써 동아시아 다자안보협력체가 한반도 평화의 공고화와 평화통일에 긍정적인 방향으로 작용하도록 전략적인 사고를 기울여야 할 것이다.

제3절
국가안보전략의 추진방책

1. 간접 · 포괄적 접근 : 이이제이以夷制夷와 원교근공遠交近攻

　통일의 시점까지 안보전략의 핵심은 한반도의 평화정착과 평화통일이다. 평화를 만들어 가는 일은 미래의 전략환경에 대응할 유연성을 열어 놓을 때 가능한 법이다. 우리는 조국의 영토를 사수하고 보존하기 위해서 평화를 지키는데 만족해서는 안 된다. 오늘의 안보와 내일의 통일에 대비하는 통찰력을 갖고 한반도 평화를 주도적으로 만들어 가야 한다. 특히 '연평도 포격사태'처럼 갈등이 고조되어 전쟁위험이 증가할 경우에는 어떻게 다시 평화상태로 전환할 것인지 심사숙고해야 한다. 북한이 붕괴된다면 붕괴 이후에 우리에게 유리한 상황이 전개되도록 전략을 수립하고 추진해야 한다.

　그러나 남북한 모두 상대방을 보는 자세에서 공존과 신뢰보다는 갈등과 불신이 팽배하다. 그 근본적인 이유는 남북한이 큰 어려움 없이 합의할 수 있으며, 기능적으로 접근할 수 있는 통일의 최소 목표, 즉 서로간에 체제의 생존과 남북한의 공존공영 및 평화체제 구축을 보장하는 것보다는 실현이 불가능해 보이는 최대목표, 즉 자국의 이념과 체제로 상대방을 흡수 통일하는 것에 집착하기 때문이다.

　북한의 대량 살상무기를 포함한 군사적인 위협은 상존하고 있다. 한반도의 위기는 하시라도 고조될 수 있는 상황으로 평시 위기관리의 중요성이 증대된다. 따라서 남북관계에서 군사력의 직접 사용은 적대적 긴장과 대결의 역효과만을 초래하므로, 북한체제의 변화를 촉진 및 활용하기 위한 '간접접근전략間接接近戰略, Indirect Strategy'[20]이 필요하다. 즉 대한민국의 강한 수단으로 북한의 약점을 쳐야 한다. 주변 강국의 힘을 활용하여 우리의 힘을 보완하고 절약해야 한다. 앙드레 보프르와 리델 하트의 간접접근전략이 필요한 이유이다.

간접접근전략이 추구하는 목표는 북한체제의 변화와 통일여건을 조성함으로서 대한민국이 주도하는 평화통일을 실현하는 것이다. 간접접근전략은 확고한 전쟁억제와 행동의 자유를 보장하면서 평화통일정책의 기조를 일관되게 유지하는 것을 대전제로 추진되어야 한다. 즉 폐쇄된 가운데서 고립상태에 있는 북한체제를 변화시키기 위해서는 외부적으로 화해협력정책을 일관되게 추진하여 파급효과를 확대시켜 북한체제의 개혁과 개방을 촉진시켜야 한다.

특히 한반도의 냉전구조 해체는 당사자간의 상호적대성과 불신을 해소하여 새로운 관계를 형성하고, 남북한은 양자관계 및 내부사회에서 새로운 신뢰구조를 구축하는 것을 의미한다. 이 문제는 군사, 안보의 차원을 넘어서서 정치, 외교, 경제 등과 관련된 복합적인 문제이다.

한반도 평화체제와 평화통일의 문제를 푸는데 있어서는 대한민국의 힘만으로는 부족하다. 주변국의 역량을 최대한 활용해야 한다. 남북한 간의 문제뿐 아니라 핵과 미사일을 포함한 대량살상무기의 해결방안에서도 주변국과 남북한 사이에는 상당한 입장 차이를 보이고 있어 문제를 개별 쟁점별로 풀 것이 아니라, 문제들이 상호연계되어 있다는 관점에서 전체를 종합적으로 사고하는 포괄적 접근이 필요하다.

미국과 중국 등 주변국의 영향력을 최대한 활용하는 이이제이와 원교근공의 지혜가 필요하다. 특히 급속히 성장하는 중국의 위협을 억제하기 위해

---

20) 군사력과 국방자원을 최소한으로 사용하면서 정치적 · 경제적 · 사회적 · 심리적 수단을 사용하여 소망하는 효과를 달성하는 접근전략으로서 군사력은 보조적인 역할을 수행하게 된다.

서는 한미동맹의 틀을 더욱 견고히 해야 한다. 이를 바탕으로 중국의 영향력을 최소화하면서 평화체제를 창출해 나가는 원교근공의 지혜를 발휘해야 한다. 그러나 우리가 힘이 없거나 외교력이 부족한 상태에서 주변국의 힘에 의존하게 되면, 20세기 초반의 난장판을 재현시킬 수 있다. 국권을 상실할 수 있다. 우리 역사에서 수차례 반복되었던 이이제이와 원교근공 전략의 핵심은 나라를 지킬 수 있는 상무정신과 강한 힘을 갖는 것이다.

2. 부전승不戰勝원칙 준수 : 상생원칙하 신축 대응

한반도의 평화체제를 정착시키고 평화통일을 이루기 위해서 전략적으로 최선의 방책은 북한의 전쟁하려는 의지를 분쇄하는 것이다. 즉 싸우지 않고 이기는 부전승의 길이 최선이다不戰而 屈人之兵 善之善者也. 이를 위해 북한이 스스로 평화공존과 공영의 길로 나올 수 있는 환경과 여건을 조성하여 전쟁을 근원적으로 방지해야 한다. 특히 평화통일문제는 남북한의 어느 한 쪽이 일방적이고 완벽한 승리를 거둘 수는 없으므로 상대방의 입장을 고려한 협상전략이 중요하다. 남북 상호간에 도움이 되는, 즉 동참하는데 따른 열매를 나눌 수 있는 상생Win-Win전략의 추진이 필요하다.

따라서 남북 간 화해와 교류협력을 실천해 나가는 전략을 추진해야 한다. 민족공동체통일방안의 목표는 평화와 화해협력을 통한 남북관계를 개선하는 것이다. 남북한 간의 상호 이해의 폭을 넓히고 민족동질성을 회복하면서 사실상의 통일을 실현시키기 위해 평화를 만들어 가는 것이다.

손자는 승리를 위해서는 정법으로 대처하고 기법으로 싸울 것以正合 以奇勝을 강조하고 있다. 우리의 통일문제도 정부의 공식적인 통일정책에 의거 대처하는 것이 원칙이지만, 북한체제의 변화라는 구체적인 사태전개에 임기응변하는 신축대응이 필요하다. 결정적인 사태에 어떻게 신축적으로 대응하느냐에 따라 문제해결이 보장된다. 따라서 중요한 점은 일관된 원칙을 지키면서以正合, 필요시 현실적인 결단을 뒷받침할 수 있는 전략以奇勝이 필요하다.

북한은 1960년대 초반부터 4대 군사노선을 내세우며, 군사력 증강에 모든 역량을 투입하였다. 최근에는 선군사상을 앞세워, 핵과 미사일 등 비대칭 능력 배양에 많은 예산을 투입하고 있다. 이러한 군사력을 사용하지 못하도록 해야 한다. 이를 위해서는 강력한 대북억지력을 유지하고, 필요시에는 이를 사용할 수 있다는 의지를 보여야 한다. 그러나 한반도에서의 전쟁은, 비록 국지전이라 할지라도 엄청난 영향을 미친다. 다시는 회복 불가능한 타격을 입을 수 있다. 부전승의 원칙이 중요한 이유이다.

3. 신축적 상호주의 적용 : 억제와 포용

정부는 통일정책을 일관성 있게 추진하되 북한의 변화에 탄력적으로 대응해야 한다. 그러한 전제하에서 우리는 남북한 관계의 개선과 북한 스스로의 개혁개방을 위한 여건조성에 중점을 두고 신축적 상호주의에 입각한 포용정책을 추진해야 한다.

신축적 상호주의는 다자간의 복합적인 상황 속에서 각국의 입장을 최대한 고려하면서 필요시 전체의 균형을 유지하고 '당근과 채찍'을 적절히 사용하여 사안별로 협력을 강화하는 융통성 있는 전략이다. 예를 들어 북한의 핵문제는 엄격하게 대응하면서도 인도적 지원은 지속시키는 것이 바로 신축적인 상호주의라고 볼 수 있다.

남북관계에서 상호주의를 적용해야 한다는 주장의 핵심은 북한의 협력행위에는 협력을, 배반행위에는 불이익이 초래된다는 규칙을 적용하는 것이다. 이를 실천하기 위해서는 보상능력과 보복능력을 포함하여 이를 실천할 수 있는 의지를 갖추어야 한다. 이를 통해 북한체제의 안정성을 유지하고, 남북관계를 발전적으로 유지하는 질적인 변화를 추구할 수 있다. 이는 정경분리의 반대개념인 '정경연대' 정책과 상통하는 것으로 이해할 수 있는 개념이다. 그러나 정경연대는 우리의 대북 영향력이나 경제영역의 국제적인 요인을 고려해 볼 때 추진하기가 쉽지 않을 것이다.

상호주의 전략의 가장 큰 문제점은 상대방을 불신하고, 그 불신 때문에 상대방의 우호적인 행위를 속임수로 인식하여, 대화와 협력을 저해하기가 쉽다는 점이다. 따라서 포괄적 상호주의나 엄격한 상호주의의 문제점을 보완해나가야 한다.

국가안보와 민족적 화해는 상호 배치되는 개념이 아니라 보완되는 개념이다. 굳건한 안보태세가 결여된 화해는 사상누각이다. 민족적 화해를 도외시한 안보 역시 남북한의 대립과 반목의 악순환을 낳아 한반도의 위기를 고조시킬 뿐이다. 따라서 안보태세의 확립을 통한 전쟁억제와 남북한의 포용을 통해 화해와 평화공존을 동시에 달성하는 것은 현재의 냉전구조를 타파하고 평화정착을 위한 필수적인 요소이다.

그러나 북한을 포용하는 과정에서 무엇을 어떻게 포용할 것인가 하는 문제에 봉착하게 된다. 이 기준이 명확하지 못하면 국민적 공감대를 얻을 수 없으므로 정책의 지속성은 상실되기 쉽다. 따라서 포용하는 대상, 기준, 범위와 명분을 설정하여 국민적 공감대를 형성하고, 북한의 개혁개방으로의 변화를 유도하면서 단계적으로 이를 추진하는 전략이 필요하다.

남북한 간의 관계는 국가 간의 관계이자 특수관계의 성격을 지니고 있다. 국가 간의 관계는 '엄격한 상호주의'를 일관되게 추진해도 큰 문제가 발생하지 않을 수 있다. 그러나 언젠가 통일을 해야 하는 민족 간의 문제는 엄격한 상호주의만을 계속 고집하게 되면 돌이킬 수 없는 파탄으로 갈 수가 있다. 그렇다고 노무현 정부 때처럼 '포괄적 상호주의' 일변도로 나가는 것도 국민들의 공감을 얻기가 어렵고, 북한의 버릇을 잘못 들일 수 있다.

따라서 사안에 따라 신축적으로 추진하는 것이 가장 바람직한 상호주의 접근 방안이라고 생각한다. 통일은 북한의 핵문제와 인권문제를 완전히 해결할 수 있는 '열쇠'이고, 우리나라가 번영·발전하여 일류국가가 되는데 꼭 필요한 '반석'이다. 남북관계는 평화통일로 가는 장기적 시간표 속에서 신축적 상호주의의 복합적이고 선택적인 운용으로 상호협력의 가능성과 평화통일은 높아질 수 있다.

4. 균세均勢, 공동 · 다자안보 : 양자주의와 다자주의의 병행 추진

우리가 한반도에서 보다 안정되고 견고한 평화체제를 구축하고 평화통일
을 이룩하기 위해서는 남북한 간의 관계개선도 중요하지만 국제사회와도
보다 폭넓은 협력 체제를 구축하여야 한다. 이를 위해서는 균세와 공동 · 다
자안보가 필요하다. 왜냐하면 국가안보의 문제는 단순히 남북한 간의 문제
가 아니고, 주변국의 이익이 복잡하게 얽혀있는 국제적인 성격을 지니고 있
기 때문이다.

따라서 남북한은 안보와 통일의 문제를 자주권을 발휘하여 최대한 주도
적으로 해결해야 하지만, 필요시는 주변국을 최대한 활용하는 지혜를 발휘
해야 할 것이다. 주변국가에 대해서는 기능적인 접근을 강화해야 한다.

한반도는 역사적으로 볼 때 주변 강대국으로부터 영향을 받아 왔다. 주변
4국은 한반도에 대해서 관심이 매우 높다. 주변 국가는 기본적으로 한반도
의 안정유지를 위해 남북한의 평화정착 노력을 지지하고 있다. 동시에 한반
도에 대한 영향력을 확대하기 위해 노력하고 있다. 따라서 남북한이 평화를
만들어 가는 과정에서 이들 주변국을 적절히 관리해야 한다. 즉 그들의 세
력과 영향력을 적절히 이용해야 한다. 그 과정에서 우리는 주변국에게 평화
체제 전환문제는 '민족자결원칙'과 '당사자 해결 원칙'에 입각하여 남북한
간에 직접 해결해야 한다는 기본입장을 설득해야 한다. 한반도 문제에 주변
국들의 영향력을 제도화할 위험성이 있는 방안은 최대한 회피해야 한다.

남북한의 관계와 주변국과의 관계는 서로를 대체하거나 배치되는 것이
아니라 상호보완적인 관계에 있다. 우리는 현 정전협정체제를 새로운 평화
체제로 전환하는 문제와 한반도에서 군사적 긴장완화를 달성하고, 궁극적
으로는 평화통일을 달성할 수 있는 구체적인 방안을 논의하고 실행하는데
있어서 주변국의 이익을 최대한 배려해야 한다. 필요시는 그들을 참석시켜

한반도의 안정과 평화를 더욱 공고히 하는 한편, 평화통일을 촉진할 수 있는 여건을 조성하기 위해 노력해야 할 것이다. 즉 남북한 간의 문제는 양자주의에 기반을 두되, 필요시 다자주의와 조화롭게 추진되어야 한다.

5. 점진적 · 단계적 추진 : 기능주의와 新기능주의의 통합[21]

남북한의 문제는 몇 번의 정상회담과 장관급 접촉으로 해결할 수 없다. 이념과 체제의 차이가 크고 서로를 바라보는 불신의 벽이 너무 높기 때문이다. 따라서 한반도의 평화정착과 평화적인 통일을 달성하는 방법은 분단의 현실을 인식하면서 얽힌 문제를 해결하기 위해 단계적 · 점진적으로 접근하는 것이 바람직하다.

대한민국의 공식적인 통일방안인 '민족공동체 통일방안'은 기존의 '한민족공동체 통일방안'의 원칙을 계승하고 있다. 기능주의적 통일방식에 입각하여 통일과정을 화해협력단계, 남북연합단계, 통일국가단계의 3단계로 설정하고 있다.

남북한이 반세기 이상의 분단상황하에서 형성된 상호간의 불신을 해소하는 데는 분야별 교류와 협력이 필요하다. 따라서 '先교류 後통일'의 입장을 체계화한 기능주의적인 시각에 입각한 통합이 중요하다. 남북한이 우선 화해와 협력을 통해 상호신뢰를 다지고 민족공동체를 건설해 나가면서 그것을 바탕으로 정치통합의 기반을 조성해 나가야 한다. 화해와 협력은 이미 법적 · 제도적인 기반이 조성되어 있어 양측의 정치적 의지 여하에 실현가능성이 달려 있다.

기능주의적인 접근의 필요성은 남북한 간의 현안문제에서 쉽고 의견접근

---

21) '기능주의 노선'이란 무엇보다 경제적 교류관계의 확대 등에 기초하여 경제적인 관계 등의 통합을 확대시켜 나가면 최종적으로는 정치적인 통합에까지 이룩할 수 있다는 입장을 가리키는 것이고, '신기능주의 노선'은 기능주의적 노선을 기본적으로 수용하면서도 정치적 합의 등이 차지하는 역할을 중시하는 입장을 가리킨다.

이 가능한 주제를 먼저 다루는 것이 전체의 남북대화의 틀을 곤란에 빠뜨리지 않고 통일기반을 다지는 것에 유리하다는 데 기반을 두고 있다. 북한은 생존을 위해 어쩔 수 없이 남한과의 교류협력을 필요로 하고 있다. 남북한 간 안보문제에 대한 논의는 구조적인 접근이 쉽지 않다. 우선 쉬운 사안부터 처리해 나가는 지혜가 발휘되어야 한다.

북한이 흡수통일의 위협에서 벗어나지 못하는 한 경제 및 인적 교류를 활발하게 추진하지는 못할 것이다. 쉽고 분쟁이 적은 것부터 접근하여 접촉을 증대해 나감으로써 부분별로 기능적인 협조체제를 구축해 나가는 것이 기능주의적 접근방법의 핵심이다. 이는 인도주의 및 경제영역에서 교류협력이 확대되면, 정치 및 군사영역에서의 접촉을 촉진시킬 수 있는 공통분모를 늘려갈 수 있다는 것을 전제로 하고 있다.

북한은 그들의 체제와 관련한 의제에 대한 협의를 완강하게 거부하는 입장이다. 따라서 기능주의 접근만으로는 평화체제의 구축과 평화통일에 많은 어려움이 예상된다. 즉 新기능주의 측면에서 정치적인 해결방안이 모색되어야 한다. 북한의 대내외적 안보불안요인을 타개해 주기 위해 체제에 부담을 주는 방법보다는 정치적인 체제보장과 국제사회에서의 북한의 위상강화 지원 등의 지원이 필요하다.

남북한 간의 정치 및 안보영역은 구조적으로 접근이 쉽지 않은 분야이다. 이것은 한미동맹과 주한미군의 철수 등 남북한 양자의 문제가 아닌 남한과 북한, 그리고 미국 3자 간의 문제이다. 북한의 김정은 정권과 군사적 위협, 인권문제 등 북한의 체제와 정치 및 안보현안에 대하여 남북한 간에 접점을 모색하는 일은 매우 어려운 일이다. 통일정책추진을 둘러싼 남한에서의 남남갈등 문제도 쉽게 풀 수 있는 사안도 아니다. 기능주의만으로 문제를 해결할 수 없는 이유이다. 정부의 일정한 관여가 필요하다. 즉 신기능주의적인 접근이 요구된다.

남북한의 문제를 해결하기 위해서는 붕괴론적 시각보다는 변화론적 시각에 무게중심을 두고, 단계적이고 점진적인 접근이 필요하다. 경제, 사회,

문화, 종교, 체육교류의 최종 목적지는 평화적인 통합으로 가는 것이다. 그 과정에서 정치, 군사 통합에 디딤돌의 역할을 마련해야 한다. 그 과정에서 북한이 붕괴한다면 급변사태 전환계획에 따라 처리하면 되는 것이다.

독일의 통일도 기능주의에 의한 각 기능망의 활성화가 통일의 단초를 마련하였다. 이러한 기능망을 구축하지 못한 베트남과 예멘에서는 전쟁이 발발하였다는 점은 우리에게 시사하는 바가 매우 크다. 특히 남북한 간에는 평화적인 환경조성을 가능케 해주는 경제라는 공통이익이 존재하므로 이를 창출하는 통합적인 노력이 필수적이다. 서두르지 말고 기능주의와 신기능주의를 통합하여 점진적 · 단계적으로 접촉을 강화하면서 평화통일의 길을 다져나가야 한다.

지금까지 기술한 안보전략을 추진목표, 추진기조, 추진방책과 추진과제를 체계화하면 〈도표 3-1〉 안보전략 체계도와 같다.

〈도표 3-1〉 안보전략 체계도

구분	세부내용
추진목표	• 핵심 국가이익과 주권수호 • 한반도 평화창출과 평화통일 • 부강한 일류국가건설 • 지역의 안정과 세계평화에 기여
추진기조	• 국가 기본역량의 확충 • 확고한 안보태세 유지 · 발전 • 공고한 평화체제정착과 평화통일보장 • 자위역량을 갖춘 일류국가건설 • 부강한 나라 활력 있는 경제 발전 • 다자간 지역안보체제의 구축
추진방책	• 간접 · 포괄적 접근 : 이이제이와 원교근공 • 부전승원칙 준수 : 상생원칙 하 신축 대응 • 신축적 상호주의 적용 : 억제와 포용 • 균세, 공동 · 다자안보 : 양자주의와 다자주의의 병행 추진 • 점진적 · 단계적 추진 : 기능주의와 신기능주의의 통합
추진과제	• 국가안보 역량 확충 • 총력안보체제 유지 발전 • 북한 변화 촉진 • 남북한 간 평화체제 정착 • 포괄적 안보체제 구축 • 상무정신과 국방대의 함양 • 국가 성장동력 유지 • 자위역량 강화 • 민 · 관 · 군 통합방위태세 발전 • 전략동맹체제 강화 • 국가위기관리체제 정착 • 준강대국 위상 확립 • 굳건한 국방력 건설 • 화해협력정책 지속 추진 • 북핵 포함 WMD 문제 해결 • 전쟁억제와 평화관리 • 안보 협력외교 강화 • 다자안보 협력체제 정착

제4장

분야별 안보전략

안전보장의 개념은 세 가지의 기본적 요소인 ① 가치와 목표, ② 위협, ③ 안보수단으로 구성되어 있다. 따라서 국가안보전략을 수립할 경우에는 첫째, 핵심적 가치와 이익 및 궁극적 목표에 관한 우선순위를 평가·설정하고, 둘째, 위협이나 위기의 실체에 관해 인식하고 평가해야 하며, 셋째, 적절하고도 유효한 안보수단을 모색하여 대응방안을 강구하여야 한다. 분야별 전략은 바로 안보수단을 어떻게 활용할 것인가에 관한 전략이다.

국 가안보는 국가의 번영과 발전의 기반을 제공한다. 국가안보전략 은 특정환경 아래서 국내외로부터 오는 위협에 대하여 대응수단 인 정치, 외교, 군사, 경제, 사회요인 등 제반 국력을 효율적으로 사용하여 국가의 안전을 보장함으로써 국가번영을 뒷받침하는 기능을 갖는다.

국가안보전략은 외침이나 내란과 같은 물리적인 위협뿐 아니라 국가의 정치, 경제, 사회적 주요 기능마비나 가치체계에 대한 위협에 대처하는 국 가노력을 포괄한다. 즉 외부로부터의 물리적 위협에 대처하기 위한 국방전 략 및 외교안보전략과 내부로부터의 기능적·심리적 위협에 대처하기 위한 경제안보전략, 정치·심리전략 및 한반도 분단구조 극복을 위한 평화통일 전략으로 구성할 수 있을 것이다.

그 외에도 사회문화적인 분야나 최근에 부각되고 있는 핵안보, 환경안보, 인간안보 등의 분야도 국가안보전략의 분야별 전략에 포함할 수 있을 것 이다. 그러나 졸저에서는 핵심적인 내용 위주로 구성하기 위해 국방전략, 외교안보전략, 정치·심리전략, 경제안보전략, 평화통일전략으로 구분하였 음을 밝혀 둔다. 국가전략과는 달리 외교전략을 외교안보전략으로, 경제전 략을 경제안보전략으로 구분한 것은 안보와 연계된 부분을 강조하기 위함 이다.

제1절
국방전략

　국가안보는 내·외부의 위험으로부터의 자유와 평화를 지키는 것이 핵심이다. 이를 위해서는 위험을 사전에 제거 및 완화시키는 것이 가장 바람직하다. 즉 취약성을 감소시켜야 한다. 취약성을 감소시키는 방법은 크게 세가지로 분류할 수 있다. 첫째가 자주국방國防이고, 둘째는 동맹형성外交이며, 셋째는 세력균형政治이다.

　국가안보의 핵심은 자주국방이다. 즉 국방력이 튼튼해야 적의 위협으로부터 우리의 생존을 보장하면서 국민의 생명과 재산을 보호할 수 있다.

　대한민국 헌법 제5조 ②항에서 "국군은 국가의 안전보장과 국토방위의 신성한 의무를 수행함을 사명으로 하며, 그 정치적 중립성은 준수된다"라고 명시되어 있다. 따라서 국방전략은 국가가 국군에 부여한 사명을 어떻게 완벽하게 수행할 것인가에 중점을 두고 기술하였다.

　국방전략은 국가의 안보에 결정적인 영향을 미친다. 국방전략은 국가안보전략의 실질적 수단이자 현실적인 보루堡壘에 해당한다. 국방전략은 외교전략과 함께 안보전략의 핵심중추이다. 우리는 신장된 국력과 발전된 국민의식에 부합된 안보전략을 주체적으로 설계할 수 있어야 하고, 이것을 국방전략으로 뒷받침해야 한다. 이때 국방전략의 목표는 명확해야 하고, 국방전략의 영향요소들을 충분히 고려하여 실천 가능한 통합적인 전략이 수립되고 집행되어야 한다.

한반도 통일이라는 과업을 수행해야 할 대한민국은 통일 이후의 한반도 안보전략까지를 염두에 두면서 가능한 자주국방능력을 강화해 나가야 한다. 자주국방은 무엇보다도 국민 속에 면면히 흐르는 호국사상護國思想과 상무정신에 기반을 두고 있다. 세계사를 보면 어느 민족이든 호국사상에 바탕을 둔 상무정신으로 무장하여 국방력이 강했을 때는 영광스러운 역사를 유지하거나 어떠한 수난을 당해도 나라를 지켜 나갈 수 있었다. 그러나 그렇지 못했을 때는 국가를 상실하고 민족 전체가 소멸되는 경우도 비일비재하였다. 우리 민족도 상무정신이 강했을 때는 대외적인 정복활동을 강력히 추진하여 대제국을 건설하였다. 그러나 상무정신이 부족한 경우에는 국가를 상실하고 우리말조차도 유지할 수 없었다. 따라서 자위적인 방위역량을 구축하는 데 가장 중요한 요소는 상무정신이다. 이러한 정신을 바탕으로 우리의 군사사상軍事思想과 군사이론軍事理論을 정립하여야 한다.

엘빈 토플러는 「부의 법칙과 미래」라는 책에서 미래에 대한 '전쟁과 반전쟁'을 언급하면서 미래전장을 주도할 수 있는 군사력을 바탕으로 전쟁이 일어나지 않도록 억제하고 예방할 것을 강조하고 있다. 그는 이 책에서 전쟁의 방식은 이익을 창출하는 경제의 원리와 비슷하므로 국가는 전쟁을 통해 부를 창출할 수 있고, 전쟁지식을 갖추는 것이 국가이익에 도움이 된다고 강조하고 있다.

군사이론가로 유명한 칼 폰 클라우제비츠도 그의 저서 『전쟁론Vom Kriege, On War』에서 "전쟁이란 자국의 의지를 구현하기 위해 상대에게 무력을 강요하는 행위"라고 정의하고 있다.

국방전략은 적국 또는 가상적국의 기도와 군사적인 능력을 고려하여 수립해야 한다. 그리고 정예화, 과학화, 합리화를 바탕으로 장기적인 계획을 수립하여 추진하여야 한다. 대한민국이 자주국방을 실현하는 데는 기존 군사력의 잠재력 부족, 경제능력 불충분, 과학기술의 한계성, 주변국과의 정치·외교적인 갈등 가능성, 국제적인 군비통제 등 제한요소가 많다. 따라서 공고한 군사동맹을 유지하고, 외국의 세력을 균형적으로 활용하여야 한다.

그러나 영원한 친구도 적도 없는 국가이익이 우선하는 냉혹한 국제정치의 현실에서 스스로의 국가수호능력을 증대시켜야 하는 것이 국방전략의 핵심이다.

1. 국방전략의 목표

(1) 일류정예강군—流精銳强軍 육성

세계의 역사를 돌이켜 볼 때 안보를 중시하고 강한 군대를 육성한 나라는 크게 번영을 구가하고 국가의 생명력을 유지하였다. 안보와 국방을 소홀히 한 나라는 국민들에게 많은 시련과 고통을 안겨 주었을 뿐만 아니라 때로는 그 국가 자체가 소멸되기도 했다. 우리 민족도 강군强軍을 가졌던 고구려 시대에는 요동 지방과 만주 일대까지 영토를 확장, 국가의 위세를 떨치기도 했으나, 군이 약해 군사 대비 태세를 소홀히 했던 시기에는 국민들에게 치욕과 망국의 설움까지 겪게 했던 뼈아픈 역사를 갖고 있다.

근현대사 60여 년 동안 우리 대한민국이 역사상 유래가 없는 큰 발전을 이룬 것처럼 한국군도 많은 발전을 해 왔다. 그러나 대한민국이 아직 선진 일류국가에 진입하지 못한 것처럼, 대한민국 국군도 세계 일류군대가 되기 위해 몸부림을 치고 있다.

일류정예강군이란 어떠한 군대를 말하는가. 가장 중요한 필요조건의 하나는 강한 전투력을 갖춘 군대이다. "전투력=무기 · 장비 · 물자×싸울 수 있는 능력×싸우려는 의지"라고 한다면 그것은 우수한 무기체계를 갖춘 작지만 효율적인 군대, 조국 수호의 소명의식으로 전투의지가 충만되어 있는 잘 훈련된 군대, 투명하고 깨끗한 조직문화, 투철한 윤리의식과 도덕적인 수준을 갖춰 국민들로부터 지극한 사랑을 받는 국민의 군대일 것이다. 이러한 군대야말로 평시에는 평화를 수호하고 위기 시에는 승리할 수 있는 일류정예강군이 아니겠는가.

우리 군은 1948년 정부 출범과 때를 같이해 창군된 이래 국민들과 군 선배들의 피와 땀으로 국가안보에 대한 크고 작은 위협에 효과적으로 대응하면서 발전을 거듭해 왔다. 그것은 끊임없는 변화와 발전의 역사였다. "인류의 문명은 도전에 대한 응전의 역사"라는 아놀드 J. 토인비의 말처럼 우리 군은 이 응전의 역사를 통해 국가 안보의 초석이 되었다.

20세기의 한국군은 선진 군대들을 모방하고 그들이 간 길을 답습하는 방식을 취해 왔다. 우리에게는 현대식 군대의 경험이 없었고 무에서 유를 창조해야 했던 상황에서 그것은 어쩌면 불가피한 선택이었다고 볼 수 있다. 그 과정에서 우리 군은 자위적 방위역량을 구축해 가면서도 한미동맹을 바탕으로 북한의 위협을 관리하며 양적인 국방력 건설에 매진해 왔다. 따라서 한국인 그 누구도 한국군이 '일류정예강군'이라고 자신 있게 주장하지 못하고 '선진정예강군'을 지향하는 군대라고 말해 왔다. 내가 만나 본 독일과 일본을 포함한 많은 선진 외국군 장교들과 주한미군들은 입을 모아 한국군은 세계에서 가장 우수한 군대 중 하나라고 극찬하는데도 불구하고, 우리 스스로는 질적으로는 일본의 자위대에 비해 뒤지며, 양적으로는 북한군에 비해 약하다고 평가했다. 국가안보에는 조그만 자만도 금물이기 때문이다.

한국군이 스스로의 힘으로 조국을 수호하고 국민의 생명과 재산을 지키며 세계평화에 기여할 수 있는 선진일류강군으로 우뚝 서 있다고 자부하기 위해서는 다음과 같은 노력이 요구될 것이다.

한국군은 현존하는 북한의 군사적 위협뿐만 아니라 테러와 같은 비군사적인 위협과 미래의 잠재적인 위협에 대비해야 한다. 이러한 다양한 위협에 즉각적이고 효과적으로 대응할 수 있도록 위기관리체제를 갖추고, 침투 및 국지도발과 전면전 대비태세를 확립하는 등 전방위태세를 유지해야 한다.

우리 군은 자위적 전쟁억제 능력을 확충하고 '방위충분성전력' 기반을 확보해 독자적인 방위기획 및 작전수행 능력을 갖춰야 한다. 이를 뒷받침하기 위해 독자적인 감시·정찰 능력과 C4I 체계를 구축하고 합동성에 기반을 둔 정밀 타격 능력을 확보하여 '네트워크 중심의 작전 환경(NCOE)'[1] 아래 효과중심의 동시·통합작전이 가능토록 하며 기술개발과 방위산업 육성을 강화해야 한다.

급변하는 안보 정세와 첨단 무기체계의 발달에 능동적으로 대처할 수 있는 능력과 전문성을 갖춘 국방 인력을 확보·관리하면서 전투원과 부대가 유사시 전투력을 최고도로 발휘할 수 있도록 교육과 훈련을 통해 지속적으로 기량을 향상시켜야 한다.

우리 장병들이 올바른 국가관과 사생관死生觀으로 무장해 적에게는 두려움과 공포를 주고, 국민에게는 믿음직한 국민의 군대로서 국군의 사명을 완수하기 위해서는 투철한 안보관이 확립되고 필승의 군인정신으로 무장되어야 한다. 이에 군은 '무엇을 지켜야 하고國家觀, 누구로부터 지켜야 하며安保觀, 어떻게 지켜야 하는가軍人精神'를 확실히 알고 신념화하며 행동으로 옮길 수 있도록 장병의 정신 전력을 강화해야 한다.

우리 사회는 지속적인 민주화 과정을 통해 개인의 창의와 다양성, 가치의 다원성을 존중하는 사회로 발전했다. 이러한 사회의 변화에 맞춰 우리 군은 자발적이며 창의적으로 임무를 완수하는 '임무형지휘任務形指揮' 등 적합한 군대문화를 정착시키는 것이 중요하다. 우리가 추구하는 선진 병영문화의 패러다임은 꿈과 목표가 있고 인간을 존중하며, 인간다운 삶과 충실한 복무가 가능한 환경을 조성해 화합과 단결이 잘 이루어진 강군을 육성하는 것이다. 즉 군은 강력한 전투력을 배양하면서 국민의 신뢰와 사랑을 받는 국민의 군대로 발전되어야 할 것이다. 장병들의 삶의 질 향상을 위한 다양한 복지 증진 대책도 시행되어 우수한 국민의 아들과 딸들이 경쟁적으로 군에 입대해 조국을 수호하고 그들의 부모와 고향을 지키는 일에 긍지와 보람을 갖는 여건도 개선되어야 한다.

부정적이고 소극적인 사고를 가진 사람은 새로운 시도를 두려워한다. 오

---

1) Network Centric Operational Environment의 약어로서 제 전장요소의 실시간 통합작전의 효율성을 극대화하는 새로운 네트워크 전쟁수행 개념을 수행하는 환경을 말한다.

히려 새로운 시도를 하는 사람들을 비웃고 지레 실패할 것을 예견한다. 그러나 한국군은 일련의 도전에 직면해 있다는 위기의식과 이를 창조적으로 극복해야 한다는 응전의식을 갖춰야 한다. 위기는 늘 기회를 동반하는 것처럼 한국군이 당면한 도전들은 또 다른 발전과 도약을 위한 발판이 될 것이다.

대한민국의 파수꾼인 장병 모두는 국가가 나를 위해 무엇을 해 줄 것인가를 기대하기에 앞서 내가 역사 발전의 주역으로서 조국을 위해 무엇을 할 것인가를 생각하면서, 조국의 찬란했던 과거나 희망찬 미래만을 사랑하는 것이 아니라, 대한민국의 어려운 안보 현실을 사랑하며 강군 육성에 매진해야 한다. 국민들의 따뜻한 성원과 적극적인 지원을 바탕으로 대한민국 국군은 자타가 공인하는 '세계의 일류정예강군'이자 '한국의 명품名品'으로 우뚝 서야 한다. 국민의 군대인 한국군은 그러한 능력과 자질을 충분하게 갖추었다.

(2) 자주적 국방역량의 강화

역사는 우리에게 스스로 지킬 힘이 없는 나라는 영원한 생명력이 없다는 냉혹한 사실을 가르쳐 주고 있다. 생존은 오로지 스스로 지키고자 하는 의지와 이를 뒷받침하는 힘에 의해서만 보장되기 때문이다.

앞에서 이미 기술한 대로 임진왜란의 아픔이 채 가시기도 전인 1637년 조선의 16대 임금 인조는 전쟁발발 후 45일 만에 청나라 황제에게 항복의 예를 올렸다. 또한 우리는 20세기 근대사에서 힘없던 조선이 두 차례의 외국인들의 전장터로 변한 이후 일본의 식민지로 전락하는 아픔을 경험하였다. 스스로를 지킬 수 있는 힘이 없으면 굴욕의 역사를 되풀이할 수밖에 없다는 진실을 여실히 보여준 것이다.

'자주국방自主國防, self defence'[2]이란 말 그대로 한 국가가 스스로 내외부의

---

2) 한 나라의 국방을 독자적인 힘만으로 유지하는 나라는 없다. 오늘날 모든 국가가 상호연계성과 의존성을 갖게 된 상황에서 순수한 자력만 가지고 국가안보를 보장할 수 없으며, 국가예산 측면

위협으로부터 자신을 보호할 수 있는 역량을 갖추는 것을 말한다. 자주국방의 근간은 스스로 나라를 지킬 수 있는 힘, 즉 '자위적 방위역량'을 확보하는 것이다.[3] 국민의 생명과 재산을 보호하고, 경제적인 번영과 복지를 제고하며, 다양한 사회적인 가치를 고양하는 국가의 3대 기본 기능 중에서 국민의 생명과 재산을 보호하는 안보는 나머지 기능들의 대전제가 되는 우선적인 기능이다. 아울러 안보의 핵심인 자주국방은 한 나라가 국가로서의 기능을 다하기 위해 반드시 갖추어야 할 기본적인 역량과 태세이다. 이를 확고히 하기 위해서는 국가의 정치, 외교, 군사, 경제, 과학기술, 심리적인 힘을 총합적으로 운용하여야 한다. 또한 자주국방을 위해서는 전력증강 등 물적 기반의 구축이 무엇보다 중요하나, 이와 병행하여 국군의 확고한 실천의지와 국민의 이해와 참여 등 정신적인 요소가 뒷받침되어야 한다. 즉 진정한 자주국방은 총력안보체제가 구축될 때에야 비로소 달성이 가능할 것이다.

세계는 경제뿐 아니라 안보 측면에서도 상호 의존의 시대로 접어들고 있다. 다라서 엄격한 의미에서 스스로만의 힘으로 완벽한 국가안보를 보장받을 수 있는 나라는 미국을 포함해서 이 지구상에 단 한 나라도 없다. 이처럼 우방국과의 긴밀한 안보협력의 유지 및 강화가 중요한 안보수단의 하나인 것은 동서고금이 동일한 것이다.

그러나 우리 안보의 중요한 지주인 한 · 미 간의 동맹체제도 결국은 우리가 주인이 된 입장에서 협조를 받는 것일 뿐 의존과는 근본적으로 다른 것이어야 한다. 그럼에도 불구하고 우리는 과거 너무도 오랫동안 우리의 생존

에서도 불가능하기 때문이다. 따라서 각국은 자위적인 방위역량의 확보와 병행하여 안보환경과 여건에 따라 다양한 형태의 협력안보관계를 유지함으로써 다중적인 방위태세를 구축하고 있다. 즉 현대의 자주국방은 국가 간의 협력관계를 안보의 주요수단으로 활용하는 '협력적 자주국방'을 의미하며, 우리가 추구하는 자주국방 또한 자위적 방위역량의 확보와 국가 간 안보협력관계의 발전을 포함하는 광의의 개념이다.

3) 안보전략에 있어서 남북군비통제, 한미연합방위태세의 유지와 지역안보체제의 구축 등은 정치외교적인 수단에 의한 위협감소와 방위능력 보강이라는 보조적인 접근방법일 뿐이며, 안보전략의 주 수단은 자위적 방위역량이란 점에서 자위역량의 향상은 안보전략의 주 과제이며 자주국방의 기본전제이다.

문제를 미국에 맡겨 왔다.[4] 21세기의 불확실한 안보환경 속에서 그러한 태도는 지속될 수 없고 그것이 허용되어서는 안 된다. 우리가 장차 적극적인 안보전략을 통해 민족의 통일을 이루고 태평양시대의 주역국가로 도약하는 목표를 성취하고자 한다면, 방위역량의 강화는 필수불가결한 전제조건이 될 것이다.

지난 60여 년 간 대한민국은 한미동맹의 출범 당시와는 비교할 수 없을 정도로 발전하였다. 이제 우리도 국가적 자존심을 주요한 덕목으로 추구할 시기가 되었다. 한반도 방위에 관한 한 우리의 '주인의식'을 자각해야 한다. 지금 당장 편하고 좀더 안전해 보인다고 부담 없는 편승Bandwagon을 지속하는 것은 동맹국인 미국과의 관계 강화에도 결코 도움이 되지 않는다. 21세기 초반 이후 지속돼 온 미국의 해외 군사력 조정 및 동맹관리 정책의 핵심은 동맹국들에 대해 자국 방위에 대한 보다 많은 책임을 요구하는 것이다. '한반도 방위의 한국 주도, 미국 지원'의 구도는 우리의 지향일 뿐만 아니라 미국 역시 바라는 바이다.

자주성의 문제는 자주적 국가방위태세 확립을 위한 노력에 있어서 유의해야 할 기본원칙이다. 물론 오늘날과 같은 상호의존의 시대에 있어서 국가안보를 전적으로 내 힘으로 할 수는 없다. 그것은 근본적으로 가능한 일도 아니고 반드시 필요한 것도 아니다. 여기서 강조하는 것은 국가방위를 계획하고 구현함에 있어서의 자주성을 의미하는 것이다. 우리에게 맞는 국방사상과 군사사상을 정립하고 이를 바탕으로 군사독트린, 즉 군사이론체계를 발전시켜야 한다.

군사기술과 전력증강 분야에서도 자주성이 요구된다. 앞으로 계속해서 한미간의 상호 호환성만 따지고 미국의 요구에 순응하다 보면 북한의 전력을 따라잡거나 장차 국제사회에서 홀로 설 수 있는 군사적 자주성의 회복에

---

4) 한미동맹은 세계 최강국의 안보우산을 받으면서 주변국의 위협에 효율적으로 대처할 수 있고, 미국과 공동이익을 추구할 수 있는 이점이 있는 반면, 상응하는 외교역량이 부족하게 되면 주권의 행사가 제한되고, 자주적인 통일추진이 어렵다는 제한사항을 갖고 있다.

는 상당한 기간이 더 소요될 것이다.

자주성의 근본은 스스로의 사고와 힘으로 싸울 수 있는 능력과 체제를 갖추는 것이다. 즉 우리의 지혜와 힘으로 전쟁을 억제하여 평화를 유지하고 유사시에는 현대적 전쟁을 수행할 수 있는 능력과 체제를 갖추는 일이다. 이를 위해서는 전쟁지도체제를 재조정하고 조기경보 및 정보획득능력을 포함하는 독자적인 전쟁수행능력과 억제전력을 조기에 확보하는 등의 다양한 노력이 수반되어야 한다. 그러한 능력을 갖출 때만 한국군은 일류 정예강군으로 우뚝 설 수 있을 것이다.

적절한 전력규모의 확충도 필요한 과제이다. 북한과의 군비통제 협상을 비롯한 앞으로 있을 여러 가지 상황변화를 고려한다면 현역 병력의 수는 국방개혁에서 목표로 하는 50여 만 명보다 더 줄어들 가능성에 대비해야 할 것이다. 그러나 전력규모는 더욱더 확충되어야 한다. 결국 인력의 규모는 늘리지 않더라도 전력은 증강해야 한다는 것인데, 이것은 결국 우리도 선진국처럼 기술집약형 군대가 되어야 함을 의미하는 것이다.

과학이 발전함에 따라 아주 정교한 무기체계가 전장에서 갖는 장점들은 전력발전전략의 핵심 목표가 되었다. 인간의 생명을 고도 정밀 무기체계로 대체하려는 이러한 노력은 지속되고 있다. 기술에 의한 전력의 승수효과는 오늘날 군사軍事 영역에서 꽤 많이 선호되는 경향이다.

고도의 기술 무기체계에 대한 추구가 불과 몇 세기 전에는 꿈에도 생각지 못했던 전투능력을 갖게 했다는 것은 의심의 여지가 없다. 그러나 국방전략가는 비록 현대 기술이 전승을 위해 중요하지만 그 기술적 가치는 과장될 수 있고, 위험은 축소될 수 있으며, 기회비용은 모호해지거나 무시될 수 있다는 점을 명심해야 한다.

전장에서 우세한 기술은 현저한 이점을 제공한다. 조건이 동일하지 않을 때에도 우세한 기술이 전장에서 핸디캡을 줄이는 데 중요한 역할을 할 수 있다. 그러나 이러한 사실은 군사적으로 중요한 기술적 이점이 허약하고 손상되기 쉬우며 쉽게 없어지는 상품이라는 생각을 가지고 조율되어야만 한다.

앞으로도 당분간은 적정수준의 국방비 확보가 불가피할 것이고, 투자방식도 보다 더 정리되고, 효율적이 되어야 할 필요가 있다. 주한미군의 상황에 따라서는 국방비 수준은 더욱더 상향조정되어야 할 것이다.[5]

중요한 것은 우리군의 개념, 체제, 역량 등 모든 면에서 대폭적인 혁신이 필요하다는 것이다. 우리의 군사력을 보다 자주적인 전력으로 만들고 장기적으로 우리의 필요에 맞는 국방역량을 확보하려면, 미국에 의존했던 시대의 특성과 문제점이 산재한 현 국방태세는 반드시 개혁하지 않으면 안 된다.

북한은 일찍부터 자주국방의 중요성에 눈을 뜨고 적극 노력해 왔다. 그러나 우리는 나라 지키는 일을 주한미군에 의지하여 스스로 자주국방의 노력이 미흡하였다. 무엇보다도 미래의 안보상황에 대비한 전력의 운용개념을 구상하고, 이에 따라 우리의 군사력을 어떻게 설계하고 건설해 나갈 것인가 하는 등등의 우리 나름의 군사사상과 철학이 확고히 정착되어 있지 못했기 때문에, 우리의 전력 증강방향과 노력은 관계되는 사람이 바뀔 때마다 덩달아 변경되었다.

우리는 지극히 자연스럽게 미국의 군사사상과 통상적 개념을 그대로 따랐다. 핵심적 기능의 발전에 등한했음은 물론이요, 북한에 비해 전력량도 부족하면서 미국식의 힘 위주의 '대량군大量軍주의'적 사고방식에 근거하여 미래전쟁에 대비하려 하고 있는 모순을 지녀 왔다.[6]

이제는 우리의 방위산업 역량을 더욱 발전시켜야 한다. 왜냐하면 자주적

---

5) 2011년 현재 대한민국의 GDP는 세계 13위이지만, GDP 대비 국방비는 2.6%로 세계 60위이다. 세계 주요 분쟁국 국방비 지출 평균이 GDP 대비 5-6%라는 사실을 유념해야 한다.
6) 이스라엘군의 조직은 사실상 1인의 총참모장 지휘하에 3군이 단일군으로 통제되는 고도의 효율성을 위주로 하는 조직형태이고, 서독의 경우는 일반참모(General Staff)를 중심으로 국방참모총장이 전력증강분야를 비롯한 핵심적 기획업무와 군사작전 등 군사 분야를 총괄하고, 각 군 총장들은 각 군별 특수분야나 병과의 발전 등을 비롯한 군사행정에 관한 업무를 전담하며, 군의 인사권과 부대의 작전지휘권을 포함한 국방에 대한 전체적인 책임과 권한은 총체적으로 국방부 장관에게 귀속되는 군의 전문성과 문민통제의 원칙을 잘 조화시킨 체제이다.

국가방위역량은 우리의 방위산업능력이 우리의 국방력을 뒷받침해 줄 수 있을 때 비로소 완성될 수 있기 때문이다. 또 그래야만 우리의 작전환경과 우리의 필요에 맞는 무기와 장비도 확보할 수 있게 될 것이다. 방위산업은 단순한 일반적인 산업과는 달리 국가생존과 민족적 자존심 수호 문제와 직접적으로 연계되어 있는 산업이다.

국방태세의 확립을 위해 가장 중요한 것은 온 국민과 군이 한마음으로 협조하면서 다 함께 나라를 방위해야 한다고 자각하고, 국가방위에 관한 일체감과 의지를 돈독하게 다지는 일이다. 특히 우리의 경우는 안보상의 일차적인 위협이 동족으로부터 오는 것이기 때문에 국민적 일체감과 국방의지가 매우 중요하다.

다양하게 만들어 놓은 수많은 각종 병역특혜제도와 그 제도의 남용은 국민들로 하여금 병역의무를 자랑과 긍지의 대상이 아니라 경멸과 기피의 대상이 되게 하였다. '삼청교육대 문제', '시위학생 징집문제', 각종 시위에 대한 군사력의 사용으로 인한 부작용 등 정치목적을 위한 군의 이용은 국민의 군에 대한 불신과 거리감을 결정적으로 증폭시켰다. 이제는 국방의무의 형평성과 공정성이 철저히 지켜져서 예외가 없어야 한다. 적어도 국방의무가 여러 가지 이유로 특혜의 대상이 되게 하거나 정치목적의 교육 및 처벌의 도구로 전락하는 일은 없어야 될 것이다.

어느 것보다 중요하고 효과적인 방법은 국방의 대의를 구현하여 국방의무의 신성함에 공감하고 병역의무를 자랑스러운 권리로 알게 하여 국방의 의무를 명예스럽게 만드는 일이다. 그리고 적어도 병역의무를 정상적으로 수행한 사람이 그렇지 않은 사람들보다 사회 적응과 처우의 여건이 더 나빠져서는 곤란하다. 말하자면 군대 갔다 와서 손해 보았다는 말은 안 나오도록 해야 한다는 말이다. 대한민국 국민이 국민으로서의 의무를 다하는 것이 그의 인생에 현실적으로 손해가 되어서는 국방의 대의를 살려나갈 수 없을 것이기 때문이다.

그리고 우리 고유의 전쟁지도 개념과 체제를 발전시켜야 한다. 전쟁지도란 전시 국력운용에 관한 지표인 동시에 전쟁목적달성을 위해 국가의 총역량을 효과적으로 활용하는 기술이다. 전쟁지도는 국가기본정책에 따라 전쟁목적을 정립하고, 유사시 국군의 통수권을 행사하며, 국가동원 및 국가의 전쟁운영지침을 하달하는 기본이 된다. 나아가 전쟁수행에 관한 모든 국가적 노력을 통합, 조정, 통제하는 기능을 수행한다. 이와 관련해서는 정치심리전략에서 보다 상세히 설명할 것이다.

우리는 통일 이후까지를 바라보며 국방전략을 준비해야 한다.[7] 자주적 국방역량의 강화는 모든 국민의 소원일지 모른다. 그러나 그것은 하루아침에 이루어지지 않는다. 해방 이후 온 국민이 결집해 경제성장에 총력을 기울여 밥은 먹고 살게 되었다. 하지만 미국과의 동맹 없이 군사력으로 중국과 일본을 견제할 수 있는 게임은 이미 끝났다고 해도 과언이 아닐 정도로 우리의 군사력은 부족하다. 북한뿐 아니라 주변국들을 견제할 수 있는 국방역량을 갖추기 위해서는 필요한 전력을 계속 배양해 나가야 한다. 국제질서에서 힘없는 안보는 공허한 메아리에 불과할 뿐이기 때문이다.

(3) 영토수호와 평화관리

대한민국 헌법 제3조는 "대한민국의 영토는 한반도와 그 부속도서로 한다"라고 명시함으로써 우리의 영토의 범위를 명확히 규정하고 있다. 우리 민족은 수천 년 동안 한반도라는 지리적 공간 속에서 하나의 민족 생활권을 이루며 살아왔다. 즉 우리의 강토는 남과 북의 온 겨레가 더불어 가꾸어야 할 새로운 삶의 터전이자, 후손들에게 안전하게 물려주어야 할 생활의 공간인 것이다. 국방전략의 핵심은 이러한 국가의 영토를 사수하고 보존하는 것이다.

분단시대를 살아가는 우리는 영토를 평화적으로 통합하여 민족 구성원

---

7) 손자병법의 구변편(九變篇)에는 "적이 오지 않을 것을 믿지 말고, 적이 언제 오더라도 나에게 대비가 되어 있음을 믿으라(無恃其不來 恃吾有以待也)"는 말이 있다. 따라서 우리는 적이 언제 어떠한 형태로 도발해 오더라도 완벽히 격멸할 수 있는 굳건한 군사대비태세를 갖추어야 한다.

모두가 한반도 내에서 자유롭게 왕래하고 거주할 수 있는 터전을 만들어야 한다. 그리고 이를 아름답게 가꾸고 보존하여 후손들에게 물려 줄 책임과 의무를 성실히 수행해야 할 것이다.

이러한 당위적인 책임과 의무가 아무리 크다 하더라도, 요즈음의 한반도 주변정세 속에서 낭만적 민족주의와 통일 지상주의는 한반도를 다시금 주변 열강들의 세력 각축장으로 만들고 민족의 장래를 위험에 빠뜨릴 수 있다. 영토의 부분적인 상실을 가져올 가능성도 있음을 유념해야 할 것이다. 따라서 우리는 통일에 대한 성급한 기대를 갖기보다는 우리가 정치·경제·사회·문화적으로 안정된 기반 위에서 발전해 나갈 때 영토를 안전하고 온전하게 통합하여 보존할 수 있다는 인식이 필요하다.

통일은 우리가 번영하고 세계 중심국가로 발돋움하기 위한 필수적인 조건이다. 경제적으로 남북이 통합되어야만 인구, 자원 등 모든 면에서 비로소 하나의 독립된 발전이 가능한 경제권을 형성해서 21세기에 대비할 수 있다. 국제사회에서 우리 민족이 민족적 자존심을 지키고 참된 자주성을 회복하려 해도 민족의 통일이 이루어져야만 가능하다. 또한 국제사회에서 민족 상호간에 갈등으로 인해 감수하지 않으면 안 되는 국가적 불이익과 제한은 심각하다. 현 분단 상태는 안보, 정치, 외교, 경제, 사회, 문화 등 각 분야에서 우리 민족의 도약에 결정적인 족쇄가 되고 있으므로 이를 지혜롭게 풀어야 한다.

평화로운 통일의 전제조건은 강력한 국방력을 바탕으로 영토를 수호하는 것이다. 따라서 한국은 국방태세를 굳건히 유지하며 전쟁을 억지하고 평화를 정착시킴으로써 국가의 번영과 발전에 기여해야 한다.

인류 역사에서 전쟁을 살펴보면 그 원인은 전쟁의 수만큼이나 다양하고 복잡하다. 원시시대에는 식량과 토지, 노예 획득이 주원인이었는가 하면, 중세 유럽에서는 종교적 이유가 많았다. 근대사회에서는 자원과 상품시장 확보를 위한 식민지 쟁탈과 제국주의 건설을 위한 전략적 요충지 확보를 위

한 전쟁이 많았다.[8]

한반도에서 국방전략의 대전제는 전쟁을 억제하고 평화를 보장하는 것이다. 평화통일은 전쟁억제를 토대로 평화가 보장되는 조건 위에서 성립된다. 즉 냉전이 종식되고 평화체제가 구축되어야만 평화가 보장될 수 있다. 이를 위해 우리는 '평화지키기'와 '평화만들기'를 병행하면서 전쟁을 억제하고 평화를 관리해야 한다.[9]

우리가 민족의 번영과 발전을 이룩하기 위해서는 한반도에서 전쟁을 억제하고 평화를 보장하는 것은 모든 문제에 앞서는 선행조건先行條件이다. '대북 화해협력 정책'과 '평화번영정책' 및 '공생공영의 비핵개방 3000정책'도 한반도의 전쟁억제와 평화보장을 대전제로 해서만 추진이 가능하다.

일류국가건설은 전쟁억제를 위한 강력한 군사대비태세가 뒷받침될 때만 비로소 실현될 수 있으며, 튼튼한 안보가 뒷받침되지 못한다면 번영과 발전은 그저 희망에 불과할 것이다. 이를 위해서는 이스라엘이나 스위스처럼 총력안보체제를 굳건히 유지해야 한다.[10]

한반도의 평화를 가장 확실하게 관리하기 위해서는 우선 튼튼한 안보에 바탕을 두고 남북 간 화해와 교류협력을 실천해 나가는 전략을 추진해야 한다. 즉 북한이 스스로 평화공존과 변화의 길로 나올 수 있는 환경과 여건을 조성하여 전쟁을 근원적으로 방지해야 한다. 대북 화해협력정책의 목표는 평화와 화해협력을 통한 남북관계를 개선하는 것이다. 법적 · 제도적 통일의 실현을 서두르기보다는 평화의 토대를 확고하게 유지한 가운데, 교류

---

8) 전쟁 연구자들에 따르면 20세기의 전쟁 희생자는 1억~1억 7,000만 명이라고 한다. 1,500만 명이 사망한 제1차 세계대전이 끝났을 때 사람들은 큰 전쟁(Great War)이라고 불렀다. 그로부터 20년 후 제2차 세계대전이 일어났을 때 5,000만 명이 죽을 것이라고는 상상하지 못했다. 영국의 노벨 문학상 수상자 윌리엄 골딩(William Gerald Golding)이 20세기를 가리켜 "인류사에서 가장 폭력적인 세기"라고 규정한 것도 무리가 아니다.
9) 김학성 외, 『한반도 평화전략』(통일연구원, 2000). p.109.
10) 이스라엘은 상상을 초월하는 높은 안보위협에 직면해 있지만 정부와 국민이 혼연일체가 되어 총력안보체제를 유지함으로써 도전을 극복하고 있으며, 스위스는 약소국의 위상을 유지하면서도 온 국민이 단결하여 통합방위체제를 유지하고 소위 '고슴도치' 전략을 구사하면서 국가의 주권을 사수하였다.

협력을 꾸준히 활성화하여 남북한 간의 상호 이해의 폭을 넓히고 민족동질성을 회복하면서 평화를 정착시켜 사실상의 통일을 실현하려는 것이다.

국방전략을 달성하는 수단으로 군사력 건설의 정당성은 적의 위협과 미래에 예상되는 위협에서 나온다. 특히 군사력 건설에는 많은 시일이 소요되므로 예상되는 위협도 중요한 변수가 된다. 그런데 북한의 위협은 상존하고 있으며 주변국의 위협은 증가하고 있다. 북한의 군사적 위협은 북한체제의 불변하는 대남적화전략의 산물이며, 주변국의 위협은 한반도의 지정경학적인 위상에서 오는 필연적인 결과이다.

전쟁을 억제하면서 평화를 관리해 나가기 위해서는 국방태세부터 확립해야만 한다. 억제에는 두 가지 방법이 있다. '거부적 억제deterrence by denial'과 '보복적 억제deterrence by retaliation'이다. 평화를 지키기 위해서는 그 중 거부적인 억제가 선결되어야 한다. 평화는 주어지는 것이 아니라 지켜지는 것이며, 스스로 자신의 평화를 지킬 수 있는 능력을 확보하지 못하는 한 번영과 발전은 보장될 수 없으며 국제사회에서 민족과 국가의 자존을 지켜나갈 수 없을 것이다.

이러한 국방전략의 목표는 국방전략 추진기조에 방향타의 역할을 수행하며, 동시에 한국군의 건설과 군사력의 운용에 대한 지침 기능을 담당해야 한다.

2. 국방전략의 추진기조

(1) 튼튼한 국방태세 확립

우리의 기본적이고 전통적인 '국방의 임무'는 외부의 군사위협과 침략으로부터 국가를 보위하고 국민의 생명과 재산을 보호하는 것이다.

한국군은 국가의 평화와 안전, 그리고 독립을 위협하는 제반요소를 제거하고 예방하기 위한 국가의 물리적 생존수단을 확보하는 것에 기본적인 목표를 두고 있다. 국민의 절대적 지지에 기초하여 국가발전을 지원하는 집단으로 역할을 수행할 수 있어야 한다. 그리고 전문성을 갖춘 명실상부한 군사엘리트 집단으로서 외부의 위협에 대응하고 국가내부의 안보의 보루로서의 사명을 다해야 한다.

국방전략의 수립을 위해 고려해야 할 주요 전략요소를 평가해 보면 중강국인 우리의 입장에서는 주변국의 절대 우세 군사력에 대한 '이소제대以小制大'의 비대칭적 대책이 긴요하다. 지정학적으로는 세력 균형추의 역할을 할 수 있는 '이이제이以夷制夷' 방책 발전이 필요하다. 지경학적으로는 동아시아 경제권의 중앙에 있는 유리한 이점을 잘 활용하여 경제와 기술의 상생相生적 상호의존 구조를 예방과 억제전략에 활용해야 한다. 해외 의존적인 경제구조를 감안해 볼 때 해상·항공수송로의 보호가 매우 중요하며, 사이버 공간이 새로운 경제대륙으로 변모하고 있다는 점에서 사이버테러 및 항공과 우주공간의 테러 방지도 중요할 것이다. 그리고 국력 및 기술력의 증가로 통일한국의 경제는 선진 경제권, 정보화 사회로 진입 가능성이 높으므로 이에 걸맞는 군사독트린Military Doctrine과 전쟁수행 방법의 정립이 요구된다.

한국군은 통일한국군의 모습을 구상하면서 대승적인 차원에서 군사력을 건설해 나가야 한다. 현 시점에서 군사력 건설목표는 북한 및 미래위협에 동시 대비가 가능한 정보화·과학화된 첨단 군사력 건설이다. 이러한 목표를 달성하기 위한 군사력 건설 기본방향은 ① 전력화 투자에는 10-20년의 선행기간이 필요한 점을 고려하여, 통일 이후의 군사력 건설에 지금부터 대비하고, ② 가용자원의 제한사항을 감안하여 현존 북한의 위협과 통일 후 불특정 위협을 동시에 대비할 수 있는 소요전력을 우선적으로 보강하며, ③ 첨단전력과 재래 전력을 동시 보강하는 High-Low Mix 개념[11]을 적용해야 할 것이다. ④ 병력 규모는 북한위협 소멸 전까지는 가능한 현 규모로 유지하고, 통일 후에는 불특정 위협에 대비하여 정예화된 적정규모로 조정해야 한다. 부대구조는 기술집약형技術集約型 구조로 전환시키되, 통일 후까지 유지

---

11) 제한된 예산의 효율성을 극대화하기 위하여 현재 보유하고 있는 재래식 전력을 최대한 활용하면서 꼭 필요한 분야에만 첨단전력을 도입하여 함께 운용하는 개념을 말한다.

할 핵심부대는 기술위주의 첨단전력을 활용한 정보화·과학화 구조로, 통일 후 해체할 일반부대는 성능개량 위주의 기반전력 강화로 구분하여 발전시켜야 할 것이다.

무기 및 장비는 정보수집능력 구비, 고도의 기동성 및 장거리 타격능력 확보, 실시간 통합전력 발휘 가능한 지휘·통제체계 등을 우선적으로 구축해야 한다. 핵심전력은 여타 전력에 우선하여 재원을 집중투자하고, 기반전력은 협동 전력체계를 유지하기 위한 필수전력 위주로 투자토록 하되 무기별 전력화 우선순위를 설정하여 추진해야 할 것이다.

군사력은 전쟁을 수행하는 역할과 함께 평시에 전쟁을 억제하고 영향력을 투사하는 역할도 수행한다. 평시 대외정책의 수단으로서 정치·외교적인 역할을 수행하는 것이다. 군사력은 여러 외교수단 중의 하나로서가 아니라 이를 포괄하는 '와일드카드'와 같은 성격을 지닌다. 특히 평시 군사력은 '강압外交強壓外交, Coercive Diplomacy'[12]의 수단으로서 중요한 역할을 수행한다. 따라서 튼튼한 군사력의 확보는 국가보위뿐 아니라 국가이익 추구에 필수적인 수단이다. '억제'란 상대방이 무엇을 하지 못하도록 하기 위한 의도된 행동이라면, '강압'이란 상대방으로 하여금 무엇을 하도록 하는 의도된 행동을 말한다.[13]

(2) 자주국방과 방위충분성防衛充分性[14] 전력 확보

국가는 생존과 번영에 대한 일차적인 책임을 진다. 따라서 모든 주권국가는 국가의 안전보장과 국익의 옹호 및 증진을 최우선적인 목표로 지향하고

---

12) 강압외교에 대해서는 이민룡, 『통일 이후 한국의 군사전략』, 국제평화전략연구회 기획세미나 논문집, 1995, p.5 참조.
13) 강압은 3가지 단계로 이루어진다. 첫 번째 단계는 만약 상대가 행동을 바꾸지 않으면 군사력을 사용하겠다는 위협을 발하는 외교적인 단계이다. 두 번째는 군사력의 과시적인 사용단계이다. 세 번째 단계는 군사력의 전면적인 사용, 즉 전쟁의 단계이다.
14) 방위충분성이란 방어적 충분성(Defensive Sufficiency 혹은 Non-Offensive Defense : NOD) 이론으로 이 이론은 동서독 분단상태에서 구서독 학계를 중심으로 발전되어 온 안보전략이론이다. 이 이론의 핵심은 상대방을 공격하기에는 부족하지만 자국을 방어하기에는 충분한 전력과 군 구조를 유지함으로써 긴장고조와 전쟁발발 가능성을 막자는 것이다.

있다. 바로 이러한 목표를 구현할 수 있는 능력을 갖추고자 하는 것이 '방위충분성 전력'의 확보라 할 수 있다.

방위충분성이란 21세기의 불특정하고 불확실한 안보상황하에서 공존과 공생을 추구하고 상황변화에 대비하여 국방에 필요한 최소한도의, 그러면서도 충분한 수준의 군사능력으로 국방전략을 뒷받침할 수 있는 수준을 말한다.[15] 구체적으로는 주변국이 우리의 국가이익을 결코 함부로 침해할 수 없는 수준이다. 주변국과의 관계에서 균형추 역할을 할 수 있고, 주변국과의 국지전이나 제한전시 우리의 능력으로 격퇴할 수 있는 수준의 군사력을 의미한다.

그 능력이 어느 정도가 되어야 하느냐는 군사력의 구성요소에 따라 달라질 수가 있다. 동맹군사력의 지원규모 및 능력이 크면 독자군사력의 수준을 낮춰도 국가방위가 가능하다. 동원군사력을 잘 구축하면, 작은 규모의 상비군사력으로도 방위충분성의 달성이 가능하다. 정보·전략군을 잘 구축하면, 작은 규모의 육·해·공군으로도 방위충분성의 달성이 가능하다. 그리고 기술집약적 군사력이 크면 병력집약적인 군사력은 작아도 방위충분성의 달성이 가능하며, 무형전력이 강하면 유형전력의 규모가 작아도 방위충분성의 달성이 가능하다.[16]

방어전략이냐 공격전략이냐에 따라 방위충분성이 결정될 수도 있다. 방위충분성은 침략을 하지 않을 것임을 명백히 선언하는 것이지만, 수세적으로 방어만 하는 것이 아니라 방어가 확실히 보장될 수 있는 방어, 즉 '선제공격先制攻擊, Preemptive Strike'도 가능하기 때문이다. 방자의 전력수준은 산업시대에는 공자의 1/3 수준으로 충분하였다. 정보·지식사회의 전쟁인 경

---

15) 구체적으로는 ① 주변국이 우리의 국가이익을 결코 함부로 침해할 수 없는 수준, ② 주변국과의 관계에서 '균형추' 역할을 할 수 있을 정도의 수준, ③ 주변국과의 국지, 제한전시 우리의 독자 능력으로 격퇴할 수 있는 수준, ④ 주변 1개국과의 전면전시 다른 주변 1개국과 동맹·연합하면 국토와 주권을 확실히 방위할 수 있는 군사력 수준을 의미한다.

16) 상기 군사력 구성요소 중 상비군사력과 첨단 정보·기술 군사력이 방위충분성을 가늠하는 가장 중요한 핵심요소이다. 상비군사력과 정보·기술력을 어느 정도 구축해야 방위에 충분한가 하는 것이 문제의 핵심이다.

우, 방자도 상대적으로 약하기는 하지만 공자의 중심을 직접 타격·마비시킬 수 있는 수단을 보유하는 '작지만 강한 군사력'의 의미가 커지고 있다.

방위충분성의 판단 근거로 능력베이스[17]를 적용할 것인지, 위협베이스[18]를 적용할 것인지에 대해서도 고려해야 할 것이다. 우선, 방위충분성을 판단하기 위해서는 ① 위협의 성격, ② 상대의 능력, ③ 우리의 국력 등을 고려해야 한다. 그러나 미래의 위협은 불특정·불확실 위협으로서 그 자체가 명확하게 식별하기 어렵다. 또 미래의 잠재적 상대의 능력 역시 평가하기 어렵다는 점에서 위협 시나리오에 근거한 구체적인 대응전력 구축은 쉽지 않다. 따라서 논리적으로 볼 때는 능력베이스가 타당하다. 가상 분쟁 시나리오를 다수 개발하고 다양한 모의 방법을 통해 미래에 필요한 군사력을 도출하는 방법을 적용할 수 있다. 가장 합리적인 방법은 능력베이스에 기준을 두되 위협베이스도 고려하여 판단해야 할 것이다.

이러한 능력베이스와 위협베이스를 종합적으로 고려하여 예상되는 병력 및 군사력 규모를 기반전력과 핵심전력의 구성비로 판단해 보면, 핵심전력이 차지하는 구성비가 현재의 약 20% 내외에서 향후에는 50% 이상으로 증가해야 할 것이다. 그러나 이는 많은 예산과 노력이 투자되어야 하므로 구성비의 최종적인 결정은 다분히 국가적 의지에 달려 있다.

추가적인 고려사항으로 기반전력 중 재래식전력의 감축이 불가피할 것이다. 일부에서는 병력규모를 30만 명까지 감축해야 한다는 주장이 있다. 그러나 국력에 맞는 현시적 병력보유의 필요성과 아울러 주권국으로서 외부의 침략을 방위할 수 있는 정도의 군사력을 고려할 때 현재 추진되고 있는 국방개혁의 목표병력 약 50만 명이 적절한 것으로 판단된다. 따라서 국방개혁의 이정표를 설정해 놓고 단계적으로 감축하되, 현재의 위협에 대비

---

17) 능력베이스란 유사상황에 있는 국가의 병력 및 군사력을 참고하고, 우리의 경제기술력의 미래 전망을 고려하여 전문가 그룹의견을 종합하여 적정한 수준의 병력 및 전력수준을 판단하는 것을 말한다.
18) 위협베이스란 다양한 예상분쟁 시나리오를 도출하고, 모의를 통해서 투입부대의 병력 및 전력을 판단하고, 지원부대를 결정하며 동원전력을 판단하는 것을 말한다.

하면서 최소한 20-30년은 내다보고 장기적으로 감축할 대상과 통일 이후까지 정예화할 부대를 구분하여 선별적으로 투자해야 할 것이다.

우리가 상비병력을 절약하려 한다면 동원전력의 발전이 필요하다. 스위스와 스웨덴은 상비군은 적으나, 상비군 못지않은 동원전력을 보유하고 있다. 또 한 가지 방법은 국경수비대를 창설하되 법무부 산하에 소속시킴으로써 국경수비를 위한 병력을 절약하는 방법도 고려할 수 있을 것이다. 독일군의 경우와 같이 후방지원인력은 민간에서 담당함으로써 전투근무지원을 위한 병력 절약효과를 달성할 수 있을 것이다.

자위적인 방위역량을 확보하는 데는 통일이전의 북한의 위협뿐 아니라 통일 이후의 주변국의 위협에 대비할 수 있도록 장기적인 안목에서의 통합적인 대비가 필요하다. 이를 위한 추진방안은 먼저 전력증강을 통하여 자위적인 방위역량을 확보하여 대북 억제력을 완비하고, 국방개혁의 추진으로 군의 조직과 운영체계의 효율화를 도모하는 것이다.

북한의 도발에 대해서는 국가이익을 수호하고 증진하는 방향에서 냉철한 대응이 필요하다. 북한의 군사위협을 사전에 봉쇄하고 미래의 불확실한 안보위협에 대비하기 위해서는 대북 억제전력의 보강과 장기전력 차원의 자주적 방위능력의 확보를 동시에 추진해야 한다. 북한의 대남 기습공격능력, 핵과 미사일 등 대량살상무기, 장거리 포병 등 상존하는 위협에 대처할 수 있어야 한다. 북한의 속전속결 능력과 고속기동전 기도를 무력화하기 위해서는 평시 조기경보태세의 강화와 효과적인 즉응태세 완비가 요구된다. 각종 전장기능의 통합과 군사력 운용능력의 제고, 훈련강화, 전쟁지속능력의 보강, 무형전력의 제고 및 군 운용의 효율화 등이 요구된다.

미래 한반도의 전략환경과 전쟁 양상, 주변국가의 군사발전 추세 및 무기체계武器體系, Weapons System[19]의 전력화 기간 등을 고려하여 미래지향적인 방위력 확보 노력이 필요하다. 군의 정보화 · 과학화를 추진하고, 기술집약형

---

19) 장비와 숙련기술로 이루어진 체계적이며 완전한 전투도구로서 부여된 작전상황하에서 독자적으로 타격력을 발휘할 수 있는 기본전투단위의 총체를 말한다.

技術集約型 군으로 발전시키며, 핵심 첨단기술 확보를 위한 연구개발 투자가 요구된다.

방위충분성 전력을 확보하기 위해서는 전략적 억제 전력 확보가 우선적으로 추진되어야 한다. 정보 · 감시자산을 활용하여 북한과 불특정 위협세력의 핵심표적을 지속적이고 주기적으로 감시하고, 분쟁 도발시에는 치명적인 응징보복을 가할 수 있는 전략적 억제 전력을 확보함으로써 적의 침략의지를 사전에 무력화할 수 있을 것이다.

또한 미래에는 국가 기간시설 및 군사지휘통제체계 등이 네트워크체계에 의해 결합되므로 유사시 이를 전략적으로 활용할 수 있는 사이버 공격능력을 포함한 정보마비 능력을 확보해야 한다.

미래전 양상에 부합된 첨단 정보기술 전력을 구축해야 한다. 적의 군사활동을 상시 감시하고 정찰할 수 있는 독자적인 정보자산[20]과 수집된 정보를 처리하여 실시간 전파하고 모든 전투요소를 지휘 및 통제할 수 있는 C4I 체계와 선택된 표적을 정밀 타격할 수 있는 전력을 복합적이고 체계적으로 발전시켜야 한다.

더불어 다양한 유형의 분쟁에 신속히 대응하여 적의 군사행동을 거부할 수 있는 신속대응전력을 체계적으로 발전시키고, 국경선 일대에서 적의 침공을 격퇴할 수 있는 지상군 전력과 주요 전장에서 우세를 달성할 수 있는 해 · 공군 전력을 확보해야 한다.

대한민국 국군의 국제적 역할을 확대하여 국가위상을 제고하고 지역의 안정과 세계평화에 기여할 수 있는 능력을 갖추어야 한다. 앞으로 국가의 경제활동 범위와 규모가 확대되고, 자원의 해외의존도가 높아짐에 따라 국제적으로 평화와 안정의 유지가 국익에 큰 영향을 미치게 될 것이다. 또한 21세기의 새로운 국제 질서는 국제안보의 '무임승차'를 어렵게 할 것이다. 따라서 우리군은 이러한 새로운 안보환경 하에서 국력에 걸맞은 국제적 역

---

20) 한국군의 입장에서 자주국방의 기반구축에 가장 필요한 분야는 우리 군의 눈과 귀에 해당하는 감시 및 조기경보능력의 확보이다.

할을 적극 수행함으로써 국가위상을 제고하고 국익을 보호할 수 있어야 한다. 이를 위해 유엔의 국제평화유지 활동, 역내 다자안보협력 등 국제적 군사 활동에 적극 참여하여 세계 및 지역의 평화와 안정을 유지하는 데 기여해야 한다. 이러한 활동에 능동적으로 참여하기 위해서는 분쟁지역에 신속히 전개하여 다양한 임무를 수행할 수 있는 '신속대응군迅速對應軍' 부대의 발전이 긴요하다. 이러한 임무를 효과적으로 수행할 수 있도록 평시부터 준비하고 훈련해야 한다.

현존 북한위협을 억제할 수 있는 능력을 완비하고, 장기적으로 미래의 잠재적인 위협에 대비한 방위충분성전력을 확보하기 위해서는 꾸준한 국방비의 투자가 필수적이다.[21] 그러나 우리나라는 안보위협이 높은 국가임에도 불구하고 GDP 대비 국방비의 부담률은 1980년에 6.0%에서 2011년에는 2.6%까지 하락하여 세계 분쟁국의 평균수준인 6.3%에 절반도 안 되며, 세계 평균 수준인 3.5%에도 크게 못 미치는 실정이다.

방위충분성 전력을 정상적으로 구축하기 위해서는 장기적으로 세계평균 수준인 GDP 대비 3.5% 수준의 국방비가 안정적으로 배분되어야 한다. 세계 13위인 우리 국가의 경제력을 고려할 때 노력하면 부담이 가능한 것으로 판단된다. 그러나 이를 위해서는 북한과 주변국의 위협에 대한 국민적인 합의와 공감대 형성이 중요할 것이다.

(3) 견고한 군사동맹체제 발전

국가안보전략이 추구하는 궁극적 목표는 곧 국가의 생존과 번영이다. 안보전략이란 국가가 생존하기 위해 방어해야 할 핵심가치를 위협에 대비하여 한정된 국가자원으로 달성하기 위해 가장 효율적인 방안을 선택하는 방

---

21) 자주국방에는 예산문제가 필수적이다. 주한미군이나 미국의 지원이 없다면 결국 천문학적인 예산으로 이를 메울 수밖에 없다. 국방부 연구기관인 한국국방연구원(KIDA)이 분석한 자료에 의하면 선진국형 첨단 기술군의 육성을 위해서는 향후 20년 간 순수 전력투자비만 약 209조 원이 필요하다.

법에 관한 것이다. 한정된 자원으로 모든 것을 한꺼번에 할 수는 없기 때문에 안보전략의 선택지에는 우선순위가 있을 수밖에 없다. 실상 안보전략을 수립하는 일은 다양한 선택지에 대해 국가가 대전략大戰略적 관점에서 우선순위를 적절히 배분하는 행위이다.

국방부가 한미군사동맹을 중시한다는 것은 대한민국이 택할 수 있는 여러 전략적 선택지 중에서 한미동맹에 높은 우선순위를 부여한다는 의미이지, 그것이 곧 다른 선택지를 배제하는 것은 아니다.[22]

이런 관점에서 볼 때 통일이전은 물론이요 통일이후에도 한반도가 안정되는 기간 동안 한미군사동맹의 기조는 유지되는 것이 바람직하다. 왜냐하면 한반도의 21세기 안보환경 및 장기적인 안보여건상 한미 쌍무 동맹의 견지가 가장 효율적이며 다자 안보체제는 쌍무동맹의 보완차원에서 병행되는 것이 바람직하기 때문이다.

미래 한미군사동맹의 모습을 결정할 가장 중요한 변수 중 하나는 그 당시의 국제관계의 형태이다. 글로벌 차원 추세에서의 관건은 미국의 패권적 리더십이 현재와 같이 유지될 것인가, 아니면 새로운 '지구적 경쟁자Global Competitor'가 등장할 것인가 하는 점이다. 또 다른 변수는 이러한 국제질서의 결과 미국이 택할 안보전략의 성격이다. 한미동맹의 미래는 미국의 패권과 동맹관同盟觀에 의해 결정될 가능성이 크다. 부차적인 요인으로는 진행 중인 세계화, 지식정보혁명 및 경제통합의 혜택이 균등하게 분배되는가 혹은 일부에 편중되어 지역 간, 계급 간 격차가 심해지고 그 결과 세계적 갈등이 심화될 것인가 하는 것이지만, 이것은 결정적인 변수는 아닐 것으로 판단된다.[23]

우리가 추구하는 한미동맹의 비전은 '포괄적이고 역동적인 전략동맹

---

22) 이상현 편, 앞의 책, p.66.

23) 2020년경 국제질서의 대략적 개관에 관해서는 *National Intelligence Council, Mapping the Global Future*, Report of the National Intelligence Council's 2020 Project, December 2004(이상현 편, 앞의 책, p.20에서 재인용하였다).

Comprehensive and Dynamic Strategic Alliance'의 구축이다. 민주주의와 시장경제라는 기본가치를 공유하고, 평화를 주도해 나가는 동맹이 되어야 한다. 그리고 보다 유연하고 독자성이 제고되는 가운데 수직적 관계보다는 수평적 관계를 실현하는 동맹으로 발전되어야 한다. 더 나아가 상호 운용성이 지금보다 확대된 동맹관계를 지향해야 할 것이다. 포괄적이고 역동적인 전략동맹 관계를 실현하기 위해서는 정치·군사적 측면에서의 역할 확대뿐만 아니라 경제적 측면에서 협력을 보다 강화해 나가야 한다. 아울러 포괄적이고 역동적인 동맹 관계는 전통적인 군사 위협에 대응함과 더불어 새로운 안보위협, 즉 테러, 마약, 환경오염, 불법인구이동, 해적 행위 등에 포괄적으로 대처해 나감으로써 역내 다자안보협력의 활성화에 기여할 수 있어야 할 것이다.[24] 이것은 청와대와 외교통상부가 적극적으로 풀어나가야 할 과제이다.

우리는 '용미用美'의 시각에서 한미동맹의 장기적인 조정을 점진적으로 모색하여야 한다.[25] 왜냐하면 미국의 국가안보전략과 동북아 군사전략은 변화하고 있고, 한미 양국의 여론도 양국의 역할 변경을 요구하고 있으며, 한반도의 통일과정 및 통일이후의 안보환경도 양국관계의 변화를 요구하고 있기 때문이다.

따라서 한미동맹의 성격과 역할을 통일전의 한반도 '평화수호동맹'과 통일과정의 '통일지원동맹' 및 통일 이후의 '공동이익창출동맹'으로 발전시켜 나가야 한다. 이러한 동맹의 성격변화를 통해서 양국은 최소의 비용으로 한반도의 안정을 유지할 수 있고, 통일과정을 효율적으로 관리하면서, 유사시에 대비한 공동대응을 할 수 있으며, 통일 이후에도 양국의 능력을 바탕으

---

24) 이태환 편, 『대한민국의 국가전략(2020 동북아 안보협력)』(세종연구소, 2005), p.41.

25) 한미동맹과 주한미군 문제에 있어서 국가의 자주성과 자존심을 저버리는 무조건적인 친미의 태도가 바람직하지 않듯이, 냉혹한 국제현실과 한반도의 전략환경을 무시하는 감상적이고 유아독존식의 민족자주만을 주장하는 자세 또한 바람직하지 않다. 우리는 냉철한 이성을 가지고 냉전시대에 한반도의 안전을 보장해 왔던 한미동맹의 역사적 가치와 역할을 충분히 인식하면서, 국가안보 차원에서 미래 한미동맹을 구상하고 현실화시켜 나가야 할 것이다.

로 공동이익을 추구할 수 있을 것이다.[26)]

주한미군에 대해서는 한미 양국은 동맹국가로서의 공동 의무를 확정한 후, 공동의 안보전략에 따라 주한미군의 역할, 임무, 책임을 규정해 나가는 동맹전략의 변화가 요구된다. 양국은 이러한 개념을 가지고 상호보완적으로 국방전략을 수행하는 데 필요한 주한미군의 역할과 규모를 일방적 결정이 아닌 양국의 합의와 협의를 통해 점진적으로 조정해야 할 것이다. 이때는 한미 지휘관계, 기지조정과 방위분담금 등 구체적인 사항과 연계하여 조정해 나가야 한다.[27)]

주한미군의 철수문제는 대한민국의 국가이익과 너무 깊숙이 연관되어 있기 때문에 가볍게 처리될 수 없는 국방과 외교의 문제이다. 남북한의 군사적 균형상황이나 남한의 군사적 우위상태에서 주한미군의 철수가 감행될 수 있을 것이라고 주장하는 사람들도 있다. 그러나 근본적으로 통일된 한반도에서 안정된 평화공존상태가 이루어져 미군의 완전철수가 전쟁의 재발을 유발하지 않을 것이라는 분명한 확신이 있어야만 한다.

우리 국민의 안보의식은 장기적인 안목에서 균형감각을 가진 것이어야 한다. 주한미군의 조기철수 주장도 배격되어야 하나 이와는 대조적으로 미군의 영구적인 주둔도 결코 가능하지 않으며 또한 바람직하지도 않다.

북한의 위협 등 안보상황이 크게 변화되지 않는 정전협정체제의 틀 속에서는 현 수준의 주한미군으로 유엔사의 체제를 유지하면서 북한위협을 억제하고, 유사시 미국의 증원군을 접수하기 위한 작전수행환경을 유지하는

---

26) 대한민국은 지정학적 림랜드(Rimland)요, 문명충돌의 단층선(斷層線)이다. 스파이크먼의 지정학적 이론이나 헌팅톤의 문명충돌론에서 대한민국은 유라시아 대륙, 특히 중국의 일부로 간주되어 왔다. 따라서 이제 한국이 스스로 미국을 버리고 중국 편에 선다면 한국은 아태지역에서 미일동맹체제와 대립하는 입장에 서게 될 것이다. 그러나 미국은 당분간 정치·경제·문화·학문·군사 등 모든 면에서 세계발전의 주역의 역할을 할 것으로 예측되므로 국가의 생존과 발전을 위해 일정시점까지는 미국과 동행해야 할 것이다.
27) 우리 내부에선 한미동맹의 미래에 대한 논란이 가열되고 있다. 이런 논란은 주한미군의 감축뿐 아니라 한미동맹 자체에 대한 찬반양론으로 확산되고 있다. 한미동맹을 앞으로 어떠한 동맹 관계로 가져가느냐는 우리가 풀어야 할 당면과제이다.

것이 바람직할 것이다.[28]

그러나 남북한 간 평화협정이 체결되어 평화체제가 정착되면, 주한미군은 한반도 평화체제를 보장할 수 있는 규모로 축소될 수도 있을 것이다. 그때 주한미군은 공군, C4ISR[29] 및 군수지원 전력이 중심이 된 핵심전력으로의 재편이 요구될 것이다.

통일 이후의 주한미군은 동북아 지역에서 안보협력의 역할을 담당하면서 전쟁 이외의 작전을 수행할 수 있는 규모로 조정되어야 할 것이다. 한국과 미국 간에는 지금보다는 느슨한 안보동맹 체제하에서 공군과 C4ISR 전력이 중심이 된 최소 규모의 주둔이 필요할 것이다.

양극체제가 붕괴되고, 냉전이 종식된 이후 한·러 및 한·중 수교, 남북관계 개선, 대한민국 내의 국민의 의식변화 등 일련의 대내외적인 환경변화는 20세기형 군사중심의 동맹체제를 21세기형 포괄적·전략적 한미동맹체제로 발전시키기 위한 연구과 논의를 촉진시켜 왔다.[30] 이러한 논의의 핵심은 대한민국의 '안보와 자주성'의 문제라고 할 수 있다. 왜냐하면 한미동맹의 비대칭적 성격이 지속되고 있기 때문이다. 따라서 이러한 동맹의 비대칭성에서 연유하는 동맹딜레마[31]를 해소시켜 나간다면 최근에 발생하고 있는 한미관계의 균열현상을 치유하고 건강한 동맹으로 발전시켜 나갈 수 있을 것이다.

장기적으로 대한민국의 '존망의 이익'을 보장하기 위해서는 새로운 구상

---

28) 한국 국방연구원에서 조사한 미래 한미동맹과 주한미군에 대한 국내 안보전문가들이 인식에서도 "한반도 평화정착 이후 대미 안보동맹 유지의 필요성"에 대해 필요하다는 의견이 89.2%, 불필요하다는 의견이 10.8%로 대다수가 한미동맹의 필요성을 인정하고 있는 것으로 나타나고 있다. 전경만, 「21세기 한반도 안보 변수에 대한 전문가 인식조사」(국방연구원, 2000, p.16).
29) 현대전 수행에 핵심적인 요소인 지휘(Command), 통제(Control), 통신(Communication), 컴퓨터(Computer), 정보(Intelligence), 감시(Surveillance), 정찰(Reconnaissance) 등을 말한다.
30) 이명박 대통령은 취임 후 미국 방문에서 부시 미국 대통령과의 정상회담을 통해 한미안보동맹을 전략동맹으로 전환하는 데 합의하였다고 발표하였다.
31) 전형적인 비대칭적 역학관계 속에서 탄생한 한미동맹은 한미상호방위조약과 SOFA의 법적 근거, 정전체제 및 UNC의 존재, 한미연합사의 지휘구조, 그리고 대한민국 국군의 작전통제권의 문제 등에서 비롯되는 비대칭성을 그 특징으로 하고 있으며, 이러한 비대칭성으로부터 대한민국의 자주성이 제한을 받는 동맹의 딜레마가 초래되어 왔다.

이 필요하다. 쌍무간의 방위조약에 의존한 대한민국의 안보는 60여 년이란 긴 세월 동안 한반도에 있어서 전쟁을 방지하는 데 크게 기여하였다. 그러나 구 소련을 위시한 많은 공산국가의 종말은 세계정치에 있어서 새로운 장을 열게 하였다. 세계는 새로운 평화구조를 요구하게 되었다. 새로운 힘의 균형은 과거 민주주의 국가로 얽혀 있었던 동맹관계의 재정립을 필요로 하고 있다. 새로운 동맹관계는 두 가지 측면에서 정립되어야 한다. 그것은 기존의 쌍무관계를 재조정하고 이를 보완하기 위한 다자간관계를 새롭게 수립하는 것이다.

우리는 동북아의 중심국가로서 국가위상을 확립하여 주변 4국과 공존공영을 추구하는 평화지향적인 지역공동안보를 추구해야 한다. 이를 위해 우리는 견실한 자주국방태세를 갖춘 독립국가로서의 위상을 높이고, 당분간은 한미동맹을 바탕으로 동북아의 전략환경에 능동적으로 대처할 수 있는 기조를 다져나가야 할 것이다.

그 동안 대한민국 안보의 핵심기반으로 작용해왔던 한미연합방위태세는 미국군의 세계재배치전략과 전시작전권의 한국군으로 전환 등으로 많은 변화가 예상되고 있다.[32] 이 시점에서 자주적인 방위충분성의 확보 못지않게 우리에게 중요한 것은 한미연합방위태세를 보강하면서 한국화를 추진하는 것이다. 군사동맹은 제한된 국력을 효율적으로 사용하는 수단이다. 한미군사동맹은 한미연합방위체제에 의해 그 구체적인 실천의지가 표현되어 왔다고 할 수 있다. 한미연합방위체제는 미국의 전략적 요구와 한국의 자위력의 향상에 따라 '한국방위의 한국화', 그리고 '미군 개입 선택의 자유화' 방향으로 변천해 왔다.

여기서 한국방위의 한국화는 국력에 상응한 국방전략개념의 발전 및 능력의 강화이지, 본질적으로 홀로서기를 의미하는 배타적 단독국방이나 동

---

32) 앞으로 2015년 12월에 전시작전권의 한국군 전환으로 한미연합사의 위상변화도 불가피할 것으로 예상되므로 사전대비를 해야 할 것이다.

맹의 탈피를 의미하는 것이 아니다.[33] 또한 안보태세를 강화하기 위해 우리의 의지에 따라 주도적으로 동맹관계를 유지하고 있다면 이러한 동맹관계는 자주국방의 구성요소로서 포함되는 개념이라 할 수 있을 것이다.

그러나 진정한 자주국방을 위해서는 동맹관계가 의존적인 것이 되어서는 안 되며, 상호 보완적인 관계가 되어야 할 것이다. 동맹국 간에도 서로의 능력이 보탬이 되어야 실질적인 협력관계가 이루어지며, 스스로를 지킬 수 있는 힘이 있을 때만이 동맹의 효과와 의미가 강화되기 때문이다. 따라서 한·미동맹은 자주국방이라는 큰 틀 속에서 자국의 국방을 달성하기 위한 보완적인 수단이므로 한·미동맹과 자주국방은 상호 대치되는 개념이 아니라 상호보완적인 개념이다.

우리는 항상 부분보다는 전체를 먼저 보아야 한다. 독자적인 방위체제는 독자적인 전략적 결정과 판단을 할 수 있다는 이점은 있으나, 엄청난 방위비용을 부담해야 하고, 국제관계에서 고립될 우려가 있다.[34] 한미동맹은 세계 최강국의 안보 우산을 받으면서 주변국의 위협에 효율적으로 대처할 수 있고, 미국과 공동이익을 추구할 수 있는 이점이 있는 반면, 상응하는 외교역량이 부족하게 되면 주권의 행사가 제한되고, 자주적인 통일 추진이 어렵다는 제한사항을 갖고 있다.

군사동맹은 제한된 국력을 효율적으로 사용하는 수단이라는 점에서 전시작전권 전환 이후에도 연합방위태세의 효율성을 제고하는 노력은 지속되어야 한다. 우선적으로 합동참모본부와 합동군사령부의 편성과 기능을 보강

---

33) 한국방위의 한국화는 물론 동북아 안보체제에 있어서 한국의 고립화를 의미하는 것이 아니며, 동북아 안보체제 내에서 한국의 몫에 대한 역할을 자주적으로 해나가야 함을 의미한다 하겠다. 이는 한미연합방위 대세가 한국주도형으로 전환됨을 의미한다고 할 수 있다. 이러한 전환과정은 미시적으로 볼 때 한국군의 자위역량의 향상과 남북한 군비통제의 진척에 따라 가속화될 것으로 여겨진다.

34) 군사전문가들은 주한 미군이 보유한 장비 및 물자의 가치가 140억 달러로 당장 미군이 철수할 경우에는 이들 전력을 대체하기 위하여 300억 달러 이상이 필요할 것으로 추산하고 있다. 이는 우리나라 국방예산의 약 2배에 달하며, 국방예산 중 전력투자비가 약 40억 달러라는 점을 고려시 무려 7배에 달한다. 또한 유사시 전개되는 증원전력을 포함할 경우 미군 가치는 약 1100억 달러에 이른다.

하여 연합작전 수행체제의 효율성을 보장해야 한다. 그리고 감시 및 정보능력을 강화해야 한다. 감시자산을 활용하여 북한 전지역에 대한 감시활동을 통해 북한의 군사활동과 기도를 파악해야 한다. 전시는 물론 평시에도 즉각적인 정보수집과 상호 전파가 가능한 한·미 정보연동체계를 확대해 나감으로써 북한에 대한 정보를 공유할 수 있는 체제를 강화해야 할 것이다. 그러나 한편으로는 한국군의 감시능력을 점진적으로 확충하여 연합감시체제의 신뢰도를 높이고, 한·미 간에 정보의 상호의존성을 증대해 나가야 할 것이다.

그리고 한미 연합훈련 및 연습을 더욱 활성화시켜야 한다. 미 증원전력의 적시적인 전개 보장, 작전계획 시행태세 검증, 연합위기관리능력 향상, 연합지휘체제 정립 등을 위해 실전적인 연합훈련과 연습을 지속적으로 실시해야 할 것이다. 한·미간 연합훈련과 연습을 통해 연합전장기능 요소의 통합과 연합 군수지원체제를 발전시켜 연합작전 수행능력을 향상시킬 수 있을 것이다.

전시작전권 전환 이후에도 한미 간의 '상호운용성相互運用性, Interoperability'의 향상도 중요한 요소이다.[35] 한국과 미국 간 C4I, 전자전, 무기체계, 군수, 정보 및 화생방전 분야에 대한 상호운용성을 향상시킴으로써 연합작전의 효율성을 제고시킬 수 있다.

연합작전수행을 위한 기본전투개념을 정립하여 이를 연합 작전교리로 발전시켜야 한다. 한·미 간 원활한 연합작전 수행 및 각 기능체계의 운용능력을 향상시킬 수 있도록 인적 요소를 계발해야 한다.

한·미 간 연합전력을 지속적으로 증강시켜야 한다. 북한의 항공기, 장사정포, 기계화부대 등 공세전력과 미사일, 화생무기 등 대량살상무기의 위협에 대비하기 위해 연합 대화력전, 대화생방전 및 대미사일전 수행능력을 증

---

35) 한 시스템에 있어서 기술특성의 차이에 관계없이, 인원에 대한 추가적인 훈련을 거의 하지 않고서도 기본적으로 같은 기능을 수행하거나 상호 보완할 수 있는 2개, 또는 그 이상의 품목, 또는 장비 구성품의 능력을 말한다.

강시켜야 한다. 미 증원전력은 북한의 장거리 미사일, 화생무기 등 대량살상무기 위협에 대비하여 한국군의 취약분야를 우선적으로 전개시키도록 협조해야 한다. 자주적인 정보전 수행능력을 지속적으로 보강하면서 미국측에서 조기 전개가 제한된 전력은 한국에서 지속적으로 보강해야 한다.

한·미 간 연합 위기관리危機管理, Crisis Management[36] 능력을 강화시켜나가야 한다. 한반도에서의 위기는 북한이 정치·경제적 목적을 달성하기 위해 고의적으로 군사적 긴장을 조성하거나 주변국과의 관계 악화, 또는 우발적 요인 등에 의해 발생될 수 있으며, 이러한 위기가 무력충돌로 비화될 가능성은 상존하고 있다. 위기 발생시에는 한·미 연합위기관리체제를 국가위기관리체제와 연계하여 위기상황이 무력충돌로 비화되지 않도록 관리하고 조기에 안정을 회복해야 할 것이다.

한반도가 안정되는 기간 동안 한미동맹의 기조는 유지되는 것이 좋을 것이다. 왜냐하면 한반도의 현존 안보환경 및 장기적인 안보여건상 한미 쌍무동맹의 견지가 가장 효율적이며 다자 안보체제는 쌍무동맹의 보완차원에서 병행되는 것이 바람직하기 때문이다.

(4) 군사적 신뢰구축의 실천적 구현

한반도에서 긴장완화를 통해 평화를 유지하고, 남북한 간 교류협력을 강화하기 위해서는 군사적인 신뢰구축이 우선적으로 추진되어야 한다. 군사적 신뢰구축은 가장 어려운 과제이다. 그럼에도 불구하고 우리는 공세적인 자세로 북한군의 변화를 유도해야 한다. 북한군이 주저하면 할수록 우리는 고삐를 잡고 끌고 나오려고 노력해야 한다. 우리는 주도적이고 능동적으로 심리전을 할 수 있다.

선군정치를 내세우는 북한의 특성상 남북한 간 군사적인 긴장완화는 기본적으로 남북군사회담을 통해 추진되어야 한다. 긴장완화의 추진원칙은

---

36) 어떤 위기상태에 있어서 기본적인 국가이익을 포기하지 않고 전쟁으로의 확대를 방지하여 분쟁을 해결하는 조치를 말한다.

합의와 시행이 용이한 분야부터 추진하고, 상황변화에 맞게 신뢰구축과 군비제한 및 군축과정을 배합하여 4단계로 구분하여 점진적·단계적으로 추진해야 할 것이다.[37]

군사적 신뢰구축은 남북한의 군사적 투명성과 개방성을 향상시키는 데 목표를 두고, 상호합의 및 이행이 용이한 분야부터 우선 추진해야 한다. 남·북 국방장관회담과 군사공동위원회 군사실무회담 등 대화를 활성화하여 남북한 간 군사적 적대감을 해소하면서 긴장완화를 위한 조치사항을 협의해야 한다. 그리고 군 스포츠 교류, 군 공동 학술세미나 개최, 군 의료분야 협력 등을 통해 인적교류와 접촉을 점차 확대해 나간다. 정기적인 장성급 회담, 공동 일직장교 회의, 공동경비부대 장교 회의를 재개하고, DMZ 내 활동인원 제한 등 정전체제하의 기구와 기능을 회복하는 조치도 추진한다.

주요 군사연습과 연례적 대규모 군사활동의 상호 통보, DMZ 인근 지역에서의 대규모 군사연습 축소, 상호 기초적인 군사력 현황자료 교환, 고위 군사당국자 및 작전책임자간 직통전화설치 등 우발적 충돌과 오해를 방지할 수 있는 조치도 병행하여 시행해야 할 것이다.

남북한 간의 군사적 대결 및 긴장은 적대 쌍방의 군사적 능력과 의도에 대한 의구심에서 비롯되었으므로 상호 신뢰구축을 통한 군사적 투명성 제고가 우선적으로 실시되어야 한다. 왜냐하면 신뢰구축은 군비제한과 군축 추진의 기초요, 토양이기 때문이다.

---

37) 제1단계는 초보적인 신뢰구축 이행단계로서 군사 직통전화 설치·운영, 군 학술·체육 교류, 서해 NLL 근해의 우발사고에 대비한 해군 함대사 간 긴급 연락체제 구성, 남북 교류·협력사업과 관련한 군사 분야 지원 등이 포함될 수 있을 것이다. 제2단계는 신뢰구축 본격화단계로서 남북군사위원회 가동, 신뢰구축 조치 확대추진, 군 인사교류, 훈련통보 및 참관, 군사정보교환, 재난시 공동수색·구조 훈련 등이 포함될 수 있을 것이다. 제3단계는 군사적 긴장완화 정착단계로서 남북한 쌍방은 대규모 군사훈련과 부대활동을 통제하고, 수도권을 위협할 수 있는 장사정포의 후방 재배치 등을 포함할 수 있을 것이다. 이 단계에서는 필히 상호 검증체제를 확립하여 현장사찰을 실시하여야 할 것이다. 제4단계는 평화체제 구축단계로서 남북평화협정 체결, 재래식 전력의 대규모 감축, 북한 대량살상무기의 감축과 제거, DMZ 해체 등이 집중적으로 거론될 수 있을 것이다.

신뢰구축은 상호합의와 이행이 용이한 조치부터 우선적으로 추진되어야 한다. 그것은 남·북한군 당국 간 직통전화 설치 및 운용, 대규모 군사훈련의 통보와 참관, 국제 군인체육대회의 공동참여를 비롯한 상호 군 인사교류 등이 포함될 수 있을 것이다.

군사회담 초기단계에서는 기 합의한 군사적 신뢰구축조치를 중점적으로 협의하고 이를 이행하는 노력을 계속해야 한다. 그리고 신뢰구축조치의 실천방안 협의를 위해 남북 군사공동위원회의 정상 가동을 북측에 요구하여 관철시켜야 할 것이다.

군사회담 추진 및 이행기구의 구성은 매우 중요한 요소이다. 남북국방장관회담을 추진하여, 신뢰구축 및 긴장완화 조치사항에 대한 추진방향을 제시해야 한다. 그리고 남북간 실무차원의 군사회담 채널과 기구를 운영하여 구체적으로 협의하고 이행해야 한다. 신뢰구축 및 긴장완화 조치 이행 여부에 대한 상호 검증과 사찰에 대한 체제가 구축되어야 한다.

교류협력 단계에서의 군사적 조치는 우선 불신, 긴장, 기습공격의 우려를 제거해야 한다. 남북한이 군사력의 투명성조치透明性措置, Transparency Measures를 취하게 될 경우, 군사적 신뢰구축에 상당한 도움이 될 것이다. 양측 군사력의 위치와 특성에 관한 자료를 공유하고, 군의 편제·조직·배치에 대한 정보를 교환하며, 기습공격 방지를 위해서는 쌍방 군사력의 위치, 장비 소유 및 운용에 관한 제한방안을 검토해야 한다.

한반도에서 항구적인 평화구조의 정착을 위해서는 남북한 간 평화체제라는 법적·제도적 장치가 마련되어야 한다. 이를 위해서는 북한의 대남 무력적화 의지 포기가 선행되어야 한다. 그리고 남·북한 및 북·미간 신뢰구축을 위해서는 한반도에 비핵화가 우선적으로 실현되어야 한다. 1991년 12월 31일 남북한은 한반도를 핵전쟁의 공포로부터 해방시키는 역사적인 "한반도 비핵화 공동선언"에 합의하고 이를 1992년 2월 19일 발효시켰다. 이는 남북관계 개선과 평화공존의 미래를 밝게 했을 뿐만 아니라 국제 핵 비확산 체제에 대한 지대한 공헌이었다. 그러나 북한은 이를 준수하지 않고 있다.

북한이 핵 비확산조약의 회원국으로서 국제원자력기구(IAEA)International Atomic Energy Agency가 규정한 사찰 의무를 성실히 이행하고, 국제적 핵 확산 방지 노력에 적극 동참할 수 있도록 IAEA 등 국제기구와 세계 모든 나라들과의 협력을 병행해 나가야 할 것이다.

정치·군사적인 신뢰구축을 위한 노력을 경주해야 한다. 남북한 군 간 첨예한 군사적 대치상황 하에서는 우발적 충돌이나 오판에 의해 안보위기상황이 발생할 가능성이 상존한다. 따라서 이를 사전에 방지하고 관리할 수 있는 제도적 장치와 실천이 필요하다. 이를 위한 선행조치가 정치·군사적 신뢰구축이다. 우선적으로 남북한 간에 군사정보의 교환과 군 인사교류, 군사분계선에서의 우발적 충돌 등에 효과적으로 대처하기 위한 군사직통전화의 추가설치 등이 필요하다. 정부는 이러한 군사적 신뢰구축을 위한 노력을 꾸준히 경주해 나가야 한다. 특히 남북한 간에 이미 합의되어 있는 남북군사공동위원회의 가동을 추진하는 한편, 비무장지대의 평화적 이용을 모색해야 할 것이다. 이러한 노력들을 통해 군사적 신뢰구축이 이루어지면, 군비통제를 위한 협상을 남북한 간에 또는 4자회담을 통해 추진해야 할 것이다.

대량살상무기의 위협도 제거되어야 한다. 북한이 보유하고 있는 화생무기 와 미사일 및 최근 개발, 시험 중에 있는 핵과 중장거리 미사일 등과 같은 대량살상무기는 한반도와 동북아 지역, 나아가 세계의 안정과 평화에 심각한 위협을 주고 있기 때문에 반드시 제거되어야 한다. 이를 위해서 정부는 화학무기금지협약, 생물무기금지협약 등과 같은 국제 군비통제 활동에 북한이 참여하도록 적극 유도하는 한편, 이러한 대량살상무기의 위협으로부터 국민의 재산과 생명을 보호하기 위해 최대한의 노력을 경주해야 한다.

휴전선 부근에 배비된 공격형 무기의 위협이 제거되고, 축소지향적인 군사력의 균형이 달성되어야 한다. 남북관계 개선과 평화공존이 이루어질 경우, 우선 남북한 간에 상대방에 대한 기습공격과 수도권에 대한 위협을 주고 있는 주요 공격형무기와 제반 군사적 조치들을 제거하기 위해 남북 군비통제협상을 적극 추진해야 한다. 전반적으로 축소지향적인 군사력 균형을 추구해야 할 것이다. 이는 남북한의 군사적 안정성을 한층 더 높이고 전쟁의 위협을 제거하여 남북한 간의 평화공존을 공고히 하는 데 기여하는 한편 소중한 자원과 인력을 보다 생산적인 부문에 이용될 수 있도록 하여 공동번 영과 발전에 기여할 것이다.

수도권의 안전보장지대를 설치하기 위해서는 쌍방이 수도권에 대한 '안전보장 선언'을 채택하여 이를 이행해야 한다. 상대방 수도권 중심 반경 50 ㎞ 이내 안전보장지대를 설정하고, 직접적인 위협을 주는 특정무기를 안전보장지대 사거리 밖으로 배치 조정해야 할 것이다.[38]

전력배치 제한구역을 설치하기 위해서 기본적으로 고려해야 할 사항으로는 무기와 병력 감축시 부대배치 조정과 연계하여 추진해야 한다. 수도권 안전보장지대와 연계하여 기존 방어진지의 활용을 보장하고, 북한 갱도진 지를 무용화하고 평시 무력충돌을 방지하는 조치를 취해야 할 것이다. 이러한 전제조건하에 배치 제한구역은 수도권 안전보장지대를 보장한다는 조건하에서 볼 때, 군사분계선에서 남북한 간 동일거리(약 30㎞)를 고려하여 배치 제한구역을 설정하는 것이 바람직할 것으로 생각할 수 있다.

다음은 군사적 비대칭성을 완화해 나가야 한다. 군사력에 관련된 자료를 상호간에 교환하는 것을 비롯한 검증檢證, Verification의 방법이 군사력의 비대칭성을 해소하는 과정 중 가장 중요한 부분이라고 할 수 있다. 남북한은 쌍방의 군사력에 대해서 위협을 느끼지 않도록 필요한 군축협상을 실시해야 한다.

주변 4국에 대해서는 기능적인 접근을 강화해야 한다. 한반도는 역사적으로 볼 때 주변 강대국으로부터 직·간접적으로 정치·군사적으로 영향을 받아 왔으며, 주변 4국은 한반도에 대해서 지정학적인 관심이 매우 높다. 따라서 남북한의 화해협력조치를 추구하는 과정에서 이들 주변 4국을 적절

---

38) 남북불가침부속합의서 제3조 "서울지역과 평양지역의 안전보장 문제를 군사공동위원회에서 계속 협의한다." 참조.

히 관리해야 한다. 주변 4국은 기본적으로 한반도의 안정유지를 위해 남북한의 평화정착 노력을 지지하지만, 동시에 한반도에 대한 영향력을 확대하기 위해 노력할 것이다. 한반도의 평화협정체결 문제에 주변 4국은 비교적 높은 관심을 갖고 있으며, 적극적으로 개입하려 할 것이다.

우리 정부는 먼저 주변 4국에게 평화체제 전환문제는 '민족자결원칙'과 '당사자 해결 원칙'에 입각하여 남북한 간에 직접 해결해야 한다는 기본입장을 설득시키는 노력을 강화해야 할 것이다. 단 남북한 평화협정에 대한 국제적 보장을 확보하는 데 미국과 중국을 참여시킬 수 있으나, 주변 강대국의 영향력을 제도화할 위험성이 있는 방안은 가급적 회피하는 것이 좋을 것이다.

북한은 그들의 유일한 강점을 지키기 위해 우리의 신뢰구축 제안에 무대응하거나 무시하려 할 것이다. 그러나 우리는 포기하지 말고 앞으로 우리의 지원조건에 붙여서 공세적으로 이 문제를 거론해야 한다. 정치심리적으로 우리가 주도권을 잡고 북한을 압박할 수 있는 카드이기 때문이다.

(5) 한반도 평화체제 정착 지원

대한민국 헌법 제5조는 ①항에서 "대한민국은 국제평화유지에 노력하고, 침략적 전쟁을 부인한다"로, ②항에서는 "국군은 국가의 안전보장과 국토방위의 신성한 의무를 수행함을 사명으로 한다"고 명시하고 있다. 이를 구현하기 위해 국방부는 국방목표를 "외부의 군사적 위협과 침략으로부터 국가를 보위하고, 평화통일을 뒷받침하며, 지역의 안정과 세계평화에 기여한다"로 정립하고 있으나, 이에 대한 구체적인 전략과 수행개념은 미흡하다. 특히 '평화통일을 뒷받침하기 위한 전략과 수행개념'에 대한 공감의 확산을 통한 적극적·능동적인 역할이 요구된다.

한국군이 정부의 평화통일정책을 뒷받침하기 위해서는 앞에서 설명한 대로 튼튼한 국방태세를 확립하여 정부의 행동의 자유권을 보장하는 것이 가장 중요하다. 북한군이 감히 우리를 넘보지 못하게 해야 한다. 우선 NLL을 포함한 우리의 영토를 확실히 지켜낼 수 있어야 한다. 그리고 개성공단 등 남북 교류협력사업을 위한 군사적인 보장조치를 이상 없이 시행해야 한다. 앞으로 있을 각종 충돌에서 주도권과 기선을 장악해야 한다.

그런 바탕 위에서 상대적인 열세에 있는 비대칭분야와 재래식 군비의 제한과 감축을 추진해야 한다. 왜냐하면 군비통제는 국가안보목표를 달성하기 위해 적대국가, 또는 잠재적 적대국가와의 정치적·군사적 협의를 통해 근본적으로 군사적인 불안정성으로부터 발생하는 위협을 제거하려는 국가안보전략의 일부로 추진하는 것이기 때문이다.

군비통제의 목적은 첫째, 전쟁을 억제하고 안정성을 제고하는 것이다. 즉 군사적 긴장상태를 증대시키는 군비경쟁을 규제하고 대규모 기습공격능력을 제한함으로써 군사적 안정성을 달성하고, 정치·군사적 합의를 통한 공동안보를 추구함으로써 전쟁을 방지하는 것이다.

둘째, 전쟁발발시 피해를 최소화하는 데 있다. 상호합의에 의해 사전에 군사력의 사용범위 및 사용방법을 통제함으로써, 전쟁억제에 실패할 경우라도 전쟁의 확산 범위와 파괴력을 최소화하는 것이다.

셋째, 방위비 부담을 절감하여 경제발전에 기여하는 데 있다. 군비경쟁을 규제함으로써 국방의 경제적 부담을 경감시킴과 동시에 제한된 국가 자원을 효율적으로 이용하여 국가 경제발전에 기여하는 것이다.

군비통제 추진의 기본원칙은 통일 후의 군사력 역할을 고려하면서 적정 규모로 상호 균형된 군사력을 유지해야 한다. 그리고 단계적으로 북한의 핵, 미사일, 화학무기와 전방배치 장거리 포병 등 기습공격이나 공세작전 능력을 우선적으로 감축시켜 신뢰구축 상황을 조성하고, 남북한 간의 군축 추진과정과 연계하여 군사협력을 단계적으로 추진해야 한다. 또한 동수 보유 원칙에 입각하여 군사력의 상호감축을 추진하고, 군축을 감시하고 보장하는 검증체계를 확립해야 한다.

한반도 군비통제의 가장 바람직한 방향은 두말할 필요 없이 남북한이 합의에 의해 소모성 군비경쟁을 중지하는 일이다. 이러한 맥락에서 한국정부는 그 동안 북한에 대해 단계적이며 기능적인 군비통제정책을 추구해 왔다. 즉 정부는 '남북화해협력 → 남북연합 → 통일국가'의 형성을 단계별로 상정한 '민족공동체 통일방안'과 병행하여 각 단계별로 군비통제목표를 '군사적 신뢰구축 → 군비제한 → 군비축소'로 이어지는 3단계를 설정하였다.[39] 반면 북한은 군비통제 문제를 정치적으로 이용하고 있다. 즉 북한은 한국과의 군사적 긴장완화를 추구하는 것에 목적을 두기보다는 정치적으로 미국과의 새로운 관계구조를 형성하여 한반도에서 미국의 영향력을 약화 내지 무력화를 시도하고 있다. 북한의 어려운 경제여건과 막대한 군사비 부담을 고려한다면 군비통제의 필요성은 우리보다 북한이 더욱 절실하게 느껴야 할 일이다. 우리 입장에서 보면 오히려 적절한 군비경쟁의 지속이 북한체제의 조기 붕괴를 강요하는 수단으로 활용될 수도 있다고 보는 상황인 것이다. 그럼에도 불구하고 지금까지 북한은 군비통제협상을 어디까지나 무력적화통일을 위한 안보전략의 수단으로만 활용하고 있는 것이 아니냐 하는 의구심이 크다.

이러한 북한의 의도를 간파하고, 우리는 국내외 정세변화에 능동적으로 대처하면서 국가안보를 증진시키고 나아가 평화통일을 지원하는 차원에서 남북 군비통제를 모색해야 한다. 우리는 남북한 간의 신뢰구축을 바탕으로 북한체제를 개혁과 개방으로 유도하여 평화적 공존관계를 구축하고, 나아가 평화통일의 기반을 조성해야 한다. 이러한 목표를 달성하기 위해 우리는 군비통제의 전략기조를 다음과 같이 정립해야 할 것이다.

첫째, 남북한 군비통제는 남북한 간 직접대화의 원칙 위에서 남북기본합의서의 군사적 신뢰구축과 대량살상무기 통제 등 지금까지 합의된 군비통제 조치를 우선적으로 추진해 나가야 한다. 그리고 남북한 간 대량 살상무기 및 장거리 유도무기는 남북 군비통제와 국제 군비통제체제를 병행 활용하여 제거해야 한다.

---

39) 국방부, 『국방백서 1997-1998』(국방부, 1998), p.98.

둘째, 남북관계의 진전 정도에 따라 신뢰구축, 군비제한軍備制限, 군비축소軍備縮小 분야의 과제들을 융통성 있게 배합하여 적극적으로 추진해야 한다. 군비통제 관련 남북한 간의 합의는 군사적 투명성과 안정성의 확보를 위하여 검증 관련한 사항을 포함하여야 하며, 합의사항의 안정적인 이행방법이 강구되어야 한다.[40)

셋째, 남북한 간의 신뢰조성과 군비축소를 추진하여 군사적 긴장상태를 해소함으로써 평화공존체제를 구축하고 평화적 통일정책에 기여하는 한편, 통일한국의 주변 정세와 안보상황을 고려하여 남북한 간 군사력의 배비와 구조를 조정해야 한다. 남북한의 군사력 감축은 북한의 기습공격 능력의 제거와 통일한국의 적정 군사력 유지를 동시에 고려하면서 추진해야 한다.

군비통제의 접근방법은 우리가 그 동안 추진해 온 방식대로 '先 신뢰구축, 後 군축'이 바람직할 것이다. 지금까지 북한은 '先 군축, 後 신뢰구축'이라는 논리로 남북한 10만 명으로의 감축을 지속적으로 주장하였다. 이러한 북한이 과거에 주장했던 '10만으로의 감축'은 다분히 평화공세에서 나온 위장전술로서 진정으로 남북한 군비통제를 추진하겠다는 의도를 의심케 하는 단적인 예라 할 수 있다. 우리는 기본적으로 '先 신뢰구축, 後 군비축소' 원칙 하에서 점진적이고 단계적인 접근을 해나가야 할 것이다.

정치적 차원에서는 상호체제 인정과 불가침, 내정 불간섭 등 남북 당국 간의 신뢰를 증진하고, 정치·경제·문화 분야의 교류·협력을 통해 관계를 개선해 나가야 한다.

외교적 차원에서는 남북한 및 주변국간 신뢰구축이 이루어지도록 노력해야 한다. 신뢰구축 없는 군비통제는 이루어지지 않는다. 역사는 믿을 수 없는 상대방과의 군비통제는 실패한다는 교훈을 남기고 있다. 상호간의 정치·군사적 신뢰의 조성이 전제되지 않은 군비통제의 시도는 결과적으로 평화체제를 구축하기 위한 적절한 틀을 제공하지 못한다는 것이 역사의 교

---

40) 군축 문제에서 가장 큰 장애요소는 비진실성과 상호불신이며, 상호간에 합의된 사항에 대한 준수여부를 확인할 검증제도가 확립되지 않으면 별 의미가 없다.

훈이다.[41]

군사적 차원에서는 상호 군사 활동에 대한 정보교환을 통해 투명성과 예측 가능성을 제고시키며, 기습공격 능력을 제한 및 제거하여 군사적 안정성을 확보해야 한다.

남북한의 군비통제는 통일한국의 안보와 위상을 고려하여 추진되어야 한다. 21세기는 미래 전쟁의 양상이 혁신적으로 변화할 것으로 예측되고 있다. 이에 따라 세계 각국의 군대는 '군사혁신'을 통해 첨단 군사력 건설에 매진하고 있다. 우리 군도 미래설계를 통해 전략수행능력을 갖춘 '소수 정예의 정보화군'을 목표로 군사력 건설을 추진 중에 있다. 이러한 우리의 군사력 건설 방향은 당면목표로서는 북한의 전쟁도발을 억제하는 한편, 장기적으로는 통일 후 한국군의 위상과 역할을 고려하여 추진되고 있다.

혹자는 '30만 명으로의 감축'을 제기하면서, 현 국제질서 하에서는 군사력에 의한 타국의 침략가능성이 없기 때문에 남북 군사력 감축 시 통일한국의 군사력 건설은 고려하지 않아도 상관없다고 주장하고 있다. 그러나 이는 국제관계에서 자국의 국가이익을 보장하기 위한 적당한 수준의 군사력의 필요성을 제대로 인식하지 못한데서 비롯된 것이라 말할 수 있을 것이다. 이는 또한 남북한 간에 급격히 군사력을 감축한 후 통일 한국의 위상과 주변국의 잠재적 위협에 대처하기 위한 군사력을 다시 건설하는 데 엄청난 시간과 예산 등의 노력이 소요된다는 것을 간과한 주장이다.

남북한의 군비통제는 지난한 과업이다. 아마 신뢰구축의 마지막 단계에서나 가능하거나, 북한군이 이를 시도해보지 못하고 붕괴할 가능성이 높을 것이다. 그렇다고 포기해서는 안 된다. 우리가 적극적·능동적으로 북한군

---

41) 한반도 군사력 균형에 대한 평가와 관련하여 '1990년대 이후 우리의 군사력이 대북 우위를 달성하고 있으며, 이러한 요인이 북한으로 하여금 핵, 미사일, 화생무기 등 대량살상무기에 집착하게 했으므로 우리가 먼저 자발적으로 군축을 추진해야 한다는 주장이 있는데, 이에 대해서도 신중한 판단이 요구된다. 이러한 주장은 우리가 먼저 군축을 할 경우 그에 상응하는 북한의 조치가 보장되지 않는다는 점에서 비현실적인 주장일 뿐 아니라, 북한의 대량살상무기 개발은 대남 군사적 우위를 유지하며, 유사시 속전속결로서 남한지역을 석권하고, 한국에 대한 우방국의 군사지원을 차단하기 위한 공세적 성격이 있음을 간과하는 것이다.

의 고삐를 잡고 변화를 이끌어 내어야 한다. 변화는 용기 있는 자의 몫이다.

(6) 국방개혁의 안정적 추진

국방부는 국가차원의 안보전략을 구현하기 위한 국방전략을 수립해야 한다. 한국군은 한미연합방위체제의 부작용의 하나로 전시 군사력 운용에 중점을 두는 군사전략軍事戰略을 수립해 왔다. 그러나 전시작전권의 전환 등 대내외 안보환경 변화를 보면 이제는 국방전략을 자체적으로 수립할 시점에 서 있다. 국방개혁은 바로 국방전략의 큰 틀 속에서 이루어져야 한다. 그래야만 논리성과 설득력을 갖추어 안정적으로 추진될 수 있다.

지금 군은 '첨단 정예 정보과학군'을 향해 국방개혁을 진행하고 있다. 한미동맹 체제 하에서 60여 년 이상 큰 변화 없이 지속되어 온 대한민국의 국방은 과학기술의 비약적인 발전과 안보환경의 급격한 변화에 능동적으로 대처해야 하는 절실한 개혁 요구에 직면해 있기 때문이다. 국방개혁은 국방전략의 목표에서 기술한 일류정예강군 육성의 일환으로 추진되는 것으로 그 중간목표로 설정할 수 있을 것이다.

국방개혁의 핵심은 상비전력을 50여 만 명 수준으로 감축하면서 부대구조를 단순화하며, 현대전을 감안한 전력의 합동성을 강화하여 싸울 수 있는 능력을 제고하는 것이다. 이를 위해 원거리 감시 및 타격능력을 확보하며, 3군 균형 발전을 추진하고, 앞으로 전평시작전권을 행사하는 합동참모본부의 기능을 대폭 강화할 계획이다. 그리고 민간위탁경영 등의 아웃소싱을 확대하여 운영의 효율성을 극대화해 나가는 것이다.

이를 위해 육군은 약 15만 명을 단계적으로 감축하며, 군단과 사단을 대폭 통폐합시키며, 기동력, 타격력과 생존력을 강화하고, 작전반경이 대폭 확대된 기동군단을 창설하게 된다. 즉 작지만 강한 육군을 지향한다.

해군은 한반도 전 해역 감시 및 타격능력을 확보하기 위해 이지스함을 도입하고, 잠수함전단과 항공전단이 잠수함사령부와 항공사령부로 격상되며 기동전단을 편성운영하여 작전의 반경을 확대하게 된다.

공군은 북부전투사령부를 창설하고 전투기를 현대화하면서 감축하고, 공중급유기 및 조기경보통제기를 확보하여 독도와 북한 전 지역을 포함한 한반도 주변의 작전능력을 높이는 것이다.

최근 걸프전과 이라크전에서 보았듯이 과학기술의 발전으로 사거리, 정밀성 및 파괴력이 증대된 무기체계가 출현하고 실시간 정보·지휘통제 능력이 획기적으로 발전됨에 따라 전장공간戰場空間의 확대, 장거리 정밀타격전, 네트워크 중심전 등 새로운 전쟁양상이 대두되고 있다. 세계 각국은 지금 새로운 전쟁양상에 대처하기 위하여 군사력을 현대화하고 있다. 그러나 아프가니스탄 등 대테러전에서 볼 수 있듯이 재래식 전력도 중요하다는 것이 입증되고 있다. 특히 산악지형인 한반도에서는 재래식 전력이 매우 중요하다.

한국군은 그 동안 많은 발전을 하였음에도 불구하고 아직도 북한의 비대칭무기와 방대한 재래식 군사력에 대비한 전력을 갖추지 못하고 있다. 지상군 위주의 양적 구조를 유지하고는 있지만 작전운용의 효율성이 떨어지고, 육·해·공군 간의 합동성合同性발휘가 제한되고 있다. 따라서 각 군의 정예화·경량화를 통해 이를 보장할 수 있는 통합전투력 위주의 발전이 시급하다.

그 동안 한미 연합방위태세 속에서 한국 고유의 전략 및 군사교리 발전과 작전 수행능력이 미흡한 것도 부인할 수 없는 사실이다. 그러나 앞으로 전시작전권이 한국군으로 전환됨에 따라 한국 방위에 있어 한국군의 역할이 증대되고 있다. 우리 군의 작전기획 및 수행능력 향상이 절실히 요구되고 있는 상황이다.

대한민국의 안보를 주로 미국에 의존하고 있던 때는 모르지만 이제 작전권을 수행하면서 안보에 대해 책임을 지는 자주적인 입장에서 안보전략을 수행해야 하는 이 상황에서는 정보의 대외의존은 심각한 문제가 된다. 이제 더 이상 북한에 대한 핵심정보를 미국에만 의존해서는 안 된다. 정보기능의 독자성 확립이 없이는 참된 자주국방이 불가능하고, 민족자존도 어렵다는 점을 감안하여, 대규모 예산과 고도기술이 소요되는 미국식의 과학기술 첩보수집 수단이 확보될 때까지 무조건 기다리지만 말고 인간정보를 비롯한 우리의 실정에 맞는 실질적인 첩보수집능력을 강화하는 등 어떠한 방법으로든 조속한 시일 내에 정보획득능력을 대폭 혁신해야 한다. 정보기구의 발전 못지않게 중요한 것은 우수한 전문정보인력을 양성하는 것이다. 체제와 정보자산은 성의와 예산만 있으면 단 기간 내 재정비 및 획득이 가능하나, 정보인력의 양성은 수년 이상의 장기간에 걸친 투자가 있어야 가능한 것이다.

국민편익, 장병복지 소요가 커지는 상황에서 효율적인 국방운영을 위한 경영혁신이 미진하여 여러 곳에 낭비적 요인이 남아 있어, 자원절약형 국방운영 혁신이 절실하다.

리더십 면에서는 아직도 권위주의적이고 경직된 군대 조직 문화가 잔존하여 각종 사고의 원인이 되고 있을 뿐만 아니라, 군에 대한 국민의 신뢰가 저하되고 있어 선진 시민사회의 다양한 개선 요구에 적극 부응하려는 노력이 필요하다. 상호간에 존경과 신뢰를 바탕으로 하는 '임무형지휘Fuehren mit Auftrag'가 정착되는 것이 바람직할 것으로 생각한다.

이러한 국방개혁을 성공적으로 수행하기 위해서는 소요되는 국방예산의 안정적 확보가 중요하다. 예산확보 등의 어려움으로 국방개혁은 당초 계획했던 2020년을 넘어서 2030년까지 지속적으로 진행되어야 할 것으로 추정되고 있다. 특히 그 기간 동안 통일이 달성될 경우에는 남북한 군사통합과정에서 더욱 급속하고 안정적인 국방개혁 작업이 추진되어야 한다. 통일 후에는 주변국의 위협에 대비할 수 있도록 '방위충분성' 전력을 확보해야 한다. 만약 2030년을 개혁목표연도로 연장한다면 통일 이후까지를 바라보며 '일류정예강군'으로 목표를 상향조정해야 할 것이다.

조직 중에서 가장 보수적인 집단 중 하나인 군의 개혁과 혁신은 쉽지 않은 과제이다. 그래서 지금까지 청사진은 잘 마련하였으나, 성공적인 추진에는 실패가 반복되었다. 국방부의 강한 추진의지와 정부의 지원역량 및 국민의 성원이 구체적으로 통합되어야만 성공할 수 있는 것이다.

지금까지 기술한 국방전략을 추진목표, 추진기조와 추진과제를 체계화하면 〈도표 4-1〉 국방전략 체계도와 같다

〈도표 4-1〉 국방전략 체계도

구분	세부내용
추진목표	• 일류정예강군 육성 • 자주적 국방역량의 강화 • 영토수호와 평화관리
추진기조	• 튼튼한 국방태세 확립 • 자주국방과 방위충분성 전력 확보 • 견고한 군사동맹체제 발전 • 군사적 신뢰구축의 실천적 구현 • 한반도 평화체제 정착 지원 • 국방개혁의 안정적 추진
추진과제	• 튼튼한 국방태세 확립 • 첨단 군사력 건설 • 상무정신 함양 • 방위충분성 전력 확보 • 군의 합동성 강화 • 견고한 군사동맹체제 발전 • 병역제도의 개선 • 군사독트린 정립 • 정보 · 기술 위주의 군구조개선 • 국방운영체제의 효율성제고 • 한반도 평화체제 정착지원 • 국방예산 안정적 보장 • 북한 비대칭 위협의 효율적 관리 • 군사적 신뢰구축의 구현 • 국방개혁의 안정적 추진

제2절
외교안보전략

국가안보전략에서 외교를 안보에 포함시키느냐 독립적으로 다루느냐하는 문제는 항상 논란의 대상이 되어 왔다. 특히 미국의 영향을 받은 국가에서는 외교의 영역을 안보와 별도로 다루고자 하는 유혹에 빠지고 있다. 그래서 우리도 청와대 안보수석실하면 될 것을 외교안보수석실이라는 명칭을 쓰고 있다.

그러나 국가안보전략의 핵심적인 중추는 국방전략과 외교전략이다. 즉 수레의 두 바퀴다. 국방전략이 평화를 지키는 소극적이고 수동적인 전략의 의미가 강하다면, 외교전략은 평화를 만들어 가는 보다 적극적이고 능동적인 전략의 성격을 지니고 있다. 특히 주변 강국에 둘러싸인 한반도의 전략적 환경과 분단된 조국을 평화적으로 통일해야 하는 우리의 입장에서는 외교전략의 중요성이 그 어느 때보다 강조될 수 있다. 그래서 여기서는 외교전략이라 표현하지 않고 외교안보전략이라 완곡하게 표현하였음을 밝혀둔다.

통상적으로 국내정치는 잘못되더라도 바로 고치면 되지만, 외교안보전략의 실패는 돌이킬 수 없다. 이는 한반도의 역사를 조금만 살펴보면 바로 알 수 있다. 1894년의 청일전쟁과 1905년의 러일전쟁에서 중국, 러시아, 일본 3국이 한반도의 지배권을 놓고 치열한 혈전을 벌였다. 이 두 전쟁에서 일본이 승리했다. 미국은 '가쓰라-태프트' 밀약을 통해서 일본의 조선합병을 승인했다. 조선이란 나라와 조선인의 국제적인 지위는 그들 강대국의 안중에 없었다. 당시 실권을 가진 대원군은 내정은 비교적 잘 했지만 외교에는 완전히 실패했다. 세계의 흐름을 읽지 못하였다. 쇄국주의를 고집하다가 조선의 쇠망을 초래했다.

이처럼 외교안보전략은 국운과 직결되어 있다. 특히 주변 강대국에 둘러싸여 있는 우리의 입장에서는 서희의 외교담판이 필요하다. 그래서 손자병법에서는 적을 굴복시키기 위해 "가장 중요한 것은 상대의 전쟁의지를 꺾는 것이며上兵伐謀, 차선책은 외교를 하는 것이고其次伐交, 그 다음이 병력을 일으키는 것이며其次伐兵, 가장 하수는 상대방을 공격其下攻城하는 것이다"라고 말하고 있다.

국가외교는 독립된 정치적 행위자간에 맺어지는 접촉 및 상호관계를 의미한다. 협의로는 공식사절을 통한 외국과의 교섭을, 광의로는 외국과의 관계를 처리하는 모든 과정을 말한다.[42] 외교Diplomacy라는 말은 고대 그리스의 라틴어 Diploma에서 출발하였다.[43]

한마디로 외교는 국가의 대외적 목적을 달성하기 위한 평화적인 수단이며 외무, 외교교섭, 외교술 등의 분야를 포함한다. 외무는 외교교섭에 관련된 일체의 업무를 말하며, 외국에 관한 제반 정보수집 및 분석업무를 포함한다. 외교교섭은 특정목표를 달성하기 위하여 상대방을 설득하고, 위협하며, 타협하는 과정을 의미하며 이러한 과정에서 발휘되는 기술을 외교술이라고 한다.[44]

---

42) 오늘날 외교라는 용어는 대단히 다양한 의미를 갖는 말로 쓰이고 있다. 그러나 외교는 일반적으로 국가와 국가 간의 관계를 의미한다. 이 경우에도 한 국가의 대외정책 그 자체를 뜻하는 용어로 쓰이는가 하면, 대외관계의 처리방법을 가리키는 말로 쓰일 때도 있다. 전자는 대외정책의 결정이라고 하는 입법적 측면을, 후자의 경우는 대외정책의 수행이라는 집행적 측면을 가리키는 것이라 볼 수 있다. 좁은 의미의 외교는 후자, 즉 외교교섭을 뜻하는 말로 쓰이는 것이 보통이다.
43) Diploma는 원래 '둘로 접는다'라는 뜻이었는데, 군주들이 자국시민의 외국 여행시 호의와 특전을 베풀어 달라는 내용으로, 양면으로 접혀진 문서에 기록하게 되어 그 후 Diploma는 외교라는 의미로 변화되었다. 1645년경부터는 Diplomacy라는 표현으로 국제관계를 담은 공문서를 의미하게 되었고, 18세기부터 Diplomacy는 국가간 대외관계를 의미하는 전문적인 용어로 전용되어 오늘날까지 외교를 의미하는 단어로 사용되고 있다.
44) 박준영, 『국제정치학』(박영사, 2000), p.65.

일반적으로 한 국가의 외교정책행위를 설명함에 있어서 국제체제요인과 국내요인에 대한 검토는 불가피하며, 양자는 서로 영향을 주고받는 상호작용관계에 있다는 것이 일반적이다.[45]

우리 정부가 해야 할 일은 향후 대외관계와 남북관계를 이끌어갈 거시적인 외교안보전략을 마련하는 일이다. 냉전이 종식되고, 다양한 위협에 대한 대응전략이 새로운 패러다임으로 자리잡은 21세기의 국제관계에서 근본적이고 거시적인 변화, 혹은 변환의 조류는 멀리 내다보는 외교안보전략이 필요함을 보여주고 있다. 동북아의 모든 국가들이 앞서 변환시대의 대전략을 마련하고자 노력하고 있다. 정부는 향후 통일의 시점을 예측하면서 동북아, 한·미동맹, 대북관계 차원을 망라하고 있는 거시적 변화에 대응하기 위한 더욱 광범위하고 미래지향적인 외교안보전략 개념을 새롭게 제시해야 한다.

1. 외교안보전략의 목표

(1) 대한민국의 독립과 주권 보장

외교안보전략의 비전과 목표는 첫째, 한반도의 평화를 정착시키며, 동북아에서 경제공동체, 군사협력공동체를 만들고 이를 아태지역으로 확대하여 한반도 평화통일을 달성할 수 있는 기반을 조성하는 것이다. 둘째, 동북아시아에서 패권주의의 등장을 막아 동북아의 평화유지는 물론이고 우리의 정치적, 외교적 독자성과 자주성을 지켜나가는 것이다. 이를 위해서는 자주국방력과 외교력 강화에 노력하는 자강自强노력, 주변국의 세력균형과 다자협력체제를 활용하는 균제均齊외교와 한미동맹을 21세기형으로 새롭게 발전시키는 동맹同盟외교 등 세 가지 전략을 조화롭게 구사하여야 한다.

대한민국 외교안보전략의 기본방향은 국익을 보호하고 대한민국의 주권

45) 김달중, 『외교정책의 이론과 이해』(오름, 1999), p.17.

을 보장하면서 한반도에 평화체제를 정착시키는 일이다. 이를 위해 외교통상부는 쌍무적이고 지역적이며 세계적 차원에서의 협력을 통해 국익 보호 및 평화창출을 위해 다층적으로 노력해야 할 것이다.

앞에서 수차례 설명했듯이 한반도는 지정경학적으로 매우 중요한 곳이다. 과거의 역사에서 우리는 항상 주변국으로부터 생존의 위협을 받아왔다. 따라서 주변국과의 외교는 우리의 생존을 지키는 주요한 수단이자 전략이 되어 왔다. 지금도 우리는 주변 4강과 외교전쟁을 벌이고 있다 해도 과언이 아니다. 대한민국의 독립과 주권은 앞으로도 주변국으로부터 위협받을 수 있다.

대한민국은 모든 영역에서 독립과 자주권을 확보하고 국가적 위상을 제고할 수 있는 외교전략을 강화해야 한다. 즉 대한민국의 외교적 위상은 자주독립에 기반을 두어야 한다. 자주외교의 위상확보는 국제사회에서 외교적 대외의존을 극소화하면서 우리의 독특하고도 중심적인 입지 확보를 가능하게 할 것이다. 우리 스스로의 독자적인 외교노선을 확립하고 실천하기 위해서는 국가이익을 보호하기 위한 영향력을 증진시켜야 한다.

대한민국은 1950년 한국전쟁 기간 중 군사력 부족을 이유로 한국군에 대한 작전지휘권을 UN군사령관에게 이양했다. 그리고 1953년 한국전쟁 종전 이후에는 북한의 군사위협에 대처하기 위해서 1954년 한미안보동맹을 결성하였다. 그 후 경제력에서나 군사력에서 열세를 면치 못했던 대한민국은 先 경제발전 後 방위역량 강화라는 전략하에 안보는 미국에 의존하면서 경제발전에 전념해 왔다.

특히 안보외교는 한미동맹을 유지, 발전시키기 위한 목적에 최우선을 두고 전개되어 왔다. 구체적으로 말하자면 주한 미군의 계속주둔을 확보하는 데 중점을 둔 대미안보외교를 전개해 온 것이다. 따라서 외교는 미국의 영향을 받았고, 군사부문에 대한 자율성이 제한을 받았다.

구체적인 예를 들면, 북한의 위협에 효과적으로 대응하는 데 필요한 적정 병력규모, 북한의 기습공격에 대응할 시기와 규모의 결정, 현존하는 북한의 위협과 미래 지역 국가들로부터 오는 군사적 위협에 충분하게 대응할 수 있는 전략의 개발, 자국의 국가목표를 달성하기 위해 전쟁이냐 평화냐를 결정하는 문제도 미국과 협의해야만 하는 실정이었다.

이는 우리에게 두 가지 안보딜레마를 갖게 했다. 첫째, 군사모험주의를 정책수단으로 택하고 있는 북한에 대해 우리의 억제정책이 신뢰성이 있는가 하는 것이다. 북한 지도자들은 1·21사태, 울진삼척침투사태, 아웅산사태, 천안함 폭침 등 도발에 대해서 응징을 받아 본 적이 별로 없다. 그 결과 앞으로도 '응징·보복면제론'을 믿고 있을지도 모르기 때문에 계산된 모험으로서 한반도의 위기를 조성하여 정치적·외교적 이익을 증대시킬 가능성이 있다는 것이다.

둘째, 국민의 우유부단한 전쟁관을 배태하게 됐다. 외부의 군사위협이나 테러에 대해서 단호하게 대처하는 선례를 만들지 못함으로써 패배주의 의식을 국민에게 만연시켰다. 그 결과 위기라는 말만 들어도 도피하려는 국민이 생겨났다. 결국 국가목표를 위한 군사력의 자율적 사용을 의미하는 순수한 의미의 국방전략을 유보한 채 한미동맹의 유지만을 목표로 하는 대한민국의 대미안보외교는 군사전략에 대한 활발한 토론과 정책개발을 저해해 왔다고 할 수 있다. 따라서 전시작전권 전환에 맞추어 국가이익구현과 국가목표달성을 위한 외교와 군사의 관계 재정립이 필요하다.[46]

세계화시대에 들어와 민족의 분단을 강요했던 국제정치적 요인이었던 강대국 간의 정치·군사적 대립과 이를 촉진했던 냉전적 대결구조는 점차 소멸되고 있다. 남북분단에 영향을 준 정치·이념·군사적 요인들이 점차 약화되고 있는 전략환경에서 우리는 한반도의 평화통일을 위해서 평화공존平和共存, Peaceful Coexistence[47]과 평화교류, 평화협력을 우리 손으로 창출해야 한다. 이것은 바로 대한민국의 외교 역량에 달려 있다.

---

46) 황병무, 「문민시대의 안보론」(공보처, 1993), pp.12-13.
47) 자본주의와 사회주의체제라는 상이한 정치·사회·경제체제가 평화적으로 공존하는 것을 의미한다.

미국은 지구적 테러, 중국의 부상, 일본의 보통국가화 등 대한민국의 국익에 직접적인 영향을 미치는 현안들에 대한 자신의 전략을 만들어 가고 있다. 군사변환과 변환외교라는 새 패러다임에 근거한 미국의 전략은 앞으로 우리 외교에 어려움과 기회를 동시에 제공할 것이다.

통일과정에 있어서 통일 대한민국의 주권문제에 관한 외교전략은 매우 중요한 영역이다. 대한민국의 외교는 국가의 주권문제를 국제적 차원에서 관리하면서 한반도의 주변 4국에 대한 통일지지를 획득하는 과제를 수행해야 한다.[48] 주변 4국에 대한 통일지지 획득 외교는 통일방법과 통일한국의 대외정책이 주변국의 이익에 순기능적이어야 한다. 통일과정은 한반도와 주변국 간의 관계가 포괄적인 우호증진 방향으로 진전되는 것이 바람직할 것이다.

남북이 지금처럼 적대적인 상황에 있는 한, 화해와 평화정착을 거치지 않는 통일접근은 사실상 불가능하다. 통일의 주체는 민족구성원 전체이다. 따라서 우리는 외세에 의존하거나 외세의 직접적인 간섭을 받음이 없이 자주적으로 평화통일을 위한 제반 문제를 해결해 나가야 할 것이다. 여기서 '자주'란 북한이 주장하는 외세배척이 아니라[49] 주변국의 이익과 남북한의 이익을 동시에 고려하여 '상생전략相生戰略, Win-Win Strategy' 개념하의 국제환경을 활용하는 자주의 개념으로 정립되어야 할 것이다. 왜냐하면 국제사회에서의 협력을 단절하고 고립을 자초하는 형태와 같은 자주는 결코 바람직하지 않기 때문이다.

그리고 통일된 조국은 자주권을 유지하는 독립국가의 위상을 확보해야

---

48) 국가의 정통성이란 국민이 국가에 대한 신뢰와 지지의 근본 바탕이 되는 것으로 '국민에 대한 통치권 행사의 합법성과 정치 체제의 정당성을 제시하는 논리적 근거'를 말한다. 즉 정통성은 국가가 대내외적으로 존립가치를 인정받을 수 있는 명분이다.

49) '자주'의 개념과 관련, 남한은 통일은 어떤 외부세력의 간섭을 받음이 없이, 민족자결의 정신에 따라 남북 당사자 간의 상호협의를 통해 우리 민족의 힘으로 이루어져야 한다는 의미로 제시하는 데 반해, 북한은 "자주는 남조선에 대한 미국의 지배를 끝장내고 남조선에서 미제가 나가도록 하는 것입니다"라는 김일성의 주장(1990. 8)처럼 주한미군의 철수와 한미동맹의 와해를 의미한다. 따라서 북한과의 협상에서는 의미를 혼동해서는 안 된다.

한다. '민족공동체 통일방안'은 아무리 통일이 민족지상의 과제요, 절실한 염원이라 할지라도 이를 달성하기 위해 민족의 희생을 강요하거나 자주권을 상실해서는 안 될 것임을 강조하고 있다. 즉 통일은 무력의 사용이나 폭력적인 수단을 배제하고 통일의 주도권을 한민족이 갖고 대화와 교류를 통하여 평화적인 방법으로 달성해야 한다는 것이다. 이렇게 했을 때만 통일과정에서 외세의 불필요한 간섭을 배제할 수 있고, 통일조국도 자주권을 가지고 독립국가의 역량을 발휘할 수 있을 것이다.

대한민국의 독립을 항구히 보장하고, 대외관계에서 위상에 걸맞는 자주적 외교권을 행사하면서 통일 이후까지를 조망하는 외교안보전략이 요구된다.

(2) 한반도의 평화정착과 평화통일 기반 확충

대한민국은 통일 이전과 이후로 구분하여 평화통일을 위한 외교안보전략을 운용해야 한다. 통일 이전의 외교목표는 북한의 대외관계 '정상화'를 유도하고, 국제사회에서 합리적인 행위를 하는 정상국가가 될 수 있도록 지원하면서 통일의 여건을 조성해야 할 것이다. 통일 이후의 외교안보전략은 불확실성의 복잡한 외교환경 속에서 통일한국이 평화를 유지하고 주권을 행사할 수 있도록 보다 일관되고 효율적으로 추진되어야 한다.

국제환경의 변화에 대하여 적실성 있는 통일외교의 기조를 제대로 수립하기 위해서는 통일을 위한 정치적 · 경제적 · 사회적 기반의 확립이 우선적으로 필요하다. 이러한 국내적 기반의 확립 위에서 일관되고 자주적인 통일외교전략을 수립하고 추진해야만 소모적인 시행착오를 피할 수 있다. 통일목표를 실현하는 과정에서 예상치 못한 난관에 봉착하더라도 장기적인 안목과 인내로써 이를 극복할 수 있다. 즉 일관된 원칙을 가지고 자주적인 외교안보전략을 추진하면, 정부에 대한 국제사회와 국민의 신뢰도가 높아지

기 때문에 정책추진에 힘을 받을 수 있을 것이다.[50]

평화통일을 위한 여건과 기반을 강화하기 위하여, 통일을 상정하여 경제적 능력을 강화하며, 통일비용을 감당할 수 있는 역량을 축적하고 외교적으로 사전에 충분한 협력관계를 조성해야 한다. 특히 정부지도자를 포함한 외교담당 인력과 조직의 전문성과 합리성이 발휘되도록 노력해야 한다. 평화통일을 위한 중장기 외교안보전략의 주요 과제는 〈그림 4-1〉과 같다.[51]

북한은 우리 민족이 살고 있는 바로 우리의 땅이다. 60년이 넘도록 분단되어 있지만 장구한 역사에 비추어 보면 그것은 한순간에 불과하다. 언젠가는 반드시 통일되어야 한다. 북한의 개방과 국제화를 지원하여 북한 외교형태의 예측 가능성을 높여 나가야 한다. 한반도 냉전구조해체를 위해서는 북한이 국제사회에서 정상적으로 활동할 수 있도록 여건을 지원해야 할 것이다. 북한의 핵폐기 및 대량살상무기 비확산에 대한 북한측의 의지와 투명성을 유도하여 '벼랑 끝 외교'를 중단하고 외교고립을 탈피하도록 지원해야 한다.

북한이 미국·일본과의 관계를 정상화할 수 있도록 지원하여 한반도에 평화체제가 정착되도록 해야 한다. 동북아의 평화구도를 위하여 북한을 지역차원의 각종 다자간 대화체제에 적극 참여토록 이끌어 내야 한다. 북한체제의 한계성에 따른 경제발전의 제한요소를 해소토록 주변국 및 국제기구의 대북지원을 적극 도모해야 한다. 우리는 주변국과의 균형외교를 통해 한반도 및 동북아의 평화와 안정에 주변국의 적극적인 지지와 협조를 도출해야 할 것이다. 통일을 전후해서 해외 동포 관리정책의 확충도 중요하다. 민족통일의 가치를 높이 세우고 한반도 평화통일의 촉매제로서 해외교민에 대한 정책을 확충해야 한다.

세계화시대인 21세기의 국제질서는 도전인 동시에 기회이다. 한반도의 통일이 국제정치적인 문제이고 지역 내에서 적지 않은 파장을 일으킬 현상

---

50) 백학순 편, 『남북한 통일외교의 구조와 전략』(세종연구소, 1997), p.202.
51) 이 분야는 졸저 『한반도의 평화통일전략』 내용(pp.129-135)을 부분 보완하여 제시하였다.

〈그림 4-1〉 평화통일을 위한 중장기 외교안보목표와 추진방향

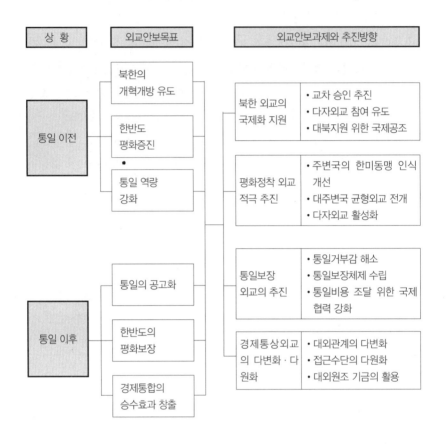

의 변경임을 감안할 때 평화통일을 위해서는 국제 정치적 여건의 조성이 필요하다. 대한민국의 국제적 영향력은 국력에 비해 아직도 부족하며, 국제적 게임의 규칙을 제정하는 데 참여하기보다는 제정된 규칙을 강요받고 있는 실정이다. 따라서 우리는 국력에 맞는 영향력을 확보하여 평화통일을 위해 적절히 활용해야 할 것이다.

통일이후의 외교안보목표는 통일의 공고화를 위한 대외협력을 유지하면서 통일과정을 효율적으로 수습하고, 대내외의 반통일적 세력을 차단할 수

있도록 미국을 비롯하여 중국과 러시아 및 일본의 지속적 협력과 지지를 확보하면서 5국체제의 동북아 평화 및 안정에 기여해야 한다. 한반도 통일로 인해 동북아지역에서 큰 역학변동이 발생하지 않도록 대한민국이 능동적이고 적극적으로 정치, 경제, 군사 및 문화 분야에 걸쳐 국가 간의 협력체제를 추구함으로써 통일한국의 역량을 과시해야 한다.

우리는 독일이 주변국의 반대와 견제를 무릅쓰고 통일을 이루어낸 후 유럽통합과정에서 주도적인 역할을 하고 있는 모습에서 많은 것을 배울 수 있을 것이다.

(3) 일류국가의 위상 확립

대한민국이 일류국가로 도약하기 위해서는 한반도와 동북아를 넘어 지구차원의 현안에서 외교안보전략이 무엇인지를 제시해야 한다. 대한민국은 무역규모가 1조 달러, 국민소득은 2만 달러를 넘어선 세계의 중강대국으로서 테러, 환경, 빈곤, 인권, 재난, 전염병 등 전 인류의 문제에 대한 외교안보전략을 표명해야 할 때가 되었다. 그 속에서 대한민국이 지구차원의 문제에 어떤 입장을 가지고 있는지, 소위 어떤 형태의 글로벌리즘을 추구하는지에 대한 답을 제시해야 할 것이다.

즉 대한민국은 지구 차원의 현안에 비중 있는 목소리를 내는 무게 있는 국가로 재탄생하고 있다. 최근의 G20정상회의와 핵안보정상회의의 개최는 성장된 대한민국의 국력을 상징적으로 보여주는 것이다. 이러한 능력을 바탕으로 외교안보전략의 각 과제들이 모든 차원에서 유기적 관계를 갖고 우리가 가진 전략 자원의 힘을 극대화해 다양한 차원의 문제를 동시적으로 풀어갈 수 있는 전략개념을 설정해야 할 것이다.

한반도 주변의 미국, 중국, 일본, 러시아 등은 모두 세계의 강대국이다. 당분간은 대한민국의 종합적 국력은 이들 국가들에 미치지 못할 가능성이 높다. 대한민국은 종합국력면에서 이들 국가들에 미치지 못하지만, 국제사회에서의 위상과 세계 10위권의 국력에 적합한 역할을 수행해야 할 것이다.

대한민국은 앞으로 외교안보 문제의 포괄적 해결에 동참하고, 때로는 문제해결을 선도하는 역할을 자임해야 한다. 테러, WMD 반확산, 난민, 지역안보문제 등 우리가 기여할 분야는 다양하다. 그 동안 다져진 양자관계의 틀을 활용하면서 다자관계 외교를 강화하기 위해 노력할 필요가 있다. 우리가 처한 지정경학적 여건을 고려하는 동시에 세계적 차원에서의 적절한 역할 모색을 시도해야 한다.

한 국가가 군사적 목적을 달성하기 위해서 타국과 관계를 유지 · 발전시켜 나가는 행위를 안보외교라고 말할 수 있다. 여기서 군사목적이란 적대적인 국가의 군사위협에 대응하여 국가의 생존을 보장하기 위해서 타국과의 관계를 유지 · 발전시켜 나간다는 것이다. 한편, 한 국가가 다른 국가로 하여금 자국이 원하는 행위를 하도록 폭력, 즉 군사력으로 위협하거나 실제로 사용함으로써 국가의 의지를 관철시키는 행위를 강압외교라고 부른다.[52]

한 국가가 전쟁을 통해서 국가목표를 달성하려고 하는 경우에는 상대방의 군사력의 사용을 거부하면서 군사력을 신속하게 사용함으로써 국가목표를 달성하게 된다. 미국은 제2차 세계대전 이후 공산주의에 대항하기 위해 全세계적인 동맹을 형성하고 소련과 지리적으로 근접한 주요 국가에 군대를 전진배치시킴으로써 국가의 군사목표를 달성하려고 했다.[53] 미국의 국익인 민주주의 확산과 시장경제의 전파를 위해서 군사력이 뒷받침된 미국의 세력권을 형성한 것이다.

그러나 대한민국은 대외적으로 군사력을 투사할 의도와 역량을 가지고 있지 않다. 선린우호외교를 통해 우리의 가치를 전파하고 이익을 추구해야

---

52) Alexandar L. George 등, *The Limits of Coercive Diplomacy*(Boston: Little, Brown and Company, 1971), pp.18-19.
53) 대한민국과 독일은 그 최전방의 전선이었다. 두 국가는 미국과 동맹을 결성하고 미군 주둔을 수용하였으며 상호방위조약을 체결하였다. 미국은 동맹국가에게는 안보외교를, 미국과 우방의 이익을 군사적으로 위협하는 측에 대해서는 군사력의 우위에 근거한 억제정책을, 미국의 국익에 반한 분쟁을 조장하는 국가들에게는 강압외교를 구사해 왔다. 소련을 비롯한 군사적 위협국가에 대해서 핵 억지와 재래식 억제, 그리고 전진배치에 의한 인계철선(tripwire) 정책을 사용했다. 그리고 1949년 베를린 위기시에는 소련의 위협중지를, 1990년 쿠웨이트를 침공한 이라크에 대해서는 원상회복을 요구하면서 강압외교를 전개하였다.

할 것이다. 한 국가가 외교를 수행함에 있어 예측가능하도록 행동하고 그를 통해 다른 나라의 신뢰를 얻고 국제사회 전체에서 평판을 쌓아 나가는 것은 쉽지 않다. 외교란 국가의 자원을 동원하고 그런 만큼 국민들의 지지 또는 여론의 지지도 얻어야 한다. 그러나 국제문제에 대해서 여론의 이해와 지지를 얻기는 더욱 어렵다. 외교문제에 대한 여론은 분위기를 크게 탄다.

앞으로 대한민국은 국력에 걸맞도록 세계평화에 기여하는 유엔의 평화유지 활동 등에 적극 참여해야 한다. 그리고 우리가 수장으로 있는 UN과 세계은행 등 국제기구에 적절한 국제 분담금을 지출하면서 각종 국제기구에 한국인들이 많이 근무할 수 있도록 해야 한다. 그리고 일류국가로서 위상을 제고할 수 있도록 외교안보역량을 강화해 나가야 한다. 즉 대한민국의 외교안보전략은 '평화통일된 일류국가'라는 국가목표에 부합되도록 일류강국의 위상확립을 위해 기여해야 할 것이다.

2. 외교안보전략의 추진기조

(1) 외교안보 추진역량의 강화

본서에서는 대한민국의 국가목표를 '평화통일된 일류국가'로 규정하였다. 대한민국은 국력으로 볼 때 이미 중견국가Middle Power에 도달했다.[54] 일류국가에 도달하기 전까지 중견국가로서 대한민국이 지향해야 할 외교안보 구상의 원칙으로는 ① 인간안보에 기초한 국제협력 강화, ② 선린외교 강화를 통한 역내 세력균형에 기여, ③ 한반도 평화를 제도화하고 나아가 통일을 촉진할 수 있는 외교안보환경 조성 등 세 가지를 꼽을 수 있다.

대한민국의 외교안보전략은 과거사의 통찰 못지않게 미래의 전망 위에서 가능하다. 변방적 사고를 넘어서서 일류국가다운 외교를 구현하기 위해서는 국력배양을 바탕으로 하여 주변세력들을 효율적으로 활용하는 외교역량

---

54) 용어의 본래 의미로 볼 때, 중견국가는 국제적인 영향력을 어느 정도 갖고 있으면서도 특정지역을 지배하지는 않는다.

을 강화해야 한다.

외교역량 강화를 위해서는 첫째, 외교환경 변화에 따른 외교부의 기능 및 역할 강화가 이뤄져야 한다. 국제적인 외교환경 변화와 국내적으로 폭증하는 외교 수요에 따라 외교부의 인력 재조정, 인사제도 및 외교 행정운영 시스템 등 근본적인 혁신이 필요하다. 둘째, 세계와 함께하는 열린 외교를 지향해야 한다. 셋째, 외교통상부의 자기혁신을 통해 기존체제 내에서의 내실 있는 변화를 모색해야 한다. 정부의 제한된 외교역량을 최대한 활용하기 위해서는 외교관도 이제는 기업가 정신을 가져야 한다. 각종 국제기구 및 국제회의와 같은 다자적 무대에서 우리 외교관들은 세계 각국의 참가자들을 상대로 대한민국을 세일즈하는 전령이라는 인식을 가져야 한다.[55]

국제외교에서 대한민국의 국가이익에 대한 명확한 합의를 도출해야 한다. 안보외교와 경제외교의 수행을 위해서는 필요한 법적 · 제도적 · 인적 준비를 갖추어야 한다. 군사외교전문가를 육성해야 한다. 안보나 통상과 관련된 법들을 국제적인 기준에 맞도록 정비하고, 우리 입장에서 외국의 부당한 압력이나 제재에 대처할 수 있는 방안도 마련해야 한다.

우리 외교는 주변 열강외교와 비교해서 더 넓은 시공간을 활용할 수 있어야 한다. 군사력과 경제력 같은 전통적인 힘과 정보, 지식과 같은 정보화시대의 힘을 조화 있게 추진하는 창조적 외교를 실시할 수 있을 때 국익을 추구하는 안보외교의 길은 자연스럽게 열릴 것이다.[56]

특히 불확실성시대에는 주변국과의 전략동맹을 발전시켜 '전략적 유연성'을 확보해야 한다. 이를 위해 외교통상부 내에 지일파, 지미파, 지중파, 지러파 등 지역 전문가를 배출하여 그들을 최전방 외교전선에 투입해야 한다.

외교인력의 확충도 요구된다. 2011년 현재 우리나라의 외교관수는 약 2000명으로 약 20년 전인 1991년의 약 1,900명과 비슷한 수준이다. 그 사이 업무는 폭발적으로 증가했다. 연간 해외여행객 1,000만 명 시대가 열렸

---

55) 박종철 외, 앞의 책, pp.58-62.
56) 하영선 외, 『21세기 한반도 백년대계』(풀빛, 2004), p.16.

고, 북한 핵과 미사일 문제 처리, 한·미 동맹 재조정, 자유무역협정(FTA) 체결 등 각종 현안이 잇따라 생겨났다. 하지만 해외공관의 외교관수는 약 7명에 불과하다. 외교부 본부의 과당 인력도 약 5명이다.[57] 외교관수를 세계화시대의 수요에 맞게 증원해야 한다. 인력을 갖추어 주고 일 잘 하라고 독려해야 한다.

우리가 국력에 맞게 외교역량을 강화할 때만 우리의 국익은 보호되고, 효율적인 안보외교를 통하여 주권을 행사할 수 있을 것이다.

(2) 외교의 다변화 · 다원화 · 다자화 추진

세계화시대를 맞아 대한민국의 외교는 과거의 수동적이고 소극적인 사고에서 벗어나 능동적이고 적극적인 방식으로 전환해야 하는 시점에 놓여 있다.[58]

정부가 외교를 할 때는 전체적인 큰 그림에서 봐야 한다. 정책적 차원의 이슈별, 지역별로만 접근할 것이 아니라 세계라는 시스템 안에서 사안을 전략적으로 어떻게 해결하고 접근할 것인지 고민해야 한다.

지식정보화 시대에는 외교의 중심이 군사 문제에서 경제 문제로 옮겨 오고 있다고 볼 수 있다. 그리스와 스페인 등 유럽의 국가에서 보듯이, 이제 각 국가는 군사적인 분쟁이나 침입에 의해서 국가의 생존이 위태롭게 되는 경우보다 국가 간의 경제경쟁에서 패배하고 국민들의 복지증진에 실패하는 것을 더욱 우려하고 있다. 국가의 흥망이 군사력보다 경제력에 의해 좌우되는 시대에 우리는 살고 있는 것이다. 안보의 중심축이 군사에서 경제로 옮겨 가고 있다.

---

57) 외국은 탄탄한 외교인력을 확보하고 있다. 역사적·지리적 환경이 우리나라와 흡사한 네덜란드는 외교관이 약 3,000명이다. 인구는 우리의 3분의 1이지만 외교관 수는 1.6배다. 인구가 우리의 10분의 1인 덴마크의 외교관 수도 1,600여 명이다. 중국은 약 7,000명, 일본은 5,500여 명의 외교관을 확보하고 있다(2011년 기준 자료임).
58) 이러한 주장에 대해 남북분단의 상존, 특히 최근의 북한의 핵과 미사일 문제, 일본의 재무장 가능성 등의 이유를 들어 반대하는 주장이 있을 수 있다.

우리도 안보외교와 경제통상외교를 통합하여 사안과 지역에 따라 다변화 및 다원화를 추구해야 한다.[59] 즉 금융위기, 식량난, 자원확보 경쟁, 통상마찰, 경제적 차별 등에서 외교실패를 사전에 막아야 한다.

앞으로 미국의 방위공약을 확고히 보장받는 길은 우리와의 경제협력이 미국에 중요하다고 판단하는 데 있을 것이다. 대한민국이 스스로를 지키고, 나아가 통일한국의 안정과 번영을 도모하는 길도 경제적 번영에 좌우될 것이다. 남북 문제의 해결을 위해서도 지금까지의 안보 위주 외교방식에서 벗어나 경제외교와 이를 통한 국제협력의 강화를 서두를 때이다. 우리의 국가이익을 지키고 증진시키기 위한 능동적이고 자주적인 경제외교가 필요하다.

한반도 냉전구조해체를 위한 국제적 협조를 확보해야 한다. 주변국과의 적극적인 협력관계를 강화하여 대북전쟁 억지력을 외교차원에서 확보해야 한다. 한반도의 지정경학적 유리점을 활용하여, 남북한 관계의 진전이 지역 다자안보 협력체제의 발전에 유리하도록 여건을 조성해 나가야 한다.

국제기구에 남북한의 공동참여도 적극적으로 추진해야 한다. 북한이 국제사회에서 정상적인 국가로서 인정받고 활동함으로써 핵기술을 포함한 대량살상무기 확산 및 수출, 테러 지원, 마약불법 거래, 군사력 운용을 자제하는 등 국제규범과 질서에 입각하여 정상적인 대내외 정책을 펴도록 유도해야 한다.

우리가 외교를 다변화·다원화·다자화해 나간다면, 국력에 어울리는 외교역량을 발휘하여 국가의 안전보장과 정치적 자주 및 경제적 번영을 보장하고 국위선양에 기여할 수 있을 것이다.

---

59) 이미 국제정세는 하나의 틀만으로는 따라잡기 힘든 다변화되고 다중적인 구도가 됐다. 이 같은 변화와 도전에 대응할 우리 외교전략이 필요하다는 지적이다. 한승수 전 외무장관은 "지금까지는 안보·경제발전·국위선양이라는 단선전 외교를 펼쳐 왔다면, 앞으로는 자원·기후변화·인권 등 세계적 차원의 활동에 더 적극적으로 참여해야 한다"고 주장하였다(조선일보, 2008년 8월 15일).

(3) 평화통일 촉진환경 조성

대한민국은 평화통일을 지원하고 보장하기 위한 통일외교를 적극적으로 추진해야 한다. 주변국들이 한반도 통일에 거부 및 방해세력이 되지 않도록 오해를 불식시키고, 협력을 증진하는 등 여건을 조성해야 한다. '통일한국의 외교노선外交路線'을 조기에 표명하고, 지역안정과 협력사업 추진 등 주변국들을 통일지원세력으로 만드는 노력을 병행해야 한다.

평화통일과정에서 외교의 가장 중요한 과제는 독립국가로서의 생존을 보장받으면서 통일을 달성하는 것이다. 이를 위해서는 돌발변수에 신속하게 대처할 수 있는 탄력적인 외교전략이 필요하다. 평화통일환경을 조성하기 위한 외교는 주변 4국을 포함한 세계 각국이 통일의 필요성을 이해하고 평화통일을 위한 협력을 할 수 있도록 유도해야 한다. 외교적 역량을 그 어느 때보다 더 발휘하여 전통적 동맹국과의 유대를 더욱 강화해 나가면서, 다른 국가들과 협조체제를 새롭게 다져 나감으로써 새로운 국제질서에 능동적이고 창의적으로 대처해야 한다.

장기적인 국가안보전략의 틀 속에서 안보외교전략을 세울 때는 통일된 이후의 한반도를 바라보는 미국, 일본, 중국과 러시아 등 주변국의 시각과 안보전략을 심도 깊게 검토하고 대응책을 준비하는 것이 필요하다.

대 미국 외교는 한미동맹을 강화하면서 미국이 한반도 평화통일의 절대적인 지원세력이 되도록 노력해야 한다. 중장기적으로는 한반도를 둘러싼 동북아 지역의 전략적 이익의 확보에 우선순위를 두도록 동맹의 성격을 재조정해야 할 것이다. 한미동맹의 기조로 주변국 외교를 능동적으로 주도하는 한편, 주한미군의 역할에 대한 주변국의 긍정적 인식을 제고하여 지지를 확보해야 한다.

대 일본 외교는 과거 한반도 침략과 분단에 대해 일정한 책임을 지닌 일본이 한반도의 평화통일에 기여하고 지원하도록 적절한 역할과 방향을 제시해야 한다. 우선 한·미·일 협력체제의 내실화를 기하도록 한·일 안보대화 및 협력을 강화해야 한다. 남북한 관계 진전시 악화될 소지가 있는 대일감정을 해소하도록 상호이익이 보장되는 노력을 부각해야 한다. 그리고 북·일 경제협력관계의 발전으로 북한지역의 경제재건에 일본이 적극 참여할 수 있는 여건을 조성해야 한다.

대 중국 외교는 동아시아의 새로운 질서 구축과 아·태 지역에서의 공동발전을 위한 협력관계의 확대에 초점을 두어야 한다. 중국은 우리의 제1의 교역국이며, 대륙에서 발생한 황사를 우리는 마실 수밖에 없는 바로 이웃이다. 그리고 우리의 동족인 북한을 움직이고 있다. 중국은 이미 세계 G2의 위치에 올랐다. 우리 경제는 중국의 영향권을 벗어날 수 없게 되었다. 중국은 '한국은 미국 일변도'라는 인식을 가지고 있다. 우리는 이를 불식시키는 노력을 해야 한다. 앞으로 우리에게 대중국 외교는 명줄이나 다름없다. 한중 경제협력관계의 발전에 상응하는 안보협력관계 증진에 힘써야 한다. 통일과정과 통일이후의 한중 관계 발전에 저해가 될 외교과제 해결을 위한 방책을 마련해야 할 것이다. 특히 한미동맹과 주한미군에 대한 중국의 인식이 긍정적으로 전환될 수 있도록 외교적 노력을 강화해야 한다. 중국과 일본이 갈등시는 우리가 조정역할을 담당할 수 있는 역량을 강화해야 한다.

대 러시아 외교는 동북아지역 안정을 위한 러시아의 역할을 존중하면서 한·러 관계의 발전이 지역 안정과 한반도 평화에 직결되어 있다는 인식을 공유하면서 추진되어야 한다. 러시아의 소외감을 해소하여 러시아의 대 한반도 외교가 친북외교로 발전하지 않도록 배려해야 한다. 다자안보대화 및 협력의 틀 속에서 러시아와의 긴밀한 정책을 전개할 계기를 지속적으로 제공해야 한다. 특히 러시아의 극동개발, 태평양 해양협력과 시베리아 자원개발 등의 분야에서 경제협력 동반자로서 참여하고, 통일과정에서 전략적 우호세력이 되도록 관계를 강화해야 한다.

통일의 시기에 이를 반대하는 주변국을 설득하고 공동이익을 추구할 수 있는 여건을 조성해야 한다. 우리는 독일의 통일 당시 헬무트 콜 독일총리가 수행했던 안보와 통일외교의 사례를 교훈적으로 분석하여 적용할 필요가 있다.

(4) 주변 강국의 안정적 관리

한반도는 주변 4대 강국의 이해가 촘촘히 얽혀 있는, 기회이자 위기의 땅이다. 우리에게 주변 4대국은 약이 될 수도 있고 독이 될 수도 있다. 우리가 힘이 약하고 분열되어 있으면 서로 지배하려 들겠지만, 강하고 단합되어 있으면 우리와 협력하려 할 것이다.

세계화 · 지식정보화 시대에는 안보 · 외교 · 정치심리 · 경제전략이 다층구조를 이루고 상호연계되어 있다. 따라서 각 전략을 전체적으로 조망할 수 있는 다차원적이고 종합적인 전략이 요구된다. 그 동안 긍정적인 방향으로 변화하고 있는 지역정세를 주도적으로 활용하여 한 · 미 안보동맹을 유지하고, 주변국들과의 균형외교를 실시하면서 동북아 평화체제 구상을 구체화하여야 한다.

앞으로 핵보유와 막강한 경제력을 통해 세계 강국으로 등장이 예견되는 중국, 정치 · 군사 대국으로 부상할 일본, 그리고 미국과 러시아 4국이 포진하고 있는 아 · 태 지역에서의 이들을 활용할 수 있는 우리의 외교적 역량의 제고가 절실히 필요하다.

주변국을 활용하기 위해서는 균형외교가 필요하다. 균형외교란 상호주의 원칙과 전략적 협조의 외교관계를 기본으로 하여 명분 있는 차별화된 정책을 추진하되, '불공평성'을 불식시킬 수 있는 대 주변국 외교활동을 의미한다. 이러한 균형외교를 통해 동북아의 안정을 추구하면서 주변국간의 경쟁과 마찰이 첨예한 대립과 갈등으로 비화될 수 있는 한반도의 지정학적 요인을 사전에 제거할 수 있을 것이다.

한반도는 대륙 및 해양세력의 이해가 교차되는 지역으로 안정적 안보여건을 구축하기 위해 동맹관계의 활용이 중요하다. 그러나 통일한국의 안보전략에 대한 주변 4국의 관심과 이해가 지대하므로 통일 전후의 동맹관계의 재정립은 주변국을 함께 배려하는 전략적인 선택이 중요할 것이다.

미래 세계질서에서 대한민국이 고민해야 할 가장 근본적인 사안은 어느 국가군##과 전략적 동반자 관계를 형성할 것인가를 결정하는 일이다. 세계적 차원에서 대전략을 구상할 때, 우리의 전략적 동반자는 국제질서의 상층부에 속하는 동시에 가치와 제도를 공유하는 국가군이어야 한다.

동북아 지역의 세력균형을 고려하면 당분간은 동맹의 대상으로 미국이 가장 유리할 것이다. 국력에 비해 상대적으로 발언권이 약한 대한민국은 동북아에서 영토적 야심이 없고 대한민국과 역사적 갈등이 없는 미국과의 동맹을 강화하는 전략을 유지해야 할 것이다. 전략적으로 미·중·일 관계가 악화되지 않는 한, 대한민국은 한미동맹을 통해 민주주의와 시장경제 가치를 공유하는 국가 그룹에 편승하는 것이 유리하며, 상승하는 국력을 바탕으로 적절한 국제기여를 모색하는 것이 바람직할 것이다.

대한민국은 한·미 동맹의 장기 비전을 새롭게 정의하는 작업을 미뤄서는 안 될 것이다. 오히려 한·미 동맹을 전략차원으로 삼아 남북관계 발전의 자원으로 이용하고, 동북아 지역 외교 발전 및 지구적 위상 강화에 적극 활용하는 안보전략을 만들어 가야 할 것이다.

대한민국은 한반도 평화와 동북아 평화체제 구축을 위해 기여할 수 있도록 주변국과의 안보외교에 힘을 쏟아야 한다. 동북아 평화체제 구축을 위해 대한민국이 할 수 있는 역할은 이 지역의 쌍무적인 동맹유지와 협력관계를 유지하면서도 다자적인 협력을 제도화하는 데 주요한 역할을 할 수 있어야 하는 것이다. 이는 동북아 강대국들의 상호견제와 경쟁으로 동북아 다자안보 협력과 이를 토대로 한 공동체 형성이 여의치 않다는 점에서 중간 규모의 국가인 대한민국의 역할이 더욱 중요할 수 있다. 동북아 역사에서 한 강대국이 주도하는 다자안보 구도는 모두 실패했음을 감안할 때 대한민국과 같은 중간 규모의 국가의 역할이 중요할 수도 있다. 대한민국이 이니셔티브를 취할 경우 중국이나 일본과 달리 그 의도를 의심받을 필요가 없기 때문이다.[60]

당분간은 동북아의 군사력 경쟁은 더 심화되는 반면 경제적 상호의존은

---

60) 이태환 편, 앞의 책, p.191.

더욱 높아질 것이다. 동북아 질서에서는 미 · 중 관계와 중 · 일관계가 협력적이냐, 갈등관계이냐에 따라 다양한 시나리오가 나올 수 있다.

장기적으로 보면, 동북아 지역에서 주요 갈등과 분쟁요인이 미국과 중국의 관계에서 파생될 것으로 예상된다. 미국과 동맹을 유지할 경우 미국이 중국문제 개입시는 중국과의 충돌 가능성이 내재되어 있으므로 중국 변수 등 역학구도의 변화를 고려하여 동맹관계의 발전적인 정립이 요구될 것이다.

대한민국의 동북아 전략은 중국변수를 둘러싼 올바른 위치정립이 중요하다. 최근 중국은 경제 · 군사대국으로 급부상하고 있다. 중국과의 외교관계를 격상시키고 교류확대를 위해 최선을 다해야 한다. 경제통합에서 군비통제에 이르기까지 다양한 영역에서 중국을 효과적으로 활용할 수 있는 다자협력을 제도화하는 것이 필요하다. 특히 중국경제는 지속적으로 성장할수 있지만, 성장방식에 대한 한계를 드러낼 가능성을 염두에 두어야 한다. 이른바 '차이나 리스크'에도 대비해야 한다.

통일과정에서 주변국들의 협조는 반드시 필요한 요소이다. 그들은 한반도의 분단상황이 지속되는 것이 자국의 이익에 유리하다고 판단할 수 있다. 통일 한국이 주변국들에게 위협이 되지 않고 동북아 지역의 평화와 안정에 기여하리라는 확신을 준다면, 한반도의 통일을 직접적으로 반대하지는 않을 것이다. 한반도는 지정경학적으로 중요한 위치에 있으므로 주변국은 자신의 안정을 위해 한반도의 안정을 바랄 것이기 때문이다.

모든 것이 오늘을 사는 우리에게 달려 있다. 미국의 패권이 한반도에서 작동하는 동안의 대한민국의 생존외교는 '1동맹 3친선 체제'가 되어야 바람직할 것이다. 미국과의 군사동맹을 견고히 한 바탕 위에서 중국, 일본, 러시아와는 친선체제를 강화해 나가야 한다. 그 중심에 대한민국의 외교안보전략이 있다.

(5) 국익 우선의 국제협력 여건 보장

대부분의 국가는 자신의 국가이익을 극대화하기 위하여 노력한다. 각 국가들은 국가이익을 증진시키는 과정에서 상호간에 경쟁관계, 협력관계, 경쟁 및 협조관계를 형성한다. 협력관계는 상호간 이익을 창출해 주는 관계로서 국제사회의 평화유지에 도움을 주지만, 경쟁관계는 분쟁을 야기하기 쉬우므로 국제평화에 위험한 요소로 작용한다. 따라서 국가 간의 경쟁관계를 개선하고 협력관계를 증진시키면 평화로운 국제사회를 창출할 수 있다.[61] 각국의 이익이 충돌하는 최전선에서 외교관은 활동하고 있다.

한반도 문제는 남북한 간의 문제이기도 하지만 동북아 4국과의 이해관계가 직접적으로 관련되어 있고, 동아시아와 나아가 세계평화와도 깊이 관련된 문제이기도 하다.

주변 4국과의 외교뿐 아니라 다자 외교관계를 활성화시켜야 한다. 쌍무외교의 실질적인 심화와 발전에 병행하여 다자안보협력도 극대화시켜야 한다. 쌍무적 안보관계와 다자간 협의체제의 상호보완적 운용이 장기적인 외교안보전략의 기조로 자리매김되어야 할 것이다. 우리는 북한으로부터 오는 위협의 강도를 국제협력을 통해 상당부분 약화시킬 수 있다.

동북아 협력안보체제를 구축함으로써 북한의 위협을 억제할 수 있고 정치·군사적인 신뢰를 구축할 수 있을 것이다. 안보 복수주의安保 複數主義, Security Pluralism를 역내에 도입하고 동북아 및 동남아를 연결하는 동아시아 안보협력체제를 발전시켜,[62] 한반도 평화체제의 정착, 해상교통로의 안전, 대테러 협력체제의 발전 등을 도모해야 할 것이다.

그리고 인권신장, 문화교류, 환경보호, 범죄 예방, 불법무기 거래, 분쟁조정 등 국제적 공조가 요구되는 초국가적 사안에 접근해야 한다. 동북아 다자안보 협력체제의 실현성 제고를 위하여 주변국에 포괄적으로 접근하면

---

61) 박준영, 앞의 책, p.39.
62) 현재 동아시아에서 ASEAN, ARF, ASEAN+3, APEC 등 '벽돌쌓기'식의 안보협력 다자주의가 발전 중이다.

서 국제외교와 관련한 각종 행사를 적극 추진하고 유치해야 한다.

협력외교에서 가장 기본적인 것은 당사자 간에 공동이익이 생기도록 해야 한다. 양자가 승리할 수 있는 방안이 무엇인가를 찾아내는 것이 전략의 기본이다. [63] 협상에서 "제로 섬Zero Sum게임"을 추구하면 대부분 결렬된다. 협상은 "Non-Zero Sum 게임" 또는 "Win-Win 게임"으로 풀어야 성사될 확률이 높다. [64]

대한민국은 어떻게 하면 가치를 공유하면서 쌍방이 만족할 수 있는 방안을 도출할 수 있을까를 고민해야 한다. 그래야 국제사회에서 대한민국을 중심으로 하는 선린우호협력관계가 조성되어 국제협력을 강화할 수 있다.

(6) 세계 평화에 적극적 기여

경제강국이 된 대한민국은 국력을 바탕으로 세계평화에 기여해야 한다. 국제외교 전문가들 중에는 대한민국은 자기발전, 즉 경제성장에만 관심 있지 국제사회에 대해서는 관심도 없고 타국가에 대해서 영향력도 없는 나라라는 비판이 있다. 영국의 베리 부잔Barry Buzan 교수는 "한국이 19세기에는 은둔의 나라였으며, 20세기 초반에는 중국과 일본의 패권경쟁에서 샌드위치가 되어 희생당한 나라였다. 제2차 세계대전 이후에는 미국의 동맹국과 피보호자로서 생존해 왔으며, 자국의 경제발전 외에 외부에 대한 관심과 정책, 영향력이 작은 나라라는 인상Image이 지배적이었다"고 주장하였다.

한국인들은 일본인을 보고 경제적 동물, 국가이익만을 추구하는 나라라고 비판한다. 일본이 국제적으로 역할을 증대시키려 하면 식민주의에 대한

---

63) 협상은 서로의 선택과 결정이 상호의존적인 2인 이상, 다수간의 전략적 상호관계를 말한다. 즉 협상상황은 소위 공동이익과 공동기피의 상황을 모두 포함한다(김달중, 앞의 책, p.375).

64) 협상은 이해 당사자가 말로 의논해서 문제를 해결하는 방식이다. 제2차 세계대전 때까지만 해도 국가 간 분쟁은 대부분 무력을 동원한 전쟁을 통해 해소됐다. 19세기 프로이센의 프리데릭 2세는 "무기 없는 협상은 악기 없는 음악과 같다"고 갈파했고, 제2차 세계대전의 전후처리를 지휘한 딘 애치슨 미 국무장관은 "힘으로부터의 협상"을 천명했다. 그러나 1960년대 제라드 니렌버그는 '승자 독식'의 협상 대신 '모두가 승자가 되는 협상'이란 개념을 제시했다. 이른바 '윈-윈 게임(Win-Win Game)'이다. 지미 카터 전 미국 대통령은 이를 두고 "양측 모두 승자가 되지 않으면 어떤 합의도 영속할 수 없다"고 말했다.

반성도 않고 국제적인 영향력만 강화시키려 한다고 비판한다. 그러나 정작 대한민국은 수출증대와 경제성장에만 관심이 있지 국제문제에 대해서 관심이 없는 나라라고 인식되어 있다. 1988년의 서울올림픽, 2002년의 월드컵, APEC과 ASEM 정상회담, G20정상회담과 2012년의 핵안보정상회담 등에서 지역적·국제적 문제에 대해 관심을 갖고 국제적 참여를 본격화하고 있지만, 아직도 일정 수준에 도달하려면 요원한 실정이다. 그 동안 국가지도자가 국가목표와 전략을 내부문제 해결에만 쏟아온 결과이겠지만 내부지향성은 너무 심각하다.

대한민국은 21세기에 들어서는 이라크와 아프가니스탄에 병력을 파견하였고, 각종 PKO 활동에 병력파견과 지원금 분담 등 세계평화 유지에 기여하고 있다. 그리고 한국인의 UN사무총장 선출 등으로 각종 국제기구에서 역할이 확대되고 있으나, 국력에 부합된 발언권과 참여는 극히 제한되고 있다.

대한민국은 한국전쟁 동안 많은 나라의 지원으로 위기를 극복할 수 있었고, 냉전체제하에서는 생존을 유지할 수 있었다. 그리고 경제성장에 매진하여 이제는 경제 강국의 일원이 되었다. 이제는 그 동안 받아 온 것을 세계평화와 번영을 위해 되갚을 때이다. 특히 한국전쟁 당시 우리를 도와 준 국가에는 그 이상으로 되갚아야 한다.

우리는 평화통일이라는 시대적·민족적인 과업을 앞두고 있다. UN 등 국제기구와 주변국을 포함한 세계 각국의 지지와 성원이 절실하다. 우리가 세계평화유지에 적극적일 때 그들도 우리의 평화통일에 적극 동참할 것이다. 국제사회의 논리는 주고받는 것이기 때문이다.

앞으로 대한민국이 매력 있는 일류국가가 되는 길은 국제사회 일원으로서의 인류공영에 이바지하는 역할을 충실히 수행하는 것이다. 이를 위한 올바른 외교안보전략이 수립·집행되어야 한다.

지금까지 기술한 외교안보전략을 추진목표, 추진기조와 추진과제를 체계화하면 〈도표 4-2〉 외교안보전략 체계도와 같다

〈도표 4–2〉 외교안보전략 체계도

구분	세부내용
추진목표	• 대한민국의 독립과 주권 보장 • 한반도 평화정착과 평화통일 기반 확충 • 선진일류강국 위상확립
추진기조	• 외교안보 추진역량 강화 • 외교의 다변화 · 다원화 · 다자화 추진 • 평화통일 촉진환경 조성 • 주변 강국의 안정적 관리 • 국익우선의 국제협력 여건 보장 • 세계 평화에 적극적 기여
추진과제	• 외교안보 추진역량 강화 • 핵심 국가이익의 구현 • 상생협력의 외교전략 추진 • 안보외교의 다변화 · 다원화 • 외교전문 인력확충 • 평화통일 촉진환경 조성 • 평화통일의 국제적 보장 • 전략적동반자 관계 정립 • 국제기구 참여 인력확대 • 한미동맹의 유지 발전 • 동북아협력안보 체제 구축 • 주변강국의 안정적 관리 • 안보 협력외교 강화 • 국제평화유지활동 강화

제3절
정치 · 심리전략

정치 · 심리전략이란 용어는 사용도가 많지 않으며, 명확한 개념정립이 안 되어 있다.[65] 여기서 정치심리란 아측 국가의 정통성과 정치적 안정성을 유지하고 발전시키며, 상대국의 정치적인 안정을 위협하는 것이라고 말할 수 있다. 국가의 안정성에 대한 위협은 상대방이 자국의 정치적 이념을 이식시키기 위해서 정통성 있는 정부를 전복시키는 행위 등을 포함한다.

정통성에 대한 위협은 상대가 특정국가의 정통성을 인정하느냐는 여부와 관련이 있다. 국가란 본질적으로 정치적인 단위이기 때문에 정치심리적인 위협은 군사적인 위협만큼이나 두려움의 대상이 된다. 특히 연약한 국가의 경우에는 그 강도가 더욱 심하다.

아리스토텔레스는 "인간은 정치적 동물이다"라고 표현하여 인간이 집단 사회에서 정치 · 심리적으로 행동하는 현상을 설명하고 있다. 아리스토텔레스의 표현을 빌리면 다음과 같다. 인간은 천성적으로 정치적인 동물이다. 만일 어떤 사람이 천성적으로 국가와 무관하게 살아갈 수 있다면 그는 아마도 인간 이상의 신이거나 인간 이하의 동물에 해당할 것이다.[66]

---

65) 정치심리란 용어는 학자에 따라 이를 붙여 쓰거나 혹은 정치 · 심리로 구분하여 쓰기도 한다. 이 책자에서는 정치 · 심리전략이라는 용어 사용시는 구분하고, 정치심리 단어를 쓸 때는 붙여서 쓸 것이다.
66) 박준영, 앞의 책, p.5.

정치란 나라를 다스리는 일로서 국가의 권력을 획득하고 유지하며 행사하는 활동으로, 국민들이 인간다운 삶을 영위하게 하고 상호간의 이해를 조정하며, 사회 질서를 바로잡는 등의 역할을 한다고 정의할 수 있다.[67]

우리가 추구하는 대한민국 발전의 궁극적인 목표는 국민의 자유롭고 행복한 삶을 보장하는 데 있다. 자유와 평화는 21세기 세계화시대의 핵심가치라 할 수 있다. 누구도 21세기에는 전쟁과 혁명의 악순환을 원하지 않는다. 대한민국의 일류화를 위한 올바른 이념적 좌표는 바로 자유민주주의이다. 자유주의는 개인의 존엄을 최상의 가치로 여기는 사상이다. 법치주의는 자유주의의 법적 표현이다. 민주주의는 정치적 표현이며, 시장주의는 경제적 표현이다. 자유주의는 인류의 역사과정을 통해 경험적으로 검증된 최선의 행복원리이자 사회구성 원리이고, 최상의 사회 발전원리이다.

그러나 대한민국의 정치는 자유민주주의의 바탕이라 할 수 있는 법과 제도에 기초한 견제와 균형이 착근되지 못하고 있다. 이는 역사적 · 전통적으로 조선왕조의 강력한 중앙집권적 유산, 유교문화의 가부장적 전통과 관존민비의식, 일제 식민통치시대의 독재 행정, 남북한의 극한 대치에 따른 작용과 반작용, 개발시대의 정부주도형 압축성장, 그리고 지역갈등 등 다양한 역사적인 토양에서 파생되었다. 최근 들어 민주화의 노력을 통해 완화되기는 하였지만, 아직도 일방향의 권위주의적이고 독선적인 국정운영은 우리 정치의 취약점으로 간주되고 있다.[68]

---

67) 정치(政治)에 대해 가장 보편적으로 쓰이고 있는 학문적인 정의는 데이비드 이스턴(David Easton)이 내린 "가치의 권위적 배분(Authoritative Allocation of Values)"이다. 또는 정치를 국가의 활동에 초점을 맞추어 정의하는 경향도 있다. 대표적으로 막스 베버는 정치를 "국가의 운영 또는 이 운영에 영향을 미치는 활동"이라고 정의하고 있다. 1980년대 이후 포스트모더니즘의 영향으로 정치를 국가의 영역뿐 아니라 모든 인간관계에 내재된 권력관계로 정의하는 경향도 생겼다. 이와 같이 정치는 '배분', '국가 혹은 정부의 활동', '권력관계'라는 세 가지 측면에서 정의되고 있으며 어느 한 측면도 소홀히 여겨질 수는 없다. 가장 이해하기 쉬운 정치의 정의는 아마도 해럴드 라스웰(Harold Lasswell)이 말한 "누가, 무엇을, 언제, 어떻게 갖느냐(Who gets what, when and how)"라는 것일 것이다. 라스웰 또한 정치를 '배분'의 측면에서 정의하고 있음을 알 수 있다. 정치학은 정치적 행동을 과학적으로 연구하고 분석하는 학문이다. 관련된 분야로는 정치철학, 비교정치학, 국제정치학 등이 있다.

68) 우리 정부가 경제활동인구 대비 공무원수, 국내총생산 대비 재정지출과 조세부담 등이 외형적

일류국가를 지향하는 대한민국은 국민 개개인의 존엄과 자유를 존중해야 한다. 자유민주주의가 정착할 수 있도록 제도적인 틀을 정립해 나가야 한다. 통일 이후에도 자유민주주의 국가의 틀을 유지해야 한다. 이러한 자유민주주의 국가에서는 관용寬容, Tolerance의 정신이 필요하다. 자신과 다른 주의主義와 주장, 다른 종교, 다른 문화에 대하여 이해와 관용의 정신을 가져야 한다. 즉 나와 다름을 인정해야 한다. 나의 자유가 중요하듯 북한 주민들 포함한 이웃의 자유도 중요함을 인식해야 한다.

특히 북한의 경우에는 주민들의 자유가 통제된 가운데 인권이 철저히 짓밟히고 있다. 우리는 북한 주민들의 인간다운 삶을 위한 권리와 자유를 보장토록 노력해야 한다. 우리는 자유민주주의의 가치를 북한에 수출해야 한다. 이를 위해서는 먼저 대한민국사회가 건강해야 한다. 우리가 그러한 노력을 가시화하였을 때 북한정권은 변화될 수 있으며 북한주민의 인권은 개선될 수 있다. 만약 북한정권이 역방향으로 나간다면 정권과 주민은 분리 대응해야 할 것이다. 바로 여기에 정치·심리전의 목표를 두어야 한다.

1. 정치·심리전략의 목표

(1) 다원적 자유민주주의 국가 건설

대한민국이 일류국가로 발전하기 위하여 우선적으로 해결해야 할 과제는 정치발전을 통한 다원적 자유민주주의 체제를 정착시키는 일이다. 우리의 정치는 자유민주주의의 보편적 규범과 가치인 자유, 평등, 인권의 개념이 부족할 뿐 아니라 소모적인 대결과 자원낭비로 정치가 국민들에게 문제의 해결사가 아니라 오히려 문제의 원천이 되고 있다.[69]

정치집단도 투쟁으로 모든 것을 정당화시키던 시기는 지났다. 정부도 기

으로는 선진국보다 작은 정부임에도 불구하고 큰 정부로 인식되고 있는 것은 이러한 일방주의적인 정부운영에 기인한 바 크다 할 것이다.
69) 대통령자문정책위원회, 『선진복지 대한민국의 비전과 전략』(통도원, 2006), p.49.

업도 이념적으로 다른 집단도 적敵으로 규정될 수 없는 상황이며, 오히려 동반자로서 협력을 모색해야 할 때가 되었다. 그럼에도 독재정권에 맞서 저항하던 때의 논리로 선명한 투쟁만을 부르짖는다면, 시대가 그들을 외면할 것이다.

'대중인기영합주의populism'는 아리스토텔레스가 민주주의를 논하면서 걱정하던 '중우衆愚정치'의 폐해이다. 대중인기영합주의 내지 중우정치에서 벗어나려면 국민 한 사람 한 사람의 성숙한 민주시민으로서의 시민의식이 중요하다. 투표권을 행사할 때 깊이 심사숙고하고 나라 전체의 이익을 생각하여 결정을 내려야 한다. 국가의 장기적인 발전을 생각하지 않고 오로지 득표만을 목표로 인기정책만을 남발하는 부실정치인을 뽑아서는 안 된다.

민주정치사회에서 국가의 법, 제도와 정책은 결국 그 사회 다수 국민의 세계관의 반영이다. 수직적 세계관은 삶의 현실로서 자본주의 시장경제라는 경제·사회제도를 통해 우리 생활에 들어와 있다. 수직적 세계관은 시장경제질서의 기초이념이다. 한편 수평적 세계관은 민주주의라는 정치이념을 통해 우리 생활에 들어와 있다.[70] 민주주의의 수레는 자유와 평등이라는 두 바퀴에 의해 굴러간다. 따라서 민주주의 이념이야말로 수평적 세계관을 구현하는 탁월한 장치라 할 수 있다. 오늘날 가장 보편적인 일인일표一人一票의 비밀보통선거를 근간으로 하는 민주주의는 평등의 이상을 가장 효과적으로 정치적 권리의 형태로 구현하고 있는 셈이다. 따라서 시장경제의 논리인 수직적 세계관과 민주정치의 논리인 수평적 세계관의 적절한 조화가 필요하다.

---

70) 세상에는 '수직적 세계관'과 '수평적 세계관'이라는 두 가지 양극의 세계관이 존재한다고 볼 수 있다. 물론 이 두 가지 세계관을 양극단으로 해서 무수한 세계관의 조합이 가능할 것이다. 수직적 세계관에서 하늘은 각자의 노력과 능력에 따라 보상하기 때문에 세상은 평등하지 않다. 나의 성공과 실패는 나의 노력과 능력의 결과이다. 수평적 세계관에서는 세상은 평등하다. 모든 인간은 하느님 앞에 평등하게 태어났으며, 더불어 살아야 한다. 따라서 불평등은 사회의 책임이다. 인간은 태어날 때부터 천부의 권리를 부여받았다는 서구 르네상스 이후의 '인간 존엄'에 대한 발견이 바로 수평적 세계관의 기초이다. 인간사회가 추구해야 될 이상으로서 '평등'의 이상이 바로 수평적 세계관의 또 다른 표현이다.

한국정치에서 정당의 이합집산과 당명개정으로 대표되는 불안정한 정당체제는 정치구도를 예측하기 어렵게 만들고 장기적인 정책수립과 이해당사자간의 협력을 막는다.

우리 정치권력의 내부견제장치의 실패는 심각한 수준이다. 내부견제장치의 핵심은 삼권분립이지만 입법부와 사법부는 중앙 행정부를 효과적으로 견제하지 못하고 있다. 중앙행정부의 권한이 청와대에 집중된 상황에서 감사원, 검찰의 견제기구도 제 역할을 못하고 있는 실정이다. 대한민국정치가 성공하도록 만들기 위해서는 정부의 능력을 강화하여 국가의 의사결정 과정에 활력을 주어야 한다. 그리고 책임추궁장치와 견제체제를 확립하여 정치지도자가 능력과 권한을 책임 있게 행사하도록 유인해야 한다. 이렇게 정치지도자의 능력과 책임을 동시에 강화하고 견제해야만 선진적인 정치체제인 강하지만 법을 지키는 정부를 구현할 수 있을 것이다.[71]

우리 정치는 정책내용 측면에서도 긍정적인 평가를 받기가 어렵다. 민주화 이후 정책결정 과정에서 이익집단과 정치권의 역할은 확대되었다. 또한 보다 합리적인 방향으로 발전되고는 있지만, 소수 기득권 세력의 과도한 영향력 행사로 아직까지도 공정한 시장규칙에 의해 작동되는 효율적인 체제를 구축하지는 못하고 있다.

통일 과정에서 한국정치의 핵심은 통일 한국의 민주적 관리에 있다. 즉 우리 정치의 목표는 궁극적으로 남과 북이 양체제의 상극성相剋性을 극복하고, 수용 가능한 합리적인 체제를 만들어 통일 국가를 평화적으로 이룩하는 것이다. 이를 위해 과도한 국가집중의 위험을 방지하면서, 국가의 효율성을 극대화하도록 노력해야 한다. 대의정치와 경쟁적 민주체제의 확립, 건전한 시민사회의 육성, 민주공동체의 확산, 분권적 정부운영체제 정착은 매우 중요한 요소이다. 우리는 통일한국을 전제로 한 민주공동체의 이상을 실현시켜 가는 과정에서 자유로운 삶, 모두가 함께하는 인간다운 삶을 달성토록

---

71) 한국경제연구원, 「모두 잘사는 나라 만드는 길」(한국경제연구원, 2002), p.92.

노력해야 한다.

공정성과 다원성 등의 민주주의 원칙들은 이념과 체제를 달리하는 남과 북이 민족공동체를 이루었을 때 공통적으로 적용될 수 있는 정치이념이 될 수 있어야 한다. 우리 정치가 당면한 과제는 우선 사회 안에서 민주주의 정치제도와 문화규범을 확고하게 정착시키고 대북관계를 포함한 한반도의 안보환경을 평화적으로 관리하며 민족통일을 달성하고 민족의 번영과 발전을 이룩하는 일이다. 우리는 우선 우리의 정치 · 사회체제를 통일한국이 궁극적으로 지향해 나가야 할 모형으로 삼을 수 있도록 발전시켜 나가야 한다. 따라서 민주주의를 제도화하고, 민주주의 체제를 유지할 수 있는 능력을 제고해 나가야 한다. 미래 불확실성 사회의 구조적 복합성과 갈등요소들을 민주적 제도와 문화적 틀 속에 조화시키면서, 제도수립 과정에 시민의 참여가 광범위하게 허용되어 국민의 공감대형성의 바탕이 되어야 한다.[72]

(2) 삶의 질이 보장된 품격 있는 사회 정착

대한민국은 정체성의 위기를 맞고 있다. 국가와 마찬가지로 국민들도 정체성이 흔들리고 있다. 오늘날은 문명사적 변혁의 시대이다. 국민국가, 평생직장, 가족주의, 경제주의 등으로 정의되던 20세기적 개인의 정체성이 해체되고 있다. 경제적 풍요를 중시하는 물질주의에서 마음의 평화와 생태공동체를 중시하는 정신주의로의 이동도 진행되고 있다. 개인은 새로운 의미와 가치, 즉 자기 정체성을 찾기 위해 방황하고 있다.

우리가 앞으로 일류국가건설에 성공하려면 국가의 정체성 위기와 국민의 정체성 위기를 잘 극복하여 새로운 국가 및 국민의 정체성을 세우는 데 성공하여야 한다. 왜냐하면 두 가지 정체성을 바로 세워야 국민 각자가 개인

---

72) 정치에 있어서 정당의 민주화, 선거제도의 개혁, 그리고 행정에 있어서의 행정구역개편의 문제 등은 하루아침에 이루어지는 것이 아니다. 적어도 사회의 전반적인 안정과 효율성 증대를 위해 장기적인 관점에서 추진되어야 할 것이다. 또한 수도 이전을 포함한 행정구역 개편에서는 통일을 염두에 둔 광범한 구상을 설계할 필요가 있다.

으로서의 삶의 기쁨과 보람도 느낄 수 있고, 대한민국 국민으로서 긍지와 자부심도 가질 수 있기 때문이다. 이를 위해서는 삶의 질이 보장된 품격 있는 사회로 발전되어야 한다. 그래야 진정한 애국심이 나온다. 그리고 그 애국심이 모여야 국가발전이 가능하고 일류화에도 성공할 수 있다.

지식정보화사회에서는 국가 간의 경쟁이 군사력을 중심으로 한 국가적인 생존과 안보문제 위주에서 삶의 질 향상을 위한 경제발전문제를 위주로 전개되고 있다. 이 때문에 새로운 경제 블록이 형성되고 있고, 정보와 외교부서 기관들이 경제위주로 기능과 임무를 전환하고 있다.

'사회발전'이란 사회구성원들이 번영과 발전의 정신을 가지고 '삶의 질 Quality of Life'의 향상을 통해 성공하는 사람이 되는 과정이다. 아무리 큰 부자라 하더라도 자기성취감이 부족하고, 인생을 잘 헤쳐나가고 있다는 믿음이 없으면 발전하고 있지 않은 것이며, 가난한 사람도 지금 하는 일과 이루어낸 결과에 대한 성취감이 있고 미래에 대한 의욕과 자신감이 있다면 발전하고 있는 것이다.[73]

대한민국이 일류국가를 지향한다면, 복지를 억제하면서 성장만을 추구할 수는 없는 것이다. 성장과 복지는 성장과 분배와 마찬가지로 더 이상 대립 개념이 아니며 동시에 추구하지 않고는 어느 하나도 달성할 수 없는 것으로 이해되어야 한다. 즉 소외된 계층의 아픔을 함께 나누는 더불어 사는 사회의 기반이 없이는 지속적이고 안정적인 성장이 불가능하다. 아울러 분배 악화 등 사회적 갈등이 심화될 경우 경제의 안정적 성장을 기대하기 어렵다는

---

73) 프리드리히 헤겔(Friedrich Hegel)은 남으로부터 인정받고자 하는 인간의 열망(Struggle for Recognition)이 역사발전의 원동력(原動力)이라 했다. 애덤 스미스는 가난을 피하고 부자가 되고자 하는 인간의 열망은 물질적 필요 때문이 아니라 주위로부터 존경받고 대접받고자 하는 허영심(Vanity)에서 나온다고 했다. 또한 부를 쌓기 위한 모든 노고와 부산함은 주위로부터 관심을 끌고 동정과 인정을 받고 자기만족을 느끼기 위함이라 했다. 부자는 자기가 쌓은 부가 세상 사람들의 주의를 끌 것임을 알기 때문에 부를 영광스럽게 여기지만, 가난한 사람들은 세상 사람들의 관심 밖으로 밀릴 것을 알기 때문에 그 가난을 부끄럽게 생각한다는 것이다. 밖으로부터 인정받고자 하는 열망과 허영심과 자기성취의 욕구가 만들어 내는 발전의 정신이 촉발하는, 성공을 위한 질주가 바로 발전의 과정이라 할 것이다.

사실을 인식해야 한다. 결국 사람이 중심이 되는 체제하에서는 인적 자원을 확충하는 성장과정이 인적 자원을 보호하는 복지의 기초가 되고 성장동력의 핵심인 사람을 복지를 통해 보호하는 것이 중요하다.

복지가 21세기 한국경제의 지속적 성장을 가능하게 하는 원동력이라는 것에는 의심의 여지가 없다. 나아가 복지확충을 통해 더불어 사는 사회를 만드는 것은 앞으로 대한민국이 세계일류국가로 도약하는 토대가 될 것이다. 그러나 보다 중요한 것은 구호로 끝나는 실효성 없는 복지가 아닌 복지혜택이 필요한 국민들에게 필요한 만큼 제대로 전달될 수 있도록 복지의 실효성을 최대한 높이는 것이다. 특히 국토가 협소하고 집 소유에 대한 애착이 강한 국민들의 삶의 질 향상을 위해서는 주거문화의 개선이 중요하다.[74] 아울러 복지의 지속가능성에도 관심을 기울여야 한다. 지속가능한 복지체계를 구축하지 않고는 성장과 복지간의 조화를 도모할 수 없기 때문이다.[75] 그러나 전략가들은 동반성장의 동력을 상실하지 않도록 주도면밀한 전략을 발전시켜야 한다. 왜냐하면 샴페인을 먼저 터뜨리는 일이나 파이를 먼저 나누어 먹는 일은 국민 모두의 빈곤을 자초하는 지름길이기 때문이다.

한 나라 국민의 전체 소득은 그 나라에서 생산된 총생산물의 가치를 초과할 수는 없다. 그렇기 때문에 잘살기 위해서는 생산량, 또는 생산물의 가치를 늘려야 한다. 제도와 정책이 국민으로 하여금 더 열심히 일하고 더 좋은 기술과 장비를 지속적으로 투입하도록 만들면 총생산물의 가치가 증가하고

---

74) 정부가 전략적으로 추진해야 할 주거관련 정책은 5가지로 압축할 수 있을 것이다. ① 수도권의 국제경쟁력 강화를 위해 자족기능을 보완하고, 수도권정비계획법령 등의 관련법령을 개정해 수도권의 관리방식을 계획적 관리체계로 전환해야 한다. ② 정부와 부동산시장의 역할을 재정립해 정부정책을 규제 위주에서 시장의 자율에 맡기는 방향으로 전환해야 한다. ③ 양극화를 해소하고 양질의 주택을 저렴한 가격으로 공급할 수 있도록 임대주택 체계를 전면적으로 개편해야 한다. ④ 부동산시장의 관리를 수요관리 위주에서 수요·공급 동시관리정책으로 바꿔 외부 환경변화에 능동적으로 대처해야 한다. ⑤ 인간과 환경을 중시하는 친환경적인 도시 인프라를 갖춘 압축형 신도시(Compact City)의 개발기법을 도입해 인간과 커뮤니티 중심의 신도시를 만들어야 한다(문화일보, 2007년 8월 1일).

75) 복거일 외, 『21세기 대한민국』(나남출판, 2005), pp.250-252.

국민소득이 증가한다. 대한민국의 지난 50년 경제발전이 바로 이 과정이었다. 희망찬 국민이 되기 위해서는 국민의 행복지수가 높아져야 한다. 이를 위해서는 우리 민족 고유의 신바람이 불어야 한다.

사회공동체 강화전략은 독일통일과정에서 볼 수 있듯이 낙후된 지역민들로 하여금 자립할 수 있는 기회를 제공함으로써 '잘살 수 있다'는 꿈을 회복하도록 해야 한다.[76] 이렇게 사회공동체가 강화되면 새 시대의 공동체정신을 함양하고 책임성과 파트너십을 고양하는 데 큰 기여를 할 것이다.

대한민국 헌법 제10조에는 "모든 국민은 인간으로서의 존엄과 가치를 가지며, 행복을 추구할 권리를 가진다. 국가는 개인이 가지는 불가침의 기본적 인권을 확인하고 이를 보장할 의무를 진다"라고 명시되어 있다. 궁극적으로 국가가 추구해야 할 것은 국민 개개인의 행복인 것이다.

그러나 희망찬 사회를 만들어 가는 것은 정치권의 힘과 노력만으로 될 수 없다. 특히 요즘처럼 어려운 환경 속에서 정치적 비전과 전략에 추가하여 국민들의 적극적인 동참이 요구된다.

국민이 바뀌어야 정치가 바뀐다는 이야기가 있다. 함석헌 선생은 "생각하는 국민이어야 산다"고 하였다. 정치가 중요하고 정책전문가가 중요하지만 사실은 국민의 생각이 역사를 바꾼다. 우선 선진일류화가 우리나라를 살리고 우리 국민 개개인을 행복하게 만드는 길이라고 확신하고 단결하여 일류국가건설을 위해 정진해야 한다. 정치지도자들은 친_親공동체적 삶의 기반을 활성화하여 훈훈한 사회를 조성하는 데 앞장서야 한다.

북한주민들이 우리의 품격 있는 복지사회를 부러워하고, 우리와의 교류와 협력을 바라게 되면 통일의 문은 소리없이 열릴 수 있을 것이다.

---

76) 20세기 말 독일에서는 중요한 역사적 사건들이 발생하였다. 그 하나는 독일 통일이며, 그 다른 하나는 EURO로 상징되는 EU의 통합이 새로운 단계에 진입하였다는 사실이다. 동독이 무너지면서 주민들이 민주적 의사결정 과정을 통하여 동독의 서독편입에 찬성하였다는 것은 무엇보다도 '살 만한 가치'가 있는 사회를 이룩하는 데 서독의 제도가 동독의 제도보다 우월했다는 점을 보여 주는 증거이다. 나아가 통일 이후 독일은 유럽통합에 주도적 역할을 담당함으로써 민족주의 부활에 대한 주변국들의 불안을 불식, 새로운 유럽 질서를 모색하고 있다.

(3) 올바른 국가전략의 수립 및 추진

어느 국가든 국가지도자와 정치가의 가장 중요한 몫은 국가전략을 올바르게 수립하여 추진하는 것이다. 국가전략은 항해하는 배의 나침반과 같다. 국민이 공감하는 올바른 국가전략이 없이는 요즈음의 대한민국처럼 조그만 환경변화에도 국가 전체가 흔들려 혼란에 빠지게 되어 있다.

이 책에서 논하고 있는 안보전략도 국가전략의 큰 틀을 바탕에 두고 수립되어야 한다. 즉 올바른 국가전략이 없이는 현실적인 안보전략이 수립될 수 없을 것이다.

미래의 극심한 변화와 불확실성의 상황에서 국가전략을 설계한다는 것은 어렵고도 위험한 작업이라 할 수 있다. 그러나 우리가 원하는 방향으로 나라를 이끌고 가기 위해서는 우리의 희망이 반영되어 있으면서 동시에 실현 가능한 미래상을 설계하는 것이 필요하다. 왜냐하면 우리의 머릿속에서 그려진 생각들이 곧 새로운 대한민국을 창조하고 변화시키는 설계도가 될 수 있기 때문이다.

우리 조국은 제반 기회를 최대한 활용하여 잠재된 위험요인을 극복하고 조국통일祖國統一의 꿈을 실현해야 한다. 뿐만 아니라, 복지국가를 완성하고 일류국가에 합류하여 그 일원으로서 인류의 평화와 번영에 이바지할 수 있는 민족사적 쾌거를 이룩해야 한다.

국가전략이란 이와 같은 국가목표國家目標를 달성하기 위하여 국가적 노력을 어디에 우선적으로 집중할 것인가를 선택, 제시하는 국가차원의 방책方策이라 할 수 있다. 국가이익國家利益과 국가목표는 같아도 국가전략은 정치지도자와 정권에 따라 다를 수 있다. 그러나 큰 틀은 유지되어야 한다. 훌륭한 국가전략은 기회를 포착, 활용하여 국가 발전과 번영을 가져오며, 위기를 효율적으로 관리하여 국가의 안전을 보장한다.

국가지도자와 정치집단이 나라를 어디로 끌고 갈 것인가 하는 국가전략을 국민들에게 명확히 제시하여 국민적 합의를 조성하고 지지와 참여를 확보하는 것은 한 나라의 생존, 번영과 발전, 그리고 더 나아가서는 그 국가의 흥망을 좌우한다고 해도 과언이 아니다. 왜냐하면 미래는 예측하고 기다리는 자의 것이 아니고, 미래를 빠르게 준비하고 창조하는 자의 것이기 때문이다.

한반도처럼 분단되어 있으면서 주변 강국들에게 둘러싸여 있는 지정학적인 조건에서는 국가전략이 구상, 연구 및 통찰되어야만 국가이익을 구현하고 국가목표를 달성함에 있어 기준을 제시할 수 있다. 이러한 의미에서 국가전략의 본질을 파악하고 기본틀을 정립할 필요가 있다.

각 정당을 포함한 정치집단들은 단기적인 임시대응을 위한 정책대안이나 제도개선방안에 집착하기보다는 중장기적인 국가전략의 틀을 제시함으로써 정책혼선이나 방황을 치유하는 것을 목표로 해야 한다. 따라서 현안이 되고 있는 구체적인 정책이나 제도들도 다루되, 이에 대한 분석과 치유책을 국가전략의 차원으로 조절하여 해석하고 방향을 제시할 수 있어야 한다.

요즈음 대한민국의 국가전략은 그 존재 유무有無를 떠나, 단기적인 대중적 처방과 정책대안의 제시에 급급하다는 비판적 판단이 주류를 이루고 있다. 즉 중 · 장기적 전망과 전략방향에 대한 합의가 부족하고 비전Vision이 약한 상태에서 수많은 정책대안政策代案과 제도개선방안이 제시되기 때문에 각 대안별로 충돌과 혼란이 초래되고 있다.

대부분의 국가는 자국이 처한 전략적 환경에서 국가이익의 구현과 국가목표 달성을 위해 가장 적합하다고 생각하는 국가전략을 채택한다. 물론 이에 대한 기준이 다양할 수 있고, 채택한 전략을 얼마나 효과적으로 달성할 수 있는지는 그 국가의 정책과 이를 구현하는 지도자의 리더십, 국민의 지지, 국가자원 등 가용역량에 따라 달라진다. 하지만, 전략환경이나 그 국가의 기본역량이 하루아침에 변화되는 것은 아니기 때문에 국가전략은 대부분의 국가에 있어서 역사적인 연속성을 갖게 된다. 따라서 국가별로 국가전략에는 일정한 전통과 유형이 있고, 변화방향에 대한 예측이 어느 정도 가능하다.

대한민국의 국가지도자와 정치가의 가장 중요한 일은 우리 조국이 번영·발전과 평화통일을 이루어 일류국가로 도약할 수 있는 기반적 토대와 모델을 제시하는 일이다. 따라서 '국가전략 부재不在의 정책'을 경계하면서 '정책적 해결능력을 담고 있는 전략'을 제시하여야 한다.

특히 국가전략차원에서 전쟁을 억제하고 유사시 승리할 수 있는 전쟁지도체제의 확립과 남북관계를 평화통일로 연계시킬 수 있는 상호주의의 효율적 적용은 한국정치가 풀어야 할 시급한 과제이다.

2. 정치·심리전략의 추진기조

(1) 미래지향적인 시대정신 창출

우리가 지향하는 일류국가에서 모든 국민은 누구나 애국심을 갖고 나라를 사랑하고 지켜야 할 의무가 있다. 국민은 국가로부터 보호받는 동시에 국가를 지키며 함께 번영발전에 동참해야 한다. 이를 위해 전 국민이 공감하며 동참할 수 있는 '시대정신時代精神, Zeitgeist'이 필요하다.

인간의 자발적인 행동은 동기부여動機附與에 의해 결정되고, 그 동기부여는 결국 제도에 의해 결정된다. 제도-동기부여-행동의 관계를 제대로 이용할 수 있다면, 먼저 우리의 제도가 무엇에 의해 결정되느냐 하는 질문에 답을 찾을 수 있어야 한다. 제도를 만들어 내는 것은 한 사회의 시대정신 즉 구성원들의 다수가 공유하는 세계관이 어떤 특징을 갖느냐에 의해 결정된다고 할 수 있다. 따라서 개인의 세계관 → 시대정신 → 제도 → 동기부여 → 행동의 메커니즘을 잘 이해하고, 이를 통해 번영과 일류국가의 길로 나아가야 한다.[77]

우리나라가 과거 970여 회의 외침 속에서도 이를 극복하고 반만년의 역사를 이어 올 수 있었던 것은 선조들의 끈질긴 상무정신이 있었기 때문이었다. 고구려는 만주벌판을 장악하는 대제국을 건설했고, 수양제의 100만

---

77) 공병호, 앞의 책, p.250.

대군을 살수에서, 당태종의 50만 대군을 안시성에서 물리쳤다. 신라는 조국을 지키기 위해 목숨을 바치는 것을 무사의 최고의 영예라고 생각하는 화랑도정신으로 삼국통일의 위업을 이루었다. 그리고 고려는 호국사상을 바탕으로 네 차례의 거란침입과 일곱 번의 몽고 침입을 끈질긴 항쟁으로 물리쳤다.

그러나 임진왜란에 이어 일어난 조선시대 병자호란 당시에 조선 여인들은 오히려 추녀로 보이기 위해 얼굴에 숯검정을 칠했다고 한다. 청나라의 군사들이 아녀자를 잡아가 욕을 보이자 얼굴에 숯검정을 칠해 추녀로 보이려고 위장했던 것이다. "백성들이 도탄에 빠졌다"고 할 때 쓰는 도탄塗炭(숯검정을 뒤집어씀)이라는 말은 여기서 유래했다고 한다. 조선의 처녀 수만 명이 청나라에 잡혀가 노예로 살면서 인간 이하의 수모를 당했던 것도 이때의 일이다. 훗날 나이가 들어 고국으로 돌아오게 된 2만 2천 여명은 '환향녀還鄕女'라고 해 멸시와 조롱을 받았다. 즉 힘이 없는 국가에서 호국사상과 상무정신까지도 없었던 그들은 우리들의 딸마저도 지킬 수도 없었던 것이다.

우리는 최근에도 호국사상과 상무정신으로 독도를 지켜낸 홍순칠 대장을 비롯한 '독도의용수비대'를 잘 알고 있다. 이들은 6 · 25전쟁 직후 '우리라도 힘을 모아 소중한 국토를 지키자'는 마음으로 뭉쳐 결성한 순수 민간단체였다. 비록 군인은 아니었지만 호국 · 상무정신으로 목숨을 걸고 3년 8개월 동안 일본에 맞서 독도를 지켜냈던 것이다.

국가國歌는 그 나라의 상징이며 나라에 대한 사랑을 일깨우고 다짐하기 위해 온 국민이 부르는 노래이다. 이러한 국가의 내용을 살펴보면 그 나라의 역사, 전통과 사상 등이 고스란히 담겨 있다. 미국의 국가에는 "포탄이 작열하는 싸움터 참호 너머 하늘 높이 펄럭이는 성조기", 영국의 국가에는 "승리와 행복과 영광이 적을 물리쳐 주소서", 프랑스의 국가에는 "나서라 아들딸, 어서 창을 잡으라 쳐들어오는 적을 무찌르라, 조국을 위해 일어서", 이탈리아의 국가에는 "칼을 잡고 바치자 생명을 초개같이 나라를 위해"라는 내용이 포함되어 있다. 즉 선진국의 국가에는 하나같이 수많은 전쟁을 통해 나라를 지켜왔던 호국사상과 상무정신이 배어 있다. 국민들이 상무정신으로 무장한 나라는 강한 국방력을 바탕으로 국가의 융성을 이룰 수 있었다는 것을 알 수 있다.

21세기 우리의 역사적 과제가 조국의 일류화와 평화통일이라는 데 대해 대부분의 국민은 동의하고 있다. 그러나 역사적 과제의 해결 방향과 우선순위에 관해서는 국민들 간에도 구구한 견해들이 있을 것이다. 국민 여론의 주도세력을 놓고 보더라도, 뉴라이트new right는 국제적 협력 속에서 그 해결 방법을 모색하되 선진화를 우선적으로 추진해야 한다고 보는 데 비해, 올드 레프트(old left)는 자주노선 아래서 통일의 과제를 우선적으로 추진해야 한다고 보고 있는 것 같다.[78] 그러나 한반도의 현 상황은 어느 한 논리로 명쾌하게 설명할 만큼 단순하지가 않다. 따라서 이러한 견해들을 통합하여 건국, 산업화, 민주화를 이루었던 시대정신을 아우를 수 있는 새로운 시대정신을 창출해야 할 것이다.

국민의 의식과 사상의 개혁은 결국 국민이 모두 참여하는 국민운동을 통하여 일어날 수밖에 없다. 물론 이 운동은 지도자 그룹이 앞장서서 사회 각계각층을 향하여 조직해 나가야 한다. 시민운동과 학생운동 속에서 일류화운동이 일어나야 한다. 종교운동과 지역운동 속에서 일류화운동이 일어나야 한다. 이와 같이 다양한 국민운동, 시민운동 속에서 의식개혁과 사상개혁 운동이 일어나야 일류화에 성공할 수 있다. 중요한 것은 일류화운동의 성공을 위해서는 반드시 국민의 적극적이고 자발적인 참여가 있어야 한다는 사실이다. 국민의 주도적인 참여를 통해서만 소위 깨어 있는 국민, 선진

---

[78] 두 세력 간의 대한민국 현대사의 역사적 과제에 대한 이 같은 인식의 정면대치는 대한민국 근현대사에 대한 그들의 역사인식의 차이에서 연유한다. 올드레프트는 대한민국 근현대사의 올바른 길이 제국주의 지배에 대결하는 자주노선이 아니면 안 된다고 보고 있는 데 비해, 뉴라이트는 대한민국 근현대사가 제국주의와 투쟁해야 할 시기도 있었지만, 해방 이후에는 기본적으로 국제협력 속에서 성공적으로 전개돼 왔다고 보는 것이다. 대한민국 근현대사에 대한 역사인식이 이처럼 서로 다르기 때문에 올드레프트는 분단체제 아래서는 자주적 국민국가가 성립할 수 없기 때문에 우선 통일부터 해야 한다고 하는 것이고, 뉴라이트는 이미 국제협력 아래서 국민국가가 성립했기 때문에 대한민국만이라도 일류화하여 통일에 대비해야 한다는 것이다.

국민이 나올 수 있다. 운동참여라는 현장경험을 통하여 의식변화가 오기 때문이다.

대한민국과 국민이 정체성의 혼란에 빠져 있는 현 시점에는 미래지향적인 시대정신을 창출하는 일은 무엇보다 시급한 과제이다. 그리고 그것은 대부분 정치권의 몫이다. 전통과 사상에 뿌리를 둔 올바른 시대정신의 정립이 없이는 주체사상으로 무장된 북한을 이길 수 없다.

(2) 성숙된 자유민주주의사회 건설

북한과 우리는 아직도 해묵은 체제경쟁을 하고 있다. 20세기 후반 소련과 동구 공산권 국가의 몰락으로 자유민주주의 체제의 우월성이 입증되었지만, 북한 김정은 체제는 철이 지난 이념을 붙들고 있다. 거기다 이미 세계 역사에서 폐기처분된 이념을 우리의 일부 세력이 동조하고 있다.

대한민국은 건국, 산업화, 민주화를 거치며 숨가쁘게 발전해 왔다. 그러한 발전과정에서 우리들은 매사를 빨리빨리 하다 보니 교통법규 등 사소한 법규 위반은 예사요, 효율성만 따지다 보니 적당히 규범을 뛰어넘고 결과를 중시하는 편이다. 너나없이 이런 성향이 강해 우리 사회는 다른 나라보다 법 경시 풍조나, 사회 권위에 도전하는 행태가 많은 편이다.[79] 특히 국가의 권위를 무너뜨리는 불법시위는 다반사로 일어나고 있다. 여기에는 과거 독재정권 시절의 공권력 남용과 비현실적인 법의 양산도 일조를 했다.

과거에는 사회경제적인 문제를 해결하는 데 있어 국가가 매우 중요한 역할을 수행하였다. 그러나 이제는 국가의 힘만으로는 이러한 문제들을 감당하기 어려운 여건이 조성되고 있다. 세계화와 지방화의 추세 속에서 정부의 권한과 기능은 크게 약화되고 있는 반면에 정부가 해결해야 할 사회문제는

---

79) 우리 사회에서 자주 보이는 법과 규범 혹은 법치주의에 대한 냉소주의는 대단히 잘못된 문화이다. 예컨대 유전무죄(有錢無罪) 무전유죄 혹은 유권무죄(有權無罪) 무권유죄 등의 냉소주의가 그것이다. 사회 일각에 이처럼 유전무죄, 유권무죄의 잘못된 현상이 있는 것은 사실이다. 이는 법치주의의 평등원리에 반하기 때문에 반드시 고쳐야 한다.

보다 다양해지고 복잡해졌기 때문이다.[80]

국가지도자가 국가발전을 위해 가장 관심을 가져야 할 부분은 부강한 나라의 건설과 희망찬 사회의 조성이 될 것이다. 성숙된 민주시민의식으로 무장된 일류사회의 건설은 바로 이러한 국가적인 난제를 해결하기 위한 바탕이 된다. 사회에 올바른 자세와 능력 있는 사람이 가득하고 그들이 최선을 다해 뛰는데 국가가 발전되지 않을 수 없기 때문이다.

자유민주주의는 값비싼 제도로 두 가지 필요조건을 충족시킬 때 꽃피워질 수 있다. 그 중 하나는 민주주의 제도와 절차에 필요한 사회 인프라요, 다른 하나는 민주주의를 할 만큼 성숙한 국민들이다. 이를 위해 어떤 수준의 질적 민주주의를 달성하고, 어떤 절차적 민주주의를 제도화하여야 할 것인가는 중요한 문제이다.

먼저 새로운 시대에 맞는 건전한 민주시민의식을 기르고 미래의 시민사회를 이끌 수 있는 능력 있는 인재를 육성해야 한다. 여기서 중요한 것은 능력이라는 것이 훈련된 기술만을 가진 사람을 말하는 것이 아니라는 점이다. 중요한 것은 지혜, 특히 창조적인 지혜를 배양하는 것이다. 모방하는 자는 언제나 그것을 첨예화할 뿐이요, 창조하는 사람만이 새로운 미래를 개척해 나갈 수 있기 때문이다. "모든 국가의 기틀은 그 나라의 젊은 세대의 교육에 달려 있다"고 한 디오게네스의 말을 잘 음미하면서 국가백년대계 차원에서 교육에 투자해야 할 것이다.

대한민국의 시민사회는 이중적 속성을 갖고 있다. 가족주의와 연고주의가 여전히 영향력을 행사하고 있는 반면 사회운동에서는 비판적이고 진보적인 성향이 두드러지고 있다. 전통주의와 근대주의, 탈근대주의가 공존하는 것이다. 이런 가운데 중산층은 보수적 성향과 진보적 성향이 혼재되어 있다. 상층 중산층은 정치적으로 보수주의에 기울며 하층 중산층은 진보주의에 기우는 경향이 있다.

---

80) 대통령자문정책기획위원회, 앞의 책, p.485.

대한민국 헌법은 법치주의法治主義[81] 실현을 위해 제도적인 장치로서 삼권분립三權分立의 원칙을 인정하고 있다.[82] 그러나 우리나라처럼 법치주의의 역사가 짧은 나라에서는 개인이나 기업의 법적 생활관계가 주로 법과 계약에 의하여 규율되는 것이 아니라 전통이나 윤리, 도덕 또는 인맥이나 지연 등에 기초한 연고주의 인습이나 관행에 의하여 규율되는 경우가 많다. 이러한 인습과 관행 등은 국제화시대에 통용되고 있는 국제적 규범에 부합되지 않아 우리나라의 경쟁력을 저하시키는 요인으로 작용하고 있다. 따라서 우리가 국제경쟁시대에 생존하기 위해서는 개인이나 기업의 법적 생활관계가 주로 법과 계약으로 규율될 수 있도록 노력할 필요가 있다.

자유민주주의가 정착되기 위해서는 '법의 지배Rule of Law' 원칙이 확립되어야 한다. 법의 지배는 원칙과 기강이 있는 사회를 만든다. 법의 지배는 권위주의가 아니라 권위를 뿌리내리게 한다. 법은 국가 구성원간의 약속이다. 약속은 지킬 만한 내용이어야 하고 너무 복잡하지 않아야 모두가 지킬 수 있다. 그리고 약속이 지켜져야 우리는 내일에 대한 예측이 가능하고 따라서 합리적인 계획을 세울 수 있다. 이러한 쉬운 원리에 입각하여 국가의 구성원들이 생활을 하고 정부가 질서를 유지하면서 국민의 복리를 추구하는 것이 법치주다.

대한민국 사회는 지금까지 법의 지배보다는 사람을 통한 지배, 즉 인치人治와 관치官治에 익숙해져 왔다. 인치와 관치의 한계는 복잡한 현대 사회에서 사람이 관리할 수 있는 능력이 제한되어 있다는 점이다. 그리고 인치와 관치는 지배의 투명성과 일관성, 공정성을 보장할 수 없다는 제한사항을 가지고 있다. 즉 지배하는 사람에 따라 결과가 달라질 수 있으며, 때와 장소, 지

---

81) 법치주의란 법에 의한 통치를 의미한다. 다시 말하면 통치가 법에 의한 기준과 절차를 따라서 이루어져야 한다는 것을 의미한다. 우리나라 헌법에는 법치주의나 법에 의한 지배라는 말 자체는 없지만, 법치주의의 바탕 위에서 정부가 조직되는 것을 당연한 전제로 하고 있다. 그리고 헌법은 법치주의를 실현하기 위한 제도적 장치로서 삼권분립의 원칙을 인정하고 있다. 즉 국가의 권력을 입법·사법·행정으로 분할하여 이를 각각 독립된 국가기관에 맡김으로써 이들이 서로 견제와 균형을 이루면서 권력을 행사할 수 있도록 하고 있다.

82) 헌법 제40조, 제66조 제4항, 제101조 제1항 등.

배대상에 따라 지배의 내용이 달라질 수 있기 때문이다. 이러한 제약으로 인해 인치와 관치는 복잡한 현대적 시장경제를 규율하는 장치로서 적합하지 못하며, 법치에 비해 더 높은 거래비용을 초래하고 국가의 경쟁력을 저해하는 결과를 초래하고 있다.[83]

법치주의를 통하여 국민의 자유와 권리를 효과적으로 보호하기 위해서는 우선 사법부가 정치권력은 물론이고 행정부로부터 독립하여 사법권을 행사할 수 있어야 할 것이다.[84] 그리고 법원의 민주화와 전문화를 통해 재판의 정당성과 효율성을 제고하고 일반국민이 재판에 참여할 수 있는 기회를 확대함으로써 법원의 관료화를 막고 재판에 대한 국민의 신뢰를 제고할 필요가 있다. 또한 개인이나 기업 간의 법률관계가 법과 계약에 의해 합리적으로 규율될 수 있도록 해야 한다.

성숙된 선진 민주시민은 우선 권리 이전에 의무가 있고 모든 행동에는 책임이 따른다는 기본적인 자율적 감각과 내 개인의 이익보다는 공공의 이익을 위해 협조하고 타협하는 것이 궁극적으로는 나 자신을 위해서도 최선이 될 수 있다는 공동체 사회구성원으로서의 최소한의 깨달음을 가진 시민의식이 있어야 한다. 그리고 선진사회의 발전된 사회구조에 기여할 수 있는 역량을 갖추어야 하는 것이다. 이 두 가지를 균형 있게 갖춘 민주시민이 육성되어야 우리나라도 성숙된 선진민주사회로 발전되어 나갈 수 있으며, 이것은 일류국가건설을 위한 필수불가결한 노력이다.[85]

나라를 자유민주국가로 발전시키는 가장 근본적인 방법도 결국은 우리 국민이 일류민주시민으로 되는 것뿐이다. 일류국가란 일류시민이 사는 나라인 것이다.

---

83) 한국경제연구원, 『모두 잘사는 나라 만드는 길』(한국경제연구원, 2002), p.30.
84) 사법권을 독립시키는 이유는 사법부가 사회 내의 권력이나 이해관계로부터 독립하여 공정한 재판절차를 통하여 법을 선언할 때 비로소 법치주의가 실현되고, 국민의 기본권도 확보될 수 있기 때문이다. 그리고 사법부의 독립을 위해서는 법원이 인사 · 조직 · 예산에 관하여 행정부나 입법부로부터 독립되어야 한다.
85) 일류국가가 되는 필수불가결한 조건 중 하나는 국민이 모두 법을 지키고 존중하는 것이다. 이 세상에 법치주의가 지켜지지 않는 일류국가는 없다.

대한민국의 선진일류화를 위해서는 어떤 리더십이 필요한가. ① 미래지향적 리더십이 필요하다. 과거사는 정리되어야 하지만 역사에 맡기고 미래를 보아야 한다. 미래지향적일 때 비전과 정책이 나온다. ② 국민통합형 리더십이어야 한다. 국민을 껴안고 가는 리더십이 필요하다. ③ 개방형 리더십이어야 한다. 인재를 적재적소에 발탁하고 국민의 의견에 귀를 기울여야 한다. ④ 인기영합주의를 극복할 수 있기 위해 원칙과 가치를 가진 리더십이 나와야 한다.

특히 21세기 대한민국의 지도자는 통합의 리더십을 보여줘야 한다. 과거 군사독재 정권 시절의 인권유린과 지역감정 등의 어두운 유산, 그리고 민주화 정권 시절의 부실한 경제 운용과 편가르기 등 실정을 극복하고 국민을 통합시킬 수 있는 리더십 말이다. 그래서 사회 각계 구성원들 간에 이런 분열과 갈등을 조화롭게 극복하고 공동선公同善을 향해 자발적으로 매진할 수 있도록 만들어야 한다.

국가통치를 위한 지도력이란 지도자가 국가적 노력의 방향, 즉 국가전략을 제시하고 그러한 노력에 대한 국민적 의지를 통합 및 결집시켜 국민적 합의를 이끌어 낼 수 있는 능력이라고 할 수 있다. 이러한 지도력은 국민의 광범한 신뢰와 존경을 통한 심리적 강제가 가능한 참된 위엄에서 나오는 것이다. 이 때문에 특히 국가지도자에게는 맑고 높은 도덕성과 보이지 않는 신념적인 힘의 중요성이 강조되는 것이다.

한국인들이 바라는 지도자 기준은 다른 나라보다 더 엄격하다. 능력도 뛰어나야 하지만 인격적으로도 흠이 있으면 안 된다. 이런 까다로운 기준을 만족시키려면 지도자는 살신성인殺身成仁의 자세와 투철한 애국심으로 무장되어야 한다.

훌륭한 국가지도자를 중심으로 성숙된 자유민주주의 사회를 건설하는 일은 일류국가가 되는 첩경이요, 북한체제를 붕괴시키는 동인이고, 북한주민을 끌어들이는 흡인력이다.

(3) 견실한 제도의 정착

21세기에 들어선 지난 10여 년은 우리 사회가 자신의 본질과 토대를 바꾸는 형질전환의 시기였다. '산업사회에서 정보사회로의 변화', '아날로그에서 디지털로의 변화', '권위주의에서 수평적 인간관계', '기성세대와 신세대', '대중문화의 고급화와 일반화', '글로벌 흐름 속의 한류韓流' 등의 다양한 사회변화의 동인이 형성되었다. 우리 사회의 변화를 일으켰던 한국인의 꿈과 욕망은 무엇이며, 현재 우리의 모습은 이런 변화 속에 어떻게 투영되고 있으며, 이런 변화는 제도화되고 있는가?

나라의 번영과 발전을 위해서는 제도가 중요한가, 또는 사람이 중요한가의 문제는 끝없는 토론의 대상이다.[86) 견실한 제도의 발전은 국가개혁을 위한 필요조건이다. 국가나 사회가 가지고 있는 경기규칙으로서의 제도는 궁극적으로 그 구성원들의 행동과 사회의 특성을 결정하게 된다. 예를 들어 한 사회의 구성원들의 일반적인 행동에 문제가 있다면 이는 바로 그 사회가 가지고 있는 일반적인 경기규칙, 즉 제도에 문제가 있기 때문이다.

행위규칙으로서의 제도는 다양한 내용을 갖는다. 우선 사회 구성원들 간에 공유하는 가치관, 문화, 관습 등 비공식적인 규칙에서부터 공식적인 법령에 이르기까지 인간관계를 규율하는 모든 공식·비공식적인 행위규칙을 포함한다.

이런 관점에서 보면 국민들의 행동을 바꾸고자 하는 노력은 그 사회의 행동규칙인 제도를 고치는 작업이다. 제도를 고친다는 것은 개혁의 충분조건은 아닐지라도 필요조건이 될 수 있다. 따라서 모든 개혁은 제도개혁에서부터 출발하지 않으면 안 된다.

---

86) 그동안 우리나라 학문에는 한 가지 폐단이 있었다. 주자학적 경향이 너무 강하고 실학적 성격이 너무 약한 것이다. 우리 백성의 구체적인 삶의 문제를 고민하여 현실적 대안을 제시하고 이를 직접 해결해 보려 하는 실사구시적(實事求是的) 전통보다는 사변적·추상적·관념적 접근이 많았다. 그리하여 국가제도는 발전되지 못하고 이론을 위한 이론이 허다하였다. 구체적인 현실 문제에 대한 학문적 연구는 상대적으로 부족하였다. 심지어 현실 문제를 다루는 것은 학문이 아니라고 보는 경향도 없지 않았다. 다산 정약용 선생이 "우리나라에는 치인(治人)의 학이 적고 수기(修己)의 학이 너무 많다"고 한탄한 것도 바로 이러한 문제점을 지적한 것이다.

미국의 '국립경제연구소(NBER)'가 세계 72개국을 분석한 결과에 따르면 빈국과 부국을 가늠하는 가장 중요한 요인은 바로 '제도와 정책'이었다. 세계 최고의 경제학술지인 '미국경제학회지American Economic Review'에는 식민지를 경험하였음에도, 효율적 제도를 받아들인 모든 국가가 부국이 되었다는 결과도 발표되었다. 부자나라를 만드는 묘약이 바로 정부조직과 제도의 효율성에 있음을 역사적 경험에서 찾은 것이다.[87]

세계는 지금 제도적 경쟁의 시대에 돌입하였다. 정보통신과 수송수단의 급격한 발달이 가져온 세계화와 글로벌화는 생산요소의 이전을 자유롭게 만들었다. 그 결과 생산요소 보유에 대한 경쟁체제에서 누가 더 많은 생산요소를 조달할 수 있느냐 하는 제도에 의한 경쟁체제로 전환되었다.[88] 좋은 제도가 더 많은, 그리고 더 우수한 생산요소를 유인하기 때문에 생산성과 효율성은 이제 제도에 의해 결정된다고 해도 과언이 아니다.

대한민국은 정치, 행정, 사법 등 국가운영의 기본 틀에 해당하는 제도개혁을 제대로 추진하지 못한 상황에서 사회 전반적인 제도개혁은 더딘 상태로 진행되어 왔다. 정치실패로 인한 사회적 갈등의 증폭 및 경제적인 부담의 증대, 정부의 개입확대, 사법부 기능의 약화 등이 반복되고 있다.

국가발전을 위한 제도개혁은 스스로 노력하는 국민들을 돕는 방향으로, 즉 스스로 노력하는 국민들의 거래비용 부담을 완화시키는 방향으로 이루어져야 한다. 이러한 제도개혁을 일컬어 발전 친화적 제도개혁이라 부를 수 있다.

대한민국이 성숙한 자유민주주의 국가로 발전하기 위해서는 아직도 해결해야 할 많은 개혁과제가 산재해 있다. 그러나 정부의 개혁구호는 요란한데 그 효과가 국민의 피부에 와 닿지 않는다. 그래서 개혁피로현상이 나타나고 있다. 또한 유사한 정책실패가 정권이 바뀔 때마다, 혹은 장관이 바뀔 때마다 반복되고 있다. 대표적인 사례가 교육의 현장에서 확인할 수 있다.

---

87) 복거일 외, 『21세기 대한민국』(나남출판, 2005), p.91.
88) 한국경제연구원, 앞의 책, p.29.

사회체제의 구석구석에 민주적 원리와 제도가 적용되어 사회의 전반적인 민주화가 심화되어야 한다. 국민의식이 개혁되어 남의 권리를 인정하며 자신의 의무를 충실히 수행하는 사회적 분위기가 조성되어야 한다. 정치제도는 국민의 의사를 보다 정확히 반영하고 효율적으로 작동될 수 있도록 되어야 한다. 자유민주주의의 큰 장점은 그 효율성에 있으며, 인간은 오직 자유로울 때 특유의 개성과 창의력을 발휘하여 효율성을 증대시킬 수 있다.

　속도가 중시되는 지식정보화 시대라도 혁신은 하루아침에 이루어지는 것이 아니다. 물론 혁명이나 전쟁, 혹은 경제위기와 천재지변 등에 따라 혁신의 계기가 마련된다면 변화의 속도는 더욱 빠를 수 있지만 그 동안의 역사적인 경험에 비추어 볼 때 법과 제도 등의 공식적인 규칙의 개혁은 10년, 혹은 100년 단위로 이루어진다는 것을 확인할 수 있다. 더구나 법과 제도의 개혁에 따라 일반 국민들의 사회, 경제, 정치 등의 관련 생활을 변화시켜 나가는 데에도 최소한 10년 단위의 기간이 소요될 것이다.

　세계화·지식정보화시대의 경쟁은 국경의 폐쇄적 공간을 뛰어넘는 기업 간의 경쟁과 더불어 국가 간의 시스템, 혹은 제도적인 경쟁이 치열하게 전개될 것이며, 국가단위의 경쟁력의 원천은 기업을 중심으로 한 각 부문의 효율성과 경쟁력에서 비롯될 것이다. 그러나 우리의 국가시스템으로는 국가 간의 경쟁에서 우위를 확보할 수 없을 뿐만 아니라 국가생존 자체가 위협받을 수 있다. 즉 정치, 경제, 사법 관련 법규 및 제도가 국제수준에 크게 못 미칠 뿐 아니라, 시장기구에 대한 정부기구 우위의 시대가 지속되는 한 고비용 저효율의 시스템 구조에서 벗어나기가 어렵기 때문에 우리보다 앞서 개혁을 추진한 영국의 제도개혁을 살펴보아야 할 것이다.[89]

---

89) 영국정부는 국민경제의 생산성을 높이기 위해 ① 법인세 감면과 장기투자를 촉진하는 세제개혁으로 투자율을 높이고, ② 질 높은 연구와 생산을 혁신하기 위하여 과학투자를 늘리고, ③ 생산활동의 중심이 되는 기업의 혁신을 촉진하며, ④ 교육과 기술수준을 보다 향상시키고, ⑤ 능률을 향상하고 소비자를 보다 잘 대우할 수 있도록 경쟁과 보다 좋은 규제, 그리고 공공부문의 생산성을 높이는 데 정책의 비중을 두고 있다. 영국정부는 경제정책의 4대 기본전략을 ① 정치적·경제적 안정 속에 안심하고 투자할 수 있는 경제적 안정을 달성하고(Economic Stability), ② 기업친화적인 분위기 속에서 기업과 다른 부문이 파트너십을 통하여 역동적

정책의 효율성과 책임성을 강화하기 위해서는 무엇보다도 정책실명제를 지속적으로 강화해야 한다. 주책임자, 부책임자, 참여자가 모두 확실히 드러나야 한다. 그리고 반드시 정책성공에 큰 보상이 뒤따라야 한다. 경제적, 명예적 보상이 있어야 하며 그 보상의 내용을 사전에 공시하는 것도 바람직하다. 실패 시에는 책임을 물어야 한다. 정책실패이기 때문에 사법적 책임을 물어서는 안 되지만 정치적·도덕적 책임은 물어야 한다.

제도개혁과 정책변화는 결국 입법과 예산으로 나타난다. 입법과 예산의 지원 없이는 새로운 제도와 정책은 공허한 이야기가 된다. 따라서 선진적 정치세력과 선진적 정책세력이 서로 연대해야 선진화를 위한 제도개혁과 정책변화가 성공할 수 있다. 결국 정치세력과 정책세력의 결합이 효율적으로 이루어져야 한다. 이들이 합작하여 일으키는 정책운동이 의식과 사상개혁의 국민운동과 결합하여 나아가면 그것이 일류화운동이 된다. 이러한 운동의 결실로 우리는 21세기 전반기에는 대한민국의 일류화에 성공할 수 있게 될 것이다.[90]

그러나 이러한 제도의 개선만으로 인간을 바꿀 수 있다고 생각하는 것은 어쩌면 오만한 발상일 것이다. 지상낙원을 만든다는 공산주의 제도는 소련과 북한 등 이를 추구한 국가들을 지옥으로 만들었다. 제도에 매달리면 인간의 중요성이 과소평가된다. 같은 제도 아래에서 왜 어떤 때는 부흥하고 어떤 때는 고난을 겪는가? 바로 사람 때문이다. 제도를 움직이는 것은 바로

인 경제활동을 수행함으로써 경제성장률을 높이며(Raising Growth Rate), ③ 젊은이들을 일터로 돌려보내고, 일할 수 있는 기회를 최대한 늘리며(Employment), ④ 어린이와 가정을 지원하는 등으로 빈곤과 불평등의 순환고리를 끊는 데(Breaking the Cycle of Poverty and Unfairness) 두고 있다. 영국정부는 앞으로의 규제는 반드시 필요하고 균형 있는 방법으로 제한할 것임을 강조하고 있다. "보다 나은 규제를 위한 작업단(Better Regulation Task Force)"은 불필요한 규제를 제거하는 데 앞장서고 있다.

90) 그 동안 개혁을 추진해 온 영국정부는 정책에 대하여 이를 홍보하고 방어하는 것 이상으로 정책의 질과 효과를 높이기 위해서는 정책형성자들과 정책수혜자들이 긴밀히 협력하는 것이 필요하다고 인식하고 있다. 이것은 중앙행정기관과 그 소속기관, 지방정부, 자원부문과 민간부문 사이에 관계를 새로이 발전시켜 나간다는 것을 의미한다. 정책형성과정에서 외부전문가, 일선부서의 직원들, 정책에 의하여 영향을 받는 사람들에게 자문하고, 출발단계에서부터 집행단계까지 최대의 정책효과를 높이는 방안을 찾아야 한다.

사람이다. 전략가는 제도를 바꾸기 위해 노력하는 만큼 국민의식의 변화와 국민과 함께하는 제도개선에도 높은 관심을 가져야 한다.

(4) 국익을 위한 화합과 통합의 여건 조성

대한민국이 올바르게 발전하기 위해서는 대통령과 청와대, 행정부, 입법부와 정당이 국가전략의 큰 틀에서 국익을 구현하고 공익을 위한 정치를 해야 한다.

대통령중심제하에서 대통령의 의사결정은 바로 국가의 운명을 좌우하는 것이다. 청와대는 정부의 각 부서보다도 한 단계 높은 차원에서 국가전략을 검토하고 국가전체를 조감하면서 정부 각 분야의 업무를 국가차원에서 분석 지도해주고 부서별 업무를 통합, 협조, 조정함으로써 통합적·입체적으로 국정을 관리해야 한다. 즉 국가전략차원에서의 국정의 큰 흐름에 대한 정책적인 방향을 연구, 개발, 검토함으로써 전반적으로 대통령의 의사결정을 보좌하는 것이어야 할 것이다.

정부는 공익성 있는 국가전략과 정책을 거래비용을 최소화하면서 결단력 있게 선택하고 추진해야 한다. 지식정보화시대에 국가전략과 정책결정과정에서 정부의 결단성과 신속성이 필요한 이유는 사회 전반에 미치는 중요한 이슈의 대부분이 정부의 즉각적인 대응이 필요하기 때문이다.

세계화시대의 국회는 단순한 지역대표성보다 정책전문성이나 직종대표성을 크게 높여야 한다. 정치에서 지역대표성은 점차 그 비중이 낮아져야 한다. 앞으로는 지방이나 지역의 정치참여 욕구를 상당 부분 지방자치제도에서 흡수할 수 있기 때문이다. 또한 도시화와 후기산업화, 세계화, 정보화 등이 가속화되면 될수록 지역대표성이 가지는 의미는 더욱 약화될 수밖에 없다.

국민들이 정치인을 국가전략 및 정책능력과 국가경영능력을 가지고 판단하기 시작하면 정치인도 국가전략과 정책을 개발하고 국가경영능역을 높이기 위해 노력하게 된다. 그러나 국민이 객관화하고 과학화하기 어려운 심정

윤리에 속하는 문제를 중시하면, 정치인은 자연히 이미지 정치와 이벤트 정치 중심으로 나아간다. 국가전략과 정책을 개발하고 국가경영능력을 높이려는 노력을 하지 않는다.

대한민국의 정당은 국가발전의 이념, 전략과 정책을 중심으로 조직되어야 한다. 지역정당 내지 인물정당에서 이념정당, 정책정당으로 바뀌어야 한다. 정당이란 본래가 이념과 가치를 같이하는 사람들의 모임이어야 한다. 고향이나 출신학교가 같아서 모이는 것이 아니라 국가발전의 이상과 이념이 같아서 모이는 것이 정당이어야 한다. 그리하여 정당이 서로 상이한 국가발전 비전과 전략 및 정책을 가지고 토론하고 공방하고 경쟁해야 한다. 그것이 생산적인 정치의 본모습이다.

대한민국의 일류화전략과 정책을 개발하고 수립하는 싱크탱크가 당의 중심에 놓여야 한다. 중장기 비전과 전략방향의 제시뿐 아니라 단기적인 정책현안에 대하여도 당의 입장을 일관성 있게 정리하여 제시해야 한다. 그리고 국익과 공익에 도움이 되지 않는 불필요한 규제는 과감히 철폐해야 한다.

21세기 선진일류국가 건설을 위해 우리 사회가 직면한 최대의 난제難題는 통합과 화합의 빈곤과 국가비전과 국가전략의 상실이다. 그것이 아무리 바람직한 의제라 하더라도 정치적 손익계산에 따라 찬성과 반대가 선택되고, 승패가 결정된다. 이 과정에서 다수의 보통 국민은 소외되고, 대상을 찾지 못하는 분노를 겪고 있다.[91]

세계화시대에도 대한민국 정치는 대결정치를 벗어나지 못하고 있다. 지역간의 대결은 정치공동체의 단결과 화합을 위협할 정도로 심화되고 있으며, 여야 간의 대결은 심화되어 공존의 정치가 자리를 잡지 못하고 있다. 특히 해방 이후 대한민국정치가 분단으로 점철되다 보니, 세계가 조화질서를 모색하고 있는 와중에서도 한반도는 여전히 냉전의 섬으로 남아 있다.

---

91) 한국인은 열정과 격정의 소유자이다. 거창하게 국익을 위한 일에도 흥분하지만, 대수롭지 않은 사소한 일에도 '불끈'한다. 한국인의 격렬한 성격은 선천적으로 북방 유목민족의 거친 기질 탓일 수도 있다. 또 오랜 기간 왜곡된 체제 밑에서 억눌려진 한(恨)의 표출일 수도 있다.

즉 분단은 이데올로기적 대결구조를 청산하는 데 걸림돌로 작용하며 보혁 갈등이 우리의 정치지형을 축소시키고 있다.

1990년대 동구 사회주의권 붕괴는 '이데올로기의 종언'으로 비쳐졌다. 하지만 대한민국 사회에서 그 위력은 줄지 않고 있다. 국가의 운명을 좌우할 수 있는 중요한 국가전략이나 외교정책에서 해묵은 '이념논쟁'이 판을 치다 보니 국가이익이나 현실적인 대안은 철저히 외면당하고 있는 실정이다. 국가적 중대 사안은 보수와 진보를 넘어 양측 모두가 우리의 국익과 앞으로의 국가전략에 대한 대승적大乘的이고 창조적인 자세로 문제를 해결해 나가야 한다.

본래 정치란 갈등의 해결과정을 전제로 하기 때문에 갈등의 존재 자체가 문제되는 것은 아니다. 중요한 것은 갈등의 내용과 성격이다. 갈등구조가 제로섬, 또는 네가티브일 경우, 그리고 균열의 축이 많을 때, 정치주체들이 협상을 통해 자신들의 갈등을 해소할 가능성이 적어지고 정치시스템의 효율성이 그만큼 낮아진다. 그리고 과도하게 분열된 정당체제와 분산된 권력구조는 정치성과에 부정적인 요인으로 작용할 수 있다.

한반도에는 남북한 간의 갈등이 심각하다. 이에 못지않게 남남갈등도 심화되고 있다. 이러한 갈등은 계층階層간, 보혁保革간, 노사간, 세대간, 지역간 갈등으로 세분화되고 있다.

먼저 계층갈등은 성층화成層化되어 있는 사회 구성원들의 배열구조의 사회적 불평등에 따른 이질감, 위화감을 의미한다. 이러한 계층갈등의 원인은 정치적 측면에서는 특권층에 대한 반감과 분노, 엘리트와 대중간의 이질감과 정치참여 과정의 경쟁기회 불균형 등이 작용하고 있다. 경제적 측면에서는 불평등 배분에 따른 상대적 박탈감의 심화, 사회적 측면에서는 계층간의 수직적 격차확대, 노동계급의 양·질적 성장, 부문간 및 지역간의 발전 격차, 부유층의 과소비, 향락풍조 등이 주요 요인으로 작용하고 있다. 심화되고 있는 계층갈등의 문제는 민주주의 제도화를 지연시키고 국민적 화합을 저해한다. 그리고 기존질서 타파의 변혁운동에 원인을 제공하며, 민주주의

<도표 4-3> 보혁갈등의 요인

구 분	보 수	혁 신
정치체제	자유민주주의	민중민주주의
경 제 관	자본주의	사회주의
안 보 관	안보 우선	평화 우선
통 일 관	자유민주주의, 제도중심	민중민주주의, 민족중심
북 한 관	주적개념 우선	민족개념 우선
개 혁 관	점진적 개혁	급진적 개혁
대 미 관	친미 · 용미(用美)	반미 · 자주

의 제도화를 지연시키고, 권위주의의 부활을 위한 부정적 역할을 할 우려가 있다. 긍정적인 측면에서는 사회개혁과 정치발전의 촉매제 역할도 가능할 것이다.

반면에 보혁갈등保革葛藤은 기존체제의 현상유지를 원하는 보수와 현상 개혁을 원하는 혁신세력과의 갈등을 의미한다. 이러한 보혁갈등은 계층갈등과 계급갈등을 함축하고 있다. 이러한 갈등의 기본적인 바탕은 〈도표 4-3〉에서 볼 수 있듯이 한반도의 분단과 체제의 모순에서 비롯되고 있다.

보혁갈등의 문제점은 체제세력과 반체제세력간의 투쟁이 심화되면, 정치와 사회적 위기가 조성될 수 있고, 이념갈등으로 인한 사회적 분열현상이 가속화되며, 국가전략과 정책에 대한 국민적 합의 도출이 어려워진다는 점이다.

노사갈등勞使葛藤의 원인은 산업화과정에서 노동부문에 대한 박탈감, 소외감 등과 노동운동의 억압으로 반체제적 저항의식이 조장되었고, 노동세력이 질적 · 양적으로 팽창하였으며, 노조체제의 이원화로 주도권 경쟁으로 인한 문제가 심화되고 있는 데서 기인한다.

지역갈등地域葛藤의 원인은 지역 간의 불균등 발전, 엘리트 충원과정에서의 격차, 역사적인 편견의식, 정치적인 이익을 달성하기 위한 지역감정 자극

등이다. 지역감정의 문제점은 국민통합과 일체감 형성 저해, 통치 권력의 국민의 대표성과 정당성 훼손, 국민적 편견의식의 심화 등이다.

21세기를 넘어 진행되고 있는 이러한 갈등상황은 단기적으로는 대립현상이 지속될 것이나, 궁극적으로는 융합과 공존의 단계로 이행될 것이다. 이렇게 보는 이유는 국민의식 수준의 향상, 타협존중安協尊重, Positive Sum사회로의 지향, 정치의 민주화와 경제민주화의 상호 연계, 탈냉전 상황의 확산, 권위주의적 세력의 쇠퇴 등을 들 수 있을 것이다.

세계화시대를 살아가는 우리는 민주주의 사회를 정착시키고 다방면에 걸친 개혁을 추진하여 화합과 관용의 정신을 바탕으로 계층간, 보혁간, 지역간, 세대간, 이념집단 간 갈등요소를 극복하고 더불어 사는 자세를 기르는 것이 매우 중요하다.

이러한 문제를 해결하기 위해서는 이해당사자들이 자율적으로 자신들의 이익갈등을 조정할 수 있는 환경을 마련함으로써 정부의 국정운영 능력을 강화하는 것이 현재 상황에서 효과적인 대안이다. 이를 위해서는 이익갈등을 해결할 수 있는 합의된 경쟁규칙을 확립해야 하고, 정부의 역할이 갈등의 당사자로부터 갈등해결의 규칙을 제정하고 집행하는 심판자로 바뀌어야 한다. 그리고 정부와 정치권이 국민으로부터 신뢰를 회복해야 하며, 이익집단의 정치참여와 이익집단을 보는 사회전반의 인식이 전환되어야 한다.

자율적인 분쟁해결 환경을 만들기 위해서는 다수결원칙의 준수와 정책전문성 제고를 통해 국회의 갈등조정기능을 강화해야 한다. 이를 위해서는 소수의 이익을 최대한 보호하는 방향으로 국회법을 개정하고, 다수의 권리행사를 방해하는 제도적 · 문화적 장애물을 제거하는 것이 중요하다.

그리고 자율적인 갈등해소에 적합한 가치관과 인식의 범사회적인 정착이 중요하다. 우선 정부는 신뢰를 회복해야 하고, 국민의 인식은 전환되어야 한다. 국민들이 정부의 개입을 거부하고 자율적으로 해결하려고 노력해야 하며, 갈등을 조정하려는 정부의 노력을 적극적으로 지지하는 자세를 견지해야 할 것이다.

비공식 중재자로서의 전문가와 언론의 책임도 요구된다. 명분보다는 실천적 자세로 이해갈등 문제를 접근하고 대안을 제시하지 못하는 비판은 가능한 자제해야 할 것이다.

국가안보전략이 일사불란하게 실천되기 위해서는 국민의 통합된 지지가 있어야 한다. 정부 입장에서는 기획력보다는 실천력과 집행력이 중요하다. 따라서 정부는 미래 국가발전차원에서 최근의 국론분열과 갈등 양상을 조기에 수습하고 화합의 정치를 구현하려는 의지를 보여줘야 한다. 그러한 의지의 핵심은 국민을 껴안는 일이다. 적과 아군이라는 이분법적 논리로는 화합과 통합을 이룰 수 없다.

특히 북한의 공산주의 수령 독재체제 보다 대한민국의 자유민주주의 체제가 우수한 것은 이러한 갈등을 발전적으로 해소하고 나갈 수 있기 때문이다. 통일의 과정에서 북한 주민을 껴안아야 하는 우리가 서로를 포용하지 못한다면 어떻게 일류국가를 만들어 갈 수 있겠는가?

(5) 전쟁지도 개념과 수행체제의 발전

대한민국이 지속적으로 번영발전하기 위해서는 한반도에 평화가 유지되어야 한다. 즉 전쟁이 억제되어야 하며, 최소한의 평화체제가 정착되어야 한다.

대한민국이 전쟁을 억제하고, 유사시 전쟁에서 승리하기 위해서는 전쟁지도의 개념과 수행체제를 올바르게 정립해야 한다. 이러한 전쟁지도는 국가의 존망과 국민들의 생사를 결정적으로 좌우한다. 그래서 손자는 전쟁은 국가의 가장 중요한 일로서 국민의 생명과 국가의 존망을 결정하는 일이므로 아주 조심해서 결정하고 수행해야 한다고 말했다兵者 國之大事 死生之地 存亡之道 不可不察也. 즉 국가안보에서 전쟁지도의 중요성을 강조한 것이다. 평화를 지키는 일은 군사지도자의 몫이지만, 평화를 만들어가는 일은 정치지도자의 몫이다.

전쟁지도는 무척 어려운 과정이다. 특히 독자적인 전쟁수행역량이 없는 국가는 자주적인 전쟁지도에 많은 제한사항을 가진다. 전쟁지도의 영역은 총력방위의 개념을 포함하고 있으므로, 유사시 국가통수권자를 포함한 정치지도자들은 전쟁을 지도하는 역할을 수행해야 한다. 그래서 전쟁지도는 군사지휘관들보다는 정치가들의 주요 몫이다. 따라서 정치분야에서 전쟁지도 개념과 수행체제를 다룬다.

군사전략가이며 저술가인 풀러J.F.C. Fuller는 그의 저서 『전쟁지도The Conduct of War』에서 "전쟁지도라는 것은 마치 의사의 진료행위와 같은 하나의 술"이라고 설명하고, "정치가와 군인이 전쟁이라는 질병을 예방하고, 치료하며, 호전시키는 행위"를 전쟁지도라고 해석하였다.

미국과 영국을 포함한 서방국가들은 전쟁지도 개념을 "전쟁에서 승리하기 위해 모든 국력을 사용하는 기술"이라고 하여 '전쟁수행전략'과 유사한 개념으로 파악하고, 전쟁 발생을 사전에 예방하는 노력과 일단 전쟁이 시작되었을 때, 전쟁의 목적을 달성하기 위해 국가의 군사력과 기타 비군사적인 요소를 준비, 계획하고 적용하는 방책을 전쟁지도의 영역에 포함하고 있다.

전쟁지도의 사전적인 정의로서는 "전쟁목적을 달성하고자 국가 총력을 조직화하여 전승획득을 집중시키는 지도 역량과 기술"이다.

이를 종합하면 "전쟁지도란 전시에 있어서 국력운용에 관한 지표로서, 전쟁을 예방하고 유사시 승리하기 위하여, 요강要綱을 제정하고, 무력발동에 따르는 통수권統帥權을 행사하며, 국가전략과 군사전략 간의 통합·조정 및 효율적인 통제 등 궁극적인 전쟁목적을 달성하기 위하여 국가 총역량을 전승획득에 집중시키도록 조직화하는 지도역량과 기술이다"[92]라고 정의가 가능하다.

첫째, 전쟁지도의 대상은 '전쟁'이며, '전쟁억제와 전쟁수행'이라는 두 가지 영역을 동시에 포함한다. 둘째, 전쟁지도의 주체는 국가전략을 수립하는 정치가와 최고위 군사지도자이다. 셋째, 전쟁지도의 수단은 군사력을 포함

---

92) 국방대학교, 『일본의 대외팽창정책과 전쟁지도』(국방대학교, 1995), p.50.

한 국가의 모든 안보역량이다. 넷째, 수행하는 목적은 전쟁을 억제하고 유사시 전승을 달성하기 위해서다. 전쟁지도의 개념체계는 〈도표 4-4〉를 보면 보다 분명하게 이해할 수 있을 것이다.

〈도표 4-4〉 전쟁지도 개념체계

구분	세부내용	비고
개념	전시에 있어서 국력운용에 관한 지표로서, 전쟁을 예방하고 유사시 승리하기 위하여, 요강(要綱)을 제정하고, 무력발동에 따르는 통수권(統帥權)을 행사하며, 국가전략과 군사전략 간의 통합·조정 및 효율적인 통제 등 궁극적인 전쟁목적을 달성하기 위하여 국가 총역량을 전승획득에 집중시키도록 조직화하는 지도역량과 기술	국가별로 상이
대상	전쟁(전쟁억제+전쟁수행)	
주체	대통령과 최고위 정치·군사지도자	
목적	전쟁억제 및 유사시 승리	
수단	군사전력을 포함한 모든 국가·안보역량	국가총력전

즉 전쟁의 지도는 전쟁의 목적과 목표를 설정하고, 이를 달성할 수 있도록 국가의 모든 요소인 국방, 외교, 정치·심리, 경제, 사회와 문화 등을 효과적으로 조정하고 통합하는 노력과 과정을 포함한다.

〈그림 4-2〉 전쟁지도의 범위

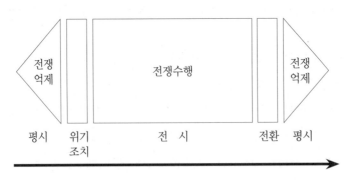

전쟁지도의 범위는 〈그림 4-2〉에서 볼 수 있듯이 평시, 위기시, 그리고 전시를 포괄한다. 전쟁지도의 구체적인 내용과 형태는 국가별로 서로 다르지만 수행해야할 핵심적인 과제는 유사하다. 전쟁의 효과적인 지도를 위해서는 안보환경과 상대국가의 의도와 능력 및 계획을 파악해야 한다. 이에 따라 전쟁의 목적과 목표를 정립하며, 이를 달성하기 위한 기조와 방향을 설정해야 한다. 국제적으로 전쟁수행에 유리한 환경을 조성하고 전쟁수행에 관한 국가와 국민의 노력을 결집시켜야 한다. 요망하는 목표를 달성하기 위한 군사작전지침을 하달하고, 전쟁을 유리한 상황에서 종결시키기 위해 노력해야 한다.

국가안보에 대한 최종적인 책임은 국가의 수반인 대통령에게 있다. 그러나 대통령 개인의 통찰력이나 판단만으로는 국가안보에 대한 핵심적인 사안을 효과적·능률적으로 처리할 수 없다. 따라서 '국가안전보장회의'를 두어 집단적인 의사결정을 보장하거나 전문적인 참모기능을 제공하고 있다.

따라서 대한민국의 경우에는 국가안보전략을 담당하는 기관은 국가안전보장회의라고 할 수 있다. 그러나 국가안전보장회의는 결정권한이 없는 회의체에 불과하기 때문에 실질적으로 국가안보전략을 수립하고 시행하는 기관은 국가안보와 관련된 모든 정부 부처이다. 국가안보를 책임지는 대통령은 이를 통제하고 조정한다.

대통령의 통수권과 전쟁지도 권한은 평시 및 전쟁준비기에는 국방부장관과 합참의장을 통해 행사된다. 전시작전권은 DEFCON-3 이후에는 연합사령관에게 이양되나, 이때 대통령의 전쟁지도 권한은 바로 한미안보협의회와 한미군사위원회를 통해 전략지침의 형태로 연합사령관에게 하달된다.

대통령은 국가전략적인 차원에서 전쟁수행의 목적 및 목표를 선정하고, 이러한 목표를 달성하기 위하여 군사전략과 작전의 목적을 하달한다. 전쟁지도 차원에서는 전쟁이 정치·경제·사회적으로 그 영향이 심대하기 때문에 군사작전에 조건을 부여하는데, 통수권자 및 전쟁지도자로서 대통령은 국가전쟁지도기구를 이끌면서 군사작전 책임자에게 관련되는 전략지시와

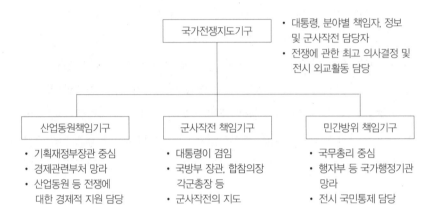

〈그림 4-3〉 국가 전쟁지도기구(예)

```
                    ┌─────────────────┐     • 대통령, 분야별 책임자, 정보
                    │  국가전쟁지도기구  │        및 군사작전 담당자
                    └─────────────────┘     • 전쟁에 관한 최고 의사결정 및
                                               전시 외교활동 담당
        ┌──────────────────┬──────────────────┐
┌────────────────┐ ┌────────────────┐ ┌────────────────┐
│  산업동원책임기구  │ │  군사작전 책임기구  │ │  민간방위 책임기구  │
└────────────────┘ └────────────────┘ └────────────────┘
• 기획재정부장관 중심   • 대통령이 겸임      • 국무총리 중심
• 경제관련부처 망라     • 국방부 장관, 합참의장 • 행자부 등 국가행정기관
• 산업동원 등 전쟁에      각군총장 등          망라
  대한 경제적 지원 담당  • 군사작전의 지도     • 전시 국민통제 담당
```

지침 등을 하달한다.

대통령은 〈그림 4-3〉과 유사한 전쟁지도 기구를 통하여 전쟁에 관한 최고의 의사결정을 실시하고 전시 외교활동을 실시하여 전쟁을 억제하고, 유사시는 승리할 수 있는 여건을 조성한다. 전쟁지도 권한 중 산업동원과 민간방위 업무는 관련기구를 통해 임무와 기능수행을 보장하고, 군사작전은 통수계통에 따라 국방장관과 합참의장을 통해 이를 국익에 부합되게 올바르게 수행토록 지도한다.

대통령의 전쟁지도 권한은 연합사령관에게도 미치며, 대통령은 전쟁지도 차원에서는 '강요' 또는 '제한'의 형태로 군사작전에 조건부여가 가능하다.

군사지도자의 입장에서 군사적인 고려사항을 전쟁지도를 수행하는 정치가와 전략가들에게 건의하여 정치적인 제한사항을 완화한다든가 수정할 수는 있다. 그러나 근본적으로 이러한 건의가 전쟁지도의 차원에서 받아들여지지 않는다면, 작전지도를 수행하는 '군사지도자'는 전쟁을 수행하는데 있어서의 정치적 제한사항인 군사적 조건의 범위 내에서 작전을 구상하고 수행해야 한다.

비록 전시에 작전통제권을 연합사령관이 행사하더라도 한국의 대통령은 전략지시, 또는 전략지침의 형태로 연합사령관에게 '강요'와 '제한'사항을 부여할 수 있으며, 통수권에 따른 전쟁지도를 통해 군사주권을 행사가 가능하다.

전쟁지도기구의 총책임자는 국가원수이다. 대한민국의 경우에는 통수권자인 대통령을 수석으로 하고, 소수의 장관급과 군사 및 안보 분야의 전문요원으로 구성된다. 평시에는 소규모로 유지하다가 전쟁준비기 또는 개시기에 확장되고, 전쟁수행기에 보강되는 것이 통상적이다. 산업동원과 군사작전 및 민간방위 책임기구는 대통령의 전쟁지도를 보좌하여 전쟁의 목적을 달성해야 한다.

이러한 틀 안에서 전쟁지도 개념과 체제가 올바르게 정립된다면 평시, 위기 및 전시에 대한민국의 안보는 보다 튼튼하게 지켜질 수 있을 것이다.

(6) 상호주의전략의 효율적 적용

우리 조국의 안보 불안과 혼란은 대부분 남북관계에서 기인한다. 앞으로 북한이라는 특수집단이 존재하는 한 일정한 시점까지는 이러한 불안과 혼란은 쉽게 없어지지 않을 것이다. 따라서 국가 및 정치지도자는 남북관계를 어떻게 풀어서 평화통일된 일류국가를 만들 것인가에 대한 비전과 계획을 발전시켜야 한다.[93]

남북한 간의 지속가능한 남북 협력모델을 모색하는 작업은 국가 간의 관계와 남북의 특수관계를 다룬다는 점에서 국제관계 및 국가안보 차원에서 접근해야 한다.

특히 국가 간의 관계에서는 상호주의의 규범이 강하게 적용된다. 즉 상대 국가로부터 양보를 받은 국가는 상대국에게 합당한 양보를 한다. 이 규범을 따르지 않는 국가는 국제사회에서 소외된다. 국제사회에서 상호주의란 국

---

93) 이 항목의 주요 내용은 졸저 『상호주의전략』을 요약 정리한 내용임을 밝혀 둔다.

<도표 4-5> 상호주의 모형

구분	비탄력적 상호주의	포괄적 상호주의	신축적 상호주의
구성요소	개인, 국가	국가, 특수 관계	다자, 다국가
사안	단일, 단순	관계 전반	사안별
시간	단기	중·장기	단·중기
가치	등가	비등가	등가 및 비등가
수단	채찍 위주	당근 위주	채찍과 당근 겸용
대응	맞대응	포용	맞대응과 포용 겸용
대상	국가, 타인	민족, 가족, 친구	국가, 특수집단
조건	동등한 대상	강자 ⇨ 약자	모든 대상

가들 사이에서 서로 비슷한 것을 주고받는 것을 가리킨다. 상호주의는 상대방의 비협력적 전략에 당하는 것을 막아 주고 오히려 처벌까지 할 수 있게 해주는 전략이다. 그리고 상대방의 협력적 태도에 대해서는 협력으로 보상해 주기 때문에 국제협력을 가능하게 해준다는 것이다. 이를 통해서 상대방의 협력을 유도할 수 있고, 그 결과 서로가 협력에 따른 수익을 누릴 수 있다는 것을 알 수 있다.

대등한 국력을 가진 국가 간의 상호주의는 비탄력적(엄격한) 상호주의로 지속적인 우호적인 관계를 유지하기가 어려운 반면, 남북한처럼 국력의 차이가 큰 상태에서는 포괄적 상호주의나 신축적 상호주의에 의한 우호적 관계가 지속될 수 있다. 상호주의는 <도표 4-5> 상호주의 모형에서 확인할 수 있듯이 비탄력적 상호주의, 신축적 상호주의, 포괄적 상호주의로 구분할 수 있다. 남북관계는 주변국가와의 관계설정, 남북 간의 협상과 국내 이해 집단 간의 타협 및 이해 조정의 성격을 복합적으로 지니고 있기 때문에 한 가지 문제에 치중하여 단순화된 접근방식으로는 남북관계의 특수성을 제대로 반영할 수 없을 것이다.

남북한의 교류협력과정에서는 상호 분단되었으나 통일을 지향한다는 특수성과 국제환경에 민감하게 반응할 수밖에 없는 국가 간의 관계라는 점이 충분하게 반영되어야 한다. 남북한은 이러한 복합적인 관계를 대상으로 하는 것인 만큼, 정치·외교적 차원과 경제적 차원뿐만 아니라 사회문화적 차원의 의미도 적절하게 포함되어 안보전략의 큰 틀에서 교류협력이 추진되어야 할 것이다.[94]

상호주의 이론을 정립한 엑셀로드와 코헨의 '협력이론協力理論, cooperation theory'의 결론은 고무적이다. 이 이론은 아무도 협력하지 않으려는 이 세상에서도 기꺼이 협력을 주고받으려는 아주 작은 무리에 의해 협력이 시작될 수 있다고 알려준다. 또한 협력이 번성하기 위한 핵심조건은, ① 협력이 호혜주의를 바탕으로 할 것, ② 호혜주의가 안정적으로 유지되기 위해 미래의 그림자가 충분히 클 것 등 두 가지를 강조한다. 그러나 협력은 일단 한 집단 안에서 호혜주의를 바탕으로 자리 잡으면, 그 어떤 비협력적인 전략의 침범도 막고 스스로를 지켜낼 수 있다고 말해 준다.[95]

남북한 관계에서 상호주의를 적용하는 목적은 남북한이 경쟁의 악순환을 지양하고, 효과적으로 협조를 끌어내어 남북관계의 발전을 촉진하자는 것이다. 그러기 위한 전략은 상호간에 협력할 수 있는 미래의 그림자를 길게 하며, 유연하게 구사되어야 한다.[96] 남북관계에서 상호주의 원칙은 '상거래에서 적용되는 등가성의 상호주의가 아니라' 대북지원 등 우리의 남북관계 개선 노력에 대해 북한도 일정 수준의 상응한 조치를 취해야 한다는 것으로 규정한다. 국제정치학자 엑셀로드는 협조를 끌어내기 위한 상호주의 전략으로 1:1의 맞대응전략보다 위반행위tat에 대해 90% 정도의 보복(tit)을 가

---

94) 임강택, 『새로운 남북협력모델의 모색: 지속적으로 발전 가능한 협력모델』(통일연구원, 2002), p.71.
95) 로버트 엑셀로드 저, 이경식 옮김, 『협력의 진화(이기적 인간의 뒷포렛 전략)』(서울: 시스테마, 2009), p.206.
96) 미래의 그림자가 없어지면 협력은 더 이상 유지될 수 없다. 협력을 유지하는데 시간전망은 필수적이다. 상호작용이 오래 계속될 것 같고 참가자들이 함께하는 미래를 소중히 생각할 때 협력의 창발과 유지의 조건이 무르익는다. 협력의 기초가 되는 것은 관계의 지속성이다(위의 책, p.215).

하는 전략이 더 나을 것이라고 한다.[97]

이러한 상호주의 전략이 성공하기 위해서 중요한 것은 상호간의 정보소통으로 합리적 판단이 가능하게 해야 한다는 것이다. 서로 상대에 관한 정보가 왜곡되어 일방이 자기의 협력적 행동이 타방에 의해 배신당할 것이라는 기대를 가지게 되면 협력의 게임을 도출할 수 없다.[98] 따라서 남북한 간에 대화와 정보의 채널이 항상 열려 있는 것이 중요하다.

상호주의가 성공하기 위해서는 상호관계가 앞으로도 지속되리라는 믿음이 전제되어야 한다. 미래의 그림자가 미약하다면, 신사적인 전략은 세력권의 도움을 받는다 하더라도 스스로를 지켜내지 못한다.[99] 따라서 한국정부가 상호주의 원칙을 실천하는데도 한 가지의 정해진 시나리오대로만 하는 것보다 북한의 대응에 따라 상황에 맞게 탄력성 있게 다양한 시나리오를 구사하는 것이 좋을 것이다. 즉 비탄력적 상호주의와 포괄적인 상호주의 및 신축적인 상호주의가 잘 조화되어야 한다.

북한이 원하는 것은 남한과의 교류협력을 통해 당면한 경제위기를 모면하고 체제를 더욱 강화하는 일일 것이다. 북한을 개방과 개혁으로 유도하여 사실상의 통일로 발전시키려는 남한정부의 대북정책이 의도하는 것과는 정반대의 생각을 품고 있을 북한은 매우 어려운 게임 상대이다.

일단 필요한 것은 북한을 상호주의 기반인 협조의 게임으로 불러들이는 일인데, 북한은 이것을 '흡수통일론'으로 인식하고 경계한다. 따라서 남북한 간의 게임에서는 제자리 뛰기의 게임이 아니라, '진화론적인 발전[100]'이 함께 해야 성공할 수 있다.

---

97) Axelrod, R. and Keohane R., "Achieving Cooperation under Anarchy: Strategies and Institutions," *World Politics* vol. 38, no. 1, October 1988. p.246.

98) 협력이 성사되려면 다음의 두 가지 특징을 가진 전략을 사용하는 개체들이 우선 무리지어 있어야 한다. 첫째, 먼저 협력하고, 둘째, 협력에 협력으로 반응해 오는 상대와 그렇지 않은 상대를 구분할 줄 알아야 한다(로버트 엑셀로드 저, 이경식 옮김, 앞의 책, p.207).

99) 로버트 엑셀로드 저, 이경식 옮김, 앞의 책, p.194.

100) 진화론적 접근은 하나의 단순한 원칙을 바탕으로 한다. 보다 성공적인 것은 무엇이든 미래에 더 많이 나타난다는 것이다(로버트 엑셀로드 저, 이경식 옮김, 앞의 책, p.201).

북한은 경제적 어려움이 가중되고 대남 및 대미관계에서 위치가 불리해지면 다시 핵과 미사일 카드 등을 갖고 위협적인 행동을 할 수 있다. 따라서 우리는 미래의 잔영을 충분히 넓히면서 북한을 더욱 협조의 게임으로 불러들여야 한다.[101] 즉 포괄적이고 신축적인 상호주의 전략이 필요하다.

남북한 사이의 교류협력이 지속되고 확대되어 나갈 수 있도록 상호주의를 적용하기 위해서는 남북한이 안고 있는 한계와 잠재력을 냉정하게 파악하는 작업이 우선적으로 이루어져야 한다. 이를 기초로 단기적으로는 이를 수용하는 범위 내에서 교류협력 사업을 추진해 나가고, 장기적으로 우리의 수용능력을 확대해 나가는 방안을 공동으로 모색해 나가야 한다.

첫째, 남북한 간의 신뢰관계를 보다 튼튼하게 구축해야 한다. 남북 간의 교류협력 사업은 굳건한 신뢰가 뒷받침 될 때 확대발전해 나갈 수 있으며 상호주의가 정착할 수 있다.

둘째, 점진적이고 단계적으로 교류협력관계를 확대해 나가야 한다. 최근에 남북한 양쪽에서 '속도조절론'이 제기된 것은 남북한의 수용능력을 초과한 것이었기 때문일 것이다.

셋째, 교류협력과 안보문제 간의 균형과 조화가 유지되도록 해야 한다.

넷째, 남북 간의 관계개선을 위한 노력은 지속하되 융통성과 통제력을 갖추도록 해야 한다.

남북 교류협력을 활성화시키기 위해서는 호혜성과 상생에 바탕을 둔 상호주의를 적절히 적용해야 한다. 이러한 상호주의 적용은 다음과 같은 방향으로 추진해야 할 것이다.

첫째, 강자인 대한민국은 협상과정에서 남북한이 할 수 있는 일을 제시하고, 상대에 대해 호혜성 차원에서 '선의의 부담'을 주는 방안을 강구하는 것이 바람직하다. 즉 더 큰 사후적 보답을 얻어내는 방향으로 나아가야 한다.

---

101) 팃포탯은 현재에 드리우는 미래의 잔영이 충분히 크기만 하면 총체적으로 안정적이며, 또 언제나 배반을 선택하는 전략은 가능한 모든 조건 아래에서 총체적으로 안정함을 알 수 있다고 했다(위의 책, p.202).

둘째, 상호주의의 진전을 위해서는 공개적이며 노골적인 방법보다는 당국 간 비공개 접촉통로를 통한 상호이해의 사전 조정 작업이 필요하다. 북한으로부터의 반응과 상호조치가 남한이 평가할 만한 정도의 수준에 이른다면 상호주의 원칙이 원만히 구현된 것으로 보는 것이 바람직하다.

셋째, 경제 분야 상호주의 적용에 따른 북한의 상응조치는 우선 3통 문제의 해결에 최우선 목표를 두는 것이 바람직할 것이다. 남북한 간의 경제협력은 기본적으로 경제논리에 입각하여 추진되기 때문에 다른 분야와는 달리 비교적 철저하게 상호주의를 적용할 수 있는 장점이 있다. 그 밖의 정부 차원의 대북 지원에 대해서는 이와 관련된 분야별로 신축적인 상호주의를 적용하는 것이 합리적일 것이다. 예를 들어 비료를 지원할 경우, 농업협력 방안인 계약재배, 영농기술자 파견 등의 분야 내 교환방식에 우리 측의 입장이 수용되는 방안을 적용하는 것이다.[102]

"대북 상호주의와 압박이 북한의 변화를 촉진할 것이라는 논리에 따른 대북정책은 직접적인 압박에 굴복한 적이 없는 지난 수십 년간의 북한의 일관된 행태로 미루어 볼 때, 남북관계를 '상호 비방과 일방적인 요구와 침체'라는 '과거 시대'로 돌릴 위험이 있다"[103]는 오스트리아 빈 대학의 루디거 프랑크 동아시아경제사회학과 교수의 말은 남북한 관계에 시사하는 바가 크다.

그리고 남북관계가 경색될 경우, 그 공간을 중국과 러시아가 차지할 가능성이 크다. 북한은 중국, 러시아와 각종 합작사업, 신의주 특구, 북한 철도산업에 대한 러시아의 진출 등을 용이하게 할 것이다. 더 나아가 평양은 워싱턴을 포함, 일본과도 새롭게 협력하는 길을 찾을 가능성도 크다. 그렇게 될 경우에는 북한에 대해 갖고 있던 남한의 '지렛대'를 모두 잃게 될 것이다.[104]

남북 교류협력과정에서 국민들이 우려하는 북한의 적대행위를 교정하는

---

102) 윤영관 외, 『남북경제협력 정책과 실천과제』(서울: 한울, 2009), p.104.
103) 위의 책, p.105.
104) 위의 책, p.105.

방법은 크게 보아 강압에 의한 방법, 유인책을 제공하는 방법, 합리적 협상에 의한 방법 등 3가지가 있을 수 있다.[105]

강압에 의한 방법은 위협을 주요수단으로 하여 상대측을 설득하고자 시도하는데, 바로 비탄력적 상호주의의 맞대응전략이 여기에 해당된다. 유인책에 의한 방법은 포용의 차원에서 주로 긍정적 유인책을 통해 상대방의 행위교정을 유도하는 것으로 통상 포괄적인 상호주의와 사안별 신축적인 상호주의가 이에 해당한다.

유인책 구사전략 유형은 크게 두 가지로 나누어 볼 수 있다. 먼저 상대방 정부를 상대로 한 유인책 구사이며, 다음으로 상대방의 시민사회에 대한 유인책 구사이다.

상대방 정부에 대한 유인책 구사에도 다시 두 유형으로 분류할 수 있다. 첫째, 유형은 강제성과 결합한 보다 엄격한 등가적 교환에 기초한 신축적 상호주의 유형이다.

둘째는 강제보다는 유인책 제공을 통한 설득에 보다 많은 주안점을 두며, 교환관계에서도 보다 유연한 포괄적인 상호주의 유형이다.[106]

합리적 설득에 의한 방법은 강제나 유인보다는 상호이익을 추구하는 가운데 양측의 의지와는 무관한 어떤 객관적 기준에 따라 상대방 행위의 수정을 유도해내는 방법이다.

상호주의는 통상 안정된 관계에서 지속성을 갖는다. 즉 미래의 잔영을 멀리 가져갈 수 있는 것이다. 남북관계가 더욱 두터워지기 위해서는 북한 정권의 안정이 요구된다. 안정된 북한 정권만이 남한과의 상당한 정도의 관계개선과 협력 관계를 만들어 갈 수 있고, 남측과 협상할 수 있다. 그 반대로 불안정한 북한 정권은 불가피하게 남한에 대해서 문을 닫을 것이며, 공격적인 자세를 취할 가능성도 있다. 그것은 우리 측의 이익에 부합하지 않을 것이다. 또한 남한이 북한과 협상하고 협력 관계를 쌓아 나가는 데서 북한 정

---

105) 박형중, 『불량국가 대응전략』(통일연구원, 2002), p.40.
106) 위의 책, p.48.

권의 체면, 그리고 내부체제의 안정에 대해서 신중히 배려할 때에만, 남북관계는 지속적으로 유지될 수 있을 것이다.

이러한 남북한 관계의 발전은 동서독 관계의 발전과 유사한 의미를 갖는다. 우리의 대북정책과 독일의 신동방정책은 주도적이고 '공세적인 긴장완화' 정책이다. 이 정책은 우리측의 안보와 체면을 전혀 손상하지 않으면서도 일방적이고 선행적으로 취할 수 있는 여러 조치들을 통해 점진적으로 상대측과 신뢰관계 형성과 협력관계를 수립해나가고자 하는 정책이다. 이러한 공세적인 정책이 관심을 가졌던 것은 상대국가와의 관계에서 남한 측의 지도력, 주도성과 책임성이었다. 즉 남한측이 북한측을 적극적으로 견인해 나가고자하는 주도적이고 공세적 자세를 유지하고자 했다는 것이다.

동서독은 1980년대 미소의 신新냉전 하에서도 자신들만의 화해협력detente을 유지했다. 남북한 사이에 상호주의의 호혜성을 바탕으로 한 공동이익이 확대된다면, 설령 한반도를 둘러싼 국제정세가 경색되더라도 남북한 사이의 데탕트를 지속적으로 유지해 나갈 수 있는 조건을 마련해 줄 수 있을 것이다. 또한 남북 간의 공동이익의 확대라는 것은 결국에 북한의 남한에 대한 '의존성의 증대'를 의미하게 될 것이다.

국가 간의 관계에서 통용되는 비탄력적 상호주의의 상징인 맞대응전략(TFT)은 상대방의 배반에 대해서 똑같은 규모의 배반으로 대응하지만, 대부분의 경우 대응이 도발보다 약간 작을 때 협력의 안정성이 강화된다. 그렇지 않을 경우 서로의 배반에 대해서 보복하는 악순환에 빠지기 쉽기 때문이다.[107]

국가 간이든 개인 간이든 지속적으로 협력이 일어나려면 상호작용이 반복되어야 한다. 따라서 협력을 증진시키는 중요한 방법은 두 집단이 나중에 다시 만날 수 있게 하고, 다시 만났을 때 서로 알아볼 수 있게 하고, 또 과거에 서로에게 어떤 행동을 했는지 기억할 수 있게 조정하는 것이 중요

107) 로버트 엑셀로드 저, 이경식 옮김, 앞의 책, p.220.

하다. 이처럼 계속적으로 이어지는 상호작용은 호혜주의에 입각한 협력이 안정적으로 자리를 잡게 해준다.

남북한 간의 상호주의를 바탕으로 한 교류와 협력을 증진하기 위해서는 다음 세 가지를 존중해야 한다. 첫째, 현재와 비교해서 미래의 가치를 더욱 중요하게 만들어야 한다. 둘째, 미래의 협력의 결과에 의한 생산물의 크기와 가치를 확대해야 한다. 셋째, 협력을 증진시킬 수 있는 가치관과 그에 대한 사실과 방법을 서로에게 가르쳐야 한다.

남북한 간의 관계에서 현재와 비교해서 미래가 더욱 중요하게 인식된다면 상호협력은 지속적이고 안정적이다. 보복의 효과가 나타날 만큼 상호작용하는 기간이 충분하다면, 보복이 상당한 효과를 발휘할 수 있기 때문이다. 즉 현재와 비교해서 미래가 덜 중요할 때에는 '어떤 형태의 협력'도 안정적이고 지속적이지 않다는 뜻이다. 따라서 북한과의 관계는 통일을 향한 미래의 잔영이 크게 드리워지도록 노력해야 한다. 즉 남북관계는 미래의 잔영을 확대해야 한다. 이를 위해서는 두 가지의 방법이 있다. 남북한 간에 ① 상호작용이 보다 오래 지속되도록 하는 것과, ② 서로 자주 만나도록 하는 것이다. 즉 남북한 간의 교류협력을 장려할 수 있는 가장 직접적인 방법은 상호작용을 오래 지속시키면서 자주 만나도록 하는 것이다.

사실상 남북한의 상호작용이 보다 자주 일어나도록 하는 가장 좋은 방법은 다른 국가들을 접근하지 못하게 막는 것이다. 예를 들어 새들은 자기의 텃세권을 만드는데[108] 이것은 많지 않은 이웃하고만 상호작용하게 된다는 의미이다. 또 이웃들하고 상대적으로 빈번하게 상호작용을 한다는 의미이기도 하다.[109] 상호작용의 빈도가 높아야 안정된 협력이 촉진된다. 따라서 북한과 중국의 관계가 밀접해지면 밀접해질수록 남북관계는 소원해 질 수밖에 없을 것이다.

남북한 간에 교류협력을 통해 상호작용을 집중시키는 것은 남북한이 더

---

108) 인간의 세계에서도 주먹세계와 상권 등의 여러 곳에서 텃세권은 자주 관측된다.
109) 로버트 엑셀로드저, 이경식옮김, 앞의 책, p.158.

자주 만나도록 하는 방법이기도 하다. 협력이라는 맥락에서 남북한 간의 상호작용이 더 자주 일어나게 하는 또 하나의 방법은 남북한의 핵심쟁점을 작게 나누어 협상하는 것이다. 예를 들어서 북한핵문제 처리나 평화협정체결 등은 여러 단계로 세분화할 수 있다. 이렇게 할 때 양측은 한두 차례의 커다란 선택을 하는 대신 상대적으로 작은 선택을 할 수 있게 된다. 이런 식으로 하면 호혜주의가 보다 효과적이 될 수 있다. 따라서 일부 주장하고 있는 '빅딜설' 등 '일괄 타결방안'은 교류협력의 증진차원에서 보면 상당히 비현실적인 안이 될 수도 있다.

남북한 협력에서 한 쪽이 부적절한 선택을 하게 되면 다음번 선택에서 상대방이 보복 차원에서 역시 배반을 선택한다는 것을 양측은 모두 잘 알고 있기 때문에 양측은 보다 조심스러울 수밖에 없다. 물론 북한핵문제 처리 등 남북한 간 교류협력과정에서 가장 큰 문제는 양측 모두 상대방이 실제로 이전 게임에서 어떻게 했는지, 즉 협력의 의무를 이행했는지 아니면 속임수를 써서 배반을 했는지를 정말 알 수 있느냐는 점이다. 따라서 상대방의 속임수를 탐지할 수 있다는 확신이 어느 정도 있기만 하면, 작은 협상을 많은 단계에 걸쳐 하는 것은 두세 단계에 결판내는 것보다 협력증진에 도움이 된다. 매우 중요한 상호작용을 덜 중요한 작은 상호작용들로 쪼개면, 현재의 선택에서 배반함으로써 얻을 수 있는 이득이 미래에 상호 협력함으로써 얻을 수 있는 이득과 비교할 때 상대적으로 적어지기 때문에 협력의 안정성을 증진시킬 수 있다.[110]

이는 동서독간의 교류협력과정에서 서독측의 '작은 걸음 전략'이 대표적인 성공사례가 될 수 있을 것이다. 남북한 간의 협력에서 볼 때는 남북 간 철도와 도로 연결도 포괄적이고 신축적인 상호주의가 점진적·발전적으로 구현되어 성공한 사례이다. 북한과의 핵과 미사일 협상은 이러한 방법이 보다 효율적일 수 있다.

---

110) 위의 책, p.161.

구분		서독조치	동독대응	상호주의 적용
정부부문		차관지원	• 정치범 석방 • 3통 문제 해결 협조 • 국경수속절차 완화	비탄력적 상호주의
		정부차원 경제협력	• 양독일간 협정체결 • 인권 개선	신축적 상호주의
		물자 위주 지원	• 삶의 질 향상, 전용 제한	신축적 상호주의
민간부문		정경분리원칙 준수	• 경제 교류협력 강화 조치	포괄적 상호주의
		인도적 지원 강화	• 청소년교류 활성화 • 민족 동질성 유지	포괄적 상호주의
		사회문화적 교류 (동독우월분야선정, 서독부담)	• 소극적 수용 • 점진적 협력 • 단계적 확대조치	포괄적 · 신축적 상호주의

동서독이 〈도표 4-6〉에서 보듯이 상호주의를 적용한 것처럼 특정사안을 놓고 볼 때는, 맞대응전략 보다 더 좋은 전략은 엑셀로드의 주장처럼 "한 번의 배반에 10분의 9만큼만 되갚는 것"[111]일지도 모른다. 이 경우에는 갈등의 메아리 효과는 누그러지지만 여전히 대가를 치르지 않는 배반을 시도해서는 안 될 동기를 준다. 호혜주의를 바탕으로 하면서도 맞대응전략 보다 약간 관용적이 되는 것이다. 즉 남북한 관계에서도 사안에 따라 엑셀로드와 코헨의 주장처럼 포괄적 상호주의가 적용될 수 있는 것이다.

남북한 관계에서 남측은 과거의 교류협력 과정에서 상호작용했던 북측의 전략을 알아보고, 그 상호작용이 어땠는지 관련된 특성을 기억하는 것이 협력을 유지하는데 반드시 필요하다. 이런 능력이 없다면 어떤 형태의 호혜주의도 실천될 수 없고, 나아가 북한측의 협력을 이끌어낼 수도 없다. 사실

---

111) 위의 책, p.168.

교류협력의 지속성 여부는 바로 남한측의 이런 능력에 달려 있다.

국제관계에서도 종종 상대방이 누구였는지 그리고 그가 과거에 어떤 선택을 했는지 잘 모르기 때문에 협력에 한계가 생긴다. 특히 최초로 제기된 국가의 문제에 대해서 국제적 통제를 실시하기 어려운 경우에 이런 문제가 더욱 심각하다. 문제는 검증과 협력이 어렵다는 것이다. 즉 상대방이 지금까지 실질적으로 어떤 선택을 해 왔는지 어느 정도 확신을 할 수 있어야 하는데 그럴 수가 없다는 말이다. 구체적인 협력방안도 도출되기 어렵다. 북한의 핵문제 처리가 어려운 문제도 여기에 해당될 수 있다. 특히 자유민주주의 국가에서 잦은 정권교체는 상대방에게 혼란을 야기할 수 있다. 지난 정권과의 그 동안의 협상결과가 순식간에 무시될 수 있기 때문이다.[112]

남북한의 통일정책은 본래 국가의 미래를 결정짓는 핵심정책이며, 민족적 염원과 인도적 차원에서 국민적 관심이 매우 높은 분야이다. 분단 상황에서의 통일에 대한 개념은 통일의 목표와 과정을 내포하고 있는 복잡한 개념으로서, 특히 남북한 간에 견해차이가 심하여 양측의 입장을 수용하는 객관적 개념을 정립하기에는 어려운 주제이다. 남북한 간의 갈등상황은 '거울영상효과mirror image effect'를 활용하여 설명할 수 있다. 즉 '적대적인 일방의 효과가 상대방에게 대칭적인 반작용을 일으키고 또 그것이 상호 상승작용을 일으키는 효과'[113]를 말한다.

특히 실질적인 통합[114]을 추구해야 하는 남북한 '특수관계'에서는 '통합이

---

112) 이러한 대표적인 사례는 미국과 북한 간에는 클린턴 정부에서 부시 정부로의 정권교체 과정에서, 남북관계에서는 노무현 정부에서 이명박 정부로의 정권교체로 확인할 수 있다. 아마 김정일을 둘러싼 북한의 지도부로서는 남북 정상 간에 이루어진 10·4선언이 새로운 정부에 의해 무시되는 현상을 이해하기 어려울 것이다.

113) 이종석, 『분단시대의 통일학』(서울: 한울아카데미, 1998), p.34.

114) 국가 간의 통합의 과정은 다양하게 설명되고 있으나, 대체적으로 다음과 같은 네 단계로 요약할 수 있다. 첫째, 국가 간에 교류 및 거래 관계가 증대하면 그러한 행위의 복잡성이 증대된다. 둘째, 이러한 복잡성 문제를 해결하기 위해 국가들은 상호작용을 정식화하게 되며, 그러한 과정에서 보다 큰 협력관계가 발생한다. 셋째, 국가들은 이러한 협력관계를 보다 더 단일화하기 위해, 또는 하나의 국가로서 정책결정을 하기 위해서 실질적이며 공식적인 제도를 창출한다. 넷째, 일단 이 단계에 이르면 독립된 단위로서의 국가들이 하나의 단위로서 통합될 가능성이 높아진다.

론統合理論, unification theory'의 적절한 활용이 요구된다. [115] 남북교류협력 분야에서 기능주의적 접근이든 신기능주의적 접근이든 비정부 부문의 행위자들은 정부의 부족한 역할수행을 다양한 방면에서 보완하고 보충할 수 있다. [116] 남북 정부 간 관계는 필연적으로 이념적 · 정치적 문제에 직면하게 된다. 이로 인해 작금의 상황에서처럼 때에 따라서는 대립과 대결 구도로 나타나서 남북관계는 침체되거나 중단될 수도 있기 때문이다. 이런 경우라도 비정부 부문의 행위자들은 정치적 문제를 배제하고 사회문화교류를 할 수 있으며, 남북 주민 및 단체 간 교류에서 이념적 갈등을 완화시킬 수 있다는 것이다. 즉, 남북정부간 첨예한 대립으로 공식적 통로가 중단된 상황에서도 이러한 비정부 부문의 행위자들을 통해서 접촉할 통로를 열어 놓을 수 있다. 이러한 비공식 통로는 대립적 관계의 완충역할을 할 수도 있다. 즉 사안에 따라 정부와 민간부문이 서로 보완적으로 업무를 추진하는 신축적인 상호주의 전략이 요구된다.

남북한 관계와 남북한의 교류협력문제는 남북한 간의 협력과 갈등문제에 국한되는 것이 아니다. 이 문제는 바로 주변4국과 연결되며, 남한 사회 내

---

115) 통합이론은 비교적 동질적인 국가들이 평화적인 방법에 의해 하나로 결합되는 양상, 방법을 설명하기 위해 개발된 이론이다. 따라서 남북한같이 이념적으로는 물론 체제의 성격이 근본적으로 다른 두 개의 체제로 분단되어 군사적 대치상태에 있는 분단국의 통일문제를 설명하기에는 한계가 있다. 그러나 통합이론은 통합방법과 전략의 측면에서 일정한 유용성을 가지고 있다. 또한 통합이론은 국가 간 분쟁의 평화적인 해결제도 확립과 상호협조를 통한 공영체제의 수립이라는 적극적 평화개념에서 출발하고 있다는 점에서 남북정치공동체의 형성방안을 마련하기 위한 이론적 준거로서 어느 정도의 타당성을 발견할 수 있다.

116) 정치통합의 결과로서 정치공동체의 형성을 지적하고 있는 통합이론은 정치통합에 이르는 방법론적 맥락에서 다원주의, 연방주의, 기능주의, 그리고 신기능주의 등으로 분류된다. 다원주의 이론이 설명하려는 통합은 안전공동체의 형성을 의미하기 때문에 국가 간의 전쟁이 제거된 상태이지 개별국가의 주권이 소멸된 상태를 의미하지는 않는다. 연방주의 이론은 통합이 국가의 주권, 권력배분 및 정치 엘리트의 행위와 직접적으로 연관된 정치적 현상으로 보고 있다. 기능주의 이론은 기술과 경제적 변화가 국제관계의 구조적 변화를 초래하며, 국경을 초월한 기술혁신과 경제활동의 팽창은 영토보존과 배타적 주권을 보호하는 국가의 기능을 상실케 한다고 주장한다. 신기능주의 이론은 정치공동체가 형성되는 과정을 자동적인 것으로 보지 않는다. 이들은 기능주의 이론이 무관심했던 정치적 변수에 관심을 두고, 정치공동체의 형성과정에서 정치적 변수를 중시, 정치적으로 중요한 과업을 선택하여 통합을 계획하는 것이 필요하다고 주장한다.

에서의 갈등문제에도 중요한 영향을 줄 수 있다. 이미 남남갈등의 문제가 대북 통일전략에서 남한사회의 통합을 저해하는 요소가 되고 있다는 것은 새삼스러운 일이 아니다. 즉 남한 내에서도 이념적 갈등과 방법론적 관점의 차이가 극명하게 드러나고 있다는 것이다. 따라서 각각 보수와 진보 한 쪽을 대변하는 비탄력적 상호주의와 포괄적인 상호주의만으로는 이 문제를 해결할 수 없다. 신축적 상호주의가 필요한 또 다른 이유이다.

남북한 문제는 국제적으로 핵문제, 동북아의 평화체제 및 북한 내부문제에 대한 처리 등 다양한 이슈영역을 내포하고 있다. 따라서 이러한 문제들을 둘러싸고 있는 행위자 역시 다양하며, 이들은 북한을 대상으로 복잡한 활동을 전개하고 있다. 이와 같은 복잡하고 다변화하는 환경 속에서 통일정책의 수요는 급증하고 있지만, 기존의 비탄력적 상호주의 또는 포괄적 상호주의 전략만으로 이 문제를 해결하기에는 어려움이 있다. 즉 행위자의 복잡성과 문제의 다양성과 같은 조건에서 기존의 전략으로는 효율성과 효과성을 기대하기 어렵게 만든다. 맞대응전략에 기반을 둔 비탄력적 상호주의나 포용과 양보를 위주로 한 포괄적 상호주의만으로 북한측의 협력을 유도할 수 없다.

이러한 복잡한 상황에서는 신축적인 상호주의를 적용하여 문제를 점진적·단계적으로 해결해 나가는 것이 최선일 것이다. 따라서 남북한이 교류협력을 증진시켜 평화통일을 달성코자 한다면, 관련 사안과 참가국들의 입장을 고려하여 호혜성에 바탕을 둔 신축적 상호주의가 주된 전략으로 자리 잡아야 할 것이다. 남북한 교류협력에서 상호주의 적용모형은 〈그림 4-4〉에서 보는 바와 같다.

결론적으로 제로섬게임의 논리보다 상생의 '원원win-win원리'가 작동해야 하는 남북한 관계에서 전체적으로 좋은 성과를 올리기 위해서는, 매번 북한보다 잘해야 할 필요는 없다. 특히 다양한 분야에서 수많은 상호작용을 해야 하는 경우라면 더욱 그렇다. 내가 주의해서 잘한다면, 북한측이 남한 측과 같거나 조금 높은 점수를 얻도록 내버려 두어도 좋다.

〈그림 4-4〉 남북한 교류협력에서 상호주의 적용의 종합모형

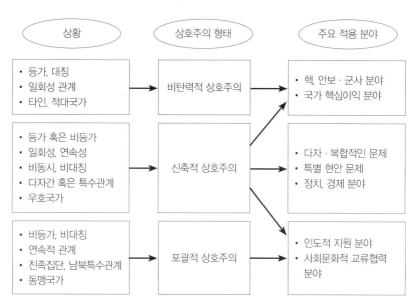

* 남북한 문제는 특수관계 적용. 국력이 우세하고 통일을 주도할 남한 측에서 가능한 비등가, 비동시, 비대칭의 신축적 상호주의 전략 구사 요구

　　남북한 쌍방은 김대중정부와 노무현정부에서 실시되었던 당국 간 장관급 회담을 포함한 각종 회담을 정례화해야 한다. 남북한의 정치·군사적 긴장 완화와 상호주의의 핵심요소인 상호신뢰 부족 등은 포괄적인 남북한 관계의 불안정 요인으로 작용하고 있다. 남북경협의 경제외적 제약요인은 남북 당사자 간 화해협력 분위기 조성과 같은 노력을 통해 상당부분은 해소될 수 있다. 남북 당국 간 회담의 정례화를 통해 포괄적인 남북관계의 개선과 이를 통한 남북경협의 발전을 기대할 수 있을 것이다.

　　서로 만나서 이야기를 해야만 상호주의가 작동할 수 있는 기반인 이해와 신뢰를 구축할 수 있다. 즉 상호주의 적용의 핵심요소인 '미래의 잔영'을 길게 가져갈 수 있는 것이다. 남측이 해결하고자 원하는 북한의 핵, 인권과 안보불안에 대한 해결책은 단·중기적으로는 상호주의를 효율적으로 적용

해야 모색될 수 있으며, 장기적으로는 평화통일이 되어야 완전히 해결될 수 있다.

지금까지 기술한 정치 · 심리전략을 추진목표, 추진기조와 추진과제를 체계화하면 〈도표 4-7〉 정치 · 심리전략 체계도와 같다

〈도표 4-7〉 정치 · 심리전략의 체계도

구분	세부내용
추진목표	• 다원적 자유민주주의 국가 건설 • 삶의 질이 보장된 품격 있는 사회 정착 • 올바른 국가전략의 수립 및 추진
추진기조	• 미래지향적인 시대정신 창출 • 성숙된 자유민주주의사회 건설 • 견실한 제도의 정착 • 국익을 위한 화합과 통합의 여건 조성 • 전쟁지도개념과 수행체제의 발전 • 상호주의전략의 효율적 적용
추진과제	• 미래지향적인 시대정신 강화 • 일류국가 지도자 양성 • 개방 · 통합 리더십 개발 • 부패방지시스템 정착 • 생산적 정치체계 구현 • 견실한 제도의 보완 • 작고 효율적인 정부 • 법치주의 확립 • 국가경영능력 제고 • 공공부문 효율성 극대화 • 갈등구조의 통합 및 화합 • 전쟁지도개념과 수행체제 발전 • 상호주의 전략의 효율적 적용 • 국가전략 수행능력 확충

제4절
경제안보전략

안보전략에서 국방과 경제는 수레의 양 바퀴다. 한 나라의 국방능력은 경제적인 능력으로부터 직접적인 영향을 받는다. 군사력을 유지할 수 있는 경제적인 능력의 유무, 초정밀 무기체계를 생산할 수 있는 과학기술과 산업의 유무, 전략물자의 생산능력, 안정된 군수물자의 생산과 공급능력 등은 국가안보에 직접적인 영향을 미친다.

경쟁력 있는 강한 경제력을 갖지 못한 나라가 단기간에 걸쳐 강한 군사력을 가질 수는 있다. 그러나 이런 상황이 지속되면 이는 바로 그 나라의 존망으로 이어질 수 있다. 또한 아무리 강한 경제력을 갖춘 나라도 지속적으로 강한 군사력을 유지하게 되면 바로 경제의 성장동력이 약화되어 언젠가는 패망하게 됨을 과거의 로마와 수나라 등 강대국의 흥망을 통해 우리는 바로 알 수 있다.

전쟁이나 분쟁은 많은 경비가 들어간다. 우리는 미국과 같은 초일류 강국이 월남전이나 아프가니스탄전 등으로 휘청대는 모습을 보고 있다. 대한민국도 그 동안 엄청난 분단비용을 지불하고 있다. 그러한 분단비용의 지불도 대한민국이 경제적인 성장을 지속해 왔기 때문에 가능하였다. 북한은 과도한 국방비를 지출하느라 경제성장력은 둔화되고, 국민들은 가난으로 신음하고 있다.

경제력은 국가와의 관계에서 힘으로 나타난다. 즉 국력의 중요한 지표이다. 따라서 경제력은 국제체제 속에서 국가의 위상을 결정한다. 경제력이 강해야 국가의 동원 능력이 강화되고, 전쟁지속능력도 제고된다. 기술력이 강해야 양질의 우수한 무기체계를 확보할 수 있다.

경제안보의 대상은 개인, 기업, 국가가 될 수 있다. 이때 국가가 경제안보의 주체가 되면 경제안보는 곧 국가안보의 일부가 된다. 따라서 여기서는 경제안보 분야 중 국가에 관련된 사항을 중점적으로 기술할 것이다.

1. 경제안보전략의 목표

(1) 부강하고 역동적인 나라

세계 어느 나라나 부강한 나라가 되기 위해 노력한다. 잘 살아야 강한 나라, 삶의 질이 보장된 나라가 될 수 있다. 강한 국방력을 유지할 수 있다. 국가의 안전과 국민의 재산이 지켜질 수 있다.

인간의 역사는 끊임없이 새로운 부를 창출하려는 피눈물나는 투쟁의 역사였다.[117] 제한된 자원을 가지고 보다 양질의 부를 많이 만들어 내려는 끊임없는 탐구와 혁신의 역사였다.

부는 귀한 것이다. 그런데 귀한 부를 창출하는 역할, 즉 국부창출의 주된 역할을 맡고 있는 것이 바로 기업이다. 부를 귀하게 여긴다면 기업도 귀하게 보아야 한다. 우리나라에 만일 활기차고 다이내믹한 기업이 없었다면 우리는 아직도 보릿고개를 걱정하여야 하는 후진국에 머물러 있었을지 모른다. 오늘날 북한경제의 어려움도 실은 제대로 된 기업이 없기 때문이다.

일반적으로 부를 귀하게 여기고 '국부國富'를 소중히 하면서 기업과 부자를

---

117) 우리 사회에서 부의 창출을 막는 가장 중요한 원인은 재산권 보호가 안 된다는 점이다. 예를 들어 세금은 일정 이상을 넘어 최근처럼 '폭탄'이라는 소리를 들을 정도라면 개인 재산을 약탈하는 것으로 봐야 한다. 이런 상황에서는 부의 창출에 몰두하기보다는 이미 갖고 있는 재산을 어떻게 지킬 것인지에 대해 자원을 투입하게 된다. 우리나라는 재산권에 대한 개념이 없다고 해도 과언이 아니다. 남미 최고 경제학자로 꼽히는 에르난도 데소토가 얘기한 "재산이 있어도 재산권으로 보호되지 않으면 재산이라는 자본이 사장된다"는 말에 대한 의미를 생각해 봐야 한다(매일경제, 2006년 9월 11일).

칭찬하고 존경하는 나라는 발전한다. 그러나 개인적으로는 부를 좋아하면서도 사회적으로는 비판하는 나라, 부자를 시기하고 기업을 매도하는 나라는 결코 발전할 수 없다. 우리나라가 앞으로 잘사는 나라가 되어 선진국에 진입하려면 반드시 부를 소중히 하고, 기업을 아끼고 칭찬하며 기업가를 존중하는 나라가 되어야 한다.

대한민국이 보다 잘사는 나라가 되는 시점에는 단순히 경제규모 10위권 국가로서가 아니라 세계경제의 핵심국가 간의 협의체라는 실체적 개념으로서의 G-10국가 군에 진입하여 국제적 위상을 확보할 필요가 있다. G-10 가입은 대한민국이 중국 및 일본과 함께 동아시아와 세계경제의 흐름에 능동적으로 참여할 수 있는 경제력을 확보하였음은 물론, 북미주, 유럽, 동아시아의 3대 경제권 및 선진국과 후발개도국간의 이해를 중재 · 조정할 수 있는 세계경제의 교량국가橋梁國家, Bridge State로서의 독창적인 정치적, 사회적, 문화적 역량을 확충하였음을 의미하는 것이다. 즉 잘사는 나라이자 부강한 나라가 되는 것이다.[118]

물론 G-10가입은 실현가능한 목표이다.[119] 그러나 그것은 대한민국의 경제력은 물론 정치 및 사회적 역량의 지속적인 함양을 요구하는 매우 어려운 과제임이 분명하다. 이러한 일류강국으로서의 위상 정립은 '성장과 분배의 조화' 혹은 '동반성장'의 실현과도 맥락을 같이 한다.

부강한 나라가 되기 위해서는 지속적인 경제성장이 필요하다. 이 과정에서는 무엇보다 양극화 및 분배문제에 대한 적절한 정책 대응이 유지되어야 한다. 좋은 국가전략은 국가를 번영 · 발전시키며, 국민을 잘사는 행복한 시

---

118) 앨빈 토플러는 그의 저서 『부의 미래(Revolutionary Wealth)』에서 부를 창출할 심층기반으로 시간 · 공간과 지식을 세 가지 키워드로 제시하고 있다. 그는 한반도 미래의 핵심은 '시간'이라고 주장한다. 부의 중심축이 미국에서 아시아로 공간적으로 이동할 것이라며 중국, 일본과 나란히 대한민국을 중시하고 있다.

119) 골드만삭스의 『세계 경제 보고서』에서는 우리나라가 2050년 세계 2위의 부자나라가 된다고 전망했다. 대한민국은 2050년에는 1인당 GDP 9만 294불을 기록하여 일본과 독일을 따돌리고 1인당 GDP 9만 1,683불인 미국에 이어 세계 2위를 차지할 것이라고 내다봤다. 단, 계속적인 첨단 산업발전과 남북관계의 평화적 토대가 뒷받침되어야 한다는 것이다. 앞으로 우리 경제가 세계 2위가 되기 위해서도 국가안보와 평화체제는 필수적이라고 지적한 것이다.

민으로 만든다.

한국인은 부지런하기로 소문나 있다. 해가 가장 먼저 뜨고 가장 늦게 지는 나라가 대한민국이다. 세상에서 가장 '빨리빨리' 사는 민족이다. 이런 극성 덕분에 대한민국은 세계 유례가 없는 압축 성장을 이뤘다. 그만큼 우리나라는 역동적인 나라이다. 그 역동성이 오늘의 대한민국을 만들었다. 대한민국이 부강한 나라가 되기 위해서는 그 역동성이 유지되어야 한다.

이러한 역동성은 국민의 기상을 긍정적 적극적으로 바꾸어 놓음으로서 국가의 안전보장에 크게 기여한다. 부강하고 역동적인 나라가 되면, 국가차원의 방위태세를 강화할 수 있다.

북한의 오늘날의 어두운 실상은 1960년대 초반부터 '4대 군사로선'을 추구하면서 강함(군사력)을 갖추기 위하여 국가예산의 약 절반을 국방비에 투자하며 국가의 부를 낭비하였기 때문이다. 부와 강을 겸비하는 것은 쉽지 않는 안보전략의 과제이다.

(2) 더불어 잘사는 경제공동체

국가는 좋은 경제안보전략을 수립하여 경제발전을 통해 국민들이 풍요롭게 살 수 있는 터전을 만들어야 한다. 지난 50여 년간 연평균 8%를 넘는 고도성장을 지속적으로 이룩한 나라는 대한민국을 제외하고는 아직까지 지구상에 없다. 중국이 이를 구현하려고 따라오고 있을 뿐이다. 아프리카의 가나 등과 더불어 세계 최빈국에 속했던 대한민국이 불과 1세대 남짓한 기간동안에 국민소득 2만 달러를 넘는 수준의 선진국의 문턱에 도달했다는 것은 그야말로 엄청난 대기록이다.

지속적인 고도성장 속에서 소득 불평등 정도가 꾸준히 개선되어 왔다는 사실도 대한민국이 이룩한 대기록 중의 하나이다. 소득 불평등도를 나타내는 지표로 사용되는 지니계수를 보면 이 점을 분명히 확인할 수 있다.[120]

---

120) 지니계수는 0과 1 사이의 값을 가지며, 0에 가까울수록 소득이 균등하게 분배되고 있다는 것을 의미한다.

이러한 사실을 외면한 채 '소득분배가 극도로 악화되었다'고 과장되게 강조하면서 분배논쟁을 벌이는 것은 사실과도 부합되지 않을뿐더러 누구에게도 이롭지 못하다. 세계경제위기 속에서 지금처럼 경제 상황이 불안하거나 정치·사회가 위기에 처하게 되면 가장 많은 피해를 받는 계층이 低소득층이다. 低소득층을 위해서라도 경제라고 하는 나무를 흔들지 말고 소중하게 잘 가꾸어 나가야만 한다.

"한국인은 자신들이 이룩한 것이 얼마나 대단한지를 모르는 유일한 민족"이라는 유머가 있다. 우리는 지난 반세기 동안 산업화와 정보화, 그리고 민주화를 이루어 최빈국에서 선진국의 문턱에 이른 지구상의 유일한 민족인데도 불구하고 자신들의 성취를 낮춰보고 역사를 비판하고 영웅을 만들지 못하고 있다.

이렇게 자부심이 부족한 사회는 외부로부터의 비판에 자유롭지 못하다. 구성원 상호간에도 서로를 너그럽게 이해하려는 관용과 타협심이 부족하다. 대한민국이 이룩한 성과를 폄훼하려는 일부의 사람들은 우리의 경제성장의 역사를 종종 '분배를 도외시한 성장 일변도'라거나 '빈익빈 부익부貧益貧 富益富의 과정'이었다고 주장한다. 그러나 이는 사실과 전혀 다르다.

우리 속담에 배고픈 것은 참아도 배 아픈 것은 못 참는다는 말이 있다. 지금 우리 사회가 배고픔의 문제와 배 아픔의 문제가 혼재되어 있는 것은 사실이다. 그 중 배 아픔의 문제가 더욱 심하다. 그러나 배 아픔의 문제는 시장도 정부도 쉽게 해결할 수 있는 것이 아니다. 그것은 개인이 자기혁신을 통해서 시장 내에서 적응력을 갖는 길밖에 없다. 갈등통합의 리더십이 전제되지 않고는 어떤 묘책을 내놓아도 결국 실천이 이루어지지 않을 것이다. 이런 갈등을 해소하고 문제를 해결하는 역할을 정부와 정치가 해주어야 한다.

우리 사회는 더불어 잘살게 되면 안정이 된다. 사회가 안정이 되면, 사회 구성원이 단결되어 안보가 튼튼해진다. 풍요로운 국민으로 살기 위해서는 현재 만들어진 제도가 평범한 국민들의 삶의 질의 보장과 보호의 기능을 수행할 수 있도록 내실을 갖추어 가는 것이 무엇보다 우선되어야 한다. 왜냐하면 평범한 국민이 진정으로 바라는 것은 하루하루에 벌이가 나아지고, 고된 일과 후에 편안하게 쉴 수 있고, 안정된 보금자리에서 가족들과 함께 화목하게 지내는 생활이다. 서민들이 원하는 것은 무슨 거창한 정치개혁의 구호가 아니고, 향상된 삶의 질을 통해 행복하게 사는 것이다.

그리고 가족의 가치를 중시하는 여건을 조성하여 사회의 기초질서 단위로서 '개인'과 '가족'의 가치를 동등하게 중시하는 분위기를 조성해 나가야 할 것이다. 인간성 회복운동의 전개로 가진 자가 소유하고 있는 가치를 사회에 자발적으로 환원함으로써 상호 인간성을 존중하는 분위기를 확산시켜야 한다.

우리 모두는 풍요로운 국민이 되고 싶어한다. 풍요롭게 살기 위해서는 물질적인 만족보다는 정신적인 만족을 중시하여야 한다. 행복은 잘사는 순이 아님을 앞에서 언급하였다. 따라서 정부는 국민들이 정신적인 풍요를 느낄 수 있도록 국가전략을 수립하여야 한다.

더불어 잘사는 문제는 남북한 관계에서도 적용된다. 남북한 공동번영을 실현하기 위해서는 통일의 주체인 대한민국이 경제 분야에서 경쟁력을 우선적으로 확보하여야 한다. 남쪽에서부터 더불어 잘사는 경제공동체가 정착되어야 한다. 대한민국 경제가 이러한 장기 안보전략의 통합적 추진의 촉진 및 지지 요인이 되기 위해서는 국제경쟁에서 이겨야 하며, 이를 위해 취약한 경제운영 구조를 개선해 나가야 한다.

한민족 경제공동체의 구현을 위해 노력해야 한다. 준 강대국의 위상 확보 및 강화를 위하여 한민족의 공동체적인 경제활동을 장려해야 한다. 해외동포를 대한민국이 세계적 위상을 확보하는 교두보(橋頭堡)이자 민족자산으로 간주하여 국가안보전략 차원에서 보호해야 할 것이다.

대한민국이 더불어 잘 사는 공동체가 되면 북한의 혁명전략은 유명무실해진다. 북한주민들이 우리 사회를 동경하면 할수록 체제경쟁에서 대한민국이 승리할 수 있다. 이것은 동서독의 통일과정에서 입증되었다.

(3) 국가안보에 기여하는 활력있는 경제

경제가 국가안보에 기여하기 위해서는 활력이 있어야 한다. 정보화시대의 혁신기술을 흡수하여 신기술을 창출하고, 이 신기술은 바로 국방기술과 방위산업의 발전에 연계되어야 한다.

21세기는 지식정보화 시대이다. 우리나라는 지식정보의 분야에서 세계 최첨단을 달리고 있다.[121] 지식정보화 시대란 부의 원천, 새로운 가치의 원천이 지식과 정보에서 나오는 시대이다. 이제는 어느 나라가 새로운 지식과 정보를 보다 많이 생산하여 내는가에 따라 그 나라의 부의 수준生産性이 결정된다. 따라서 부유한 선진국은 큰 땅이나 큰 공장을 많이 가진 나라가 아니라, 세계 최고의 대학과 최첨단 연구소, 지식집약적인 新성장산업(IT, BT, ET, NT, CT, GT, 레저서비스, 지식기반서비스, 첨단금융)을 많이 가진 나라이다. 바로 이러한 신 성장산업과 기술은 국방기술의 발전과 안보분야에 직간접적으로 기여하게 된다. 요즈음은 신기술 하나가 전쟁의 양상까지도 변화시킬 수 있다.

우리가 이런 지식정보 분야의 장점을 활용하여 선진일류경제에 진입하려면 경제의 혁신능력을 크게 높여야 한다. 혁신革新, Innovation이야말로 선진경제 진입을 위한 키워드다. 혁신을 극대화하기 위하여 민, 관, 군이 서로 자신이 가지고 있는 정보와 지식, 인적 · 물적 자원을 총동원할 수 있어야 한다. 그리고 이들 정보와 자원을 국가 전체의 관점에서 가장 효율적으로 배분하고 생산적으로 활용할 수 있어야 한다. 이 일을 민과 관이 협력하여 성공적으로 해내는 것이 바로 '민관군협치民官軍協治'이다. 이를 위하여서는 이들이 수평적 관계에서 좀더 많은 정보교류를 하여야 하고, 보다 효율적인 자원배분을 위하여 여러 형태의 사전 · 사후적인 협조도 이루어져야 할 것이다.

---

121) 대한민국은 "제3의 물결 흐름에서 더 이상 벤치마킹할 모델이 없다"(미래학자 앨빈 토플러), "대한민국은 지난 10년 간 초고속인터넷, 디지털멀티미디어방송, 온라인게임에서 훌륭한 개척자 역할을 해 왔고, 앞으로도 그런 역할을 할 것이다"(빌게이츠 마이크로소프트 창업자).

혁신주도형 경제로의 전환은 무엇보다 경제위기 극복과 G-10 진입의 토대 마련을 위해 절실한 과제이다. 이를 위해서 우선 '정부주도의 요소 투입형'으로부터 '혁신주도의 지식 기반형'으로 전환함으로써 국가의 새로운 성장동력을 확충해야 한다. 또한 노동과 자본 투입 증대의 한계를 극복하고 기술개발 및 확산, 인적자원의 질적 제고, 제도개혁, 사회 갈등 해소 등을 통하여 생산성 기여도를 증대시켜야 할 것이다. 북한군에 비해 양적으로 열세인 군사분야에서 신기술개발을 통해 질적인 우세를 강화해 나가야 한다.

대한민국이 1인당 GDP 4만 달러 이상의 일류국가가 되기 위해서는 혁신주도형 경제로의 전환이 필수적이다. 그리고 중국 및 동남아 국가 등 개도국들의 산업화에 필요한 핵심부품 및 설비투자 수출을 증대함으로써 국내 기술집약적 산업의 획기적 발전을 도모해야 한다. 즉 전자, 자동차, 화학 등 현재의 최종재 중심의 기간산업이 핵심소재부품 중심으로 개편되는 산업구조 고도화정책을 추진해야 한다. 이를 위해서 중국 및 동남아 국가들과의 FTA 체결이 바람직하다. 이 밖에도 성장동력과 고용창출의 새로운 원천으로서 서비스산업과 지식기반 산업의 비중을 증대시켜 나가야 할 것이다.

21세기 최대의 생산수단은 인간 그 자체와 떼어 놓을 수 없는 '지혜'와 '감성' 등이다. 기업과 단체가 존속·번영하기 위해서는 항상 창조적 변혁을 계속하지 않으면 안 된다. 기업경영에서는 큰 만족을 보다 효율적으로 제공할 수 있는 기업과 단체만이 발전할 수 있다. 그것이 창조적 기업경영의 핵심이론이다.[122]

21세기는 지식과 정보가 가장 중요한 경제적 자원이 될 것이며, 자본과

---

122) 톰 피터스(Tom Peters)는 시스템이나 계획보다 사람과 열정이 초우량 기업을 만든다고 생각한다. 그는 "기업을 움직이는 것은 사람이고 기업의 생명력은 창조성과 상상력이다. 피터 드러커는 시스템이 좋다면 경영이 다 잘될 것이라고 하지만 어떤 시스템이든 시간이 지나면 관료적으로 된다. 나는 행동을 중요시한다. 초우량 기업이 되기 위해서는 혁신이 중요하며, 진정한 혁신은 멋진 아이디어를 실제로 시험하고 거기서 뭔지를 배우는 과정이다. 미쳐 보일 정도로 새로운 것을 하다가 실패하는 것은 문제가 아니지만, 성공해도 별 이득이 될 것 같지 않은 프로젝트를 2년간 붙들고 있는 것은 문제이다. 멋진 실패에는 상을 주고 평범한 성공에는 벌을 주라. 혁신에 성공하기 위해서는 에너지가 넘치는 열정 있는 사람이 필요하다"라고 주장하고 있다.

기술의 이동이 자유로운 세계시장에서 진정한 국가경쟁력의 결정요소는 인적자본의 질이 될 것이다. 기업운영은 물론이고 각종 공공단체의 운영에도 세계화 및 정보화, 운영관리의 첨단화를 반영해야 한다. 우수한 지식기반을 조성하여 대한민국의 우수한 인적자원의 국내외 활용성을 극대화하도록 관리해야 한다.

정보혁명과 지식혁명의 진전에 따라 지식과 정보의 비중이 높은 '지식기반산업Knowledge-based Industries'을 중심으로 산업의 급속한 재편이 이루어지고 있고, 골드칼라가 새 시대의 새로운 지배계급으로 부상하고 있으며, 정치권력의 재편을 위한 이러한 새로운 계급의 도전이 가시화될 것이다.

경제의 질을 높이기 위한 시장질서정책은 경제 선진화를 위한 가장 기본적인 자유주의정책이다. 일류경제를 이룩하기 위한 자유주의정책의 핵심은 한마디로 자유, 공정, 투명한 시장질서 속에서 투자자유의 극대화이다.[123]

고용의 질을 개선하기 위해서는 좋은 직장이 다수 창출되어야 한다. 그러나 부가가치가 높은 산업이 새로이 나타나지 않는다면 불가능하다. 따라서 고부가가치산업의 등장을 위해서는 인적 자본에 대한 투자가 선행되어야 하며 무엇보다도 교육의 질적 개선이 전제되어야 한다.

적극적으로 외국인 투자를 유치해야 한다. 우선 외국인 투자는 대한민국에 많은 득을 가져온다. 대한민국에 유입되는 해외 자본과 기술, 선진경영기법은 우리 기업들이 성장할 수 있는 밑받침이 된다. 외국 기업이 대한민국 기업을 잠식한다는 것도 지나친 우려이다. 세계1위 기업인 월마트가 처음 대한민국 시장에 진출했을 때 많은 사람이 대성공을 예상했다. 하지만

---

123) 경제발전론에 있어서 시장과 정부의 역할은 늘 대립적 관계 속에서 논의된다. 시대에 따라 발전에 있어 시장의 중요성이 강조되기도 하고 때로는 정부의 적극적인 역할이 옹호되기도 했다. 정부의 개입이 시장실패를 교정하기 위해 필요하다는 주장에서부터, 복지국가 구현을 위한 보다 적극적인 정부의 재분배정책이 필요하다는 주장, 나아가서는 후진국의 개발을 위해서는 정부의 보다 광범위한 산업 정책적 개입이 필요하다는 주장까지, 다양한 측면에서 정부의 시장개입이 옹호되어 왔다. 그러나 20세기 후반 이후에는 대체적으로 정부의 개입을 최소화하고 시장의 자율조정기능을 보다 강화시키는 것이 경제·사회 발전에 유익하다는 데 생각이 모아지고 있다.

10년도 되지 않아 월마트는 대한민국 기업에 자리를 내주었다. 프랑스의 까르푸 역시 대한민국 기업에 매각됐다.

경제가 혁신적이면 방위산업의 효율성이 극대화되고 국방기술이 발전하게 된다. 경제가 활력이 있으면 사회분위기와 기업의 활성화를 통해 국가의 총력방위체제에 기여하게 된다. 경제는 안보를 선도하는 역할을 수행한다. 활력 있는 경제는 튼튼한 안보의 초석이다. 총력안보태세의 확립과 적정 국방비의 지출은 바로 경제역량에서 나오기 때문이다.

2. 경제안보전략의 추진기조

(1) 역동적인 시장경제체제로 성장동력 유지

경제가 지속적으로 성장하지 못하면 국방비 투자는 감소되고, 안보태세는 약화될 수 있다. 지금 세계 경제위기로 신자유주의 사고와 자유시장경제체제의 문제점에 대해 많은 논란이 되고 있다. 그러나 경제안보전략을 수립함에 있어서 잊어버려서는 안 되는 세 가지 원리가 있다. 그것은 통합원리, 순환원리, 그리고 경쟁원리다.

먼저, 통합원리는 국가경제 전체를 하나의 유기체로 보고 전체가 활기 있게 성장하는 정책을 펴야 성공한다는 것이다. 정치적 의도가 앞서서 어떤 특정한 계층에 대한 혜택이 우선시되는 정책을 썼다가는 경제 전체가 삐걱거리고 뒤틀리게 된다. 따라서 나라경제 전체가 부문 간 구별 없이Sector-Neutral 활발하게 돌아가도록 정책 수단을 개발해야 한다. 순환 원리는 경제 성장의 핵심인 '기업'이 활발히 움직이도록 하여 그 여파가 경제 전체에 미치도록 하는 정책을 써야 한다는 원리다. 경쟁원리는 자유시장의 기본원칙을 말한다.

우리나라 헌법은 "대한민국의 경제질서는 개인과 기업의 경제상의 자유와 창의를 존중하는 시장경제를 기본으로 한다"고 선언하고 있다(헌법 제119조 제1항). 또한 모든 국민의 재산권은 보장되기 때문에(헌법 제23조) 개인과 기업의 경제활동에 대해서는 국가가 개입하지 않는 것이 원칙이다. 다만 불가피한 경우에 예외적으로 개입할 경우에는 법률에 근거가 있어야 하며, 그 경우에도 최소한도에 그쳐야 한다.[124]

너무도 자주 인용되는 구절이지만 애덤 스미스는 국부론[125]에서 "우리가 저녁식사를 할 수 있는 것은 푸줏간, 양조장과 빵집 주인의 호의 때문이 아니라 그들이 스스로의 이익을 위해 일하기 때문이다. 각 개인은 그들의 사적인 이익만을 추구하는데 이 과정에서 보이지 않는 손Invisible Hand에 의해 의도되지 않았던 공공의 이익을 달성하게 된다."라고 강조하였다.

그러나 스미스의 자유방임주의는 무질서가 아니라 공정한 법질서를 필수조건으로 한다. 개인의 재산이 보호 받지 못하고 반칙이 횡행하는 무법천지에서는 아무도 열심히 일하지 않으므로 이를 막는 공정한 법질서의 확립이 국가의 첫째 임무임을 스미스는 분명히 하였다.[126] 따라서 그가 시장경제의 원동력으로 강조한 '자기사랑Self-love'은 '이기심Selfishness'과 다르다. 이기심은 법을 지키지 않는 무분별한 탐욕인 반면, 자기사랑은 '정의의 법'을 지키면서 자기이익을 추구하는 것이다. 그래서 스미스는 이기심이란 말 대신에

---

124) 헌법 제23조 ③항에서는 "공공필요에 의한 재산권의 수용·사용, 또는 제한 및 그에 대한 보상은 법률로써 하되 정당한 보상을 지급하여야 한다"라고 명시하고 있다.

125) 애덤 스미스가 1776년에 『국가의 부의 본질과 원인에 관한 연구(An Inquiry into the Nature and Causes of the Wealth of Nations)』라는 제목으로 출판한 이 책은 900쪽이 넘는 방대한 분량으로 노동가치설, 분업과 시장경제의 효율성, 독점과 정부규제의 폐해, 사유재산제도의 중요성 등 자본주의경제의 기본원리를 명확한 논리와 많은 사례를 들어 알기 쉽게 설명하고 있다. 스미스는 자연조화설(自然調和說)에 따라서, 자유로운 시장에도 하나님의 섭리인 '보이지 않는 손(Invisible Hand)'이 존재하여 모든 거래를 조화롭게 만든다고 보았다. 국부론은 시장의 실패라는 자본주의의 문제점을 보지 못하였다는 한계를 갖고 있다. 이는 빈부격차, 불황과 실업, 공해와 같은 시장의 실패들이 아직 분명하게 나타나지 않았던 18세기에 스미스가 살았기 때문이다. 그러나 자본주의가 경제와 사회를 발전시킨다는 것은 역사적으로 증명되었다.

126) 경제가 제대로 돌아가기 위한 또 하나의 요건은 재산권의 확립이다. 윌리엄 번스타인(William Bernstein)은 국가의 번영에 필요한 첫 번째 요소로 재산권의 보장을 꼽는다. 인류의 실질소득은 1500년까지 거의 늘지 않았다. 이후 1820년까지 완만하게 증가했으며, 1820년 이후 유럽과 미국에서 갑자기 역동적으로 늘었다. 번스타인은 이런 현상이 우연히 일어난 것이 아니라고 분석한다. 유럽과 미국에서 이 무렵 재산권의 보장, 과학적 합리주의, 자본시장 형성, 수송·통신의 발달 등 번영의 네 가지 요소가 갖춰지기 시작했다는 설명이다. 그 중에서도 가장 중요한 것이 재산권의 보장이라고 번스타인은 강조한다.

항상 자기사랑이란 말을 사용하였다.

대한민국의 국가경쟁력은 과도한 규제로 인해 활력을 상실하고 있다. 선거철만 되면 규제 혁파를 외치지만 말뿐이다. 일몰제는 오간데 없고 규제 총량은 날로 쌓여 왔다. 규제경쟁력은 심지어 중국이나 러시아보다 못하다. 수도권, 기업, 금융, 주택, 부동산 등 상상할 수 있는 모든 곳에서 규제 그물이 민간 경제를 얽어매고 있다.[127] 세계경제포럼(WEF)의 평가를 보면 대한민국의 막강 규제는 우리 경제의 견인차였던 정보·기술(IT)산업의 발목 잡기에도 성공했다.

우리는 성장하는 과정에서 관주도로 후진국에서 선진국 문턱까지 왔지만 이걸로 일류국가가 될 수는 없다. 세계화·지식정보화가 진행되면서 어느 나라든 양극화 현상을 겪고 있다. 국민들이 시장경제를 신뢰하려면 시장의 공정성, 투명성, 책임성이 전제되어야 한다. 또한 시장의 실패에 대해 정부가 끊임없이 보완해 나가야 한다.

한국경제는 수출주도형이다. 따라서 국제화와 시장경쟁을 통해서 발전할 수밖에 없으므로 개방화 정책이 요구된다.[128] 국제화와 개방화 정책은 정치로부터 경제 영역의 독립을 촉진시키고 사회부분의 독자성과 자율성을 제고시킬 수 있다. 왜냐하면 다자적이고 개방적인 국제질서 속에서 주도적인 입장을 취할 수 있는 국가는 그 국가의 국내 상황이 다자적이고 개방적인 협력에 적응력 있는 국가여야 하기 때문이다.

---

127) 미국 케이토연구소, 캐나다 프레이저연구소 등이 주축이 된 경제자유네트워크는 「2006년 세계 경제자유(Economic Freedom of the World)」 보고서에서 2004년 대한민국의 경제자유지수를 10점 만점에 7.1로 매겼다. 순위로 치면 전년과 같은 35위로 이스라엘, 라트비아, 몰타와 같은 수준이다. 전세계 130개국을 대상으로 조사한 이 보고서는 설문은 배제하고 철저하게 공표된 통계만을 이용해 각국의 경제자유지수를 분석한다. 대한민국의 전체 순위는 35위지만 기업환경과 직접적으로 관련된 시장규제 순위는 76위에 불과하다. 시장규제는 노동·기업·금융 규제로 구성되어 있는데 이 세 항목의 순위는 각각 79위, 52위, 72위로 처져 있다.

128) 과거 1990년대 후반에 3만 달러의 벽을 놓고 많은 나라들이 두 부류로 갈렸다. 기업하기 좋은 환경과 성장동력을 가졌던 미국, 덴마크와 핀란드는 이를 쉽게 넘기는 반면, 기업환경이 상대적으로 좋지 않았던 일본과 독일은 성장이 정체되는 아픔을 겪었다. TEE지수가 강조되는 것은 이러한 정체 현상을 막고, 소득 2만 달러에서 3만 달러 국가로 도약하기 위한 발판을 마련하기 위해서는 신뢰와 경제적 자유, 기업가 정신을 끌어올리는 것이 시급한 과제이기 때문이다.

정치적 의사결정이 집중되면 독재정치가 되고, 경제적 의사결정이 집중되면 관치 계획경제가 되거나 독점자본주의가 된다. 그래서 민주주의를 제대로 하려면 권력이 분산되고 상호 견제와 균형이 이뤄져야 한다. 마찬가지로 시장경제를 제대로 하려면 경제주체들의 이익 추구 행위가 시장에서 견제와 균형을 이뤄야만 한다.

우리가 세계화의 추세에 낙오되지 않고 나름대로의 역할을 수행하기 위해서는 무엇보다도 세계인과 더불어 사는 개방의식을 확산시켜야 한다. 그리고 이를 바탕으로 우리의 법과 제도를 개선시켜 나갈 필요가 있다. 우리가 스스로 열린 사고를 가지고 개방에 임할 때 우리 경제의 국제경쟁력은 자연스럽게 강화될 수 있을 것이며, 국제사회에서 우리의 위상도 더욱 높아질 것이다.

21세기 경제사회에서 경제활동의 주체가 되는 것은 민간부문의 기업과 단체이다. 이러한 기업과 단체는 격심한 경쟁 속에서 언제나 시장통합市場統合을 주시하지 않으면 안 되고, 새로운 기술과 디자인의 개발, 경영방법의 쇄신, 인재 발굴 등에 힘쓰지 않으면 안 된다. 대한민국의 기업과 우수인력들은 잘 해왔고 앞으로도 그런 역량이 있다.

정부는 규제와 간섭을 줄여 우리 기업과 인재들이 마음껏 뛸 수 있도록 해줘야 한다. 기업도 도덕적 윤리의식을 갖추어 상생의 경영을 해야 한다. 투쟁 일변도의 노조, 막무가내 이익집단, 그리고 부패에 길든 지도층에게 법과 원칙은 반드시 지켜진다는 교훈을 가르쳐야 한다. 그렇게 뼈를 깎는 노력을 기울일 때 대한민국은 국가경쟁력 최상위의 글로벌 선진국으로 발돋움할 것이다.

그러나 경쟁을 통한 효율성이 작동하기 위해서는 승자독식이 돼서는 안 된다. 경쟁에 참여한 사람들에게 경쟁에 기여한 만큼 분배되는 인센티브 시스템이 있어야 한다. 시장경제가 성공하기 위한 전제조건은 경쟁의 공정성이다. 이것이 전제되지 않는다면 상대적인 약자는 절대로 경쟁의 원칙을 받아들이지 않을 것이다.[129] 따라서 두 세계관의 적절한 조화가 요구된다. 따라서 경쟁의 공정성을 지키기 위한 규제는 더욱 강화되어야 한다.

시장의 보이지 않는 손에 대해 신뢰를 가지지 못하고, 일시적으로 시장경제가 작동하지 않는다고 하여 정부가 조급증을 가지고 임기응변식으로 대응하는 것은 근본적인 해결방안이 아니다. 시장경제의 전제조건인 재산권 제도, 계약제도, 불법행위의 규제 법규가 잘 정비되어 있고, 시장에 최소한의 공정한 규칙이 작동된다면, 정부가 시장에서 할 일은 공정한 경쟁이 일어나고 있는가를 감시하는 역할을 다하는 것이다.

따라서 정부는 선진경제로 가려면 시장경제를 보다 활성화시켜야 함을 인식하고, 공정한 룰 속에 경쟁을 장려함으로써 시장경제를 할 수 있는 시장친화적인 리더십을 발휘해야 하며, 기업들은 반칙 없는 공정한 룰을 지키며, 경제정책에서는 정치논리를 배격하는 것이 중요하다. 또 경제의 주역은 민간이 맡고, 정치는 시장이 실패할 때만 극히 제한적으로 개입하는 조연의 역할에 충실해야 할 것이다.

대한민국 국민은 지난 60년간 수출과 경제발전만이 살 길이라 믿고, 뛰고 또 뛰었다. 우리 국민에겐 수출을 통해 국가발전을 이룩한 소중한 성취문화成就文化와 저력이 있다. 경제는 마음에서 시작한다. 특히 지금과 같은 위기 시에는 더욱 그렇다. 우리 모두가 지혜를 모으고 응집하여 다시 뛰기 시작하면 또 하나의 기적을 이루어 세계 속에 우뚝 설 수 있다. 경제가 성장동력을 유지하면, 대한민국호는 일류국가를 향해 꾸준히 향해하면서 국가

---

129) 수직적 세계관은 경제 · 사회발전을 유도하는 경향이 있다. 그러나 수평적 세계관은 경제 · 사회발전을 정체시키는 경향이 있다. 20세기 역사적 경험에 비춰 보면, 수직적 세계관이 사회를 주도하고 수평적 세계관이 소수의 비판적 소금의 역할을 할 때 사회는 건전하게 지속 · 발전하는 반면, 수평적 세계관이 사회를 주도하게 되면 사회발전이 정체되는 것이 일반적인 경향이었다. 경제적 차별화의 반대는 '경제평등주의'이다. 경제적 성과에 관계없이 모든 경제 · 사회주체를 동일하게 취급하는 것은 수평적 세계관을 구현하는 길이며, 결과적으로 '발전의 정신'을 앗아가게 된다. 평등주의적인 구조하에서는 성과에 관계없이 모든 주체가 동등한 대우를 받기 때문에, 결과적으로 가장 열심히 일해서 가장 좋은 성과를 내는 주체가 가장 불이익을 받게 될 것이므로, 개인의 자기발전을 위한 노력이 유인될 수 없으며 결과적으로 경제 · 사회발전의 역동성이 소멸된다.

안보를 더욱 튼튼하게 다질 수 있다.

(2) 전통산업과 지식기반 산업의 보완 발전

한국경제가 지속적인 발전을 유지하기 위해서는 중화학공업 중심으로 성장한 전통산업과 지식기반 산업의 조화를 모색해야 한다. 그리고 그 바탕위에서 방위산업을 육성해 나가야 한다.

지금 한국경제를 선도하고 있는 중화학 공업을 중심으로 하는 소위 전통산업은 고부가가치로의 이행의 지연, 저생산성, 수입유발적인 구조, 과잉설비, 세계적인 구조조정의 압력, 중국의 추월 속에서도 아직까지 효자산업으로의 역할을 충실히 수행하고 있다. BT, CT, NT, GT 등 신기술산업이 우리 경제의 성장원천으로 자리 잡을 때까지는 당분간 전통산업이 우리 제조업의 중요한 부분을 차지할 수밖에 없을 것이다.

중기적으로는 전통산업의 산업 내 구조조정이 필요하다. 즉 우리 산업의 경쟁력을 향상시키는 방법은 기존의 산업 내에서 고부가가치를 창출할 수 있는 새로운 분야로 산업구조를 고도화하고 이를 수출산업화하는 것이다. 현재 한국경제를 선도하고 있는 반도체, 정보통신기기, 조선, 자동차, 철강, 석유화학 등 산업 내에서 보다 부가가치가 높은 산업의 비중을 높이고 이를 수출산업화해야 할 것이다. 그리고 미래 신기술 산업을 적극적으로 발굴 육성해야 한다. 이를 위해 선진국과의 기술 격차가 적고 상업화가 용이한 분야나 세계시장규모가 크고 성장성이 유망한 분야, 생명과학 등 선도할 수 있는 분야를 집중 육성해야 할 것이다.

우리나라는 반도체시장에서 세계를 선도하고 있다. 그러나 메모리반도체에 편중된 생산구조는 개선해야 할 문제다. 이제는 소량다품종으로 부가가치가 높은 비메모리제품으로 사업 다각화를 가속화 해야만 하는 시점이다.

조선업은 대한민국 경제사에서 '신화神話'로 통한다. 초대형 배를 건조하는 것이 핵심 사업이다 보니 일반인들에게 널리 알려지지 않아서 그렇지 실제로는 반도체와 자동차가 대한민국 경제의 '기린아'로 등장하기 훨씬 전부터 대한민국이 세계에 자랑해 온 '대표 산업'이 조선업이다. 이러한 조선업도 드릴십과 리그선을 넘어 부가가치가 더 높은 호화여객선 건조 등 특수분야로 사업영역을 확장해 나가야 한다.

그 동안 자동차산업은 괄목한 만한 성장을 이룩했다. 본격적인 생산을 시작한 지 30여 년이 지난 지금 국내 생산은 2011년 465만 대를 넘어 세계 5위의 자동차 생산국이 됐다. 수출규모가 약 300만 대를 넘어섰다. 이제 선진 자동차산업국으로의 도약 단계에 와 있다. 그러나 산업간 경쟁이 가장 치열한 분야이다. 스포츠카 등 고급화 추진, 수소 · 전지연료 · 엔진 등 신기술 개발 분야에 투자하면서 경쟁력을 강화해야 한다.

우리의 해외건설은 오랜 기간 한국경제를 받쳐온 주춧돌의 역할을 해왔다. 이제 그 최선두에 대한민국의 플랜트 건설기술이 자리잡고 있다. 플랜트 공사는 건설업체가 시설 건축은 물론 생산설비 설치, 각종 장치와 운영 시스템까지 일괄적으로 책임을 맡아 시공하기 때문에 부가가치가 매우 높다. 한마디로 대한민국 건설의 미래분야이다. 해외건설업도 '양에서 질'로 변화하며 부가가치를 더욱 높여야 한다.

전통산업의 부가가치를 높이기 위해서는 산업분야 간 협력이 필요하다. IT기술을 전통산업에 접합시켜 전통산업을 고부가 가치화하는 것이 가능해졌다. 전통산업의 IT화는 제품기술, 생산 공정, 거래유통, 토털서비스와 같이 상품이 생산되어 소비되는 전 과정에 걸쳐서 광범위하게 적용될 수 있기 때문에 이를 통해 부가가치율이 크게 높아질 수 있을 것이다.

물론 이 기간 동안 반도체, 통신기기, 컴퓨터 등 주요 IT 부문 성장산업의 산업 내 비중이 꾸준히 증가할 것이지만, 전통산업의 기반 위에서 성장이 당분간 지속될 것이다. 즉 전통산업과 전통산업 내 고부가가치 부문의 성장은 단 · 중기적으로 우리 경제와 방위산업의 중요한 성장원천으로 작용할 것이다.

전통산업의 IT화는 제품기술, 생산공정, 거래유통, 토탈비지니스와 같이 상품이 생산되어 소비자에 의해 소비되는 전 과정에 걸쳐서 광범위하게 적용될 수 있기 때문에 각 단계에서 부가가치가 창출된다면 전체적으로 부가가치 창출률이 크게 향상될 수 있을 것이다.[130]

지식정보화 시대에 정보기술혁명과 과학기술의 급속한 발전이 가져온 변화는 이제 물량적인 충격의 범주를 넘어서, 사회경제의 근본적이고 질적인 변화를 일으키고 있다.

정보기술혁명과 지식사회의 도래가 제기하고 있는 도전은 미래의 변화 중 가장 중요한 것이다.

이러한 광의의 정보화 또는 지식기반 정책의 영역을 살펴보면, ① 과학기술인력의 양성과 고용을 통한 지식창출 능력제고, ② 정부, 대학, 연구기관을 연결하는 네트워크 또는 효율적 국가혁신체계수립, ③ 기업, 학교의 연계를 통해 과학기술을 창출하고 수요, 공급을 원활하게 대응시키는 과학기술 관리체계 개선, ④ 기업의 지식관리시스템 확충지원 등을 포함한다.

미래 지식기반 사회의 기본정책은 무엇보다도 과학기술 또는 넓은 의미의 지식이 미래 발전에 가장 핵심적인 가치라고 인식하고 과학기술과 인력에 대한 투자의 중요성을 공감하는 데서 출발한다. 다음으로 국가혁신 네트워크를 개발하는 문제는 인적인 네트워크가 혁신의 네트워크로 발전해야 한다는 문제이며, 관료, 학계, 기업문화의 문제가 연계된 가장 복합적이고 신중하게 고려되어야 하는 정책문제이다. 과학기술의 관리체계는 지식발전의 전략적인 기반으로서 경제, 사회, 환경적 수요를 모니터하고 이에 부응하는 과학기술개발과 투자가 이루어져야 한다.

지식정보화 시대의 국가발전을 위해서는 ① 세계 최고의 대학과 최고의 첨단연구소를 만들어야 하며, ② 평생학습사회를 건설하고, ③ 신지식 창조에 친화적인 사회환경과 학습문화를 만드는 것이 중요하다. 이 세 가지가

---

130) 전통 하드웨어산업인 포스코는 모든 제철소는 첨단 IT화된 생산기지를 만든다는 계획으로 MES라는 인터넷 기반의 조업시스템을 구축하여 포항과 광양 등의 81개 공장을 마치 하나의 공장처럼 운영하여 공기를 단축시키고, 생산가를 낮추어 고객만족도와 경쟁력을 획기적으로 향상시키고 있다.

지식정보화 시대의 가장 중요한 국가 과제이다. 무엇보다 대학과 연구소의 국제경쟁력을 높여야 하는데, 이 점에서 보면 우리나라는 대단히 우려된다.[131]

정보화·소프트화·개성화시대를 맞이하여 섬유제품을 비롯한 노동집약제품은 기술집약적 산업으로 과감하게 전환해 나가야 한다. 고비용사회에 접어든 우리나라로서는 어차피 노동집약산업의 국내생산기반의 약화는 불가피하다고 하겠다. 결국 노동집약산업의 성장을 지속적으로 유지하기 위해서는 이들 산업에 대한 보다 과감한 발상 즉 패러다임 자체의 변화가 있어야 한다.[132]

21세기에 우리가 목표로 하는 선진일류국가가 되기 위해서는 지식기반경제구조로의 전환은 필요조건이다. 따라서 국가전략차원에서 노력을 집중해야한다.

현재 우리 경제가 당면한 어려움은 기존 산업구조가 고부가 가치화되지 못하고, 새로운 성장산업이 대두되지 못함에서 비롯되었다고 볼 수 있다.[133] 따라서 기본 산업구조의 고도화나 신기술산업의 개발을 통한 새로운 성장산업의 발굴이 우리 경제의 성장잠재력을 높이기 위해서 매우 중요하다.

---

131) 영국의 'The Time'의 세계대학평가팀이 발표한 2008년 세계 상위 100개 대학에서 우리나라의 서울대학교가 50위, KAIST가 95위였다. 세계 수준의 대학과 연구소를 만드는 것이 지식정보화 시대의 국가성공을 위해 결정적으로 시급한 국가과제이다. 물론 우리나라에서는 제한된 인적·물적 자원 때문에 세계 최고의 대학과 연구소를 많이 만들 수 없다. 따라서 고도의 선택과 집중을 통해 소수라도 세계 최고의 대학과 연구소를 만드는 것을 목표로 삼아야 한다. 그래야 우리가 21세기에 성공하는 국가를 만들 수 있다.

132) 남은 길이 얼마인가를 아는 사람만이 그 여정을 서두를 수 있고 쉬어 갈 수도 있다. 이 구절은 오늘날 우리나라의 노동집약산업이 처한 상황을 정확하게 설명하는 말이다. 이는 우리가 처한 경쟁상황에 대한 냉철한 평가가 이루어질 때만이 해당산업의 진퇴 여부나 향후의 추가적인 투자 여부도 결정할 수 있다는 의미이다.

133) 고비용사회로의 전환은 산업구조의 고도화과정에서 당연하지만, 가격경쟁력 저하를 극복하기 위한 제품구성과 품질고급화 노력이 제때에 이루어지지 않았던 것이 문제가 되는 것이다. 우리 산업이 처해 있는 현주소를 성찰하고 이를 바탕으로 미래지향적인 해결책이 제시되어야 하였으나, 우리의 실제능력에 대한 냉철한 자기인식이 결여된 채로 세계경제의 변화에 안이하게 대응한 것이 한국 경제가 어려움을 겪고 있는 요인 중 하나이다.

세계시장에서 우리의 제품이 어느 일정 수준에 도달하면 반드시 장벽에 부딪치게 된다.[134] 선진제품의 두터운 벽을 뛰어넘기 위해서는 우리만의 독특한 새로운 아이디어 즉 블루오션 전략을 적용하여 발전시킨 창조적 전환은 불가피하다.[135]

앞에서 기술한 전통산업의 고부가가치화와 전통산업 내의 구조고도화가 우리 경제의 경쟁력 강화를 위한 단기적, 또는 중기적인 처방이라면, 장기적으로 추진해야 할 산업구조고도화 방안은 미래신기술을 발굴하고 육성하는 것이다.

IT, BT, CT, NT, GT, 디지털, 로봇, 네트워크 등 신기술개발에는 천문학적인 연구개발투자가 필요하다. 따라서 신기술산업의 핵심기술을 확보하는 데 있어서 연구개발투자에 수반되는 위험을 감내할 수 있는 공공부문이나 대기업의 역할이 필수적이다. 특히 우리 정부의 연구개발 투자는 선진국에 비해 부족하기 때문에 향후에는 신기술 산업분야의 육성을 위해 정부부문의 역할을 증대시킬 수밖에 없을 것이다. 왜냐하면 기반기술 분야에서의 정부의 획기적인 투자 없이는 선진국과의 미래산업 분야의 경쟁에서 이길 수 없기 때문이다.

기업은 각각 다양한 분야에서 선택과 집중을 해야 한다. 기업은 핵심역량 核心力量을 가진 분야에 집중하여 경쟁력을 확보해야 하고, 이를 통해 국가는 여러 분야에서 경쟁력을 구비할 수 있어야 한다. 정부는 개별산업이나 기업

---

134) 애덤 스미스에 의한 고전적인 자유무역 이론이 나올 당시부터 독일의 리스트를 중심으로 자국의 유치산업을 보호하기 위한 보호주의적 주장이 득세를 하였었다. 오늘날 선진국의 보호주의도 대부분 노동집약적 산업인 섬유 및 의류 · 철강산업 등을 대상으로 한 것도 같은 맥락이다.

135) 창의성과 같은 의미를 지닌 블루오션은 '발견'보다 '관리'가 더 중요하다는 평가가 나왔다. 미카엘 피쉬 인시아드대 교수는 "블루오션은 누구도 경험한 적이 없기 때문에 난관에 부딪히면 이를 과감하게 바꿔나가는 전략을 구사해야 한다"고 강조했다. 피쉬 교수는 "블루오션 프로젝트 수행과정에서 예상하지 못한 사건이 발생했을 때 문제를 풀고 초기계획으로 되돌아가려 하지 말고 사건을 학습기회로 삼아 계획을 수정하는 전략을 취해야 성공할 수 있다"며 "가장 먼저 프로젝트 관리자들의 사고방식을 바꾸어야 한다"고 설명했다. 블루오션을 발견하고 새 제품, 새 기술을 발견했다면 그 프로젝트를 어떻게 관리하느냐가 더 중요한 과제이며, 반드시 과거 방식에 집착할 필요가 없다는 의미다. 피쉬 교수는 "성공하려면 새로운 방식의 의사소통이 요구된다"고 말했다.

에 대한 투자보다는 파급효과가 큰 공공재적인 성격의 연구개발 투자나 기업 환경의 개선에 선택과 집중을 해야 한다. 왜냐하면 정부 역시 제한된 자원을 가지고 있기 때문이다.

21세기의 화두는 디지털이다. 디지털은 자원의 제약과 성장의 한계를 극복하고 지속적인 번영을 보장해 주는 핵심 수단으로 상정되고 있다. 앞으로의 세계경제의 판도는 디지털 경제를 주도하는 국가가 좌우하리라는 관측이 지배적이다. 생존, 번영 · 발전, 선진일류국가를 목표로 삼는 국가전략을 수립하는데 있어 경제적 번영을 담보하는 유력한 수단인 디지털이 갖는 의미는 크다. 더욱이 국가전략을 환경과 자원사이의 최적조합最適組合, Best Mix을 결정하는 일련의 선택과정이라고 파악할 때, 환경변화의 핵심으로서 디지털이 국가전략에서 차지하는 비중은 더욱 커질 것이다.

디지털 경제의 주도권을 둘러싼 국가 간 경쟁이 치열하게 전개되고 있다. 디지털 경쟁에 가장 먼저 뛰어든 미국은 컴퓨터, 소프트웨어, 통신, 인프라, 인터넷 등 디지털 핵심 영역에서 확실한 주도권을 장악하고 있다.[136] 디지털 이행에 뒤늦은 일본, 유럽 등 여타 선진국들도 디지털 경제를 21세기의 성장원동력으로 인식하여 그 확산을 위한 기반을 조성하고 시스템을 구축하는 등 전략적 노력을 기울이고 있다. 21세기 지식정보화 시대에는 지식창조와 기술혁신이 핵심이 되는 발전전략을 채택해야 한다는 필요성이 높아지고 있는 상황에서 디지털 경제로의 이행이 그 돌파구로 제시되고 있다.[137]

디지털 경제를 이해할 때 중요한 것은 현재의 규모보다는 향후 발전의 속도와 변화의 폭이다. 인터넷 이용자수, 전자상거래 정도, 스마트폰의 확산, 정보통신산업 부문에 대한 투자 등의 추이를 볼 때 디지털 영역의 확산은

---

136) 기술세계의 승부는 참으로 냉혹하다. 앞서 가는 자는 뒤에 오는 사람을 절대 기다려 주지 않는다. "오뉴월 하루볕이 무섭다"는 속담이 과학기술의 발전에서 실감나는 세상을 우리는 살고 있다. 어제의 PC는 더 이상 '오늘의 PC'의 적이 될 수 없다. 과학기술세계의 승부는 2등이 없다. 1등 아니면 모두 꼴찌일 뿐이다.
137) 류상영 외, 앞의 책, p.53.

폭발적으로 이루어지고 있음을 알 수 있다.[138]

창조적 기업을 운영할 수 있는 창의적인 인력양성에 주목해야 한다. 미래 성장의 원동력은 대기업과 중소기업의 지속가능한 발전의 토양을 제공하는 창의적인 인력이 될 것이다. 부존자원보다 더 중요한 것이 글로벌 경쟁력을 갖춘 인력 기반의 확충이며, 고부가가치를 지속적으로 생산하기 위해서는 경쟁 자체를 뛰어넘는 창의적인 인력의 지속적인 배출과 활용이 필요하다. 이러한 분야는 과학, 기술, 디자인, 예술, 새로운 조직 구성 및 운영 능력을 포함한다.

아날로그 시대에는 경험이 많고, 기술의 축적이 많을수록 경쟁력이 있어 후발이 선발을 따라가기 매우 어려웠다. 디지털 시대에는 우수한 두뇌와 창의력, 그리고 빠른 스피드와 도전정신이 바로 경쟁력이다. 우리는 이러한 사례를 반도체의 뒤를 이을 주력 수출품목으로 급부상하고 있는 디스플레이나 스마트폰에서 찾을 수 있다.

수출로 먹고사는 대한민국은 반도국가의 특성을 살려 바다로 나가야 한다. 우리는 세계 1위의 조선 대국으로 전세계 선박의 40% 이상을 건조하고 있으며, 컨테이너 운송량도 세계 5위를 차지하고 항만 또한 동북아 물류 중심으로 각광받고 있다. 그러나 유감스럽게도 우리의 해양력은 세계 12위에 머무르고 있다. 선박 건조는 1위이나 해양과학기술·해양관광·해양환경 등이 미진하고 이를 뒷받침할 해군력이 약하기 때문이다. 아무리 금은보화가 바다 밑에 있어도 그것을 획득할 해양과학기술이 없으면 무용지물인 것이다.

또 바다를 우리 생활과 밀접하게 친환경적으로 개발해 삶의 질을 향상시키고, 성장 잠재력이 풍부한 해양 관광 사업으로 발전시키기 위해 동·서·

---

138) 지난 19세기 말에 실용화된 전기모터는 실용화되는 데 65년이 걸렸으나 20세기 초에 태어난 진공관은 실용화 기간이 34년으로 줄었다. 그 뒤 20세기 중반 무렵에 들어서면서 나타난 레이더는 5년, 트랜지스터는 3년, 플래스틱과 특수고무도 3년, 태양전지는 2년에 불과했다. 이제는 기초과학의 이론이 정립된 지 2~3년이 소요되거나 어떤 이론은 1년이 채 되지도 않은 상황에서 실용화될 수 있는 실정이다.

남해의 수려한 해안을 더욱 맑고 푸르게 가꿔야 한다. 그리고 무엇보다 중요한 것은 해양 강국을 위한 국민의 뜨거운 성원과 정부의 의지가 필요하다.

대한민국은 다양한 해양 분야 가운데 강점이 있는 것과 그렇지 못한 것을 구별해서 강점 있는 것에 보다 중점적으로 투자를 해야 할 것이다. 예를 들어 우리가 잘하는 분야는 조선업, 수산업과 무역이다. 이렇게 잘하는 분야를 집중적으로 육성한다면 요즘 많은 국가들이 고민하는 성장잠재력을 확충하는 데도 도움이 될 것이다. 또 중요한 것은 국가 엘리트들과 정책결정자들이 해양의 중요성에 대해 인식해야 한다. 앨프리드 마한Alfred Mahan이 지은 『역사상 해양력의 영향』이라는 책을 보면 해양력을 육성하기 위한 국가 리더십을 강조하고 있다. 대한민국의 정책결정자들이 해양이 중요하다고 확신한다면 우리의 미래는 번창할 수 있다고 본다.

대한민국의 방위산업의 역사는 다른 선진국에 비해 비교적 짧다. 박정희 대통령의 자주국방의 모토 아래 1970년대에야 소총을 만드는 일에서 비롯되었다. 따라서 아직도 많은 분야에서 상대적으로 뒤져 있다. 우리의 발전된 전통산업과 첨단기술을 방위산업에 잘 접목한다면 국방력 향상과 부강한 나라로의 발전에 크게 연계될 수 있다. 또한 산업과 기술의 자주화를 통해 자주국방에 크게 기여할 수 있다. 방위산업은 고부가가치 산업이다. 이제는 방위산업을 국가의 핵심수출산업으로 육성할 시점에 서 있다.

(3) 지역 · 산업 · 계층 간 균형 발전

대한민국은 지역 · 산업 · 계층간 균형발전을 헌법으로 보장하고 있다. 즉 헌법 제122조에서는 "국가는 국민 모두의 생산 및 생활의 기반이 되는 국토의 효율적이고 균형 있는 이용 개발과 보전을 위하여 법률이 정하는 바에 의하여 그에 관한 필요한 제한과 의무를 과할 수 있다"라고 명시하여 국토의 균형개발을 규정하고 있다. 그리고 제123조에서는 ②항에서 "국가는 지역 간의 균형 있는 발전을 위하여 지역경제를 육성할 의무를 진다"라고, 또 ③항에서는 "국가는 중소기업을 육성해야 한다"라고 각각 명시하고 농어민 보호조항을 두어 지역과 산업간 균형발전을 규정하고 있다. 그리고 국민의 교육과 근로의 권리 등 각종 권리를 부여하여 계층 간의 균형발전도 도모하고 있다.

대한민국은 이제 산업화와 민주화를 이룩한 '중견국가中堅國家'에서 삶의 질이 높은 선진부국으로 발전하는 과정에 있다. 그런데 경제는 성장잠재력이 쇠약해지고 지역 · 산업 · 계층 간 소득 격차가 확대되어 국민의 고통이 가중되고 있다. 21세기 세계화와 지식정보 기술혁명 중에서 또다시 위기와 난관에 봉착해 있다. 통합을 통한 국민적 역량이 분산되고, 국민과 사회 통합은 큰 어려움을 겪고 있다.

지역 간 균형발전은 장기적인 차원에서 이루어져야 한다. 그러나 우리는 지방이 원하는 건 결과의 균형이 아니라 기회의 균형임에 주목해야 한다. 지방은 그동안 공정한 발전의 기회를 제공받지 못했다. 과거 정부의 국정 운영에 미흡한 점이 많았지만 그렇다고 균형발전이란 목표를 부정해선 안 된다.

이제 수도권 규제는 적정수준으로 완화되어야 한다. 수도권의 경쟁 대상은 지방이 아니라 중국이나 일본 등 아시아 여타 지역의 대도시권이다. 또 수도권을 규제해서 지방을 육성하는 방식은 효과가 작고 부작용이 크다. 21세기에도 지난 20세기 개발시대처럼 모든 경제활동을 국가가 선도할 수 있다는 생각에서 잘못된 수도권 정책이 출발한다. 수도권을 규제하면 국내 · 외 기업들이 지방으로 간다는 것은 협소한 시각일 뿐이다.[139]

그 동안 30년 이상 지속되어 온 '수도권 대 비수도권'이라는 대립구도를

---

[139] 세계화의 시대적 흐름의 전략적 함의를 제대로 읽어야 한다. 세계화 시대에선 경제활동에 국경이 없다. 정부가 할 일이란 기업이 들어올 수 있는 여건을 만들어 주고, 이를 통해 일자리를 창출해 일할 능력과 의사가 있는 국민 모두에게 일할 기회를 부여하는 것이다. 예컨대 국토 균형개발이라는 국정목표 자체는 높은 가치를 담고 있다. 그런데 경제의 칸막이가 있었던 시절에는 수도권 규제정책을 펴면 기업들이 지방으로 갔다. 하지만 세계화시대에는 지방으로 간다는 보장이 없다. 해외로 갈 수 있기 때문이다. 그게 세계화다. 그렇다면 정부의 정책수단도 달라져야 한다. 아무리 높은 가치를 지닌 정책목표라도 시대의 변화에 따라 그 선택을 달리해야 하는 것이다.

벗어나야 한다. 수도권은 적정수준의 규제완화를 통해 국가 전체적인 경쟁력을 높여야 한다. 비수도권은 지역별로 특화된 전략산업 등을 육성하는 방향으로 균형발전이 이루어져야 한다.[140] 진정한 '상생발전전략'을 구사하는 게 중요하다. 특히 비수도권 지역에는 지방이전 기업에 대한 법인세 감면 등 획기적인 투자 유인책으로 기업하기 좋은 투자 환경을 조성하는 게 절실한 상황이다. 또한 단순히 수도권 기업의 지방 이전 촉진보다는 물류, 세제, 규제 면에서 경쟁 국가보다 더 많은 특혜를 부여해 외국 기업의 투자를 유치해야 한다고 전문가들은 지적하고 있다.[141]

지역의 균형발전을 위해서는 지역적 특수성을 감안한 특화발전전략을 추진해야 한다. 이는 지역발전전략을 세우고 집행하는 데 이르기까지 지방정부가 중심이 되고, 중앙정부는 '지원자와 조정자' 역할로 한 발 물러서 있는 것을 전제로 한다. 전국에 동일하게 부과된 각종 규제를 지역별 특성에 따라 자율 규제하는 방식으로 전환해야 한다. 예를 들면 부산은 물류, 대구·포항은 소재, 강원권은 의료·생명, 제주는 역외금융센터, 목포는 항공우주, 광양은 석유화학, 그리고 북한의 개성권은 산업, 금강권은 관광 등으로 발전시킬 수 있을 것이다. 이를 위해 수도권 규제완화를 통해 신설될 사업체에서 발생하는 세수를 일정 기간 균형발전 특별회계로 전입하는 방안을 검토하는 방안도 가능할 것이다.

산업분야에서는 수출사업과 내수사업, 대기업과 중소기업 간의 소득격차는 더 벌어지고, 소득분배는 성장의 둔화와 함께 더욱 악화되고 있다. 급속도로 진행되고 있는 고령화사회는 우리 경제·사회 발전에 큰 부담이 되고 있는 현실이다. 정치·사회 각 분야에서 '권위주의'는 타파되었지만, 유지

---

140) 국가경쟁력을 높이기 위해서는 잘나가는 지역을 더 잘나가게 해주어야 한다. 그렇다고 해서 다른 지역의 소득이 떨어진다는 법은 없다. 한 지역의 경제가 활력 있게 움직이면 그 효과는 다른 모든 지역으로 파급되기 마련이다. 다른 지역으로 파급효과가 얼마나 클 것인지는 어떠한 정책을 쓰느냐와 밀접하게 연관돼 있다. 각 지역이 독자적인 탄탄한 소득창출 기반을 갖고 스스로 움직일 수 있게 만들어 주는 것이 필요하다. 그러기 위해서는 지방에 합당한 권한을 부여해야 한다.

141) 문화일보, 2007년 7월 9일.

되어야 할 권위까지 무너져 법과 원칙이 제대로 지켜지지 못하는 상황을 겪고 있다. 안으로는 노사분규와 더럽고 힘들고 위험한 부문을 기피하는 3D현상 등으로 인해 사회·경제적으로 매우 어려운 상황에 직면해 있다.

이러한 모든 어려운 문제를 정부가 개입해 풀어나가겠다는 것은 시대착오적인, 옳지 못한 방법이다. 그렇다고 위기국면에 시장의 '보이지 않는 손'에 모두 맡긴다는 것 또한 무책임하기 짝이 없다. 모든 문제를 '가진 자'의 탓으로 돌려서도 안 되지만 '노동자'나 '농민'의 양보만을 강조하는 식에서 출발한 정책은 결코 유효한 결과를 빚어 내지 못한다.

대한민국의 초국가기업[142]은 이제 제3세계의 국가경제를 압도한다.[143] 초국가기업은 무늬만 대한민국 기업인 셈이다. 이러한 초국가기업들이 마음놓고 세계의 기업들과 경쟁할 수 있는 여건을 조성해 주어야 한다.

어느 나라나 중소기업의 근로자 수가 대기업보다 많다. 우리도 예외가 아니다. 1차 산업을 제외한 종업원 300명 이하의 중소기업에서 일하고 있는 사람이 전체 근로자의 90%가 넘는다. 그래서 중소기업을 '일자리 공장'이라고도 한다. 중소기업에서의 일자리는 곧 중산층의 기반이다. 관건은 우량중소기업이 얼마나 되느냐이다. 건강한 중소기업이 많아야 양질의 일자리가 늘어나기 때문이다. 여기에 대기업과 중소기업의 상생관계는 기본 전제다. 대기업만 잘나가고 중소기업이 죽어난다면 양극화가 심해진다. 대기업과 중소기업은 서로 실리적 상생관계로 풀어가야 한다.

미국을 포함한 각국과의 FTA 발효와 함께 제일 큰 타격이 예상되는 농·축산업이 잡아야 할 기회는 바로 농·축산물의 특산품화와 브랜드화일 것

---

142) 초국가기업(超國家企業, Transnational Corporations)이란 미래학자 앨빈 토플러가 명저인 『제3의 물결』에서 "국가적 특징을 지니면서 국민국가를 대신할 새로운 주역"으로 지목한 거대 기업 유형을 말한다.

143) 삼성그룹의 2010년도 매출액은 약 260조 원이었다. 매출을 국가 GDP와 비교하면, 삼성은 세계 180여 개 국가 중 30번째로 큰 '나라'다. 말레이시아나 싱가포르보다 크고, 이란이나 아르헨티나보다 조금 작다. 삼성전자는 전체 직원의 약 40%(5만 명)가 해외 직원이다. 삼성전자 반도체와 LCD(액정표시장치)는 90%가 해외 매출이고, 주주의 약 50%는 외국인이다. 국내 상장사(12월 결산법인 702개) 3개 중 1개꼴로 국내 매출보다 해외 매출이 많다.

이다. 미국은 세계 1위의 농산물 수입국이니만치 미국인의 입맛에만 맞는다면 한국산 부식이 미국 식탁을 점령할 수 있도록 준비해야 한다. FTA와 함께 위기와 기회가 동시에 오는데도 항상 위기만 강조하는 버릇은 매사를 부정적으로 보는 버릇 못지않게 나쁘다.

대한민국 농업의 미래는 친환경 · 유기농 산업에 달려 있다. 한 · 미 자유무역협정(FTA)과 시장 개방의 파고 속에서 우리 농업이 수입 농산물과의 경쟁에서 살아남기 위해서는 친환경 · 유기농 산업을 우리 실정에 맞게끔 하나의 특화산업으로 체계적으로 육성해야 한다.[144]

도시를 떠나 소박하게 살려는 사람들이 쉽게 귀농하고 정착할 수 있도록 유도하는 정책이 필요하다. 나이가 많거나 경제적 능력이 부족하면 도시에서는 약자지만 농촌에선 주역이 될 수 있다. 농촌에 젊은 세대를 끌어들이기 위한 유인책도 필요하다.

우리 사회를 그동안 튼튼히 받쳐 왔던 중산층이 점차 붕괴되는 현상을 보이고 있다.[145] 일본에서도 중산층의 붕괴는 심각한 수준이다.[146] 그래서 일

---

144) 지역별 특성에 맞는 작물선택과 농법 등에 대한 종합적이고 체계적인 컨설팅 제공이 이뤄져야 하고, 모범 농민들의 노하우를 공유할 수 있는 네트워크와 정보공유 시스템도 구축되어야 한다. 농민교육도 강화해야 한다. '친환경 · 유기농산물로 돈을 벌어 보자'는 생각만 가지고 친환경 · 유기농에 뛰어들면 성공도 쉽지 않고 자칫 편법 유혹에 빠지기도 쉽다. 핀란드는 농업 예산 중 30%가 교육에 투자될 정도로 선진국에서는 교육의 필요성에 일찌감치 눈을 뜨고 투자하고 있다(매일경제, 2006년 7월 20일).

145) 대한민국개발연구원(KDI)은 2008년 6월 24일 발표한 '중산층의 정의와 추정' 보고서에서 "소득 불평등이 확대되면서 중산층 관련지표가 외환위기 이후 점차 악화되고 있다"고 밝혔다. KDI는 전국 1인 이상 가구의 소득을 분석한 결과, 중위소득의 50~150%에 해당하는 중산층 가구의 비중이 1996년 68.45%(세금과 연금을 제외한 가처분소득 기준)에서 2007년 57.96%로 감소했다고 밝혔다. 중위소득이란 인구를 소득순으로 나열했을 때 가운데 사람의 소득을 뜻한다. 같은 기간 중산층에서 상류층(중위소득의 150% 초과)으로 이동한 가구는 3.4%인 반면 중산층에서 빈곤층(중위소득의 50% 미만)으로 떨어진 가구는 7%에 달했다. 빈곤층으로 전락한 가구의 비중이 상류층으로 올라선 가구의 2배를 넘은 것이다. 1996년 당시 중산층이었던 10가구 중 한 가구가 빈곤층으로 전락한 셈이다(조선일보, 2008년 6월 25일).

146) 일본에서 유행하는 '격차(格差 · 兩極化) 사회', '승자와 패자'라는 말을 실감케 한다. '1억 중산층 사회'는 옛말이었다. "일본은 경제대국이어서 저소득층이라도 못 먹고 살 정도는 아니다"는 주장도 있었지만 중산층이 흔들리는 조짐은 곳곳에 나타나고 있다. 요미우리신문이 2008년 1월 전국의 성인 1,797명을 상대로 생활의식 조사를 했다. 그 결과 '중 · 상 이상'이 16%, '중류'가 32%, '중 · 하 이하'가 32%였다. 요미우리는 "1994년 이후 '중 · 하 이하'가 늘고,

본에서도 '중산층을 살리자'는 운동이 전개되고 있다. 중산층을 살리자고 하면 중앙정부의 더 큰 역할을 촉구하는 것처럼 들리기 쉽다. 그러나 일본에선 중앙정부보다 지방자치단체가 앞장선다. 중앙정부는 큰 그림을 짜고, 지방자치단체가 현장을 맡는다. 그래서 지역마다 독창적 아이디어가 많다. 요코하마는 성공적인 고용 · 복지대책으로 다른 지방자치단체의 견학 코스가 됐다. 비결은 딱 하나. 수요자의 눈높이에 서는 것이다. 도움을 필요로 하는 사람들이 무엇을 원하는지 잘 살펴 맞춤형 대책을 내놓는다. 민간이 더 잘하겠다 싶으면 민간에 맡긴다.

각종 장애인에 대한 사회적 관심을 높여 나가야 한다. 특히 200만 명이 넘는 장애인 중 약 90%가 각종 사고나 질병으로 인한 후천성 장애인이라는 점에서 '장애는 남의 일이 아니다'라는 인식이 확산되어야 한다. 그러나 우리 사회 곳곳에는 장애인에 대한 편견과 차별이 상존해 있다. 교육소외를 낳고 직장 차별이 해소되지 않고 있다.[147] 그 결과로 장애의 고통이 자녀들에게 대물림되고 있다. 계층 간의 균형발전은 사회에서 소외되는 집단을 우선적으로 배려할 때 이루어질 수 있다. 균형발전은 국가안보의 원동력이다. 소외되는 집단을 배려하는 중산층이 두터운 사회, 중소기업이 보람을 찾는 사회는 국민화합과 단결을 이루어 총력방위태세 확립에 기저적인 역할을 한다.

(4) 절제 속에 희망찬 복지국가 건설

개방과 자율의 자유민주주의 시대에서는 국가나 체제 전체의 발전만을 지속적으로 강조할 수는 없다. 개인의 삶의 질과 창의성도 국가 전체의 물량적 발전 못지않게 중요하기 때문이다. 삶의 질이란 물질적 풍요와 정신적

'중 · 상 이상'이 줄어 중류의식이 흔들린다"라고 밝혔다.
147) 장애인 절반 가량이 초등학교 졸업 이하의 학력수준을 갖고 있고, 취학연령 장애인 중 4분의 1 가량만이 특수교육을 받는 나라. 어느 먼 후진국 이야기가 아니다. 2012년 현재 대한민국 장애인 교육의 실상이다.

만족이 동시에 고려되는 포괄적 개념이다.

우리는 공동체적 시장경제라는 경제질서를 중심으로 풍요로운 복지국가를 형성해 나가야 한다. 즉 자유시장경제에 바탕을 두고 경제성장을 추구하되, 민주적 합의형성과 참여를 통하여 공동체의 이익 및 공공선을 추구함으로써, 더불어 사는 복지사회를 만들어 나가야 한다. 공동체적 시장경제 하에서 시장경제원칙은 더욱 충실해지고 불합리한 규제들이 완화되며 대부분의 공기업은 민간기업으로 전환됨으로써 국민경제의 효율성이 극대화될 수 있을 것이다.

대한민국의 생산인구비율은 2030년까지는 전체인구의 약 70% 수준을 유지할 수 있을 것이다.[148] 그러므로 양질의 교육 및 창조적인 과학·기술 능력 배양을 강조함으로써 우수한 인적 자원 확보에 노력한다면, 높은 성장 잠재력을 계속 유지할 수 있을 것이다. 그리고 대외개방과 국제화 흐름 속에서 국제경쟁력 제고에 능동적으로 대처한다면, 기업은 앞으로도 여전히 대한민국의 경제성장을 주도해 나갈 수 있을 것이다.

국민 모두가 친환경적 가치관을 내면화하여 절제된 생활을 하고 환경기술 개발 및 산업구조 개편을 통하여 환경적으로 지속가능한 사회를 만들어 나갈 때만 미래의 풍요를 누릴 수 있다. 절제된 삶은 환경을 삶의 기본요소로 생각하는 가치관이 바탕을 이룰 때 가능하며, 생산 확대 및 소비중심사회에서 재활용 알뜰사회로 바뀔 때 구체화된다. 그러므로 미래 삶의 질을 높이기 위해서는 공해방지산업과 재활용산업을 활성화하고, 정부재정에 의한 환경투자를 지속적으로 확대해 나가도록 노력해야 한다.

국가의 풍요와 더불어 사람들이 점차 경제적 가치를 최우선의 가치로 보려고 하는 성향이 강해지는데 이것은 바람직한 현상은 아니다. 인간생활의 풍요로움은 외부적 생활조건의 개선만으로 이루어지는 것은 아니고 내재적

---

148) 2010년 우리나라 출산율은 1.24로 세계 최하위권이며, 현 출산율이 지속될 경우에는 생산가능인구(15-64세)는 2020년 3,650여 만 명을 정점으로 감소될 것으로 전망된다(2011 세계인구 현황보고서).

만족과 조화되어야 한다. 즉 자신이 하는 일을 최소한 자신이 좋아서 수행하고, 이러한 과정을 통해서 개인들이 내재적으로 만족을 느끼는 상태까지를 의미한다. 사람들이 내재적 동기를 중요하게 인식하는, 즉 피동적 인간이 아닌 보다 적극적인 인간, 다르게 표현하면 과거의 선비정신에 나타난 것과 같은 다른 사람의 평가보다는 자신의 내재적 기준에 따라서 일을 행하는 그러한 인간이 되어야 한다는 것이다.

인간의 내면적 완성과 관련하여 더 언급할 것은 개인의 능력발전과 관련된 것이다. 국가는 이러한 능력을 배양할 수 있고 인간이 내재적 동기에 의해서 행동할 수 있는 기회와 여건을 최대한으로 제공해 줄 수 있어야 한다. 각 분야의 제도적 장치를 마련함에 있어서 이러한 조건을 고려하여야 한다는 것이다. 이것이 인간의 내면적 완성의 전부는 아니지만 그러나 인간의 내면적 완성에 더 접근하는 것이라고 할 수 있다.

경제대국으로 부상하는 데 있어서는 양질의 노동력, 기업의 국제경쟁력, 과학기술능력에 덧붙여 남북통일이 가져올 긍정적 효과도 무시할 수 없다. 통일 초기에는 이질적 체제의 통합에 따른 혼란으로 성장이 일시정체 또는 후퇴할 수도 있다. 그러나 장기적으로 보면 통일은 한민족이 보유하고 있는 각종 자원을 보다 효율적으로 활용할 수 있는 기회를 제공해 줄 것이므로 한반도가 동북아지역의 새로운 중심지로 발전하는 데 결정적으로 기여하게 될 것이다. 통일의 여건을 최대한 활용하여 현 수준 정도의 경제성장 속도를 유지해 나갈 수 있다면, 통일한국의 전체 국민복지에 기본이 되는 물질적 토대를 확보할 수 있을 것이다.

시장경제 체제의 기본정신을 기반으로 하는 과감한 사회보장제도의 도입은 통일의 장애를 극복하는 지름길이 될 것이다. 모든 구성원의 가치 균점과 사회정의를 실현할 수 있는 생산적 복지사회 구현이 필요하다.

통일국가는 개인의 자율성과 창의성이 보장된 가운데 성숙한 시민의식을 바탕으로 상호교류가 이루어지는 공동체를 지향해야 한다. 남북한의 이질적인 집단간의 불신과 대립의 심화로 갈등이 표면화되는 상태에서는 국민

개개인의 삶의 질 향상은 제한될 수밖에 없을 것이다. 통일국가에서는 각종 자원과 시설에 따른 혜택이 국민 모두에게 골고루 돌아가게 해야 한다. 그리고 국민 각자는 저마다의 개성과 인격이 존중되는 다양성 속에서 서로가 책임감을 갖고 눈앞의 이익추구를 자제하며, 공동의 복지국가를 이룩하려는 노력을 강화해야 한다.

국민의 최저생활 수준을 높이는 것은 북한의 혁명전략의 싹을 없애는 것이다. 복지사회는 북한주민의 선망의 대상이 될 수 있으며, 튼튼한 국가안보를 뒷받침 할 수 있다. 그러나 노동의욕을 약화시키는 과도한 복지는 국민정신을 좀먹어 상무정신에 악영향을 줄 수 있다.

(5) 노동시장 활성화 통한 국가경쟁력 강화

노동시장이 침체되면 이는 바로 사회불안요인으로 작용하고, 국민들의 사기와 삶의 질 개선에 영향을 주어 총력안보에 부정적인 영향을 주게 된다. 중산층은 국가안보의 기둥이다. 중산층이 튼튼해야 사회가 안정되고, 북한의 혁명전략은 흔들리게 된다.

모든 국민은 일할 수 있는 권리와 동시에 의무를 갖고 있다. 대한민국 헌법 제32조 ①항은 "모든 국민은 근로의 권리를 가진다"고 명시하고 있고, 동시에 ②항에서는 "모든 국민은 근로의 의무를 진다"고 명시하여 국민의 근로의 권리와 의무를 동시에 규정하고 있다.

요즈음 정부가 당면한 가장 시급하고 중요한 과제는 경제의 활성화일 것이다. 이를 위해 무엇보다도 일하는 풍토부터 조성하고 온 국민이 권리이자 의무를 수행하는 한 마음으로 다시 한 번 열심히 뛰도록 분위기를 조성해야 한다. 정부의 성공적 노사관계 비전은 노동시장의 '유연안정성柔軟安定性, Flexicurity' 확보와 일자리창출이라고 할 수 있다. 노사관계 비전을 노동시장의 유연안정성이라는 토대 위에서 일자리 만들기에 두어야 하는 이유는 전 사회가 고용불안에 직면해 있기 때문이다.

그 동안 우리 국민은 노동시간이 가장 많은 국민이었다. 열대의 사막과

시베리아의 동토를 비롯한 세계 악조건 지역에서 많은 희생을 무릅쓰고 해내던 국민이었다. 바로 그것으로 한강의 기적을 이루었다. 그러나 이처럼 물불을 안 가리고 책임을 완수하기 위해 다같이 노력하던 우리 국민의 일에 대한 의지가 민주화·자유화의 물결 속에서 많이 약화되었다. 불합리한 조건하에서의 노동에 대한 불만, 그리고 그동안 쌓아놓은 경제적 과실에서 서로 많은 몫을 차지하겠다는 사려 없는 욕구 등이 한꺼번에 분출되면서 건전한 노동과 일에 대한 열정까지 쓸려가 버린 것이다.

세계화의 진전에 따른 기업들의 노동절약적 기술투자의 확대, 자본의 이동성 증진, 국가의 노동보호능력의 약화 등 여러 요인 때문에 20세기 말 이후 일반노동계층의 소득은 상대적으로 많이 감소하고, 고급경영자, 과학기술자, 전문기술자, 정보통신분야의 자영업자 등 고소득 계층의 소득은 빠르게 증가하여 세계 곳곳에서 이른바 '20 대 80의 사회'가 출현하고 있다.[149] 요즈음은 부자 1% 대 나머지 99%라는 용어도 자조적으로 쓰이고 있다.

그리고 세계화의 진전에 따라 노동의 지리적 이동성보다 자본의 지리적 이동성이 현저히 증가한다. 즉 기업은 세계화와 함께 별다른 공간적인 제한을 받지 않고 기계와 공장 등의 물리적 자본과 금융자본을 수익률이 높은 곳으로 쉽게 이동시킬 수 있게 된다. 이러한 과정에서 노동자들은 다국적 기업이나 해외이전을 고려하는 기업들로부터 갖가지 불리한 여건을 수용하지 않을 수 없게 된다.

특히 세계화가 빠르게 진행되는 과정에서 국가는 노동자와 국민을 강력히 보호하는 정책을 지속적으로 추진하기가 어려워진다. 그렇게 될 경우 외국기업과 치열한 경쟁에 직면하여 비용감축과 투자증진 압박을 동시에 받는 자국기업이 경쟁력을 상실하여 조건이 더 좋은 해외로 이탈해 나가도록

---

149) 미국의 경우 1970년 이후 지금까지 오직 상위 20%의 사람들만 소득증가를 경험했고, 나머지 80%는 실질소득이 감소한 것으로 알려지고 있다. 이러한 현상은 영국, 프랑스, 이탈리아 등 선진국에서 골고루 발견되고 있다. 즉 세계화의 과정은 부를 축적할 수 있는 기회를 전 세계적으로 확대하는 반면 부의 극심한 편중을 초래하는 뚜렷한 양면성을 지니고 있다.

유도하는 결과를 초래할 수 있다. 또한 국가가 강력한 노동정책과 복지정책을 유지할 경우, 해외기업의 자국진출을 억제하는 역설적 상황에 직면하게 된다.

따라서 세계화시대에는 모든 국가는 과거의 노동보호정책과 복지정책을 상당 부분 후퇴시키지 않을 수 없게 될 것이다. 오히려 많은 국가들은 각종 규제완화를 통해 적극적으로 외국자본을 유치하는 데 앞장서게 될 것이다.

노동시장의 활성화를 위한 전략적인 주제는 ① 경제활동 참여율 제고방안, ② 노조활동의 효율성과 능률성 향상방안, ③ 근로환경 개선대책 등이다.

실업률은 지속적으로 상승하고 있고, 청년실업은 큰 사회적인 문제로 대두되고 있다. 이러한 취약계층의 상대적인 실업증가는 고용구조의 변화와 고용의 경직성에 기인할 수 있으므로 고용경직성을 어떻게 해소시켜나갈 것인가 하는 정책과제를 남기고 있다. 실업률이 외국에 비해 낮다고 해서 우리나라의 실업문제가 외국보다 덜 심각하다고 결론 내리기 어렵다.[150]

청년실업정책이 실효를 거두기 위해서는 무엇보다 정책 대상을 명확히 하고 대상의 특성에 따른 차별화된 맞춤식 대책을 세워야 한다. 자력으로 취업이 가능한 청년층에 대해서는 정부 지원이 불필요하다. 대신 정부의 보호가 필요한 취약 청년층에 대한 집중적인 지원이 요청된다. 이들 계층에 대해서는 선진국에서처럼 심층상담에서부터 직업훈련 실시, 직장탐색 지원 등에 이르기까지 패키지화된 종합적인 대책이 마련되어야 한다.[151]

고령층의 취업 활성화를 위해서는 무엇보다 고령자의 학습권 보장이 선

---

150) 실업과 인플레이션은 거시경제학의 가장 핵심적인 과제이다. 실업의 원인을 규명하고 억제대책을 모색하는 것은 거시경제학의 주된 과제이며, 국가경제정책의 핵심적인 관심사이다(이명재, 앞의 책, p.512).
151) 특히 중장기적이며 근본적인 대책 수립에 우선순위를 두어야 한다. 기업이 일자리 확대에 나설 수 있도록 여건을 조성하는 것이 무엇보다 중요하며, 기업의 요구에 학교교육이 부응할 수 있도록 하는 시스템의 구축노력이 필요하다. 이와 관련, 대학의 특성화를 유도하고 대학교육의 현장성을 제고하는 동시에 정원조정 등 대학의 구조개혁을 한층 가속화해 가야 한다. 청년층의 대학 진학률이 82%에 달하는 가운데, 스위스 국제경영개발원(IMD)이 평가한 대학교육 경쟁력은 50위권에 머무르고 있는 것이 우리 현실이므로, 대학 개혁의 필요성이 절실하다.

행되어야 한다. 당장 무조건 많은 일자리를 만들어 내는 것만이 능사는 아니다. 일자리의 질도 중요한 것이므로 고령자에게 지속적인 학습기회를 제공함으로써 취업능력을 키워주어야 한다. 이를 통해 다양한 제2의 경력 설계가 가능할 수 있도록 지원해야 한다. 선진국의 고령화 대책에서 평생학습이 중요하게 강조되는 것도 이런 맥락에서 이해될 수 있다. 하지만 우리나라의 경우 고령층의 평생학습 참여 기회가 매우 제한적이다.[152]

선진국에서는 여성의 취업이 활성화되어 있고, 부부가 함께 일하는 것이 일반적 현상이다. 선진국일수록 부부가 함께 일해야만 자녀양육, 노후대비, 내 집 마련과 같은 숙제를 무리 없이 해결해 나갈 수 있다.

우리나라에서도 지속적인 경제성장을 통한 선진국 진입을 위해서는 일자리의 창출이 중요하며, 일자리 창출을 통한 고용률의 제고提高가 피할 수 없는 길이다.[153] 이러한 측면에서 고용률을 일자리 정책의 기준 지표로 사용하는 것이 바람직하다.

우리 경제는 노동시장의 경직성과 실업의 증가 등으로 인해 많은 어려움을 겪고 있으며, 경제성장의 발목을 잡고 있는 실정이다. 노사안정勞使安定은 한국경제의 영원한 숙제가 되었다. 노동시장을 개선하여 우리 경제를 활성화하기 위해서는 법과 제도, 그리고 정책의 개선이 필요할 것이다.

대한민국의 여건을 고려하면 특별히 새로운 정책을 강구하기보다는 무엇보다도 갈등적 노사관계를 벗어나 노사가 서로 믿고 상생할 수 있는 노사관계 구축이 중요시된다. 즉, 경쟁력 있는 기업의 육성과 외국 자본의 유치를 위해서는 무엇보다 그동안 지속돼온 갈등적 노사관계를 극복해야 한다.

노사관계에서 신뢰를 구축하는 데 중요한 요소가 기업경영의 투명성

---

152) 15세 이상 인구의 평생학습참여율이 21.6%인 반면, 50대는 14.4%, 60대 이상 노령층은 7.3%의 낮은 수준에 머무르고 있다.
153) 일자리의 증가는 소득증가를 통한 소비기회의 확대, 이를 통한 경제적 후생의 증대라는 경제적 의미 외에도 개인의 건강, 자존심, 사회적 위신, 성장의 기회 등 비금전적인 편익을 제공하며, 범죄예방과 같은 사회적 효과를 가진다. 따라서 일자리 창출의 문제는 단순히 경제적 성과의 문제가 아니라 개인적·사회적 차원의 포괄적인 문제이기도 하다.

이다. 외국인 투자기업의 분규건수가 매우 적은 것은 우리에 비해서 매우 투명하기 때문이다. 따라서 기업들은 투명성과 윤리의 경영자상을 국민과 함께 세운다는 자세로 노사문제를 풀어나가야 한다.[154]

우리는 먼저 새 시대에 맞는 노동정신을 계발하고 노동의욕을 고취해야 한다. 가장 일반적인 방법은 사회 지도층 인사들이 사회의 분위기를 그렇게 이끌어 나가는 것이다. 국가의 통치자를 포함하여 사회지도층이 직접 생산 현장에서 뛰며 일하는 모습도 보일 필요가 있다.

그러나 보다 중요한 것은 열심히 노력하면 무언가 이루어지고 열심히 노력하는 사람이 사회에서 성공한다고 하는 실증을 보여 주어 노동의 결과에 대한 믿음을 심어주는 일이다. 말하자면 정직하게 열심히 일만하면 누구나 잘 살 수 있는 사회를 만들어야 한다는 것이다. 그렇게 하지 않고서도 잘살고 사회의 지도층이 될 수 있다면 힘들여 노력하는 사람은 아무도 없을 것이다. 사회정의의 가치는 이런 차원에서 더욱 중요한 것이다.

세계화과정은 보다 직접적으로 공동체의 분열을 촉진하기도 한다. 세계화과정은 기업과 기업 사이의 국제적 경쟁을 더욱 심화시키므로 요소가격에 중대한 변동이 생길 경우 개별기업들은 언제든지 특정지역에 위치하고 있던 공장을 폐쇄하고 다른 지역으로 이전하려고 하게 된다.[155] 이렇게 되면 그 공장이 있던 지역공동체는 높은 실업률과 극심한 경기침체를 겪게 되고, 대체산업이 육성되지 않는 한 노동자들은 취업을 위해 자기가 살던 공동체를 떠나야 하는 운명에 처하게 된다.

디지털 경제에서 경쟁력의 핵심은 필요한 인력을 어떻게 확보, 육성, 유지하는가에 달려 있다. 노동시장이 유연화되면서 노동력의 잦은 이동, 빠른

---

154) 서유럽에서는 거의 모든 국가에서 노동자의 경영참여를 인정한다. 경영부담을 노조와 함께 나누자는 것이다. 그러나 근로자들이 경영전반에 참여하는 것은 아니며, 종업원 평의회를 통해 인수, 합병, 회사매각 등 근로자의 신분에 영향을 주는 행위에만 참여하는 형태이다. 이러한 투명경영을 위한 참여적 노사관계가 우리 현실에는 가장 적합할 것이다.
155) 세계화시대의 기업은 국가의 이익, 공동체의 유대와 개인의 복지를 전혀 고려하지 않는 오직 이윤논리와 경쟁력 논리에 따라 신속히 공간이동을 하는 존재가 된다.

기술변화, 다운사이징 등으로 기업은 인력개발에 대한 투자를 기피하는 경향이 생겼다. 업무에 필요한 기술을 가지지 못한 노동자들을 재훈련시키기보다는 외부 노동시장을 이용해 노동력을 조달하려 하기 때문이다. 하지만 이처럼 노동력의 이동을 통한 기술확산이 보편화되고 있는 상황에서 장기적으로 시장의 실패가 발생하지 않기 위해서는 국가에 의한 인력공급과 양질의 교육이 전제되어야만 한다. 대한민국의 현행 교육제도는 경쟁과 자율을 바탕으로 개선되어야 한다. 교육이 본래의 목적인 인적 자본의 육성을 제대로 수행하기 위해서는 현재 시행중인 각종 규제를 대폭 폐지하거나 완화하여 경쟁을 촉진해야 한다.

국가안보전략의 핵심은 국가경쟁력을 강화하여 부강한 나라가 되는 것이다. 노동시장의 안정과 활성화는 절대빈곤층을 줄이는 역할을 하며, 국민화합을 이끌어 국가경쟁력을 높일 수 있다.

(6) 첨단과학기술로 방위산업과 국방기술 선도

지식정보화 사회는 독창적이고 높은 과학기술 수준, 고도의 전문적 지식과 지혜로움이 아니고는 적응하고 발전시켜 나갈 수가 없는 사회이다. 이제는 나라의 자원보다는 기술이 더욱 중요하고 기술이 산업과 경제를 선도하면서, 기술민족주의技術民族主義가 강조되는 시대이다. 이러한 과학기술과 인력은 바로 방위산업과 국방기술을 선도하면서 국방력 강화에 결정적인 역할을 할 수 있다. 특히 국가안보와 자주국방을 위해서는 첨단과학기술과 인력만큼 중요한 요소가 없다.

대한민국 헌법 제127조 ①항에서는 "국가는 과학기술의 혁신과 정보 및 인력의 개발을 통하여 국민경제의 발전에 노력하여야 한다"라고 명시하여 과학기술 발전에 대한 국가의 책무를 명시하고 있다.

21세기에는 지식정보화 기술에 추가하여 우주, 해양, 핵물리, 환경, 에너지 등의 연구에 인류의 미래가 달려 있다. 우리는 보다 밝고 활기찬 미래를 보장받기 위하여 다른 어느 나라보다 과학기술입국에 정성을 쏟아야 한다.

특히, 청소년교육에서는 과학기술분야에 특별한 소질이 있는 학생을 선발하여 실질적인 엘리트교육을 해야 한다.

한국은 IT강국이다. 초고속 인터넷망은 세계 최고 수준이고 삼성과 LG를 선두로 하는 IT기업들은 세계시장을 선도하고 있다. 그러나 IT분야의 특허 출연 건수는 뒷걸음질쳐 2010년의 IT지수는 세계 19를 차지하고 있다.

미국특허에서 대한민국의 특허 경쟁력은 세계 3-4위 수준이다. 2011년에는 삼성전자가 미국의 IBM에 이어 특허제출건수 세계기업 2위를 차지했으며, 또한 2012년 4월에는 한국전자통신연구원이 미국의 특허종합 평가에서 전 세계 각급 기관 가운데 처음으로 세계 1위를 차지했다.[156] 우리의 과학기술 경쟁력이 지속적으로 향상되고 있는 현재 추세를 이어나가 미래에는 우리의 핵심·원천기술로 글로벌 표준을 선점하고 과학기술 강국으로 발돋움해야 할 것이다.

과학기술입국이라는 구호가 오랫동안 변함없이 이어져 오듯이 우리나라의 과학기술의 중요성은 아무리 강조해도 부족함이 없을 것이다. 경제의 한계상황을 극복하는데도 과학기술의 발전은 절대적인 것이지만 오늘의 국제사회에서는 과학기술 그 자체가 하나의 국력이 되는 사회이기 때문이다. 그리고 과학기술육성의 최대방책은 과학기술인력이 사회에서 존경받고 우대받게 예우하는 것이라는 점에 유의해야 한다.

대한민국은 선진국의 기술을 도입하고 압축성장한 대표적인 국가로 평가받지만 양적 경제성장의 한계, 고비용 저효율의 경제구조, 그리고 산업의 구조적 경쟁력 약화로 어려움을 겪고 있다. 우리의 기술수준은 몇 개의 분야를 제외하고는 세계적인 원천핵심기술을 확보하지 못한 상태이다. 더구나 우리의 경제는 최근 중국 등 후발개도국의 추격을 받는 한편 첨단제품은 선진국과 경쟁해야 하는 넛크래커 상태에 놓여 있다.[157]

과학기술의 발전은 새로운 주력산업을 창출해 내고 국가경쟁력의 향상을

156) YTN, 2012년 4월 4일.
157) 한국경제연구원, 앞의 책, p.111.

통해 국민의 삶의 질을 개선시킨다. 지식정보화 사회에서는 획기적인 지식·기술혁명으로 인해 경제, 사회, 문화 등 제반분야에 많은 변화가 있을 것이다. 정보통신분야(IT), 바이오분야(BT), 나노기술분야(NT), 환경기술분야(ET, GT), 문화산업분야(CT), 신소재기술 및 신제조기술 같은 기술혁명은 상상을 초월할 것이다. 2030년까지 새로운 성장원천을 마련하기 위해서 우리가 지금부터 준비해야 할 분야가 바로 이런 신기술 산업 분야이다. 그러나 이러한 산업이 새로운 성장산업으로 성장하기까지는 많은 위험이 따르고 많은 투자가 선행되어야 한다.

정부는 경제의 구조를 혁신하고 발전시키며, 과학과 기술을 약진시켜야 한다. 지식정보화사회는 기술패권주의가 더욱 강화되는 시대로 부가가치 창출의 원천이 특히 지식과 정보의 양과 질 및 그 처리기술에 의해 결정될 것으로 예측된다. 따라서 이러한 첨단기술을 지배하는 자가 세계시장에서 강자로 부상될 수 있을 것이다. 그런데 이러한 기술의 발전은 양질의 교육을 받은 자유로운 개인의 창의력에 그 원천이 있게 된다. 즉 창조적 기술혁신체계의 구축문제는 훈련을 받은 고급인력의 문제로 집약된다고 해도 과언은 아닐 것이다. 선진국들은 창조적인 과학기술인력의 양성을 위해 교육제도를 지속적으로 보완, 발전시키고 있다.

정보화시대가 정착되면 생명과학의 시대가 도래할 것이다. 생명이 가진 무궁무진한 정보로 한 나라의 발전이 도모되는 그런 시대다. 학문의 고정관념이 깨지고, 모든 지식이 융합돼 새로운 분야가 탄생되는 시대다. 단순한 호기심으로 학문이 이뤄지는 게 아닌 과학 개발에 대한 이익 실현과 책임이 동시에 요구되고 있다. 대한민국의 생명공학은 짧은 기간에 여러 성과들을 창출했으나 현재 절대적 예산부족 및 인력부족[158]에 직면해 있다.

'21세기는 우주개발 시대'다. 21세기는 우주를 지배하는 나라가 세계를 지

---

158) 국내 BT 분야 인력은 연구인력 5,000여 명을 포함하여 총 1만 2,000명 수준으로, 미국의 약 30만 명과 일본의 약 13만 명에 비해 절대적으로 부족한 실정이다. 이처럼 유전체학, 단백질체학, 생물정보학 등 첨단기술 분야에서의 연구인력 공급부족 현상이 심각하다.

배한다는 말도 나오고 있다. 우주개발능력은 국방력과 정보능력 강화에 결정적인 역할을 한다. 한국의 우주개발사업은 선진국에 비해 다소 늦은 1990년대에 시작되었다. 선발주도국인 미국이나 러시아보다 30년 이상 뒤졌다. 북한은 탄도미사일 발사를 준비하고 있는데, 우리는 러시아 기술을 통한 위성발사에도 실패하였다. 그만큼 우주로 향한 우리나라의 발걸음이 바빠질 수밖에 없다.

"IT시대 이후에 FT(퓨전기술)시대가 올 것"이라는 전문가들의 언급에서도 나타나듯이 다가오고 있는 융합기술融合技術 시대에 대비하기 위한 융합기술 종합발전계획도 범부처적으로 마련해야 한다. 한편 산업과 지역혁신 등 미시경제 분야는 물론 사회적인 이슈와 개개인의 소소한 일상에 이르기까지 과학기술이 미치는 영향력이 점차 커지면서 과학기술의 사회적 책임에 관한 요구도 높아지고 있다.

디지털 기술이 국가전체의 경쟁력을 향상시키리라는 기대감은 새로운 정보통신 시스템에 대한 과감한 투자와 함께 경제, 사회, 문화와 인식의 측면에서도 커다란 변화를 유도하고 있다. 대한민국 국군도 디지털 기술을 활용하여 정보통신 분야에 획기적인 발전을 하고 있으며, 전쟁양상에도 변화를 초래하고 있다. 그러나 디지털 기술은 시작 단계이고, 그 방향을 예측하기 어렵기 때문에 시장실패가 일어날 가능성이 크다. 디지털 경제로의 이행을 가로막는 장애요인들을 제거하고 정부와 민간, 그리고 국제간의 조율을 통해 디지털 경제의 틀을 새롭게 만들어 나가야 한다.[159]

R&D을 통한 기술혁신은 지속적 성장과 고용창출 및 국방기술발전의 중요한 원천이다. 기술혁신은 단순히 기술적 조건에 의해 결정되는 것은 아니다. 기술의 창출, 활용, 확산을 위해서는 기술혁신 주체들 간의 연계구조가 효율적이어야 한다. 지식에 대한 투자를 강화하고 경제 전체에 지식의

---

159) 디지털 컨버전스 혁명을 주도하는 성공적인 경영의 핵심요소는 기술·디자인·브랜드라고 생각한다. 이 3대 핵심역량을 강화하기 위해 시설 및 R&D, 우수인력, 마케팅 분야에 투자를 지속해야 할 것이다.

접근 및 분배를 향상시키기 위한 제도와 조직을 보완해야 한다. 결국 '국가혁신시스템National Innovation System'의 효율성 여부가 기술혁신의 성과를 좌우한다. 국가혁신시스템의 문제는 어느 시대에나 중시되었으나, 네트워크 시대에는 각 주체 간 상호 작용의 중요성이 더욱 커지면서 국가혁신시스템에 새로운 역할이 요구되고 있다고 볼 수 있다. 기술혁신 주체간의 지식과 기술이 서로 원활하게 이동해 어떤 지식이 그것을 필요로 하는 다른 부문에 효과적으로 확산될 수 있도록 해야 한다.

이러한 선진산업과 기술은 체계적인 과학기술전략과 대대적인 정부의 지원이 없이는 선도적으로 개발, 활용되기 어렵다. 특히 국방과학기술 분야는 정부의 지원이 필수적이다. 이것은 국방부와 산학연産學研이 긴밀한 협조체제를 강화하여 풀어나가야 할 과제이다.[160] 따라서 국가안보차원의 종합발전략이 요구된다.

지금까지 기술한 경제안보전략을 추진목표, 추진기조와 추진과제를 체계화하면 〈도표 4-8〉 경제안보전략 체계도와 같다

---

160) 대한민국 옆에 일본이 있어서 고통도 있었지만 대한민국 옆에 일본이 있기 때문에 대한민국이 이처럼 빠른 성장을 할 수 있지 않았을까 싶다. 라이벌의식이란 대인, 조직, 국가의 성장에 긍정적인 영향을 미친다. 대한민국의 주력 산업들, 예를 들어 전자, 조선업, 철강 등은 모두 일본이란 라이벌을 의식하고, 배우고 베끼는 과정에서 만들어진 것들이다. 다만 지나치게 민족주의적 성향이 사리판단을 그르치지 않도록 주의할 필요가 있다.

<도표 4-8> 경제안보전략 체계도

구분	세부내용
추진목표	• 부강하고 역동적인 나라 • 더불어 잘사는 경제공동체 • 국가안보에 기여하는 활력있는 경제
추진기조	• 역동적 시장경제체제로 성장동력 유지 • 전통산업과 지식기반 산업의 보완 발전 • 지역 · 산업 · 계층 간 균형 발전 • 절제 속에 희망찬 복지국가 건설 • 노동시장 활성화 통한 국가경쟁력 강화 • 첨단과학기술로 방위산업과 국방기술 선도
추진과제	• 활력 있는 경제발전 • 전통산업의 특화 • 지식기반 경제구조정착 • 중소기업 경쟁력 강화 • 고부가가치 산업 육성 • 규제개선 및 개방 확대 • 경쟁의 공정성 제고 • 희망찬 복지국가 건설기반 확충 • 상생하는 노사문화정착 • 노동시장 유연안정성 확보 • 시장경제 활성화 • 신기술산업 중점육성 • 중산층 기반 확충 • 국방기술협력체계 발전 • 부품· 소재산업 전략적 육성 • 방위산업 중점 육성

제5절
평화통일전략[161]

우리나라가 일류국가로 도약하기 위해서는 통일이란 관문을 지나야 한다. 그것도 가능한 최소의 비용으로 안전하게 평화적으로 통과해야 한다. 따라서 통일이 되는 시점까지 평화통일전략은 국가안보전략의 핵심이다.

사전적 의미에서 통일unification이란 '두 개 이상의 것을 모아서 하나로 만들거나 또는 서로 다른 것을 같거나 일치되게 맞추는 것'을 말한다. 통일은 정치, 경제, 사회, 군사 등 모든 분야에서 통합을 가져온다. 최근의 역사에서 베트남과 예멘은 전쟁을 통해서 통일이 되었고, 독일은 합의에 의해 통일이 되었다. 한반도에서 남북한도 평화통일이 되어야 한다.

통일은 민족의 숙원이며 과제이다. 민족 구성원 대다수가 통일을 당연시하고 있다. 그 날이 오기를 고대하고 있다. 해방 이후의 역사는 남북 분단사이며, 동시에 통일 노력사이다. 분단과 분열에서 생기는 민족적 고통과 불이익의 종식이 요구되고 있는 것이다.

민족적 측면에서 본 통일의 당위론과 필요론 측면에서 볼 때, 우리 민족 스스로 통일의 당위성을 단일민족에서 찾고 있다. 이러한 단일민족 의식은 역사의 뿌리와 깊게 연관되어 있다. 왜냐하면 우리 민족은 통일신라 이후 약 1,300년 동안 단일 민족국가를 형성하여 한반도에서 살아왔다. 따라서

---

161) 평화통일전략에 관련된 사항은 저자의 졸저 『한반도의 평화통일전략』(박영사, 2004)의 내용 (pp.104-125)을 부분 보완하였다.

우리 민족이 나뉘어 산다는 것은 극히 부자연스러운 현상이며, 단일 민족사회 공동체로의 복원이 절실히 필요하다.

분단으로 생긴 이질화의 극복 및 동질성 회복이 필요하다. 남북한에서 사회와 문화 등 모든 영역에서 상당한 이질화가 진행되어 왔다. 남한은 다원적이고 개인주의적이며 개방적이다. 반면 북한은 일원적, 집단주의적, 전체주의적, 폐쇄적으로 변화되고 있다. 정치문화는 이데올로기를 중심으로 이질화가 심화되고 있다. 이러한 이질화 현상은 세계관, 사회관, 인간관과 역사관에 큰 차이를 형성하고 있다. 이러한 차이는 시간의 흐름에 따라 더욱 심화될 것으로 판단된다. 따라서 민족적 동질성과 단일성 회복을 위하여 통일이 필요하다. 분단에서 생기는 민족적 역량의 손실과 자해현상을 방지하고, 민족자존을 확보하는 일도 뒤로 미루어 놓을 수 없는 시급한 과제이다.

통일은 민족국가의 발전에 기여한다. 그러나 북한이 통일전선전략에서 민족주의를 역이용하고 있다는 것을 우리는 항상 유념해야 할 것이다. 공산주의는 근본적으로 국제주의國際主義이지 민족주의는 아니다. 그들에게는 민족이 아니라 계급이 더욱 중요하다. 공산당 선언의 '만국의 노동자여 단결하라!'라는 구호가 이를 잘 대변해 주고 있다. 따라서 우리는 북한이 민족적 정통성은 자기편에 있음을 주장하면서, 같은 민족을 내세워 민족공조民族共助[162]와 자주적 통일을 주장하는 본질을 꿰뚫어 보면서 역이용할 필요가 있다.

한반도에서 평화관리, 남북한 평화공존, 평화체제의 구축과 평화통일이 강조된다. 현대의 발달된 무기로 인한 전쟁의 폐해와 고도로 집중된 남북한의 무장력을 고려할 때 오직 평화구축과 평화통일만이 민족의 지속적인 번영을 보장할 수 있으며, 전쟁으로 인한 참화를 방지하여 민족통일의 진정한

---

162) 북한이 주장하는 '민족공조'란 자주와 외세배격을 주제로 주한 미군 철수와 국가보안법 철폐를 주장하면서 북한을 한 민족으로 보고 미국을 적으로 보는 전략적 구상이다. 우리 국민의 대적개념을 약화시키며, 우리 사회의 안보역량의 결집을 차단하고, 이를 와해시키기 위한 고도의 적화통일 전략으로 판단된다.

의미를 살릴 수 있다고 보기 때문이다.[163]

한반도에는 여전히 남북한의 충돌 위험이 상존하고 있으며, 우리는 전쟁에 대한 공포를 느끼고 있다. 한민족이 전쟁의 공포로부터 해방되고, 전쟁을 막기 위해서는 남북한의 평화적인 통일이 필요하다.

대한민국 헌법의 전문에서는 "평화적 통일의 사명에 입각하여 정의, 인도와 동포애로써 민족의 단결을 공고히 할 것"을, 제4조에서는 "대한민국은 통일을 지향하며, 자유민주주의적 기본질서에 입각한 평화적 통일정책을 수립하고 이를 추진한다"라고 규정하고 있다. 그리고 제66조 ③항에서는 "대통령은 조국의 평화적 통일을 위한 성실한 의무를 진다"라고 명시함으로써 평화통일을 위한 대통령의 책무도 제시하고 있다. 그리고 대통령은 취임선서에서 헌법 제69조에 따라 "나는 헌법을 준수하고 국가를 보위하며 조국의 평화적 통일과 국민의 자유와 권리의 증진 및 민족문화의 창달에 노력하여 대통령으로서 직책을 성실히 수행할 것을 국민 앞에 엄숙히 선서합니다"라고 선서하여, 대통령으로서 평화통일을 위해 진력을 다할 것을 국민에게 다짐하고 있다.

국가지도자는 헌법정신에 따라 국가전략의 큰 틀과 국가안보전략의 차원에서 평화통일전략을 수립하여, 점진적·평화적으로 통일을 추진해 나가야할 것이다.

1. 평화통일전략의 목표

(1) 평화로운 국토통합 달성

우리 민족은 반만년 동안 한반도라는 지리적 공간 속에서 하나의 생활권을 형성하며 살아왔다. 역사적 흐름에 따라 일시적으로 분열되었지만, 주류는 단일공간에서 살아온 단일민족이다. 한민족의 희생을 최소화하기 위해

---

163) 홍관희, 『남북관계의 확대와 한국의 국가안보』(통일연구원, 2000), pp.42~44.

서는 어떤 경우라도 통일을 폭력에 의존해서는 안 되며, 비민주적인 통일국가의 출현도 막아야 한다. 즉 민족사회 구성원 모두의 평화가 보장되는 통일이어야 한다. 평화통일은 지리적 측면에서 보면 분리된 생활권과 분할된 국토를 하나로 하는 국토통일을 의미한다. 지리적 개념의 통일은 민족 구성원 누구나 한반도 내의 어느 곳이든 자유롭게 왕래하고 거주하는 단일생활권을 마련한다는 의미를 내포하고 있다.

한반도는 지구상에서 가장 큰 바다와 가장 큰 대륙에 연한 북반구 중위도에 위치하며, 대륙과 해양으로 진출이 용이하다. 우리는 세계화에 따른 세계질서 개편의 큰 흐름을 타고 한반도의 지정학적 잠재력을 활용하여 한민족의 활동공간을 확대시킬 계기를 마련해야 한다. 한반도를 수동적 공간에서 능동적 공간으로 전환시키는 의지와 힘이 필요하다.

세계화시대에는 영토의 개념이 경제권의 개념으로 희석될 가능성이 있다. 그러나 통일을 해야 하는 한민족의 입장에서는 주권이 미치는 배타적 공간범위로서의 영토領土, Territory와 국경을 중시해야 할 것이다. 이는 한반도와 그 부속도서 및 영공과 영해를 포함하는 개념이다.[164] 대한민국 헌법 제3조에서도 '대한민국의 영토는 한반도와 부속도서로 한다'고 명시하고 있다. 즉 통일국토의 모습은 일차적으로 통일되는 시점에서의 남북한 영토의 모습을 합한 것이다. 따라서 분단 하의 남한과 북한의 모습은 통일국토의 모습을 결정짓는 기초가 될 것이다.

통일국토의 모습을 바람직한 것으로 그리려면, 남한과 북한의 땅을 통일이 되는 시점까지 어떤 모습으로 만들어 가느냐가 중요하다. 그러나 통일 후 국토통합의 문제점으로는 공간적 이중구조로 인한 일체성 결여, 남·북 지역 간 불균형의 문제가 있다. 토지 소유제도의 혼란 및 이용 질서의 문란, 자연환경 파손 및 문화 공간 훼손, 국경지대 및 해양에 대한 관리의 어

---

164) 국가는 영토를 기초로 하는 일정한 공간에 대하여 '배타적 지배권(領域主權)'을 갖는다. 이 공간은 영토를 중심으로 그 주위에 있는 바다의 부분(領海)과 영토 및 영해상공의 하늘 부분(領空) 등 3개의 부분으로서 성립되는 공간이다.

려움, 종합적인 계획 부재로 국토이용의 혼란 초래 등의 많은 요인들도 고려되어야 한다.

우리는 남북한이 안고 있는 기존의 공간문제를 해결하면서 세계화, 지방화, 분권화 및 친환경화 등의 추세에 대응하며 통일 후 건강한 국토를 만들어 나가는 틀을 준비해야 한다. 즉 정권을 초월하는 종합적인 국토개발계획을 수립하여 북한과 함께 범민족적으로 가꾸어 나가야 한다.

베트남의 사례는 무력에 의한 통일이 얼마나 막대한 피해를 초래하는지 예시해 준다. 오랜 기간의 전쟁 끝에 통일을 달성한 베트남은 통일이 된 이후에도 국토의 황폐화와 생산시설의 파괴뿐 아니라 막대한 인명피해에 따른 고통을 겪고 있다.

이러한 교훈을 바탕으로 우리가 평화통일을 구현하기 위해 노력하고 있음에도 불구하고 통일의 시기와 그에 이르는 과정에는 많은 불확실성이 내재되어 있다. 북한의 급변사태 등을 포함한 여러 가지의 시나리오를 상정할 수 있을 것이다. 어느 시나리오가 전개될 것인지는 기본적으로 북한의 변화의지와 개혁·개방의 방향 및 속도에 의해 좌우될 것이다. 하지만, 우리의 평화통일의 의지와 평화적 방법론에 입각한 행동의 이니셔티브도 평화통일을 달성하는 데 중요한 요소로 작용할 것이다.

중장기적인 측면에서 본다면, 세계화에 따라 국제협력이 증진되고 지역 간 협력도 강화되어 한반도 주변에 평화체제가 정착될 가능성이 높아질 것이다. 세계적으로 개방화가 확대되면서 북한도 생존과 번영을 위해 고립체제에서 개방체제로 전환하려 노력할 것이다. 국내적으로도 국가경쟁력의 강화와 부의 축적으로 북한을 흡수할 수 있는 여력이 증가하여 퍼주기의 논란은 잠재워질 것이다. 그리고 북한을 민족적 차원에서 통합하려는 노력은 지속될 것이다. 이러한 환경적 요인과 노력 등으로 통일의 촉진환경을 조성하기가 더욱 용이해질 것이며, 향후 20년 내에는 통일도 가능할 수 있을 것이다.

국토통합에는 군의 역할이 중요하다. 평화통일이라 할지라도 군이 피통합지역(북한)에 배치되어 안정을 유지하면서 북한군을 인수해야 하기 때문이다. 따라서 통일 이후의 시점까지를 바라보면서 안보전략을 수립해야 한다. 특히 어려운 여건 속에서도 한 건의 큰 사고 없이 동독군을 흡수 통합한 서독군의 사례를 분석할 필요가 있다.

(2) 공동이익을 추구하는 민족공동체 형성

남북한이 통합을 시도한 것은 크게 3단계로 나누어 볼 수 있다. 먼저 제1 단계는 7 · 4공동성명이다. 남북한은 세계적인 데탕트 분위기 속에서 1972 년 자주 · 평화 · 민족대단결이라는 7 · 4공동성명체제에 들어갔다. 그러나 공동성명체제의 생명은 길지 않았다. 남한은 유신체제로 접어들었고, 북한은 김일성 유일체제를 강화하면서 냉전구조는 더욱 고착되었다. 제2단계는 1991년의 기본합의서 체제였다. 그러나 이 체제의 생명도 길지 않았다. 북한이 1993년 팀스피리트 훈련 실시를 구실로 하여 남북 고위급회담을 거부했기 때문이다. 제3단계는 6 · 15공동선언 체제이다. 그런데 이 체제도 화해와 도발이라는 북한의 화전양면 전략에 대해 이명박 정부가 원칙에 입각한 대북정책을 내세우면서 중단되었다.

우리는 민족공동체 복원을 위해 노력해야 한다. 통일은 국가존망의 이익보다 우선순위가 높은 민족존망의 이익이고, 절대적인 여망이다. 민족공동체는 민족의 공동이익을 추구해야 한다. 그 길이 평화통일을 이루는 가장 바람직한 길이다. 남북한 양측은 통일을 위해 새로운 형태의 정치체제를 수용할 각오가 되어 있어야 한다.

그런데 통일이라는 국가목표가 가장 높고 절대적인 국가이익이 될 수 없다는 사실은 한국인의 절대다수가 공산정권하의 통일을 원치 않는다는 점으로 미루어 알 수 있다. 통일이 절대적이고 대한민국에서 가장 우선되어야 할 국가이익이 될 수 있는 경우의 통일이란 대한민국의 생존이 보장되고 대한민국이 주도하는 자유민주주의체제나 이와 유사한 체제하의 통일을 의미한다. 생존, 즉 자기존재가 없는 상태에서의 통일은 존재할 수 없다.

생존이익, 즉 국가존망의 이익이 국가최고의 이익이며 '우리'의 존재가 있는데서 통일의 여망과 통일에 대한 최고의 가치도 부여할 수 있다. '우리'없는 통일은 있을 수 없다. 이것은 북한의 경우도 마찬가지이다. 북한 공산주의체제하에서 절대다수의 인민이 자의적으로 북한의 체제가 상대적으로 남한의 체제보다 우월하고 그리하여 북한체제 쪽으로 남한이 통일이 되어야 한다고 믿는다면 그들에게 있어 북한의 존망의 이익은 국가최고의 목표일 수밖에 없다. 그러나 20세기의 역사는 민주주의와 시장경제체제의 우월함을 보여 주었다.

통일을 추진하는 과정에서 단일민족의 전통은 발전적으로 이어져야 한다. 반세기를 훌쩍 넘어선 분단사는 우리 민족의 역사와 전통이 외부세력의 강요로 중단된 부끄러운 역사이다.

한반도의 분단구조는 정치, 경제, 사회와 문화 등 다방면에 걸쳐 모순을 심화시키고 있다. 남북 분단의 고통과 불안은 종식되어야 한다. 한국전쟁이라는 동족상잔의 비극, 이산가족의 생이별, 중무장한 군사적 대치 등은 조속히 해결되어야 한다. 평화통일을 위한 일관된 노력만이 동족상잔의 재발을 막고, 국제사회에서 적극적 개념의 평화가 정착되도록 유도할 수 있을 것이다. 따라서 남북 사이의 화해, 교류협력과 평화는 반드시 제도화되고 정착되어야 한다.

남북관계를 개선해서 통일에 접근하려는 노력은 분단이라는 특수상황 아래서 비용의 효율화와 경제선진화를 도모하는 모체이다. 통일이 실현되면 우리는 국제사회의 주역으로 부상할 수도 있다. 남북한이 통일되면, 우리는 세계 10위권의 교역대국이 될 수 있다. 북한의 잠재력과 노동력 그리고 자원이 통합되어 민족의 경제역량이 확대될 것이다. 우리가 지정학적인 위치를 적극적으로 활용한다면, 우리는 국제사회에서 보다 폭넓은 외교역량을 발휘할 수 있을 것이다.

정치·경제적으로 이루어진 통일 못지않게 사회·문화적으로도 공동체의식을 가질 수 있는 실질적인 통합노력도 신중하게 추진되어야 한다. 단순히 사회·문화적인 이질성을 극복하여 동질성을 회복하는 분단이전 상태의 회복이 아니라, 온 민족이 하나 되어 보다 밝은 미래를 만들어 나갈 수 있는 창조적인 대통합과정이 병행되어야 한다. 통합은 시스템을 합치는 체제통합과, 사람의 마음을 합치는 사회통합으로 나눠 보는 것이 맞다.

독일은 체제통합에는 성공하였다. 세계와 유럽 경제의 위기 속에서도 독일경제는 성장을 지속하고 있다. 2005년 한때 12.5%까지 치솟았던 실업률이 2012년 2월 현재 5.7%로 독일 통일 이후 제일 낮다. 청년실업률은 8.9%로 유로존 국가 평균의 절반 미만이다. 반면 2011년 수출액은 1조 4,756억 달러로 사상 최대였고, 경상수지 흑자는 중국을 제치고 세계 1위이다.[165] 그러나 사회통합에는 상당한 어려움을 겪었다. 이러한 독일의 통일사례는 우리에게 시사하는 바가 매우 크다.[166]

통일과정에서 남북한은 같이 승리하며 민족 공동번영의 보람을 누려야 한다. 즉 상생공영相生共榮해야 한다. 평화와 번영을 실현하는 민족공동체를 구현하기 위해서는 남북 공동의 가치와 정체성을 창조하고 가꾸어 가는 것이 중요하다. 남북으로 분단되어 있어도 민족의 동질성과 통일성의 범위를 확대시켜 나가는 조치가 필요하다. 이를 위해 남북한 사이에 평화를 정착시키고 교류와 협력을 적극적으로 증대시켜 민족공동체를 복원하면서 남북한 사이의 연계를 증대시키는 것이 중요하다.

특히 남북한 간에 인식의 괴리가 있는 민주주의와 복지사회, 평화, 인권

---

165) 조선일보, 2012년 4월 21일.
166) 통일 독일 20년의 성과는 섣불리 단정할 수는 없지만 한마디로 정치·경제적 통합의 성공과 사회적·문화적 통합의 실패로 결산될 수 있다. 통일이라는 거대한 시대사적 사건도 결국은 인간의 문제로 귀착되며, 인간을 배려하지 않는 통일은 결코 성공할 수 없다. 통일은 종잇장 위에서 체결되는 것이 아니라 사람과 사람 '사이'에서 완결되는 것이다. 민족의 신화를 앞세운 낭만적인 민족주의 담론만으로는 통일 이후의 사회적·문화적 갈등을 해결하기 어렵다는 것이 독일 통일 20년(1990~2010년)의 냉정한 교훈이기 때문이다. 1990년 통일 이후 약 20년이 흐른 지금까지 동·서독 사이에는 '마음의 불연속선'이 존재한다. 오씨(Ossi)란 말에는 서독인들이 동독(Ost) 사람을 얕잡아 보는 경멸의 감정이 잔뜩 묻어난다면, 베씨(Wessi)에는 동독인들이 서독(West) 사람들을 바라보는 불편한 감정이 녹아 있다. 그러나 20년이 지나면서 통일에 대한 평가는 긍정적으로 변화하고 있다.

등에 대해서 이견을 줄이고 공통의 영역을 확장해 나가야 할 것이다. 번영·발전의 민족공동체 달성을 위해서는 남북이 상호 이해의 폭을 넓히고 공통의 이익과 가치영역을 확대해 나가야 한다. 두레, 향약, 품앗이 등에서 볼 수 있듯이 한민족은 전통적으로 높은 공동체 의식과 가치영역을 지니고 있다. 이를 확대해 나갈 때 평화통일도 가능할 것이다. 우리는 역사적 경험으로부터 사회의 한 부분이 배타적으로 이익을 추구할 때 이는 곧 마찰과 갈등을 유발하였음을 인식해야 한다. 특히 남북한 간에는 지역감정을 극복하고 함께 살아가는 공동체의식을 회복할 때 통일한국 사회가 건강하고 성숙될 수 있다.

통일이 포기할 수 없는 민족적 과제라고 해서 어떤 통일이든지 성급히 받아들일 수는 없다. 통일은 한민족의 이상을 실현할 수 있는 것이어야 하며, 민족사회를 가장 바람직하게 건설할 수 있어야 한다. 그 길은 결코 쉽지 않다. 따라서 안보전략 차원의 종합적이고 체계적인 준비가 요구된다.

(3) 평화통일된 자유 · 민주 · 복지국가 수립

통일국가는 민족구성원 모두에게 자유와 복지, 인간의 존엄성을 보장하는 자유민주국가가 되어야 한다. 자유란 분단으로 인한 민족 구성원 모두의 고통과 불편이 사라지고, 자율과 창의가 존중되며, 정치와 경제적인 권리를 확보하는 상태를 의미한다. 복지는 민족의 총체적 역량이 크게 신장되어 풍요로운 경제를 이루고 그 혜택이 민족구성원 모두에게 골고루 돌아가는 것을 의미한다. 인간의 존엄성이란 분단으로 인한 인간적 고통과 억압이 해소되고, 법질서와 정의의 기초 위에서 기본적 인권이 존중되는 상태를 의미한다.

통일국가는 정치적으로 자유민주주의체제를, 경제적으로 시장경제체제를 바탕으로 한 인간다운 삶을 실현할 수 있는 선진민주주의 사회 실현을 지향해야 한다. 민족통일을 지향하면서 우리가 그려볼 수 있는 가장 바람직한 것은 민주주의 이념에 입각하여 정치적 갈등과 정쟁을 처리해 나가는 '민주공동체民主共同體'이다. 남북한 간 자유민주주의와 시장경제를 계승 · 발전시키는 일이 중요한 목표가 되어야 하는 이유는 그 역사적 적실성適實性으로부터 연유한다. 자유민주체제에 기반을 두지 않는 어떠한 통일도 우리 민족에게 진정한 행복과 번영을 가져다 줄 수 없기 때문이다.[167]

민주주의는 대한민국의 국가이념國家理念으로 표방해 온 자유민주주의 기본정신이며, 체제를 불문하고 북한을 포함한 국민국가들이 대외적으로 표방하는 정치이념이다. 우리의 삶은 자유롭고, 인간다우며, 함께 하는 것이 되어야 한다. 우리는 인간의 존엄성에 대한 평등한 권리가 존중되는 기본바탕 위에서 서로 협력하면서 자유롭게 살아가는 터전을 마련해야 할 것이다. 즉 통일한국에서 한민족이 인간다운 삶을 위해서 필요한 정치이념은 자유민주주의이다.[168]

정치적 자유보장을 위한 기본 가치가 구현될 때 다원주의와 공정성 및 공공성 등의 가치도 빛을 발할 수 있다. 자본주의 사회도 평등의 가치를 보다 더 많이 구현할 수 있는 복지국가로의 발전을 계속하고 있다. 즉 자유와 평등의 조화에 기반을 둔 공정성 원리를 적용하고 있다.

민족분단을 해소하고 민족번영을 이루는 데 있어서 자유로운 삶이 갖는 의미는 각별하다. 왜냐하면 경쟁적 체제 이념을 극복하여 열린 사고를 가능케 해주는 것이 바로 자유로운 삶이기 때문이다. 대한민국은 자유민주주의 체제 속에 북한 주민을 포용하는 통일을 달성해야 한다. 아무리 통일을 원한다 하더라도 우리는 자유롭고, 고른 복지를 누리며 동등한 정치참여 기회를 누리는 자유민주주의체제는 포기할 수 없다. 즉 자유민주주의 기본가치는 통일에 선행하며, 통일의 공리적 가치가 되는 것이다.

통일은 단순한 국가통합이 아니라 한민족 모두의 삶의 질을 높이는 데 목

---

167) 북한이 '수령제'에 입각한 유일체제, 즉 '우리식 사회주의'를 고수하고, 남북이 중무장한 군사력으로 대치하고 있는 상황에서 자유민주주의체제에 바탕을 두지 않는 통일논의는 바로 북한의 대남 통일전선전술과 '통일' 슬로건하의 남한사회 교란전술에 이용당할 개연성이 매우 높을 것이다.
168) 기본적이고 항구적인 국가목표를 달성하기 위해서 객관적·현실적인 가치판단에 입각한 국가이익을 감안하여 국가의지를 결정함으로써, 이를 운용하는 일에 국가의 기본방침이 책정되어야 한다.

표를 두고 민족 구성원의 삶의 터전을 하나로 만드는 것이어야 한다. 통일은 분단 이전으로의 회귀가 아니라 미래의 만남을 보고 설계하는 것이다. 즉 자유, 민주와 복지가 보장되는 안보가 튼튼한 민족국가를 건설해야 한다.

통일한국인은 시장경제와 복지를 통합한 개념으로서 궁극적으로는 단순한 시혜적 복지단계를 넘어 일할 수 있는 기회를 마련해 주는 복지체제를 구축해야 한다. 일을 통한 복지는 시장과 복지의 상호보완적 관계를 지향한다. 생산적 복지는 시장의 공정분배기능을 강화하고, 고용 중심의 사회정책에 중심을 두며, 경제효율성을 제고시키면서 사회통합을 달성하려는 적극적인 복지정책이다. 시장을 통해 공정하게 이루어지는 분배, 국가에 의한 재분배, 국가와 시장이 연계된 자활自活을 위한 사회적 투자의 유기적 결합이 필요하다.

통일국가는 분단으로 인한 남북한 이질감과 생활격차를 극복하며, 민족공동체를 재창조할 수 있는 적극적인 통합정책을 추진하는 선진 민주국가가 되어야 한다. 통일된 민족공동체는 통일국가 구성원들의 삶을 질적으로 드높일 뿐 아니라, 대외적으로는 세계화·지식정보화시대를 선도하고 세계평화와 인류공영에 기여하는 국가로 발돋움해야 한다.

통일은 분단이전 상태로 되돌아가는 것일 수는 없다. 왜냐하면 60년 이상의 역사흐름에 따라 너무 많은 것이 변했기 때문이다. 분단체제를 극복한다는 것은 단순히 통일만 하면 되는 것이 아니고 통일하는 과정에서 현재의 남과 북 어느 쪽보다도 더 나은 사회가 한반도에 건설되어야 진정한 분단체제의 극복이라 할 수 있을 것이다.[169]

통일은 저 혼자 오지 않는다. 성장동력을 유지하는 경제안보전략과 견고한 국방전략을 딛고, 정치심리전략의 수단과 방법을 활용하면서 외교안보전략의 날개를 펼쳐야 가능하다. 따라서 국가안보전략이라는 큰 틀에서 종

---

169) 백낙청 외, 『21세기의 한반도 구상』(창비, 2004), pp.289-291.

합적으로 추진되어야 한다.

2. 평화통일전략의 추진기조

(1) 민족공동체통일방안의 기본이념 구현

대한민국의 공식적인 통일방안은 '민족공동체 통일방안'이다. 평화통일은 한반도의 냉전종식과 평화체제를 정착시켜 '민족공동체 통일방안'에 의해서 3단계 통일전략을 실천해 나감으로써 달성될 수 있을 것이다. 이 과정에서 평화통일의 결정적 변수는 북한체제의 변화이다. 그 변화된 상황에 융통성 있게 임기응변할 수 있는 '신축대응전략伸縮對應戰略'이 필요하다.

우리의 통일방안인 '민족공동체 통일방안'의 특징으로는 통일의 기본철학으로 자유민주주의를, 통일의 주체로서 민족구성원 모두를, 통일과정에서 민족공동체 건설을 우선적으로 강조하는 것과 통일 국가의 구체적인 미래상을 제시하고 있다는 점을 들 수 있다.

이것은 '평화공존', '남북연합', '완전통일'에 이르는 3단계 통일전략을 바탕으로 하고 있다. 민족공동체 통일방안은 통일의 과정을 기능주의적 통일방안에 입각하여 점진적, 단계적으로 하고 있다.

우선 제1단계인 평화공존단계는 분단 이후의 적대적 냉전 상태를 종식시키고, 평화적인 공존관계를 실현하는 단계로서 평화통일을 위한 우선적인 당면목표이다. 즉 한반도의 냉전종식과 평화체제를 구축함으로써 남북한 간의 평화적인 공존을 현실화하는 단계로서, 평화통일의 가장 중요한 국면이며 당면한 핵심목표이다.

다음 제2단계인 남북연합단계는 남북한이 상호 협력적인 공존관계를 지속하다 보면, 민족공동체의 입장에서 남북이 상호 지원하는 관계로 발전할 수 있게 될 것을 가정하고 있다. 이는 국가연합의 형태를 취하는 단계에 해당된다.

제3단계인 완전통일단계는 남북연합은 국가연합의 형태지만, 민족공동체 차원에서 '1국가 2정부' 형태의 연방국가 단계를 거쳐 완전통일에 이르거나, 또는 곧 바로 '1국가 1정부' 형태로 완전히 통일되는 단계에 의해서 평화통일을 완성할 수 있게 될 것을 전제로 하고 있다.

평화통일을 달성하기 위한 당면한 핵심과업은 민족공동체 통일방안에 입각한 3단계 전략을 추진함에 있어서, 한반도의 냉전종식과 평화체제를 구축하여 남·북한이 민족공동체적 토대 위에서 신뢰와 협력을 지속시켜 나갈 수 있는 환경을 만드는 것이다. 즉 평화통일의 문제가 아니라, 평화통일의 선행조건이 되는 한반도의 냉전종식과 평화체제를 구축하는 문제가 가장 중요하다.

이러한 통일방안은 붕괴론적인 시각보다는 변화론적인 시각에 기반을 두고 있다. 그러나 이러한 과정은 매우 더디고 어려울 수 있다. 많은 함정이 도사리고 있다. 특히 신뢰를 중시하지 않고 약속을 수시로 어기는 불량국가인 북한을 상대하는 일은 쉽지 않음을 확인할 수 있었다. 그렇다고 포기할 수는 없다. 우리는 북한을 관리하면서 우리가 원하는 방향으로 조금씩 움직이도록 적극적이고 능동적으로 통일전략을 추진해야 한다. 왜냐하면 통일은 포기할 수 없는 가치이며, 일류국가로 도약하기 위해 달성해야 할 목표이기 때문이다. 그 과정에서 북한체제가 붕괴한다면, '급변사태계획'이라는 예비 또는 우발계획을 추진하면 되는 것이다.

(2) 화해협력정책의 투명성·일관성 보장

우리는 평화통일전략을 전략적인 사안과 정책적인 사안으로 구분하여 투명성과 일관성의 원칙하에 추진해 나가야 한다.

대한민국이 제대로 된 대북전략을 추진하기 위해서는 두 가지 관점에 유의해야 한다. 첫째, '북한주민'과 '북한정권'을 구분하여 대처하는 것이다. 둘째, '통일전략적인 사안'과 '대북정책적인 문제'를 혼동하지 않는 것이다. 국민적 합의에 따라 공식적으로 수립된 통일전략은 정권교체와 관계없이 투명하고 일관되게 추진해야 한다. 반면 국가의 생존에 직결되지 않는 정책적 수준의 사항들은 정부가 시의 적절하게 조절해 가면서 유연하게 추진할 수 있어야 한다.

국민들은 북한을 강하게 불신하며 통일의 필요성을 확신하지 못하고 있다. 정부의 통일정책에 대해서도 의혹을 갖고 있으며, 통일비용에 대해서는 많은 두려움을 느끼고 있다.

화해협력정책의 추진원칙은 남북한 간의 불신과 적대감 해소 및 민족동질성 회복을 위해 보다 많은 접촉과 교류를 통해 이해의 폭을 넓히고, 쌍방이 필요로 하여 합의 가능한 분야부터 교류협력을 활성화해야 한다. 민족 상호 이익과 복리를 도모하고, 북한의 무력도발 위협을 근원적으로 약화 및 해소할 수 있도록 추진해야 할 것이다. 이를 위해 한반도 차원에서는 '안보와 화해' 또는 '억제와 포용' 그리고 국제적으로는 '양자주의와 다자주의'를 상호보완적으로 조화롭게 병행 추구하는 '이중 접근전략'이 필요하다.

확고한 대북 억제력을 유지한 가운데 냉전구조를 해체하는 일은 무엇보다 중요하다. 우리는 지난 반세기 동안 한반도를 지배해 온 남북대결 주의에서 벗어나 확고한 안보기반 위에서 남북한 간 교류협력의 시대를 열어나가야 한다. 확고한 안보기반은 강력한 대북 억제력에 의해 뒷받침되며, 억제력은 튼튼한 국방력에 의해 보장된다. 또한 강력한 대북 억제력은 자신감 있고 유연한 대북정책을 구사할 수 있는 밑바탕이 된다. 대화 없는 대북 억제력이 맹목적이라면, 대북 억제력 없는 대화는 더욱 위험하다는 사실을 분단의 역사가 우리에게 일깨워·주고 있다.

북한의 미사일과 핵개발 능력 과시 등은 북한이 아직도 체제 생존논리를 남북관계와 전반적인 국제관계의 개선을 통해서가 아니라 군사위협태세의 강화에서 찾고 있음을 의미한다. 따라서 강력한 대북 억제력의 확보는 우리가 추구하고 있는 평화와 화해협력의 대북 정책을 추진하기 위한 가장 필수적인 요건이다.

한반도의 냉전구조는 전쟁위험을 내포하고 있으며, 대내외적으로 소모적인 경쟁을 강요하고 있다. 이는 남북한 모두가 이루어야 할 번영과 발전을 결정적으로 저해하는 요인이다. 따라서 전쟁억제와 냉전구조의 해체는 한반도의 안정과 평화를 위한 선결과제이다. 우리는 대북 억제력을 통해 전쟁을 예방하는 가운데, 남북한 간의 화해와 군사적 신뢰관계를 조성해 나가야 한다. 그리고 남북한과 미국, 중국을 포함하는 4자회담을 원만하게 추진하여 현재의 정전협정체제를 새로운 평화체제로 전환하기 위해 적극적으로 노력해야 한다.

우리의 경우 국가안보가 주로 북한이라고 하는 동족에 의해 위협되고 있다. 외국인의 입장에서 보면 그것이 우리 국민의 내전적內戰的 성격이 강하다는 특수한 환경 하에 있어, 통일문제와 안보문제는 분리될 수 있는 사안이 아니다. 오히려 소극적인 의미가 아닌 적극적인 의미에서 우리의 현단계 안보목표의 핵심은 바로 국가통일과 민족통일이기 때문에 그 두 가지는 하나의 목표로 향해 나아가는 두 개의 축이다.

더욱이 우리에게 있어 북한은 안보상 위협요인인 동시에 평화통일을 달성해야 한다는 대전제 하에서 본다면 대립과 경쟁의 관계에서 궁극적으로는 화합하고 포용하는 관계로 발전시켜 나가야 할 대상이라고 하는 민족적 숙명도 고려하지 않을 수 없는 상황이다.

통일 후 우리의 안보전략의 대상은 러시아와 중국, 일본 그리고 궁극적으로는 미국까지도 포함이 되는 보다 범위도 넓고 성격도 다른 포괄적인 문제가 될 것이다.

남북한은 화해와 협력을 추구하면서 이를 더욱 확충해 나가야 한다. 우리는 남북한 간의 깊은 상호불신을 해소해 나가기 위해 정경분리 원칙에 따라 적극적인 상호 경제교류와 협력은 물론 언론, 문화, 종교, 예술과 체육 등 여러 분야에서의 교류를 적극 추진할 필요가 있다. 남북한은 이미 합의 서명된 '남북기본합의서南北基本合議書'의 틀 안에서 서로에게 이익이 되는 공존과 공영의 관계를 실현할 수 있을 것이다. 따라서 우리는 남북기본합의서의 정신에 입각하여 북한이 스스로 변화를 추구할 수 있는 여건을 조성하는 한편, 화해와 협력의 확충을 통해 남북관계 개선과 평화공존 기반을 공고히

해 나가야 할 것이다. 비록 북한이 앞으로 단시일 내에 도발적이며 위협적인 대남전략을 평화지향적인 것으로 전환시킬 가능성은 크지 않다 하더라도, 장기적인 관점에서 화해와 협력을 대북정책의 기조로 유지해 나가야 할 것이다. 우리가 남북기본합의서의 준수를 강조하는 것은 변화하지 않으려는 북한을 압박하는 심리적인 효과가 매우 크다.

화해협력정책의 추진 목표는 북한을 '붕괴론적 시각'보다는 개방과 시장경제로의 변화가 불가피하다는 '변화론적 시각'에 기초하여, 화해와 협력을 통해 남북관계를 평화적으로 개선하고 통일지향적인 평화공존을 이루는 것이다.[170] 교류와 협력을 통해 북한이 통일을 맞을 수 있는 체력을 갖추도록 해야 된다. 지금 당장 남북한이 통일이 되면 북한의 빈곤과 경직된 사회체제가 엄청난 충격으로 다가와서 감당하기 어려울 것이다. 다만 일방적으로 퍼주고, 그냥 물고기를 나눠 주는 것이 아니라 북한의 인권문제를 개선시키면서 물고기 잡는 법을 가르쳐 주어야 한다. 북한 사회를 개혁과 개방으로 이끌기 위해서는 북한 경제를 튼튼하게 해주면서 최소한의 생존환경을 보장할 수 있도록 북한정권에 압박을 가해야 한다. 그리고 북한 주민 스스로 이대로는 발전할 수는 없다고 느끼게 해야 한다. 헬싱키 프로세스는 오늘날의 남북관계에 많은 함의를 던져준다.[171] 아마 7 · 4공동성명이나, 남북기본합의서, 6 · 15공동선언 10 · 4공동선언 등 남북한 간 합의문들에 헬싱키협약처럼 북한인권 조항을 포함시켰더라면 남북관계의 성격은 달라졌을 것이다. 남한의 지도자들이 대한민국의 국가이념인 자유 · 인권 문제를 거론

170) 김대중 정부는 남북관계 개선을 이룩하기 위한 원칙으로 무력도발 불용, 흡수통일 배제, 화해협력 적극 추진 등 3가지 원칙을 제시하였다. 김대중 정부의 대북정책은 '포용정책'이다. '햇볕정책'은 대북정책의 비유적 표현이고, '화해협력정책'은 대북정책의 내용을 담고 있다. 여기서 제시하는 '화해협력정책'은 전반적인 내용을 포괄하는 개념이다.

171) 1975년 미국과 서유럽 국가들은 옛 소련 및 동유럽 국가들과 안보회의를 개최, 안보와 인권 조항이 모두 포함된 헬싱키협약을 만들어 냈다. 이 인권조항을 근거로 지속적으로 노력한 끝에 서방국가들은 아무도 예측하지 못한 공산체제 붕괴와 동유럽 해방을 이끌어낼 수 있었다. 이 역사적 과정을 '헬싱키 프로세스(Helsinki Process)'라 부른다. 결국 헬싱키 프로세스의 원동력은 보편적 인권에 대한 신념이었다. 이 신념이 철권통치의 저항을 극복하고 최종 승리를 거둔 것이다.

하지 않은 것은 잘못이었다.

경제적 교류 협력의 활성화는 '남북한 경제공동체' 형성의 토대를 마련하는 데 주안점을 두어야 할 것이다. 북한의 개방을 유도할 수 있는 유인동기를 제공하면서, 북한 경제체제의 변화를 유도해야 한다. 우리는 남북한 간의 공동이익을 증진해 가면서, 경제적 상호 의존관계를 심화시켜 나가야 한다. 남북 경제체제간의 이질성을 해소하고, 상호 보완적으로 성장을 도모해야 한다. 이를 추진하는 원칙은 상호 연계성, 보완성과 실현가능성 등을 기준하여 우선순위를 정하고, 체계적이고 일관성 있게 추진해야 한다.

남북한의 사회 문화적 공동체 형성을 위해서는 남북한이 조화와 균형을 모색하는 가운데 상호 보완적 체제 수렴을 통해 이질성을 해소하고 동질성을 극대화시키는 방안의 모색이 필요하다. 이는 공존을 바탕으로 한 상호간의 교류를 통해 이루어질 수 있을 것이다. 남과 북이 서로를 알고 이해할 수 있는 기회가 확충되어야 한다. 한민족 고유의 민족적, 문화적인 정체성을 회복해 나가면서 다원주의, 합리주의, 자율성 등의 현대사회의 보편적 요소를 증대시켜 미래 지향적인 민족동질성 형성을 위해 노력해야 한다.

그 동안 정부차원에서 통일방안을 수립하여 추진하여 왔으나, 투명성과 일관성의 부족으로 수행과정에서 많은 문제점이 발생하였다. 첫째, 통일정책 내용 면에서는 상대방에 대한 인식과 공작적 발상, 일관성 부족, 경합되는 목표 간에 우선순위 불명확 등의 문제가 있었다. 둘째, 통일정책 결정상의 문제로 정책결정 구조의 결함, 정보의 부족과 신속한 정보공유체제의 부재 등의 문제가 있었다. 셋째, 통일정책 집행에서는 전략적 사고의 부재, 능동적 자세의 부족, 사안별 즉흥적이고 감성적인 대응과 여론 추종자세 등의 문제가 있었다. 넷째, 상호주의에 대한 남북한 간 또는 추진 주체세력간의 인식의 차이로 대북 협상전략에 많은 논란이 있다.

통일전략은 국가안보전략의 큰 틀 속에서 국민과 정부가 일체감을 이룰 때 가장 효과적으로 추진될 수 있다. 국민과 정부가 하나가 되기 위해서는 정책의 투명성이 요구된다. 따라서 정부는 국민에게 통일전략을 투명하게 제시하는 것이 중요하다. 이를 통해 국민의 이해와 지지를 얻게 되고, 국민적 합의를 바탕으로 통일전략과 정책이 강력히 추진될 수 있다.

통일관련 전략의 혼선을 최소화하고 국력의 결집을 위해서는 명확한 목표와 기조를 바탕으로 전략의 일관성이 유지되어야 한다. 이렇게 될 때 전략과 정책의 효율성이 보장될 수 있다.

우리는 상존하는 남북한 간의 모순관계를 극복하면서 평화통일을 달성해야 한다. 이를 위해서는 우리는 추구하는 가치와 목표에 대한 신뢰를 갖고 통일정책의 일관성을 유지해야 한다. 즉 북한의 변화를 유도하기 위한 대북지원은 특정 정당이나 정권 그리고 외부의 간섭에 상관없이 비등점沸騰點, Boiling Point의 원리를 이용하여 지속적으로 실시되어야 한다.

통일전략이 투명성을 상실하면 국민의 신뢰를 잃게 된다. 일관성을 상실하면 북한이 우리에게 신뢰를 얻지 못하는 것처럼, 우리도 북한의 신뢰를 잃게 된다. 따라서 상호주의전략을 적절히 활용해야 한다.

(3) 상호주의전략의 신축성 · 균형성 유지

우리는 평화통일의 기반을 확충해 나가기 위하여 양자 및 다자간 국제협력을 강화해 나가야 한다. 탈냉전과 세계화의 추세는 우리에게 국제협력의 강화를 통해 안보와 번영 및 발전을 도모할 수 있는 기회가 되는 동시에 다양한 분야에서 우리의 국익증진에 부정적인 영향을 줄 수도 있다. 탈냉전 상황 하에서는 정치적, 이념적, 군사적 이해관계보다는 경제적 이해관계에 입각한 상호주의相互主義, Reciprocity[172]가 적용된다. 이러한 상호주의는 남북한 관계에도 적용된다.[173]

---

172) 상대국의 시장개방 정도에 맞추어서 자국의 시장개방을 결정하려는 입장으로서, 상대방의 이익의 양보만큼 자국의 이익도 양보한다는 태도를 말한다.

173) 2006년 설문조사에서 대북정책 기조가 상호주의여야 한다는 의견이 68%였고, 지원을 통해 개방을 유도해야 한다는 의견은 21%로 나타났다. 2005년과 비교해 '상호주의'는 5% 포인트 높아졌고 '개방 유도'는 7% 포인트 낮아졌다. 적대 및 경계 대상으로 간주해야 한다는 응답은 12%였다. 남북통일이 이뤄져야 한다는 응답은 2005년보다 다소 줄었다. 반드시(12%), 또는 가급적(42%) 통일되어야 한다는 의견이 54%로 2005년 61%에 비해 7% 포인트 낮아졌다. 가

우리가 남북관계에 상호주의를 적용할 때는 어느 분야를 엄격한 상호주의를 적용할 것인지, 어느 분야는 포괄적 상호주의 혹은 신축적 상호주의에 따라 협상을 추진해 나갈 것인지에 대한 공감대를 형성해야 한다.[174]

상호주의를 적용하는 데는 신축성이 있어야 한다. 즉 전략과 정책의 일관성은 유지하되, 변화하는 상황에 신축적으로 그리고 능동적으로 대처해 나가야 한다. 상황에 수동적으로 이끌려가기보다는 상황을 이끌어가는 적극적이며 능동적인 노력을 통해서만이 궁극적으로 우리가 설정한 목표를 달성할 수 있을 것이다.

대한민국의 국민소득이 100불 전후였던 1960년대에도 경제발전에 협력했던 선진국들이 우리의 인권 문제를 많이 지적했다. 당시 군사정부는 그에 대해 반대 입장을 가졌다. 그러나 선진국들이 인권에 대해 언급한 것이 대한민국의 인권을 진전시켰다. 애정 어린 비판은 북한 사회를 오히려 건강하게 만들 수 있다고 생각한다. 남북한 간 본격적인 교류 이전이라도 인도적 지원 과정에서 북한 사회를 건강하게 만들기 위해 인권 개선 요구 등 필요한 요구를 해야 한다. 북한도 그걸 이해하는 수준으로 바뀌어야 한다. 그러나 한꺼번에 이를 수용할 수 없는 북한의 체제를 고려하여 신축적인 방향으로 전략이 추진되어야 한다.

까운 시일 내에 통일이 이뤄질 것이란 예상도 크게 줄었다. 5년 이내 2%, 6-10년 이내 11%, 11-20년 이내 19%로 우리 국민 32%가 향후 20년 이내에 통일이 이뤄질 것이라고 예상했다. 통일비용으로 인해 세금이 더 늘어나는 것에 대해선 48%가 부담하겠다는 의사를 표명했다. '기꺼이' 부담하겠다는 응답이 6%, '약간' 부담하겠다는 응답이 42%였다. 통일비용 부담의사는 2002년과 2003년에 각각 53%였고, 2004년 56%, 2005년 46%였다(중앙일보, 2006년 9월 2일).

174) 상호주의는 결코 냉전적인 접근이 아니다. 탈냉전시대에 들어와서도 대부분의 국가는 상호주의에 입각해 국제관계를 형성 · 유지 · 발전시켜 나간다. 남북관계가 '민족 내부의 특수관계'라고 하지만, 관계형성의 보편적 진리마저도 부정되는 관계는 아니라고 하겠다. 반면 기본을 무시할 경우, 변칙과 비정상이 터를 잡게 된다는 점에 유의해야 한다. 6자회담에서 합의된 '행동 대 행동의 원칙'이란 것도 기실 상호주의의 다른 표현이라 할 수 있다. 그렇다고 지나치게 경직적인 상호주의로 나가자는 말은 아니다. 안보 문제는 '원칙'을 갖고 엄격한 상호주의로 대처하되, 인도적 지원과 사회문화 분야는 유연성을 가미한 포괄적 상호주의에 따라, 그리고 경제 분야는 상호이익이 되도록 신축적인 상호주의로 안정적이고 질서 있게 운영해 나가면 된다. 이런 점에서 균형 있는 대북 접근전략이 필요하다.

상호주의를 적용 시는 균형성의 유지도 중요하다. 평화통일목표를 성공적으로 달성하기 위해서는 다양한 분야의 전략과 정책이 균형의 원칙 하에서 유기적인 조화를 이루면서 추진되어야 한다.

이제는 화해협력정책의 개선과 보완이 필요한 시점이다. 포용이냐, 압박이냐는 소모적 논란을 뒤로 하고 올바른 화해협력의 길을 모색해야 한다. 향후 우리 정부의 대북정책은 북핵문제를 현명하게 처리하면서 평화공존의 명제 위에서 북한이 국제사회의 책임 있는 일원이 되도록 앞에서 끌고, 뒤에서 미는 방식이 되어야 할 것이다. 북한체제의 점진적 변화 위에 남과 북의 '준비된' 통일 또한 가능해질 것이기 때문이다.

화해협력단계에서는 남북한이 상호 교류와 협력을 활성화해야 한다. 상호 신뢰를 구축하며 냉전구조의 산물인 적대와 불신 및 대립 관계를 최소화하고, 남북화해와 불가침을 제도적으로 정착시켜 나가면서 진정한 평화적 공존을 추구해 나가야 한다. 남북한이 상호체제를 인정하고 존중하는 가운데 분단 상태를 평화적으로 관리하면서 경제, 사회, 문화 등 각 분야의 교류와 협력을 통해 서로간의 적대감과 불신을 해소해 나가야 한다. 즉 남북한 양측은 쌍방의 실질적 관계개선을 진전시켜 나가는 지혜를 가져야 한다.

남북이 함께 '민족경제 발전계획'과 같은 중장기 로드맵을 수립해 추진하는 것이 바람직하다. 개성공단도 중요하지만 북한의 핵심 경제지역에서 지속가능한 산업협력의 대안을 찾아야 한다. 민간기업의 개척정신에만 맡겨둘 일이 아니다. 공공성을 갖춘 기관이 나서야 한다. 국가기관은 민간기업의 대북사업을 지원하면서 북한 경제에서 파급 효과가 큰 업종과 공장을 선정해 투자해야 한다.

안보문제 해결과 경협의 확장 사이에서 균형이 이뤄져야 한다. 핵 해법이 수반되지 않는 무책임한 경협 확장론을 경계하고, '북핵 불용' 원칙에 볼모가 되는 대북전략도 유의해야 한다. 경협과 북핵문제의 연계냐, 병행이냐는 단순 이분법에서 벗어나 교류협력의 진전과 핵문제 해결이 선순환하는 '탄력적 연계'를 실천해야 한다.

남북의 정치체제 간에 화해와 협력관계가 일관되고 균형적으로 유지되어야 평화적 통일이 가능하다. 분단 기간 중 기존의 대립과 갈등 관계는 격화될 수도 있고 완화될 수도 있다. 분단시기에 화해·협력관계를 공고히 하면 할수록 평화적 통일의 가능성은 높아질 것이다. 화해와 협력관계에 기초하여 꾸준한 교류와 협력을 발전시킬 때에만 민족의 동질성이 보존될 수 있으며 통일에의 의지가 강화될 수 있을 것이다. 사실상의 통일과 제도적인 통일이 병행해서 추진되어야 하는 이유이다.

(4) 사실상의 통일과 제도적 통일의 병행 추진

평화통일을 위한 안보전략의 당면목표는 한반도에서 전쟁을 방지하고, 평화공존을 실현하며 통일의 기반을 다지는 것이다. 남북이 지리적 통합과 주권의 통합을 의미하는 완전한 통일을 당장 이루기는 어려우므로 우선 제도적 통일이 가능할 수 있는 상황을 만들어 내는 것을 목표로 추진해 나가는 것이다. 남북이 상호교류와 협력을 심화시켜 사실상의 통일을 점진적이고 단계적으로 구현해 나가는 것이다.

한반도 통일은 원론적으로 보면 국가주의와 민족주의의 통합적 수렴이다. 단계적으로는 분단역사의 전개순서를 되돌아가는 과정을 밟아야 한다. 되돌아가자면 무엇보다 먼저 6·25로 갈린 민족 분단을 봉합해야 하는데, 여기엔 상호 신뢰구축이 중요하다.

남북한은 서로 상이한 제도와 사상을 가진 채 반세기 이상을 적대적인 관계를 유지해 왔다. 북한은 집단적이고 권위주의적 통제체제를 유지하고 있으며, 계급성과 혁명성을 강조하면서 농업 중심적 사회를 형성하고 있다. 이에 반해 남한은 다원화된 자유민주주의 사회를 지향하고 있으며, 산업사회, 도시사회적인 성격이 강하다.

사실상의 통일 상황은 남북한 간에 정치, 외교, 경제, 사회, 문화 등 모든 방면에서 교류협력이 제도화되고, 군사적 긴장이 해소되어 평화체제가 정착된 상황이다.[175] 이런 상황이 되면 남북 주민간의 적대감은 해소될 것이며, 두 개의 상이한 사회체제도 빠른 속도로 동질화 과정에 들어설 것이다. 남북연합을 통해 남북한 간에 상생공영의 분위기가 정착되고 통일여건이 성숙되면 마지막 단계인 통일국가 단계로 접어들 수 있을 것이다.

여기서 통일국가란 남북연합단계에서 구축된 민족공동의 생활권을 바탕으로 남북한 두 체제의 기구와 제도를 완전히 통합한 정치공동체로서 '1민족 1체제 1국가'의 단일국가를 의미한다. 통일국가는 단일민족 국가로서 7천만 민족 구성원 모두가 주인이 되며, 개개인의 자유와 복지 및 인간존엄성이 보장되는 선진 민주국가를 의미한다.

이러한 통일국가의 완성은 통일헌법統一憲法이 제정되어 발효되는 때가 기점이 될 것이다. 즉 통일헌법이 이행되고 실천되는 단계이다.

통일국가의 가장 중요한 통합과제는 무엇보다도 국가체제의 완비이다. 새로운 관료체제를 구축하여 통일국가의 기틀을 확립해야 한다. 실질적인 통합단계 또는 통일초기에는 남북한 기존조직을 기반으로 하며, 새로운 환경에 맞는 행정조직으로 개편하는 방법이 효율적일 것이다.

경제적 측면에서 보면, 북한이 시장경제체제로 전환되는 과정에서 국영기업의 민영화, 재산소유권, 고용문제 등을 둘러싼 갈등과 막대한 통일비용에 따른 경제적인 혼란이 예상된다.[176] 따라서 화해·협력단계나 남북연합단계에서 가능한 많은 분야에서 북한 경제체제를 시장경제체제로 변화시켜 남북경제가 유기적으로 결합되고 통일비용이 최소화되도록 노력해야 한다.

사회적 측면에서는 북한 주민이 자유민주주의와 시장경제체제에 적응하

---

175) 통일부, 『통일백서』, 2002, p.48.
176) 앞으로 경제발전과 튼튼한 재정을 통해 통일비용을 마련해야 하지만 유사시는 재원마련 방법으로 국채발행, 증세, 그리고 이를 혼합한 방안이 있다. 국채발행을 통해 재원을 조달하는 방안은 당세대에게는 추가부담이 없다는 장점이 있다. 세금을 늘리지 않기 때문에 국민저항도 줄일 수 있다. 실제로 장기불황 탈출을 위한 경기부양 재원을 주로 국채발행으로 조달해온 일본 사례도 있다. 증세를 통한 방안은 세율인상이나 통일세 등 세목을 신설해 연간 GDP 중 1-2%에 해당하는 세금을 거둬들이는 것이다. 이는 재정의 지속가능성을 유지하고 당면한 과제에 대해 현세대가 비용을 치름으로써 해결한다는 긍정적인 면이 있다.

지 못하는 가치관의 갈등과 심리적 불안, 정치적 소외감 등을 치유토록 노력해야 한다. 이를 위해서는 민족적 정체성 확립과 지속적인 시민교육이 중요하다. 두 사회의 갈등이 해소되고 동질성이 회복되어야 진정한 실질적인 통일이 달성되고, 내외적 위협으로부터 안정된 통합을 이루게 된다.[177]

남북연합의 형태에서 통일국가로 들어서는 시점은 평화통일의 전 과정을 통틀어 가장 중요한 시기이다. 왜냐하면 이 시기에 통일을 완수하기 위한 통일과제가 집중되어 있기 때문이다. 사실상의 통일단계는 남북연합체제의 제도화가 심화되고 공고해지는 남북연합의 성숙기부터 시작된다. 제도적 통일을 이루기 이전에 남북한 양 체제가 실질적인 부분에서 유기적인 상호작용과 자체적인 체제의 결합에 따른 부작용이 최소화된 상태에서 두 체제를 물리적으로 결합해 나가야 한다.

남북한은 통일국가로의 이행절차와 경과조치 등에 대해 협의하여 최종적으로 '통일조약統—條約'을 채택해야 한다. 통일조약은 형식상으로 국가 간의 조약과 같은 절차를 거쳐 체결되어야 할 것이다. 통일조약은 통일을 달성하기 위한 절차로서 민족내부간의 법적 합의문이라는 특성을 지닌다. 남북한은 통일헌법안을 마련해야 하는데, 통일헌법은 통일국가의 이념과 국가의 기본질서를 정하는 근간으로 통일단계에서 가장 중요한 요소이다. 통일헌법과 병행하여 남북한 간 법과 제도의 통합이 실시되어야 한다. 남북이 물리적인 결합을 하기 이전에 남북한 간 법과 제도의 통합과 정비는 체제의 동질성 확보에 매우 중요한 요소이다.

남북한 군대의 통합 문제는 평화통일이 성공하느냐 그렇지 못하느냐를 결정하는 가장 핵심적 사안이다. 따라서 남북한은 통합단계에서 남북한 군사통합의 기본 틀뿐 아니라 절차적 문제도 합의해야 한다.[178]

---

177) 독일의 통일을 보면 형식적 제도통합은 어느 정도 손쉽게 달성하였으나, 사회통합은 통일 후 약 20년이 지난 시점에서 어느 정도 해결할 수 있었다.

178) 독일군의 군사적인 통합은 가장 성공적이고 평화적으로 이루어진 모범사례로서 우리도 이를 적극적으로 활용할 필요가 있을 것이다(하정열, 『한반도 통일 후 군사통합방안』, 팔복원, 2002, 참조).

남북한이 법적·제도적 통일을 달성한 후에는 생활조건의 균형적 발전과 내적 통합이라는 과제의 수행이 중요하다. 통일 직후에는 상이한 체제, 제도와 문화의 과거 유산들이 아직 존속하고 있으므로, 여러 갈등이 발생할 여지가 많다.

이러한 남북한 통합에 대한 여러 제도적 문제 해결이 중요하지만, 중장기적으로는 양측 지역의 균형적 발전을 위한 투자와 노력이 필요하다. 즉 양측 지역의 경제·생활수준의 격차를 해소하기 위해서는 장기간에 걸친 의식적인 노력이 중요하다. 통일은 단순히 지리적 통합을 의미하는 것이 아니라 이질화되었던 민족이 다시 동질화되어 가고 민족공동체를 재구성하는 과정이다. 이 과정에서 단순히 법적·제도적 통일을 통해 국가를 합치는 것보다 민족의 재통합을 이루는 것이 더 긴 시간과 더 많은 노력이 필요한 작업임을 잊어서는 안 될 것이다.

우리는 독일의 성공적인 통일사례를 눈여겨보아야 한다. 독일은 빌리 브란트수상의 동방정책 이후 사실상의 통일을 향해 20여 년 노력을 강화하다가, 결정적인 시기를 낚아채 제도적인 통일을 완성하였다.

(5) 선 평화정착 후 평화통일 달성

통일은 평화적인 방법으로 달성되어야 한다. 베트남 사례는 전쟁에 의한 통일이 얼마나 막대한 피해를 초래하는지를 예시하고 있다. 전쟁은 국토를 황폐화시키고, 생산시설을 파괴하며, 막대한 인명피해를 초래하고, 주민들 사이의 이질감과 적대감을 증폭시킨다. 전쟁으로 인한 마음의 상처로 통일정부에 대해 국민들이 자발적으로 동의할 수 없는 상황에 직면하게 되어, 강압적인 수단이 동원될 수 있다.

어떻게든 통일만 되면 좋다는 '통일지상주의統一至上主義'는 지극히 순진한 발상이라 할 수 있다. 베트남은 평화를 보장하는 제도적 장치가 없는 상태에서 평화협정平和協定을 체결하여 전쟁을 유발하였다. 즉 남베트남은 북베트남의 통일전선전술의 희생양이 되었다고 해도 과언이 아니다. 전쟁과 강압적 수단에 의존한 통일은 우리가 선택할 수 있는 대안이 아님을 명확히 인식할 필요가 있다. 그런 의미에서 대남 적화통일을 주장하는 북한의 무력도발을 막기 위해 튼튼한 안보태세 유지는 필수적이다.

북한문제는 민족문제지만 동시에 국제관계문제다. 또한 평화공존을 위한 핵심과제지만 대한민국의 안보를 위협하는 군사·안보문제이기도 하다. 대한민국 정부가 북한이 군사적 위협을 하는데도 불구하고, 이를 민족문제로 보고 이에 대한 대응방안마저 평화공존 차원에서 접근한다면 북한은 미사일과 핵 도박을 계속하게 될 것이고, 우리는 북한에 인질과 같은 존재가 될 것이다. 대한민국 정부는 평화와 안정은 그 어떠한 이유로도 파괴되어서는 안 된다는 분명한 원칙과 강력한 의지를 북한에 전달함은 물론 그것에 합당한 대응을 해 나가야 할 것이다.

대북 안보전략의 일차적 목표는 남북관계를 안정적으로 관리해서 한반도를 전쟁의 위험으로부터 지켜내는 것이다. 그러자면 남한은 북한의 행동을, 북한은 남한의 행동을 서로 예측할 수 있어야 한다. 서로를 예측할 수 있게 하는 토대는 상대의 이런 행동에 대해서는 우리가 이렇게 나갈 것이라는 것을 명확히 알게 해주는 것이다. 그래서 남북관계에서 원칙이 중요한 것이다. 이 원칙의 길이 멀리는 통일의 길로 이어지는 것이다.

이 단계에서의 주요 과제인 남북한 간의 불신 제거, 적대관계의 청산, 평화 체제로의 전환 등은 다음 단계인 남북연합을 형성하기 위한 전제조건이다. 화해협력단계에서 가장 중요한 것은 교류를 제도화시키는 것이며, 이 것은 정치·군사적 신뢰구축의 토대 위에서만 가능하다.

정치와 군사적 신뢰구축을 위해서는 남북한 간에 만들어진 최고의 합작품이라는 평가를 받는 남북기본합의서와 '부속합의서附屬合議書'를 실효성 있게 추진하는 것이 중요하다. '6·15 남북공동선언'의 실천방안 중 가장 미흡했던 부분도 남북한 군 간의 신뢰구축과 군축으로 지적되고 있다. 앞으로도 남북한 상호간의 신뢰와 협력에 치명적 장애 요인으로 남북한 군비통제와 한반도 평화체제에 관한 합의문제가 될 것이다. '남북기본합의서' 및 '불가침분야 부속합의서'에 따라 군사적 신뢰구축방안이 추진되어야 한다.

군사적 신뢰구축 조치 가운데서도 군 당국자 간 핫라인 설치, 군 인사교류, 군사훈련 참관, 정보교환, 군사훈련통보 등 초보적 군사적 신뢰구축방안이 우선적으로 구현되어야 한다. 남북기본합의서에 따라 구체적인 세부합의서를 도출하여 화해와 협력의 제도화를 추진해야 한다.

미완의 통일이 분단보다 위험할 수도 있다. 무력에 의한 통일은 오히려 외세를 개입시키는 동족상잔의 비극을 낳을 뿐 아니라 한민족의 자멸을 가져 올 수도 있을 것이다. 따라서 통일 그 자체의 실현을 너무 서두르기보다는 분단 상황을 안정적으로 관리하면서 그 바탕 위에서 평화통일로 나아가야 할 것이다. 통일은 평화적이고 점진적으로 달성되어야 한다. 가장 바람직한 통일은 평화와 공존의 틀을 마련한 후, 경제·사회·문화 등 부분간의 통합을 거치고, 최종적으로는 단일국가체제라는 통합된 정치체제를 구축하는 것이다.

남북통일문제를 다루는 데 있어서 우리가 간과할 수 없는 것은 국가이익과 더불어 민족의 이익을 동시에 고려해야 한다는 점이다. 통일의 주체이며 대상인 한민족은 한반도의 남과 북의 두 개의 정치체제로 나누어져 있는 상태이다. 따라서 한쪽 당사자인 대한민국은 단일 독립국가가 국가이익만을 대외정책의 기본틀로 사용하는 것과 달리, 분단현실을 반영하여 민족이익을 고려해야 할 의무와 권리가 있다.

따라서 대한민국은 국가이익 추구라는 현실적인 목표와 북한을 고려한 민족이익의 추구라는 당위성을 동시에 수용해야 하는 어려운 문제에 직면해 있다. 중요한 것은 민족이익을 추구하되 국가 존망의 이익을 희생할 수는 없다는 사실이다.[179]

---

179) 이 문제를 구영록 교수는 다음과 같이 밝히고 있다. '우리'라는 존재를 살리는 틀 속에서 민족 통일이라는 최고의 민족이익이 추구되어야 한다. 민족이익의 최상의 목표가 통일이라는 절대적인 대의이기 때문에 대한민국은 어떠한 위험과 모험을 하는 한이 있더라도 이를 감수하고 곧 통일해야 한다는 극단적인 주장은 국가이익을 위태롭게 할 뿐만 아니라, 민족을 번영된 조국에서 살 수 있게 하는 민족이익을 달성할 수도 없게 만들 것이다.

통일의 달성 그 자체보다는 어떠한 방식으로 어떠한 형태의 통일을 이룰 것인가 하는 점도 매우 중요하다. 통일이 절대적인 가치이기 때문에 수단과 방법을 가리지 않고 통일을 이루어야 한다는 주장은 받아들일 수 없다. 적어도 대한민국의 국가가치가 반영되고 국가이익과 국가목표가 달성될 수 있는 통일이어야만 한다. 즉, 민족 대다수가 번영된 조국에서 행복한 삶을 영위할 수 있는 그러한 통일이어야 하는 것이다.

이러한 관점에서 볼 때, 남북한이 국가이익과 민족이익을 동시에 실천할 수 있는 방법은 보다 자유롭고 풍요로우며 행복한 삶을 창출하는 우월한 체제가 주축이 되어 통일을 이루어 나가되 쌍방이 기능주의적 접근방법을 통하여 정치, 경제, 사회면에서 수렴과정을 거침으로써 통일의 후유증을 없애는 것이라는 주장이 설득력을 갖는다. 아울러 남북한 간의 체제경쟁이 남한의 일방적인 승리로 끝났다는 사실은 남북통일이 우리의 주도로 진행될 수밖에 없으며 대한민국의 국민들이 보다 많은 책임과 의무를 가져야 한다는 점을 일깨워 준다.

안보위협도 국가 간의 경제적 마찰과 갈등, 대량살상무기의 확산, 테러, 환경, 마약, 무기밀매, 국제범죄, 난민과 인권 등 인류 공통의 문제를 중심으로 다양하게 제기되고 있다. 이처럼 다양한 분야에서 새로이 제기되는 안보위협에 효과적으로 대비하고, 한반도의 안정과 평화, 그리고 국가의 번영과 발전에 유리한 국제환경을 조성하기 위해서는 우선 미국과의 안보동맹을 확고히 유지하는 가운데 일본, 중국과 러시아 등 역내 국가들과의 우호협력관계를 긴밀히 유지하며 발전시켜 나가야 한다. 아울러 동북아지역의 안정과 평화를 위해 역내 국가 간의 다자간 대화와 협력 체제를 발전시켜 기존의 양자간 협력 체제를 보완하기 위한 노력을 병행해야 할 것이다.

그리고 우리는 세계 공동의 안보문제 해결을 위한 유엔 등 국제기구들의 국제적 노력에 적극 동참하여 국제사회의 일원으로서 책임과 역할을 다해야 할 것이다.

대체로 통일의 목표, 통일방안의 수립, 북핵문제의 해결 등은 국가 생존과 국민의 생명 및 재산에 직간접 영향을 주는 안보전략적 사안이라 볼 수 있다. 한편, 대북지원과 남북경협 사업은 남북관계의 진전과 특수성을 고려하면서 북한의 변화와 개방을 위해 활용할 수 있는 정책적 수단이다.

우리는 국민의 합의와 지지를 바탕으로 내외의 도전과 위협을 슬기롭게 극복하고 번영과 발전의 기반을 다지기 위해 국가안보전략을 수립하고 있다. 그 일환으로 추진되는 평화통일전략이 명료하지 않거나, 분야별 또는 부처별로 제각기 유리되어 추진될 경우에는 그 전략은 실효성을 거두기 어려울 뿐 아니라 국민적 지지를 얻을 수도 없다.

(6) 균형발전과 화합단결된 일류 통일국가 건설

통일 이후 대한민국은 일류국가가 되어야 한다. 통일된 한민족은 화합하고 단결된 가운데 균형발전을 해야 한다. 이것은 우리가 상정한 남북연합체제에서 분단체제를 어떻게 극복하고 통일준비를 잘 하느냐에 달려 있다.

남북연합단계는 하나의 완전한 통일국가 건설을 목표로 추구해 나가는 과정에서 남북한이 잠정적인 연합을 구성하여 평화를 제도화하고, 민족공동생활권을 형성하면서, 사회적·문화적·경제적 공동체를 이루어 나가는 과도기적 통일체제를 말한다.[180] 이러한 과도기적 통일체제로서의 남북연합단계는 남북이 서로 다른 체제와 정부 하에서 통일지향적인 협력관계를 통해 통일과정을 관리해 나가는 단계이다.[181] 남북연합단계에서는 군사적 신뢰가 구축되고, 평화체제가 정착되며, 경제협력과 사회·문화 분야에서 교류와 협력이 활성화되어 민족공동체가 형성된다.

한반도의 분단은 크게 3단계로 구분된다. 1945년의 국토분단과 1948년

---

180) 통일부, 『통일백서』, 2002, p.44.
181) 남북연합단계의 '남북연합(南北聯合)'이라는 것은 교류와 협력을 통해 민족의 공존공영, 민족사회의 동질화, 민족공존의 생활권을 형성하며 궁극적으로 단일국가로의 통일의 기반을 조성하고 준비하는 역할을 수행하는 것이다. 즉 통일 이전의 과도체제로서 특수한 기능적 결합체를 의미한다. 따라서 이 단계는 남북한의 통합과정을 안정적이고 질서 있게 관리하면서 민족공동체를 구축해 나가야 한다.

의 국가분단, 그리고 6 · 25전쟁을 겪으면서 발생한 민족적 · 사회적인 분단이다.

'민족공동체 통일방안'은 이러한 분단을 극복하고 하나의 민족공동체를 건설하는 것을 목표로 점진적 · 단계적으로 통일을 이루어 나가야 한다는 기조 위에서 통일과정을 화해협력단계, 남북연합단계, 통일국가 완성단계로 설정하였다.

남북연합단계는 교류협력을 통해 신뢰구축과 평화공존이 정착되고 제도화된 상황에서 남북한이 통일국가로 될 때까지 통일의 기반을 조성하면서 준비하는 시기이다.

안보분야에서 남북한은 군사적 신뢰구축을 더욱 심화시켜 상호간에 협력하는 차원으로 발전시키고, 군사전략을 순수한 방어위주의 전략으로 전환할 필요가 있다.

정치분야에서는 남북한 합의에 의해 가능한 신속하게 남북정상회의, 남북각료회의, 남북평의회, 남북재판소 등의 공동정부 기구를 설치해야 한다. 또한 이 기구들에게 실질적 기능을 발휘할 수 있는 권한을 부여하여 완전한 통일을 이루기 위한 과제를 해결토록 해야 한다.

경제 분야는 실제적으로 공동의 이익을 실현시키는 합의도출이 가장 쉬운 부분이므로 공동투자와 합작생산체제의 활성화, 자연자원의 공동개발과 국토의 통합 관리, 관세동맹의 추진과 화폐의 통합문제를 점진적으로 심도 깊게 추진해 나가야 한다.

사회문화 분야에서는 급격한 변화보다는 남북한의 사회적 이질감에서 오는 심각한 갈등을 완충할 수 있는 제도와 장치 마련이 중요하다.

이 과정에서 통일 후 북한 지역을 어떻게 발전시켜 남한지역과 균형을 이룰 것인지를 심도 깊게 토의하고, 계획을 발전시켜야 한다. 통일 후 양 지역이 균형된 발전을 이루지 못할 경우 북한주민들의 소외감은 증폭되고, 남한지역으로 이동이 가속화되며, 갈등이 고조될 것이다. 이는 사회문제로 비화하여 과거 독일이 경험한 것처럼 서로를 미워하고 경계하는 대상으로 바

<도표 4-9> 평화통일전략 체계도

구분	세부내용
추진목표	• 평화로운 국토통합 달성 • 공동이익을 추구하는 민족공동체 형성 • 평화통일된 자유 · 민주 · 복지국가 수립
추진기조	• 민족공동체통일방안의 기본이념 구현 • 화해협력정책의 투명성 · 일관성 보장 • 상호주의전략의 신축성 · 균형성 유지 • 사실상의 통일과 제도적 통일의 병행 추진 • 선 평화정착 후 평화통일 달성 • 균형발전과 화합단결된 일류 통일국가 건설
추진과제	• 민족공동체 통일방안의 기본이념 구현 • 교류 · 협력사업 확충과 인도적 지원 강화 • 화해협력정책의 투명성 · 일관성 보장 • 국토 균형발전과 통일인프라 구축 • 북한 인권개선 지원 • 상호주의전략의 신축성과 균형성 유지 • 냉전종식과 평화체제 정착 • 북한체제 변화 유도 • 남북관계 안정적 관리 및 급변사태 대비 • 전쟁포로와 납북자 송환 • 민족공동생활권 형성 • 법적 · 제도적 통합 추진 • 통일정책의 조화유지

라보게 될 것이다.

통일 후 일류국가로 도약하기 위해서는 통일 후유증을 가능한 빨리 극복해야 한다. 서로간에 입장을 이해해 주고, 화합 단결되어 국가목표를 달성할 수 있는 길로 나아가야 한다. 이때는 국가지도자의 역할이 매우 중요하다. 국가가 나아갈 방향을 명확하게 제시하고, 서로를 보듬을 수 있는 통합정책을 추진하면서, 서로 어깨동무를 하고 함께 나아가야 할 것이다.

독일은 통일 이후 균형발전을 위해 동독지역에 약 2조 달러를 집중적으로 투자했음에도 불구하고, 동독인(Ossi)들은 상대적인 열등감과 소외감을 느끼며, 서독인(Wessi)을 불신하였다. 그러나 통일 후 약 20년이 경과한 시점에서 오씨(Ossi)의 소외감은 독일인에 대한 자긍심으로 변화하고 있다.

통일전략은 국가안보전략의 큰 틀에서 추진되어야 한다. 국가지도자는 시대적인 소명의식을 갖고 헌법에 명시된 의무와 책임을 성실히 수행해야 한다.

지금까지 기술한 평화통일전략을 추진목표, 추진기조와 추진과제를 체계화하면 〈도표 4-9〉 평화통일전략 체계도와 같다

제5장

국가안보의 핵심 쟁점과 과제

힘이 부족한 국가가 국가안보전략을 수립하고 추진하기 위해서는 집중의 원칙을 준수해야 한다. 즉 꼭 해야 할 일을 분석하고, 할 수 있는 일과 할 수 없는 일을 가려내야 한다. 가용한 자원을 어디에 어떻게 집중할 것인가는 주변 강대국의 틈바구니 속에서 평화통일된 일류국가를 달성해야 하는 대한민국의 입장에서 심사숙고해야 한다.

제1절 핵심 쟁점 검토

제2절 통일 전후 국가안보의 핵심 과제

제 5장에서는 대한민국이 앞으로 국가안보 분야에서 해결해야 할 핵심 쟁점과 과제를 중심으로 기술하였다.

그 중 핵심 쟁점 검토 사항은 국가안보위협과 관련하여 북한의 비대칭위협의 효율적 관리 등 중요한 네 개의 항목을 선정하였다. 평화체제 전환 시 다루어야 할 과제로는 평화체제 정착과 평화협정체결 등 두 개의 과제를 다루었다. 이러한 여섯 개의 과제는 저자가 우선적으로 고민하고 해결방안의 제시가 필요하다고 판단한 것이다.

통일 전후의 국가안보과제는 한반도가 통일이 되는 과정에서 검토되어야 할 핵심과제를 선정하였다. 만약 이러한 분야에서 검토가 소홀하게 되면 미래 한반도 안보에 결정적인 영향을 줄 수 있기 때문에 다가올 안보환경을 생각하면서 지금부터 하나하나 철저하게 준비해 나가야 할 것이다. 주변국과의 영토문제도 통일전후의 국가안보에 영향을 미칠 수 있는 사항이나, 이는 평시부터 대비해야 할 사안이라 생각되어 다루지 않았음을 밝혀 둔다.

국가안보의 핵심쟁점과 과제에 대해서는 독자에 따라 여러 가지 이견이 있을 것이다. 또한 더 발전적인 대안의 제시도 가능할 것이다. 담론의 장에 조그만 촉매제의 역할을 할 수 있기를 기원한다.

제1절
핵심 쟁점 검토

1. 북한 비대칭위협의 효율적 관리

세계는 지금 비대칭전에 따른 제4세대 전쟁이 진행 중이다. 폭풍의 사막작전에서 단 5주 만에 대 이라크전을 승리로 이끈 미국군이 아프가니스탄의 비대칭전에서는 엄청난 전비를 쓰면서도 10년이 넘도록 지지부진하고 있다. 현대전의 개념으로 보면 이해하지 못할 현상이 지속되면서 과거 월남전이나 소련군의 아프간전의 악몽이 되살아나고 있다.

미래전장에서 작전 수행은 지역 점령에서 템포와 시간 지배로, 접적 · 선형 · 집중 전투에서 비접적 · 비선형 · 분산 전투로, 순차적 · 축차적 공격은 동시 병열적 · 다발적 공격으로, 대칭전에서 비대칭전으로, 계층적 · 위계적 지휘에서 속도 지휘를 통한 충격과 마비효과 극대화로 발전될 것이다. 이것이 〈도표 5-1〉에서 볼 수 있듯이 비대칭전의 요체이다.

이러한 비대칭 마비전에 맞서서 '4세대전쟁'을 수행하려는 국가 및 단체들은 통상 강한 적의 위협을 비정규전과 게릴라전으로 맞서려고 한다. 이들은 ① 적의 초점을 최전선에서 후방으로 전환시키고, ② 적이 자신의 힘으로 자신을 손상 및 파괴하도록 유도하려 하며, ③ 물리적인 손상과 파괴보다는 심리적 충격에 주안을 두고, ④ 적의 문화, 정치, 경제, 인구를 직접적인 타격목표로 설정하며, 사회 내부의 인종 · 종교 및 이해관계를 이용해

<표 5-1> 비대칭 마비전의 요체

구 분	세 부 내 용
템포 및 속도 중시	선견-선결-선타의 전투행위 사이클을 신속하게 회전시킴으로써 상대의 정신과 의식을 마비
효과중심 타격	적의 중심·급소를 식별하여 효과 중심으로 정확히 파괴·마비·무력화, 속도를 지배하는데 중점
의지 파괴	적의 의지와 통제력 및 영향력을 파괴하는데 중심
시간 지배	지형의 점령보다 시간과 속도를 통제하는데 중점
비대칭적 묘수	아측의 강점으로 적의 취약점을 집중 공략하는 비대칭적 접근을 통해 전쟁의 주도권 장악
동시·병렬공격	상대적 정보 우위 및 지배 하에서 가용한 수단을 통합하여 동시·병렬적으로 공격
단기·지구전 병행	강자는 단기간 내 최소 희생과 최소 비용으로 전쟁 종료 추구, 약자는 지구전으로 적의 의지 약화 시도

서 분열을 조장하려 한다. 이들은 ⑤ 기술은 도움은 되지만 절대적인 수단은 아니라고 생각하고, 첨단 무기와 구식무기들을 혼재해서 사용한다.

제4세대전쟁에서 비대칭전의 수단과 방법은 대칭성과 효과적으로 결합·복합시켜야만 기만 효과, 기습 효과, 충격 효과, 그리고 비용과 자원의 절약 효과 등이 극대화될 수 있다. 정규전과 비정규전, 전격전과 게릴라전, 선형전과 비선형전은 상호 비대칭적인 관계이지만, 상황과 여건에 따라 비대칭과 대칭의 양면이 적절하게 배합될 때 비대칭성의 장점이 증폭된다. 바로 북한이 이러한 제4세대 전쟁을 염두에 두고 정규전과 비정규전의 배합전을 구상하고 있다.

앤드루 맥Andrew Mack은 지난 약 200년간(1800-1998)에 발생한 전쟁 자료들의 상호관계를 분석하여 다음과 같은 결과를 제시하였다. 첫째, 힘이 약한 측이 전쟁에서 승리한 경우가 상당히 많았다. 대상기간 동안의 전쟁 분석 결과 강자가 70.8%, 약자는 29.2% 승리했다. 둘째, 중요한 것은 최근에는 약자의 승리 비율(55%)이 강자의 승리 비율(45%)을 능가하였다.

맥은 약자가 강자에게 승리할 수 있는 요인과 최근의 증가비율을 연구하였다. 맥은 ① 상대적인 힘power, ② 상대적인 이익interest, ③ 상대적인 취약성vulnerability의 연계고리에서 그 해답을 찾고자 노력했다. 약자의 승리측면에서 살펴보면, 상대적으로 힘이 약한 약자는 생존 위기인식이 상대적으로 높아져서, 승리에 대한 관심이 매우 크고, 상대적으로 큰 전쟁 승리의 관심은 정치적 리더십을 더욱 강화시켜 강자에게 이기게 된다는 해석이다.

따라서 제4세대전쟁 이론은 분쟁에서 자국의 의지를 어떻게 강화시키고 상대의 의지를 어떻게 약화시키는가에 따라 전승이 결정될 수 있음을 보여준다. 전략적인 표적이 물리적인 것이 아니라 의지will의 약화 및 파괴에 두어야 한다는 점을 강조하고 있다. 이때 비대칭적인 전략과 비대칭적 수단을 상호 결합하면 그 효과가 더욱 크게 증대될 것이다. 의지에 대한 비대칭적 접근 방법은 이제 인터넷 등 정보통신수단의 발달로 인해 과거보다 훨씬 효과적으로 적용될 수 있다.

북한은 대량살상무기와 사이버전사 및 특수전부대라는 비대칭 전력을 중점적으로 개발 및 확보하고 있다.

북한은 4대 핵 능력을 보유하고 있다. 첫째는 생산 중인 핵물질로서 영변의 5MW급 원자로에서 매년 핵폭탄 1개 제조가 가능한 분량의 플루토늄을 생산할 수 있다. 둘째는 이미 추출된 핵 물질로서 핵실험 이전에 40−50kg의 플루토늄을 추출한 것으로 추정되고 있다. 셋째는 이미 보유 중인 핵무기로서 6−10개가 거론되고 있다. 넷째는 고농축 우라늄(HEU)으로서 북한은 이를 확보했을 것으로 추정되고 있다.

북한은 대량의 생화학무기와 다양한 운반 수단을 보유하고 있다. 북한은 스커드 미사일과 노동1호를 실전배치하고, 중거리 미사일인 대포동−1호를 개발한데 이어, 지금은 장거리미사일인 대포동−2호를 개발, 시험하고 있는 것으로 알려져 있다. 2012년 4월 13일 위성을 위장해 발사한 광명성−3호 미사일도 대포동−2호의 개량형으로 추정되고 있다.

북한은 신종 비대칭전력으로서 사이버무기와 전자전무기를 은밀하게 발전시키고 있는 것으로 파악되고 있다. 2009년 7월 7일 한국과 미국은 사이버공격(DDoS:분산형 서비스 거부)을 집중적으로 받았는데, 그 배후로 북한이 유력하게 지목되면서 북한의 사이버전 능력에 주목하게 되었다. 북한은 현재 인민군 총참모부 정찰국 소속으로 약 1,000명의 '기술정찰조'를 운영하고 있으며, 전문해커들은 주로 중국에 머물면서 한국의 주요 국가기관 인터넷 망에 끊임없이 침투를 시도해 온 것으로 파악되고 있다.

북한은 한미연합전력에 대한 질적인 열세를 상쇄하기 위해 비대칭적인 군사력 우위 확보를 위해 노력하고 있다. 약 18만 명에 달하는 특수전 부대를 보유, 언제든지 비정규전을 수행할 태세를 갖추고 있다. 후방 침투 병력 수송용의 AN-2기를 다수 보유하고 있다. 해군은 공기부양정(1척 당 1개 소대 규모의 병력 수송, 목표 지점에 기습 상륙 가능) 130여 척을 개발·배치하여 침투력을 더욱 강화하였다. 최근에는 공기부양전투함을 자체 개발, 실전 배치한 것으로 알려지고 있다. 북한은 비정규전, 종심 침투 게릴라전, 산악전, 야간 전투 등에 상당히 능하고 이러한 능력을 정규전에 배합하는 능력 또한 탁월하다.

북한은 기존의 재래식 비대칭적 위협에 상기 열거된 신종 비대칭적 위협들을 배합해서 활용할 것으로 예상된다. 국지·제한적 도발 시에는 이들을 개별적 또는 부분적으로 배합하여 활용할 것이다. 전면전시는 이들을 모두 통합·배합·복합적으로 운용할 가능성이 있다. 이 경우, 그 위협의 속도, 압박, 충격, 파괴 강도 및 범위는 상상을 초월할 것이다.[1]

앞으로 북한의 비대칭적인 위협은 더욱 확산되면서 다양화 및 복합화될 것이다. 이로 인해 우리의 안보 취약성은 가일층 증대될 수 있다. 북한의

---

1) 이윤규, 「보이지 않는 전쟁! 심리전 이야기」, 『The Army』, 육군협회 2009년 8월호 : 북한군이 추구하고 있는 Hybrid전 개념은 한미연합군 Hi-tech기반의 재래전력의 열세만회를 위해 전략적차원에서 정규군, 비정규전, WMD, 사이버전과 사이버심리전, 테러전 등 복합공격 능력을 최대활용하여 선제기습 및 속전속결, 배합전을 수행하는 것이다.

비대칭적 위협은 그동안 화생무기, 장사정포, 특수 8군단, 땅굴 등으로 부터 핵과 미사일 및 사이버전, 전자교란전, 스텔스 함정 등이 포함된 첨단기술전력으로 신속하게 확산되고 있다. 이와 같은 개별적인 비대칭 능력이 상호 유기적으로 융합될 경우에는 그 위력은 상상을 초월할 것이다.

그러면 우리는 어떻게 대응해야 할 것인가?

첫째 우리는 북한의 비대칭적인 능력이 활용될 수 없도록 해야 한다. 북한이 준비한 군사적 차원에서의 비대칭전은 우리의 국가적 차원 및 사회적 차원에서의 비대칭성을 적극 활용하면 그 효과는 상쇄될 수 있다. 이를 위해 국제 역학 관계의 비대칭성을 우선적으로 활용하고, 상대의 내부 정치 단체 간의 갈등 및 대립 구도의 비대칭성도 적극 활용해야 한다. 특히 북한 인민의 염전사상을 증폭시키고, 반전 기류를 조성하며, 상대가 전의를 상실토록 유도해야 한다.

둘째, 북한군의 군사적 비대칭전은 대한민국의 국가·사회적 비대칭 요소들과 상호결합하여 상대의 심리적 충격을 통해 전쟁의지를 조기에 약화 및 소멸시킬 수 있도록 강구해야 한다. 남북관계는 고도의 정치·심리적 게임이므로 군사적 비대칭을 국가·사회적 차원의 비대칭과 연계 및 결합시키는 노력이 필요하다. 특히 6자회담 대상국을 포함한 주변국들과 협조하여 북한의 핵 및 미사일능력을 제거 또는 약화시킬 수 있도록 노력을 강화해야 한다.

셋째, 우리도 상대적인 비대칭성을 강화해야 한다. 한국군은 북한군에 대해 핵심적인 수단 및 방책을 선택하고 가용 자원과 노력을 집중적으로 투입해야 비대칭성의 효과를 높일 수 있다. 특히 한국군은 비대칭전의 특성화를 위해서 모험을 과감하게 수용해야 한다. 비대칭전은 본질적으로 불확실성이 내재되어 있으며, 모험성이 클수록 상대에게 미치는 기습 및 충격 효과는 극대화될 수 있다. 우리 군은 북한의 비대칭전략에 대한 역비대칭전략 및 수단으로서 ① 질적으로 우수한 정예전력의 육성, ② 한미연합 및 공동 방위체제의 강화, ③ 전자전 수행능력을 강화해야 한다. 그리고 여기에 추가하여 제4세대전쟁을 수행할 수 있는 전략개념을 발전시키고 능력을 강화해야 한다.

넷째, 대한민국 국군은 제4세대 전쟁수단인 북한의 비정규전과 게릴라전 능력에 대한 대비책을 발전시켜야 한다. 향후 북한이 경보병전력을 더욱 강화하여 종심 침투팀을 지상과 해상 및 공중 수단을 이용하여 후방 전역에 걸쳐 동시 다발적으로 투입하는데 대한 대응이 필요하다.[2] 즉 후방 통합방위체제 강화 등을 중점적으로 발전시켜야 한다.

다섯째, 한국군의 강점인 전략적 · 작전적 수준의 비대칭성을 상호 연계하면 효과가 증폭될 수 있다. 우리가 북한에 앞서 있는 각종 첨단기술을 활용하여 전력체계의 고도 정밀화, 지능화, 네트워크화, 장사정화 및 복합화에 따라 전략적 수준의 비대칭 효과를 극대화해야 한다.

상대와의 비대칭전에서 가장 중요한 것은 싸우지 않고 이기는 것이다. 즉 상대가 싸우기 위해 아무리 많은 비대칭적인 수단과 방법을 가지고 있다 하더라도 이를 사용할 수 없도록 할 수 있다면, 이것은 가장 경제적인 방법이다. 따라서 정치심리전과 간접접근 전략이 중요하다. 평화통일전략은 바로 싸우기 않고 이길 수 있는 간접접근전략이며, 북한군의 수단들을 우리 것으로 만들 수 있는 현명한 안보전략이다.

우리는 북한이 그 동안 많은 비용을 들여 개발한 핵, 미사일, 화생무기 등을 사용하지 못하게 해야 한다. 이러한 무기체계를 보관하고 관리하는 데는 천문학적인 비용이 든다. 북한이 이것을 사용하지 못하고 껴안고 죽을 수 있도록 하는 것도 하나의 훌륭한 전략이 될 수 있다.

---

2) 하나의 사례로서, 1996년 9월 18일 강릉 무장공비사건이 발생하였을 때 26명의 공비를 소탕하기 위해 연인원 150만 명, 1일 평균 전투인원 4만 2,000여 명을 동원하였다. 육군 28개 부대를 비롯하여 해군 1개 함대, 공군 1개 전투비행단이 참가하였다.

2. 제5세대 전쟁양상과 대응책

제5세대 전쟁은 보이지 않는 전쟁이다. 보이지 않는 수단과 방법을 이용한 지식정보 · 정치 · 경제 · 심리전 등을 말할 수 있다.[3] DDoS공격과 GPS 교란행위처럼 누가 적인지 분간하기가 쉽지 않다. 다만 북한의 소행으로 추정할 뿐이다. 상대방의 공격 수단과 방법을 식별하기도 쉽지 않다. 전 · 평시를 구분하지 않고 진행된다. 군사적인 목표뿐만 아니라 정치 · 경제 · 사회적인 목표까지도 공격 대상으로 삼는다. 상대국 국민들의 전쟁의지를 약화시키고 경제적인 부담을 가중시킨다. 사회적인 큰 혼란을 유발한다. 제5세대전쟁의 양상과 위협은 다음과 같다.

첫째, 전쟁의 양상과 모습이 눈에 보이지 않는다. 전쟁이 진행되는 모습을 상정하기가 쉽지 않다.

둘째, 전시와 평시의 구분이 모호하다. 전쟁은 전시에 일어나는 행위를 말한다. 따라서 평시에 일어나는 행위를 전쟁이라 말할 수 없다. 그러나 평시에 발생하는 행위이지만 전시보다 더 많은 피해를 줄 수 있다. 평시에도 상대방을 지속적으로 공격할 수 있다.

셋째, 공격 대상으로 군인과 민간인을 구분하지 않는다. 전투행위는 군인과 군인과의 접촉행위이다. 민간인에 대한 공격행위는 국제법에 의해 처벌의 대상이다. 그러나 제5세대전쟁의 공격목표는 무차별적이다. 모든 민간인이 공격의 목표나 대상이 될 수 있다.

넷째, 전후방의 구분이 없다. 전후방의 모든 군사시설 뿐 아니라 민간시설도 공격대상이다. 우방국의 시설도 쉽게 공격의 대상으로 선정될 수 있다.

---

3) 인류는 제1세대 전쟁(나폴레옹시대), 제2세대 전쟁(산업시대의 소모전과 화력전)을 거쳤다. 지금은 제3세대 전쟁(정보시대, 네트워크전과 신속기동전)을 발전시키면서, 동시에 제4세대 전쟁(비정규전과 게릴라전, 대테러전 등)과 5세대 전쟁(보이지 않는 전쟁)에 대처해야 되는 상황으로 변화되었다. 제5세대 전쟁은 필자가 처음으로 도입한 개념이다. 앞으로 보다 논리적으로 체계화할 필요가 있다.

다섯째, 지상, 해상, 공중과 우주 사이버 등 공간의 개념이 없다. 모든 공간을 통합해서 운영된다. 공간이 한없이 확장될 수 있다.

여섯째, 전쟁의 수단이 제한되지 않는다. 지식정보화 시대의 최첨단 수단이 주로 활용되지만 테러, 게릴라 등 제4세대전쟁의 수단과 심리전 등의 전통적인 수단 등이 통합되어 활용될 수 있다.

일곱째, 적과 아군의 식별이 용이하지 않다. 분명히 공격을 당했으나 공격의 주도국이나 세력을 파악하기가 쉽지 않다. 즉 행동의 주체를 파악하기가 어렵다. 전쟁의 주체 세력을 상대국의 정부나 군대로 한정할 수 없다.

여덟째, 기습이 용이하다. 재래식 전쟁과 같은 별도의 큰 준비가 없이 소수의 집단에 의해 쉽게 시간적·공간적·방법적·수단적인 기습이 가능하다. 적의 의지를 굴복시키기 위해서 다양한 기습이 구현될 수 있다.

아홉째, 적은 공격의 비용으로 상대에게는 엄청난 손실을 유발시킬 수 있다. 즉 비용 대 효과 면에서 공자는 항상 유리한 위치에 서 있다.

마지막으로 피아의 식별이 어렵다. 적의 실체가 보이지 않으니 대응하기가 쉽지 않다. 공격자는 자국의 영토를 벗어나 다른 나라에서 상대국을 공격할 수 있다. 따라서 쉽게 적법한 대응을 할 수 없다.

제5세대 전쟁에서는 공격의 목표 및 대상이 실물의 파괴에서 의지mind의 파괴로 전환된다. 즉 적의 군사력 중심의 파괴에서 지휘역량과 의지의 파괴로 전환된다. 전체의 파괴에서 중심·핵심·급소·노드의 파괴로, 대량 살상 및 파괴에서 정밀 살상 및 파괴를 통한 효과 중심의 파괴로 전환된다.

우리에게 문제는 북한군이 제4세대 전쟁 수행역량을 확보하고, 제5세대 전쟁수행역량을 강화하고 있다는 데 있다. DDoS공격을 할 수 있는 능력을 갖추고 있다. GPS시스템을 교란할 수 있는 능력을 강화하고 있다. 최근에는 전자기 폭탄(EMP)을 개발하고 있는 것으로 알려져 있는데, 이는 첨단 네트워크 중심의 전력이 사이버 공격에 취약한 점을 이용하려는 비대칭적 기도라고 판단된다. 핵무장을 강화하면서 공감과 협박에 의한 심리전으로 민심을 교란하고 있다. 테러수단과 방법을 개발하고 있다. 북한은 핵과 미사

현 전쟁 양상	제5세대 전쟁 양상
지·해·공의 3차원 공간 중점 활용	우주, 사이버, 심리전의 6차원 공간으로 확대 활용
현실적인 공간 중시	가상현실 공간인 사이버 공간과 심리전 공간 중시
물질 요소 중시	인간·심리·지식 중시
공간 점령 위주 작전	공간 지배 위주 작전
단기 속전속결 작전	약자는 장기전 시도, 전·평시 구분 모호

일을 포함한 대량살상무기뿐만 아니라, 테러 행위와 정치·심리공작에도 매우 능숙하다. 최근에는 또 다른 비대칭적 수단으로서 사이버전과 전자전 등에 관심을 기울이고 있는 것으로 파악되고 있다.

제5세대전쟁에서의 시간 개념은 제한 없이 확장될 수 있다. 전평시의 구분이 없기 때문에 상대방의 힘과 의지를 약화시키기 위한 각종 공격들이 다양한 수단을 활용하여 수시로 투입될 수 있다(도표 5-2 참조).

북한군의 이러한 능력 강화에 대비하여 한국군은 제3, 4, 5세대 전쟁에 동시에 대비하는 전략을 수립하고, 이를 바탕으로 작전개념이 정립되어야 한다. 우선은 현존 북한 위협에 대한 억제와 한반도 전구작전 수행능력 확보가 최우선 과제이다. 그러나 장기적으로 보면 제5세대 전쟁 양상에 대비도 철저히 해야 한다. 즉 북한군의 제5세대전쟁 수단인 사이버공격, 전자기폭탄, 심리전에 대한 대비에도 소홀할 수 없다. 북한의 능력 및 기도에 적극 대처할 수 있는 정보전과 전자전 및 심리전 능력을 발전시키는 데 관심을 가져야 할 것이다.[4] 올바른 전략개념이 없이는 목표지향적인 개혁과 전력증강이 어렵다. 이러한 개념이 올바르게 정립이 된다면 국방개혁의 전력 증강 우선순위에 대한 논란은 종식될 수 있을 것이다.

'안보'는 국가의 생존을 보장하는 산소요, 국민의 생명과 재산을 지키는

---

4) 권태영, 「육군비전 2030 연구」(한국전략문제연구소, 2009), p.272.

보험료이다. 특히 2010년의 '천안함폭침'과 '연평도포격', 2011년의 DDoS 공격 이후 한반도 안보는 많은 도전에 직면해 있다. 따라서 우리는 제3세대, 제4세대, 제5세대 전쟁을 동시에 수행한다는 최악의 시나리오까지를 염두에 두고 안보역량을 강화해야 한다. '힘'은 불안한 정세를 진정시키는 특효약이 될 수 있다. 조국의 영광은 때로는 싸워서 쟁취해야 할 때도 있다. 이제는 우리가 의도하지 않더라도 정치·심리와 경제 등이 포함되는 포괄적인 안보전략이 수립되어야 하는 상황에 직면하였다.

3. 김정은정권과 북한체제의 변화유도 전략

한반도를 둘러싼 주변 정세가 어느 때보다 혼란스럽다. 김정일의 사후 김정은으로의 3대 세습이 진행되면서 북한의 정세가 급박하게 돌아가고 있다. 김정은은 약 4개월의 짧은 기간에 노동당 제1비서, 인민군 총사령관, 노동당 군사위원장, 국방위 제1위원장 등의 직책을 거머쥐고 후계체제를 안착시키려 안간힘을 쓰고 있다. 더불어 한반도 내 불확실성은 갈수록 고조되고 있다. 근현대사에서 유례를 찾기 힘든 독재정권의 '3대 세습'이 바로 한반도의 북단에서 실현되고 있는 것이다.[5]

김정은의 미래에 대한 시나리오는 다음 두 가지로 그려볼 수 있을 것이다.

첫째, 김정은 체제가 안착하는 것이다. 현재로서는 가장 가능성이 높은 시나리오이다. 노동당과 군부는 김정은의 체제정착을 도울 것이다. 만약 그 과정에서 민중 폭동이 발생한다면 인민군은 '수령의 군대'로서 그것을 강경 진압할 것이다.

둘째, 김정은의 체제가 붕괴되는 것이다. 김정은이 조직 장악을 잘 못해 저항세력이 생기거나 인민들의 먹고사는 문제를 해결하지 못하고, 대미 및

---

5) 본 내용은 국가정보학회에서 발표한 내용을 일부 수정하였음을 밝혀 둔다.

대남 관계 개선에 실패했을 때 그의 지위는 상당히 위태로울 수가 있다. 비록 직책의 세습을 통해 정치적 정당성이 창출하였다 할지라도 모든 면에서 발전이 가시화되지 않는다면 민심은 흉흉해질 것이다. 주민들은 물론 상층 권력 엘리트들까지도 불안감을 느끼게 될 것이다. 자연스럽게 장성택 국방위 부위원장에 의한 '섭정'이 등장할 수도 있고 이들에 의한 집단지도체제도 나올 수 있을 것이다. 최악의 경우를 상정한다면 권력투쟁이 격화될 경우 북한 내에서 내전이 발생할 수도 있고 대남 무력도발도 있을 수 있다.

김정일이 노동당 입당에서 후계자로 공식 지명되기까지 16년이 걸렸다. 1994년 김일성 사망 후에는 약 4년 동안의 유훈통치를 통해 김일성체제를 유지하다가 일정기간의 숙성기간을 거쳐 자신의 체제를 출범시켰다. 그러나 지금 북한은 3대 세습을 4개월 만에 무언가에 쫓기듯이 서두르며 추진하고 있다. 단지 이러한 상황이 김정은 체제가 불안정해서인지 혹은 다른 이유가 있는지는 아직 명확하게 판단할 수 없다.

김정은이 권력을 다지는 과정에서 최측근의 근접보좌가 있을 것이다. 장성택 국방위부위원장, 김경희 노동당 비서, 리영호 총참모장, 최룡해 총정치국장, 김정각 인민무력부장 등 소위 '5인방'이 그들이다.

그러나 김정은이 무난히 권력을 승계하기 위해서는 ① 주체사상 보위 및 조직 장악, ② 경제난 해결, ③ 미국으로부터의 안전 보장, ④ 경색된 남북 관계 해결 등 앞으로도 쉽지 않은 길을 걸어야 할 것이다.

첫째, 주체사상인 혁명적 수령관을 잘 보위해 '김씨 왕조'의 대를 잘 잇는 것이다. 만일 사상적 측면에서나 조직적 측면에서 관리를 소홀히 해 민중혁명이나 군부 쿠데타가 발생한다면 그 자신은 물론 가문 전체가 몰락하는 비극을 맞이할 것이다. 따라서 김정은은 강력한 사상 및 조직 통제를 실시할 가능성이 있다. 아버지인 김정일도 1974년 당내에서 후계자로 지명된 뒤 당조직지도부를 강화하고 이를 통해 각 분야의 엘리트들을 장악해 갔다.

둘째, 경제난을 해결하여 북한주민의 불만을 해소하는 일이다. 북한주민들의 원성은 커져 가고 있고 암시장 확대, 뇌물 수수, 부익부 빈익빈 현상 등 각종 경제적 일탈현상이 만연하고 있다. 식량은 여전히 100만 톤 이상 부족하고 전기, 석탄, 철강 등도 목표에 훨씬 미달하고 있는 실정이다. 경제문제를 풀지 못한다면 주민들의 원성은 더욱 커질 것이고, 김정은에 대한 지지도도 기대에 훨씬 못 미칠 것이다.

셋째, 북한은 미국으로부터의 안전보장 획득을 최고의 국가목표로 설정하고 있다. 이를 위해 핵무기도 개발하고 있다고 추정된다. 미국은 북한 핵의 폐기를 위해 한편으로는 북한과 대화하면서도 다른 한편에서는 강한 정치·군사적 대북 압박을 구사하고 있다. 김정은은 모든 수단을 동원해 미국과의 관계를 개선해 주민들의 안보불안을 제거해야 하는 숙제를 안고 있다.

넷째, 현재 남북관계는 최악의 상태다. 2010년의 '천안함 폭침사건'과 '연평도 포격사태' 및 2011년 김정은 후계체제의 등장으로 긴장상태가 지속되고 있다. 통일은 김일성 주석의 유훈이고 주민들의 꿈이다. 김일성 혁명 전통을 계승해야 하는 김정은은 통일달성을 위한 의미 있는 치적을 남겨야 한다. 그러나 현재 한반도 상황은 좋지 않다. 현재 유일한 북한의 우방인 중국은 외교적으로는 지지를 하지만 경제적으로는 북한의 기대수준에 못 미치고 있는 것으로 판단된다. 경제적 측면에서 실제적인 지원을 할 수 있는 국가는 남한밖에 없다. 김정은은 긴장된 한반도 정세를 타파하고 남북대화를 이끌어 내야 하는 책무를 지고 있다.

한반도의 냉전과 분단을 극복하기 위한 결정적 변수는 북한체제의 변화 그 자체이다. 북한의 김정은 체제가 스스로 기본적인 입장을 바꾸거나, 새로운 세력으로 권력교체가 이루어지거나, 어떤 형태로든 체제변화가 이루어져야, 비로소 한반도의 냉전종식과 평화정착이 현실화될 수 있을 것이다. 후계체제의 불안정성이 증대될수록 한반도의 불안정성이 커질 수 있다. 여기서 북한체제를 어떻게 변화시킬 것인가 하는 것이 근본적인 문제인데, 우리의 의지로 북한의 변화를 강요할 수 없는 이상, 우리 스스로 발상을 전환하여 한반도 냉전종식과 평화정착을 위한 신축적인 상호주의정책을 추진해 나가는 것이 북한을 변화시키는 관건이라 할 수 있을 것이다.

사회주의 국가의 체제변화는 두 가지 유형으로 나누어 볼 수 있다. 하나는 동구나 러시아처럼 사회주의 체제의 본질적 특성을 포기하는 유형이고, 다른 하나는 중국처럼 사회주의체제의 본질적 특성을 유지한 가운데 개혁을 추진하는 형태이다. 북한의 경우는 두 가지 유형 중 단기적인 측면에서 현재의 불완전한 체제를 그대로 유지해가면서 장기적인 측면에서 점진적인 개혁과 개방을 통한 실용주의 노선을 채택할 것으로 판단된다. 이것은 다음과 같이 보다 세분화할 수 있을 것이다.

첫째, 자율 통제된 개방과 개혁의 추진 유형이다. '김정은 체제'가 안정을 유지한 가운데 중국식의 개방과 개혁정책을 성공적으로 추진하는 경우이다. 북한 김정은이 당면한 체제위기를 타개하기 위해서 선택할 수 있는 최선의 현실적 대안이 될 것이다.

그러나 북한의 김정은이 개방과 개혁을 추진하더라도 체제권력 유지 기반간의 상호 모순 등을 생각할 때, 이러한 자율 통제된 개방과 개혁의 성공 가능성은 높지 않을 것으로 예상된다. 그럼에도 불구하고, 우리의 공식적인 대북 정책목표는 이러한 자율 통제된 개방과 개혁을 유도하는 것이 될 수밖에 없을 것이다. 만약 이것이 성공할 경우, 남북한 관계는 일정한 수준의 상호 협력관계를 유지하면서 평화적 공존을 넘어 남북연합으로 발전할 수 있을 것이다. 그러나 이 유형은 김정은이 스스로 한반도의 냉전종식과 평화체제를 수용하고, 특히 군사 제일주의 노선을 포기해야만 본격적으로 남북한이 평화적으로 공존할 수 있는 협력관계를 만들어 나갈 수 있는 문제이므로, 북한 체제의 근본적인 정책변화가 먼저 선행되어야 실현 가능한 대안이라고 판단된다.

둘째, 통제 장악된 내부 권력교체 유형이다. 북한체제가 큰 혼란 없이 통제 장악된 상태에서 김정은을 축출하고 새로운 지도층으로 대체권력을 확립하는 내부변혁의 경우를 의미한다. 즉 북한체제 내부에서 김정은을 축출하고 새로운 지도층이 대두되어 고르바초프식의 개방과 개혁을 추진하는 사태 변화를 상정해 볼 수 있다. 합법적인 내부권력투쟁 등으로 김정은을 축출하고 새로운 대체권력으로 권력 교체를 실현할 수 있는 가능성은 희박하지만, 어느 때라도 추진될 수 있는 시나리오의 하나로 평가된다. 이 경우, 우리는 新지도층과 긴밀히 협조하면서 북한체제의 안정과 개방과 개혁을 과감히 지원하는 정책을 통해서 남북한 간의 협의를 바탕으로 안정적인 평화통일을 추진해 나갈 수 있을 것이다.

셋째, 김정은 체제가 지속되는 상황에서, 통제 불능의 위기사태가 발생할 수 있는 상황이다. 여기에는 루마니아식의 내란 발생으로 인해 국가체제가 붕괴하는 경우로부터, 중국식으로 민중 봉기를 유혈 진압하는 경우, 그리고 동독식으로 민중의 궐기에 지배층이 타협하는 경우가 포함될 수 있다. 이 중, 발생 가능성 면에서 보면 ① 내란 발생으로 국가체제가 붕괴되는 루마니아식, ② 민중 봉기를 유혈 진압하는 중국식, ③ 민중 궐기에 지배층이 타협하는 동독식으로 우선순위를 고려할 수 있을 것이다. 이러한 통제 불능의 위기사태가 발생하게 되면, 조성된 안보위기에 대한 대책과 함께 북한 동포에 대한 인도적인 지원과 대규모 난민사태에 대한 관리 및 지원대책이 추진되어야 한다. 그리고 결정적 시기가 조성될 경우, 선택적인 군사 및 비군사 개입에 이르기까지 매우 신축적이면서도 적시적인 상황대응이 불가피하게 요구될 것으로 전망할 수 있다. 그러한 상황대응의 결과는 민족공동체의 운명과 평화통일의 추진에 결정적인 영향을 미치게 될 것이다.

따라서 예상되는 사태에 대한 적합한 위기관리태세를 발전시키기 위한 실천적인 노력이 중요하다. 왜냐하면 준비되지 않는 북한의 급변사태는 오히려 우리에게 재앙이자 한반도의 안정과 평화를 위협할 수 있기 때문이다.

북한체제의 변화를 위한 전략선택은 상호주의전략에 의한 화해적 포용과 대결적 압박의 이중 접근이 불가피할 것으로 판단된다. 문제는 북한 김정은이 우리의 화해적 포용정책의 열매를 즐기면서 동시에 우리에 대한 냉전적 대결과 군사 제일주의 노선을 지속시킴으로써 현재의 체제적 난관을 극복하는 것은 물론 대남 주도권을 동시에 추구해 나가는 그들의 이중전략에 어떻게 대처하느냐 하는 우리의 대응전략이다. 즉 한반도의 불안정성을 해소하고, 향후 김정은의 바람직한 정책선택을 유도해야 한다.

따라서 포용과 압박의 이중 접근전략은 불가피하나, 어느 쪽에 전략의 중심을 두느냐 하는 문제가 중요하다. 먼저 북한체제의 변화를 위해 전략의 중심을 화해적 포용에 두고, 동시에 북한의 군사 제일주의 노선에 대처해 나가기 위한 대결적 압박을 병행하는 이중접근전략을 고려할 수 있다. 이와 반대로 북한의 군사 제일주의 노선에 대한 대결적 압박을 전략의 중심으로 삼고, 화해적 포용을 부가적으로 고려하는 이중접근전략을 생각할 수도 있을 것이다. 이 두 가지의 대안 중 우리의 전략선택은 북한체제의 변화를 목표로 하는 화해적 포용전략에 중심을 두고, 북한의 군사 제일주의 노선에 대처해 나가는 대결적 압박전략을 보조로 하는 이중 접근이 타당하다고 판단한다.[6]

그 이유는 우리에게 북한의 핵 및 미사일 개발 등 군사 제일주의 노선 등을 실질적으로 견제 및 해소할 수 있는 대응 전략수단이 극히 제한되어 있고, 북한체제의 변화야말로 그들의 군사 제일주의 정책의 포기는 물론 평화통일의 결정적 변수로 작용할 것이기 때문이다.

앞으로도 북한정권은 핵과 미사일 등 비대칭전력을 앞세워 우리 내부를 교란하고, 비대칭적 도발을 계속할 것이다. 북한의 체제불안정 요인이 지속되는 한 한반도에서 군사적 긴장은 불가피하다. 젊고 과격한 김정은이 전면에 등장함에 따라 북한당국의 정책방향을 예의 주시해야 하는 이유이다.

김정은 체제가 통일을 포기하기는 쉽지 않을 것이다. 남북한 간에는 통일의 여정에서 핵문제, 관광객 안전문제, 개성공단문제, 3통문제 등 현안문제와 더불어 국군포로문제도 언젠가 반드시 풀어야 할 과제로서 여전히 존재하고 있다. 그리고 중국의 북한에 대한 군사적·경제적 침투를 제한하면서 북한주민들이 남쪽을 바라보도록 하기 위해서는 필요한 분야에서 지원과

---

6) 중앙일보가 2002년 1월에 실시한 여론조사 결과 우리 정부가 대북정책시 지켜야 할 원칙으로 포괄적 상호주 39.3%, 철저한 상호주 34%, 신축적 상호주 23.7%로 나타났다. 세종연구소, 『국제질서 전환기의 국가전략』(세종국가포럼, 2002), p.146 참조.

접촉을 통해 북한의 변화를 모색해야 한다.

통일을 준비하는 일은 지금부터 시작해야 한다. 민간차원에서 통일기금을 모으고, 국가차원에서는 올바른 통일정책을 수립하여 일관성 있게 추진하며, 통일세를 신설하여 통일비용에 대한 대비를 해야 한다. 통일은 어느 날 바로 우리 옆에 와 있을 수 있다.

이것이 대북전략과 평화통일전략의 핵심이며, 대북정책과 통일정책이 안보전략으로 통합되어야 할 이유요 근거이다.

4. 북한 급변사태의 안정적 관리 및 대응

김정일 사망 이후 북한에서는 많은 사람이 우려한 것과 같은 급변사태는 아직 일어나지 않고 있다. 김정은의 정치적인 위상은 빠른 속도로 정착되었다. 그는 약 4개월의 비교적 짧은 기간에 김정일이 갖고 있던 당, 정, 군의 모든 직책을 물려받았다. 김일성의 탄생 100주기 행사도 성황리에 종료하였다.

단기적으로는 김정은의 권력 장악은 거의 성공했다고 볼 수 있다. 그러나 장기적으로 김정은 체제가 안정적으로 연착륙할 것인지는 조금 더 지켜 볼 필요가 있다. 왜냐하면 북한의 내부 불안요소가 너무나 많기 때문이다.

우리는 국가안보전략 차원에서 안보의 취약성 요인을 제거하고, 통일을 준비하는 차원에서 이에 철저히 대비해 나가야 한다. 준비되지 않는 위기는 재앙이기 때문이다.

북한의 급변사태란 '북한 정권이나 체제의 붕괴로 이어질 수 있는 극도의 혼란사태'로 우리 정부가 비상조치를 강구할 필요성이 있는 상황을 의미한다. 북한 내 급변사태는 쿠데타 또는 내전, 대량 탈북난민 발생, 대규모 인도주의적 사태, 핵 등 대량살상무기 통제 불능 사태, 대한민국 국민의 인질사태 등이 상정될 수 있을 것이다.

'개념계획 5029'는 북한 급변 사태 시 군의 운용계획을 담고 있다. 한·미

연합사령부는 북한 급변사태 유형을 ① 핵과 미사일을 비롯한 대량살상무기(WMD) 유출, ② 북한정권 교체, ③ 쿠데타 등에 의한 내전 상황 발생, ④ 북한 내 한국인 인질사태, ⑤ 대규모 탈북사태, ⑥ 대규모 자연재해 등 6가지 유형으로 분류하고 행동계획을 마련하고 있는 것으로 알려졌다.

급변사태에 따른 북한의 붕괴시나리오는 ① 외부와의 무력충돌을 통한 붕괴, ② 북한 내부 권력 간 충돌이 발생함으로써 붕괴, ③ 북한체제가 안으로부터 무너지면서 붕괴하는 경우 등 크게 세 개의 상황을 상정할 수 있을 것이다.

이러한 급변사태 및 붕괴가 발생하는 요인은 배경요인과 촉발요인으로 구분해 볼 수 있다.

우선 배경요인으로는 김정은의 리더십과 카리스마의 약화, 주체사상의 체제 통합 기능 상실, 지도층의 부패와 무능으로 인한 민심 이반, 권력 엘리트간의 정책 갈등 및 파벌화, 군부 통제력 약화로 주요 군부 인물의 자율성 증가, 강압 통치기구의 주민 통제기능 약화, 식량과 경제난 악화, 암시장 확산 등 자본주의적 요소 확대, 지역과 계층 간 갈등 심화, 북한 주민의 반체제의식 확산 및 조직화, 국제사회의 대북제재 강화 및 국제적 고립 심화 등이며 이는 다수의 요인이 복합적으로 작용할 가능성이 높다.

촉발요인으로는 김정은의 신변 이상, 사고, 피격 등으로 통치능력 상실 또는 사망, 반대세력에 의한 감금 또는 해외축출, 쿠데타 발생, 주민소요 및 민중봉기, 탈북자의 급속한 증가와 주요 인사의 탈출 및 해외망명 증가, 대규모 자연재해 발생 등의 요인이 있을 것이다.

이러한 사태는 독립적으로 발생할 수도 있고 하나의 사태가 다른 사태에 영향을 미쳐 연속적으로 발생할 가능성도 있다. 따라서 우리는 급변사태 발생 시 대비개념을 명확히 정립할 필요가 있을 것이다.

급변사태의 해결을 위한 기본개념은 다음과 같이 정립할 수 있을 것이다. 북한 급변사태와 관련한 조기경보체계를 구축하고, 범정부 차원의 즉응태세를 확립해야 한다. 우리의 안보역량을 총동원하여 북한의 무력도발을 억

〈도표 5-3〉 위기 대응 중점 조치 사항

■ 대내조치

- 정부의 대응방향 결정 및 비상대응체계 가동
- 국민 불안감 해소 및 국론 결집
- 한 · 미 연합방위태세 강화 등 대남무력도발 억제 조치
- 경제 · 사회적 안정화 조치 시행
- 탈북주민의 대량유입 억제, 안정적 보호관리

■ 대북조치

- 개성공단 등 북한에 거주하는 우리 국민의 신변 안전 조치
- 긴급구호 등으로 북한지역 안정화 및 개혁세력의 입지 강화
- 대량살상무기 사용 위험의 제거와 탈취 · 오용 · 밀매 방지
- 주민봉기 및 내전 발생 시 사태의 평화적 해결 노력

■ 대외조치

- 한 · 미 긴급협의 채널 가동 및 공조체제 강화
- 주변국 정상과의 긴급 협의
- 제3국의 개입 방지를 위한 대주변국 및 UN 외교

제함으로써 한반도의 평화와 안정을 유지해야 한다. 그러나 급변사태 초기에는 직접개입을 가급적 자제하는 것이 바람직 할 것이다. 국내정치와 경제, 사회 등 모든 분야의 안정을 유지하고 법질서를 확립하여 국민의 불안감을 해소시켜야 한다. 미국 등 한반도 유관국과의 긴밀한 공조체제를 구축하고 외부세력의 부당한 개입을 차단해야 한다(도표 5-3 참조).

즉 우리의 주도하에 전쟁을 억제하고 평화통일이 가능한 상황으로 유도해야 한다. 우리는 북한 내 민주개혁세력이 부상할 수 있도록 유도하고, 북한 주민의 통일 지향 의식을 확산시켜야 한다. 북한주민들이 남쪽을 바라볼 수 있도록 해야 한다. 대남 적대의식의 약화 및 국내외 통일 지지기반의 강화 등을 주도적으로 추진해야 할 것이다.

북한에 대한 군사개입 유형에는 한국군에 의한 단독개입과 한미연합군에

의한 개입 그리고 중국을 포함한 국제사회의 공동 개입이 있을 수 있다. 이 중 어떤 유형의 개입이 일어날지는 북한이 어떤 방식으로 붕괴되는가에 달려 있다. 개입형태가 어떠하든 북한이 붕괴되고 그 지역에 대한 군사개입이 이루어진다면, 그 군대는 적어도 군사작전, 민사작전, 북한군 무장해제, 그리고 대량살상무기 통제 등 네 가지 임무를 수행해야 할 것이다. 이를 위해 군은 다음과 같은 사전 준비를 해야 할 것이다.

첫째, 연합위기관리체제 가동 및 한·미 공조체제 유지 등 전방위 군사대비태세를 유지하여 범정부차원의 즉응태세 확립을 유지해야 한다.

둘째, 감시 및 조기경보태세를 강화하고, 징후가 포착될 경우 한·미 연합 억제 및 방어전력을 조기에 확보하여 유사시에 대비한다.

셋째, 상황에 따라 심리전 및 민사작전을 전개하여 사태를 가능한 북한지역 내로 제한하고, 필요시 한국군 또는 한·미 연합으로 북한 내 안정화작전을 시행한다.

넷째, 중국 등 주변국과 긴밀한 공조체제를 유지해야 한다. 외부세력의 군사적 개입을 차단하기 위해 적극적인 활동을 전개해야 한다. 특히 중국과의 협조는 가장 중요한 요소이다.

다섯째, 상황 진전을 고려하여 사태의 조기종결을 유도하거나 국토통일을 추진해야 한다.

즉 한국정부와 한국군이 이러한 급변사태에 효율적으로 대응하기 위해서는 우선 북한 상황에 대한 정확한 정보 획득을 위해서 조기경보체제를 가동하고, 북한의 각종 도발에 대응하기 위한 군사적 대비태세를 강화해야 한다. 국내 안정화 조치의 시행차원에서 치안과 경제 질서를 유지하고 민심을 안정시켜야 한다.

미국, 중국과 긴밀한 협력 및 국제 공조체제를 강화하면서, 북한에 체류하는 우리 국민의 신변안전을 보장하고 대량 탈북사태를 안정적으로 관리하여 탈북주민의 긴급 구조와 보호를 통해 위협을 최소화해야 한다. 북한주민의 고통 해소를 위한 인도주의적 긴급 지원과 북한 대량살상무기의 통

<그림 5-1> 북한붕괴 시 처리의 기본구도

단계	추진절차	주요 조치 내용
위기관리	비상대응체계 가동	• 대남무력도발 억제 및 질서유지 • 탈북주민의 수용 및 보호 조치 • 북한주민에 대한 인도적 지원 • 대량살상무기 통제
통일추진	통일여건 조성 통일협상 통일국가 선포	• 북한 엘리트의 친한 세력화 및 개혁세력 정권 장악 지원 • 주변국 및 국제사회지지 획득 • 자유민주체제로의 통일 공식화 • 통일합의서 체결, 통합준비단 파견
실질통합	북한체제 접수 제 분야 통합 통일국가 완성	• 북한지역의 특별관리 체제 도입 • 정권기관 접수, 북한지역 치안 확립 • 긴급구호 등 주민생활 조기 안정 • 화폐 · 군사 · 교육 · 사법 등 실질적 통합 추진, 남북한 동질성 회복 • 북한경제 재건, 통일한국의 균형발전 도모

제도 중요하다. 그리고 통일추진 기반 구축을 위해 북한 내 개혁세력의 입지를 강화토록 유도해 나가야 한다. 특히 이 과정에서 중국 등 주변국이 개입하지 않도록 해야 할 것이다. 북한이 붕괴시 처리는 〈그림 5-1〉에서 보듯이 비상대응체제를 유지하면서 통일의 여건을 조성하고, 통일협상을 통해 통일국가를 선포하고, 북한체제를 접수 후 제분야를 통합하는 단계를 거쳐 통일국가를 완성해야 할 것이다.

북한의 붕괴시나리오에 따라 대북 군사개입의 유형이 달라질 수 있다. 따라서 한국은 정부 및 군 차원에서 각 시나리오에 대비한 계획을 보다 구체적으로 준비해야 한다. 이것은 북한의 붕괴를 선호한다거나 가능성이 많아서가 아니다. 가능한 모든 사태에 대한 대비책을 세워두는 것이 안보전략 차원에서 통일에 대비하는 정부와 군의 임무이기 때문이다.

북한의 붕괴사태가 발생하여 군사통합을 추진하여야 할 경우에는 통합 당시 북한지역의 경제실상과 북한군의 복무염증 등을 고려하면 탈영병과 전역하는 병사 등 수십만 명 규모의 자연손실이 예상될 수 있다. 그리고 통합초기에 북한군 내부에 소요가 발생할 가능성과 통일 후 한국군의 규모를 감안하면 북한군의 대폭적인 감축이 불가피할 것이다. 따라서 통일 정착기에 대비하여 1단계시 북한군을 대폭 축소함으로써 2단계 개편시 충격을 완화하는 방안도 검토해야 할 것이다. 그러나 한국군은 1단계시 북한군을 흡수, 재편성하는 모체부대 역할을 수행해야 함으로 현수준을 유지해야 할 것이다.

북한은 수십 킬로 그람의 플루토늄을 보유해 수개의 핵무기를 만들었을 것으로 추정되고 있다. 한국과 미국은 북한의 핵무기 통제력 상실에 대비한 비공개 대책을 마련해 놓고 있다. 북한 급변사태에 대비해 만들어 놓은 '개념계획 5029'도 이런 대비책 중 하나이다.

우리는 1988년 말까지도 전혀 예측하지 못했던 독일의 통일이 동독지역에서의 급변사태 발생으로 불과 2년 사이에 이루어졌던 교훈을 살펴보고 대응개념을 구체화해야 한다. 즉 북한의 김정은 체제가 정착되는 과정을 예의 주시하면서 유사시 급변사태에 대한 대비도 철저히 준비해 나가야 할 것이다.

즉 안보전략을 잘 수립해 유사시 우리의 주도하에 통일추진이 가능한 상황으로 유도해야 한다. 우리는 북한 내 민주개혁세력이 부상할 수 있도록 유도하고, 북한 주민의 통일 지향 의식을 확산시키며, 대남 적대의식의 약화 및 국내외 통일 지지기반의 강화 등을 주도적으로 추진해야 할 것이다.

국가안보전략은 조국과 민족의 생존을 다루는 것이므로 백분의 일이라도 가능성이 있다면 대비해야 하는 것이다.

5. 평화체제 정착과 평화협정 체결

(1) 평화체제 정착

평화통일의 첩경은 한반도에 평화체제를 정착시키는 것이다. '평화체제平和體制, Peace System 또는 Peace Regime'란 평화를 유지하는 체제라고 말할 수 있다. 일반적으로 정치학에서는 체제體制, System란 "상호관계를 가지고 있는 변수들을 하나로 묶는 일련의 유기체"라고 정의하고 있다.[7]

한반도에 평화체제를 구축한다는 것은 한반도에서 정전상태의 불안정한 상황을 종식시키고 전쟁발발 가능성을 제거함으로써 공존의 틀을 마련하는 것을 목표로 한다. 즉 한반도에 평화를 유지하고, 평화가 지속적으로 산출될 수 있도록 평화체제가 기능을 발휘하는 것을 의미한다. 이를 위해서는 한반도에 내재하고 있는 비평화적인 요소들을 제거하는 것이 중요하다.

한반도에 비평화적인 요소들이 내재하게 된 근본적인 원인들은 대체로 3가지로 구분하여 이야기할 수 있다.

첫째는 남북분단이 남북한 사이에 비평화적인 요소를 내재케 한 근본적이고 직접적인 요인이다. 지난 반세기 동안 남북한은 분단되어 있음으로 해서 냉전체제라는 구조적인 갈등 속에서 시련을 겪으며, 수많은 갈등과 분쟁을 겪었다.

두 번째 비평화적인 요소는 불신과 증오심을 깊게 한 한국전쟁이라고 할 수 있다. 남북한 양측에 가져다 준 막대한 피해와 잊을 수 없는 상처는 60년 이상이 지난 오늘날까지 상대방에 대한 증오심을 갖게 하였으며, 씻어버릴 수 없는 후유증으로 남아 있다.

세 번째 요소는 남한과 북한은 그들이 추구하는 가치와 이익이라는 차원에서 근본적인 차이점을 갖고 있는데, 이러한 차이점들이 남북한 사이에 갈등과 분쟁의 요인으로 작용하고 있다는 점이다.

---

7) David, Easton, *A Framework for Political Analysis*, Englewood Cliffs, New Jersey : Prentice-Hall, 1965, p.57.

따라서 한반도에 평화체제를 정착시키기 위해서는 우선적으로 남북한 간에 내재된 비평화적인 요소들을 하나하나씩 점진적으로 풀어나가야 한다. 그러한 노력이 가시화 되었을 때 한반도에 진정으로 평화가 정착될 수 있으며, 우리의 염원인 평화통일의 기반이 조성될 수 있을 것이다.

　　한반도 평화체제란 한반도 질서를 규정해 온 정전상태가 평화상태로 전환되고 남북 및 대외관계에서 이를 보장하는 제도적 발전이 이루어진 상태로서, 한반도 평화체제 구축이란 이러한 평화를 만들어 가고Peace Making, 이를 제도화하는 과정Peace Process이라 할 수 있다.

　　한반도의 평화체제의 개념을 정리하기 위해서는 우선 남북한이 갖고 있는 한반도의 평화에 대한 개념부터 이해해야 한다. 남북한은 한반도의 평화에 대해 서로 상이한 개념을 갖고 있다. 한반도 평화에 대한 남한의 개념은 "한반도에서 전쟁이나 무력충돌이 없이 사회가 평온하며, 북한이 대남적화통일을 포기한 상태"라고 요약할 수 있을 것이다.[8] 그러나 북한의 한반도 평화에 대한 개념은 "조선반도에서 군사적인 행동이 중지된 가운데 평화상태를 회복하고 주한미군이 철수 되어진 상태"라고 정의하고 있다.[9]

　　이와 같이 남북한이 보유하고 있는 한반도에 대한 평화개념을 요약하면 "한반도에서 전쟁이나 무력충돌이 없고, 한반도의 평화를 교란할 수 있는 비평화적인 요소들이 제거된 상태"라고 정의할 수 있을 것이다. 즉 남북한은 무력충돌이나 군사적인 행동이 없어야 한다는 개념은 동일하나, 비평화적인 요소에 대한 해석이 판이하게 상이한 점을 갖고 있다. 남북한이 갖고 있는 한반도 평화 및 평화달성에 대한 이러한 상이한 개념은 한반도 평화체제 구축이라는 차원에서 많은 어려움을 가중시키고 있다.

　　남북한은 현 정전체제를 평화체제로 전환하는데 합의해야 한다. 즉 평화보장을 위한 제도적인 장치가 마련되어야 한다.

---

8) 이호재 편, 『한반도평화론』(서울 : 범문사, 1986), p.326.
9) 북한 사회과학출판사, 『조선말대사전』(평양 : 사회과학출판사, 1992), pp.109-110.

한반도에서 평화체제를 구축함에 있어서 핵심적인 내용은 세 가지로 요약할 수 있을 것이다. 첫째, 냉전기 미·북 주도의 한반도 군사질서를 어떻게 탈냉전기 통일지향적인 남북 주도의 군사질서로 전환하느냐는 문제이다. 둘째, 한반도에 적용할 평화체제 안을 누가 당사자가 되어 마련하며 이를 어떻게 실천하느냐는 문제이다. 셋째로는 한반도에 적용할 평화체제 안은 어떤 성격의 평화안이 되어야 하느냐 하는 문제라고 볼 수 있다.

향후 평화체제를 구축하기 위해서는 우리는 다음과 같이 4단계로 구분하여 추진할 수 있을 것이다.

제1단계는 정치적 여건 조성단계로서 남북관계 진전을 위해 남북한 간 정상회담을 통해 남북공동선언을 채택하여 군사적 긴장완화를 위한 여건을 조성해야 할 것이다.[10] 이는 '한반도 긴장완화 및 평화정착을 위한 남북공동선언'으로 명명할 수 있을 것이다.

제2단계는 군사적 긴장완화 정착단계로서 남북공동선언에 기초하여 남북국방장관회담을 정례화하여 군사적 신뢰구축 및 긴장완화를 정착시켜 나가야 할 것이다. 남북한 군사당국자 회담체제를 구축하여 구체적인 신뢰구축방안을 강구하고 긴장완화를 이행해 나가야 한다.

제3단계는 평화협정체결을 추진해야 할 것이다. 이를 위해서는 남북한 당사자가 주인이 되어 체결하고, 미국과 중국의 지지 및 보장을 받는 방안으로 추진되어야 할 것이다.[11]

제4단계는 평화체제 정착단계로서 남북한은 평화보장을 위한 제도적인 장치를 마련해 나가야 한다. 즉 군비통제를 통한 대규모 재래식 전력 감축

---

10) 정상회담 준비는 정상회담시 예상되는 북한의 회담전략 및 의제를 검토하고, 한반도 평화정착을 위한 우리측의 구상과 설득논리를 개발하며, 기본합의서의 불가침의 내용의 실질적 이행방안을 강구해야 한다.

11) 우리는 평화협정 체결로 인한 각종 안보상황 변화소요를 감안하면서, 미국 및 주변국의 이해관계와 우리의 군사적 능력 등을 고려하면서 포괄적으로 추진해야 한다. 특히 다자회담의 틀 속에서 남북 당사자가 주도하고 미국과 중국 등 주변국이 지원하는 형태로 추진되어야 할 것이다. 따라서 우리의 입장만을 내세우며 단시일 내 평화협정 체결을 추진하기보다는, 전반적인 평화체제의 구도하에 단계적이고 점진적으로 협정을 체결하는 것이 바람직할 것이다.

및 대량살상무기 통제 등 한반도의 군사적 안정성을 증대시켜 나가야 한다.

그런데 남북한 간에 평화를 정착시키는 문제는 제도적 장치의 문제이기 보다 남북한의 의지의 문제라고 생각된다. 즉 남북한 쌍방이 평화를 정착시 키기를 진정으로 원하고 그렇게 하려는 확고한 의지를 갖고 있는가 하는 것 은 제도적인 문제 보다 더 중요하다 할 것이다. 그리고 평화적·민주적·단 계적 방법으로 자유민주주의 통일을 이루려는 한국의 '先평화정착 後자유 민주통일' 정책과 북한의 혁명전략과 무력남침전략을 통해 공산화통일을 이루려는 북한의 '先공산화통일 後평화정착' 정책이 어떻게 조화될 수 있는 가 하는 것이 남북한 간의 평화정착문제에 있어서 가장 핵심적인 사안이라 보아야 할 것이다. 따라서 남북한 간에 합리적인 전환방식을 도출할 수 있 도록 노력해야 한다.

(2) 합리적인 전환 방식 도출

한반도 평화체제는 정전체제의 전환으로 평화공존을 제도화하는 장치이 자 남북한이 '실질적인 보통 국가관계'로 출범하는 계기에 해당된다.

남북한 평화공존의 제도화 작업의 우선적 과제로서, 남북한의 포괄적인 관계를 규정하는 체제로의 전환을 위해 평화협정의 체결 필요성이 증대 된다. 그러나 정전체제의 평화체제로의 전환이 한미안보동맹에 근본적인 변화를 초래하거나, 북한의 '대립적 공존'의 전략적 도구로 이용되지 않도 록 대책이 선행되어야 한다. 체결 시기는 공고한 남북 평화 상태를 확인할 수 있는 시기인 평화공존이 정착되는 시점이 적합할 것이다.[12]

평화체제를 이룩해 감에 있어서 우리는 다음과 같은 몇 가지 원칙을 견지 해야 한다. 첫째, 남북 당사자 해결원칙으로써 한반도의 평화와 통일에 관 한 사안은 직접 당사자인 남북한이 주체가 되어 해결해야 한다. 둘째, 남북 기본합의서 존중원칙으로써 정부 차원에서 체결되고 민족 앞에 그 실천을

---

12) 남북기본합의서 제1장 제5조(공고한 평화상태 이후)를 중시해야 한다.

선언한 최초의 합의인 남북기본합의서는 최대한 준수되어야 한다. 그리고 남북기본합의서의 정신에 따라 남북한 간에 평화체제가 전환될 때까지는 현 정전협정은 성실히 준수되어야 한다. 셋째, 한반도 평화의 실효성 보장 원칙으로써, 평화체제 보장 시는 항구적이고도 실천적인 평화가 유지될 수 있는 방안이 동시에 마련되어야 한다. 마지막으로 점진적이고 단계적인 접근원칙으로써 먼저 평화체제의 기반을 조성한 후 평화체제전환을 모색해야 한다.

즉 새로운 체제의 내용이 남북기본합의서가 명시하고 있는 남북관계의 기본 원칙들과 부합되어야 할 것이다. 新체제는 남북 당사자 간의 해결원칙에 준한 남북한 간의 법적 조치와 관련국의 보장 등 국제법적 근거를 갖도록 해야 한다.

또한 평화체제의 전환은 이를 보장하는 대내외적 조건이 성숙한 후, 또는 적어도 이와 병행하여 점진적이고 단계적으로 신중하게 추진해야 한다. 기본적인 전환조건은 먼저 북한이 '적화혁명전략'을 명백히 포기하고 행동으로 이를 입증해야 하며, 북한의 핵 투명성이 제고되어야 한다. 남북한 간에 기본합의서의 성실한 이행과 실천을 통해 정치적·군사적 신뢰구축이 선행되어야 한다. 그리고 남북한이 먼저 상호 실체를 부인하는 법령을 점진적으로 개선해야 할 것이다.[13]

남북한 간 평화체제 전환을 위한 구체적 합의는 여러 가지 형식을 취할 수 있을 것이다. 평화체제 전환을 위한 기본 틀로는 ① 새로운 평화협정 체결, ② 민족공동체헌장 채택, ③ 기본합의서와 세부합의서의 성실한 이행을 전제로 기본합의서를 수정 보완, ④ 가칭 '한반도 평화선언'을 채택하여 이를 남북기본합의서의 부속문서화 하는 방안 등을 고려할 수 있을 것이다.[14]

---

13) 제성호, 『평화체제 전환 시 한국이 견지해야 할 기본원칙과 조건』(서울: 민주평화통일자문회의, 1995), pp.131-136.
14) 상세한 내용은 제성호, 『북한의 평화협정체결 제의에 대한 한국의 대응방안』(서울: 국제법연구 창간호, 1994), pp.125-133 : 이장희, 『한국 정전협정의 평화협정체제로의 전환방안』(한국법학회 논총 제39권1호, 1994), pp.68-69 참조.

국제적인 보장을 위해서는 우선 미국과 중국이 보장하는 2+2 방식이 중요하다. 미국과 중국의 보장은 한반도 평화체제 구축을 위한 4자 회담의 목표로서 추진이 가능하고, 양국의 공동관심사에 해당된다. 동북아 4국의 보장은 동북아의 다자 안보협력체제의 시금석이 될 수 있으나, 그 과정에서 일본과 러시아가 자국의 이익을 강하게 주장할 경우에는 통일추진에 저해 요인으로 작용할 개연성이 많다. 정전체제의 대체를 위한 당사국 조건에도 부적합하다. 유엔의 보장은 일견 타당해 보이지만, 현실적인 실행력이 미약하다는 단점이 있다. 특히, 주한미군의 지위와 역할에 대하여 불필요한 개입 소지가 있다. 따라서 유엔의 개입을 유도할 필요는 없을 것이다.

한반도에 적용될 평화체제 구축안은 우선은 남북한 공존을 전제로 한 평화안이 되어야 한다. 남북한 간에 전쟁을 방지할 수 있는 평화안이 되어야 한다. 한반도의 평화체제 구축 가능성을 증대시키고 그 제약성을 약화시키는 평화안이 되어야 한다.[15] 그리고 최종 목표는 평화통일에 두어야 한다.

이러한 모든 조치들은 국가안보전략 차원에서 통합되고 조정되어 조직적이고 체계적으로 추진되어야 한다.

(3) 평화협정 체결 방안

남북한 간에 전쟁상태를 종결하고 평화상태의 회복을 분명히 하는 가장 좋은 방법은 평화협정이라는 별도의 협정을 체결하는 방법이라고 할 수 있다. 현재 대한민국과 북한은 국제법상으로 보면 전시상태에 있으며, 따라서 쌍방은 상호 적이다. 적과의 사이에서 통일을 위한 대화는 큰 진전을 볼 수 없는 것은 당연하다. 정전협정으로 우리들의 얻은 것은 60년간의 휴전과 불안전한 평화이지, 결코 평화로운 조국이 아니었음을 명심해야 한다.

따라서 적대관계를 해소하며 민족화합을 이룩하고 통일을 실현하기 위해 평화협정이 체결되어야 한다. 가칭 '남북한 평화보장협정平和保障協定'을 체결

---

15) 송대성, 『한반도 평화체제』(서울 : 세종연구소, 1998), pp.215-217.

함으로써 정전협정을 대체하고 국제적 보장체제를 확보하기 위해서는 대치협정의 동시 발효를 추진해야 한다. 대치협정의 보장방식은 우선 미국과 중국이 이를 보장하고, 다음으로 일본과 러시아를 포함한 동북아 4국의 공동보장과 유엔의 보장을 동시에 추진해야 할 것이다.

북한이 요구하는 평화협정 체결방안은 한마디로 "아직도 한반도에서 전쟁이 종식되지 않고 있고, 비정상적인 정전상태가 지속되고 있기 때문에 공고한 평화정착을 위해서는 현재의 정전협정이 북한과 미국과의 평화협정으로 대체되어야 한다."는 것으로 요약할 수 있다.[16]

평화협정에는 ① 적대관계 및 전쟁상태의 해소와 평화상태의 회복 명시, ② 상호불가침 및 무력행사 포기, ③ 경계선의 상호 존중, ④ 비무장지대의 평화지대화, ⑤ 분쟁의 평화적 해결, ⑥ 전쟁 책임 문제, ⑦ 배상 및 보상 문제, ⑧ 남북한 특수 관계의 인정과 존중, ⑨ 남북한 기본합의서의 이행과 실천 등이 포함되어야 할 것이다.[17] 형식적으로는 전쟁상태의 종결이 평화협정의 핵심적인 내용이 되겠지만, 이에 추가하여 비무장 지대에 설치된 모든 군사시설과 장비 및 병력을 철수함으로써 비무장지대를 평화지대화로 전환하며, 군비통제를 규정하여 향후 전쟁도발 의사 포기를 명백히 하는 장치를 마련하는 것이 가장 중요할 것이다.

정전협정을 평화협정으로 전환 시에는 남북한이 독립 주권국가로서의 위상을 대내외적으로 인정받도록 추진해야 한다. 북한이 주장하는 미북 간의

---

16) 새로운 평화보장체제는 연형묵 총리가 북한의 기본적인 평화구상으로써 제시한 '평화강령'을 말한다. 1990년 12월 제3차 남북고위급회담 중 연형묵 총리는 북한의 평화강령으로서 ①북남 불가침선언 채택, ②북미평화협정체결, ③북남군비감축, ④주한미군 철수 및 미국의 핵우산 제공 중단 등 4개의 실천과제를 제시한 바 있다. 북한은 남북기본합의서와 불가침부속합의서를 평화보장 장치라고 규정하면서 남북한 간에는 이러한 합의에 따라 북남군축 등 불가침 관련합의사항을 실천하면 평화가 보장될 수 있다고 주장하는 반면, 평화보장체제는 북미 간에 해결해야 할 사항이라고 강변하고 있다. 1995년 9월 19일자 평양방송 보도(내외통신, 제9692호, 1995년 9월 20일자) 참조. 제성호, 『북한의 대미평화협정체결전략』, 『한반도평화체제구축모색 세미나 시리즈』 95-1,(민족통일연구원, 1995), pp.16-21.

17) 제성호, 『한반도 평화체제 구축방안』, 『국가전략』 제2권1호(세종연구소, 1995), pp.84-86. 김학성 외, 전게서, p.258.

평화협정 체결은 우리의 주권을 침해하는 것이므로 단호히 배격해야 한다. 그리고 평화협정이 평화상태의 존속을 보장하는데 필요한 이행조치를 명시하는 방향으로 추진해야 한다. 주한미군의 존립 근거 및 한미동맹관계를 저해하지 않는다는 원칙을 준수해야 할 것이다. 즉 새로운 체제가 남북한 간의 군사관계를 명시하고 평화유지 체제를 구성하는 군사적 기능을 수행하도록 조치되어야 한다.

평화체제 전환과정에서 발생할 수 있는 이러한 복잡한 안보적인 영향요소를 감안한다면, 평화체제 전환은 중·장기적 구도하에서 긴밀한 한·미 공조를 유지한 가운데 주변국과 협력해가면서 종합적이고 포괄적인 접근과 추진이 필요할 것이다.

우리는 사전 준비과정 없이 '평화협정'을 체결하는 것을 지양해야 한다. 무엇보다도 우선 실질적 긴장완화조치가 선행되어야 한다. 즉 남북한 간 군사적 불신과 긴장 및 대치관계 해소가 한반도 냉전구조 해체 및 평화체제 전환의 선행과제이다. 국가안보전략의 큰 틀에서 평화통일까지를 바라보면서 통합적인 협정을 체결할 수 있어야 한다.

6. 유엔사(UNC) 관련 문제 해결

북한은 평화협정의 체결의 전제조건으로 유엔사 해체를 강력히 주장할 것이다. 따라서 우리는 사전에 유엔사 해체에 대한 장단점을 분석하여 대응책을 준비해야 할 것이다. 결론을 먼저 말한다면, 유엔사는 가능한 평화통일의 시점까지 유지하는 것이 바람직할 것이다.

유엔사는 UN안보리 결의(50.7.7, S/1588호)에 의거 설치되었다. 따라서 UN은 한반도 평화가 정착되었다고 판단하게 되면 UN안보리의 결의에 따라 언제든지 유엔사를 해체할 수 있다. 이는 한·미 협의 하에 UN안보리에 상정하여 처리할 수 있으나, 정전협정 관리 기구를 대체하는 제도적 장치인

평화협정의 이행·준수·감시 기능의 선행조치가 필요할 것이다.[18]

유엔사의 고유임무는 한반도에 평화상태를 유지하고, 정전협정의 이행을 준수하고 이를 관리하는 것이다. 따라서 정전협정의 폐기만으로 유엔사 해체 사유가 되는 것은 아니다. 그러나 평화체제 전환 시 존속 명분 약화로 해체를 가속화시킬 계기가 될 전망이다.[19]

현재 미국은 동북아 안보전략 차원에서 유엔사를 유지한다는 입장을 견지하고 있다. 미국은 이것을 정전협정 대체문제와 별개 사안으로 인식하고 있으며, 남북간에 군비통제를 통한 군사적 긴장완화 및 공고한 평화체제가 실현될 때까지 유지하려 하고 있다. 왜냐하면 유엔사 해체시 주일 UN기지 주둔의 법적 근거가 소멸되기 때문이다.[20]

유엔사 입장은 정전협정체제가 평화체제로 정착될 때까지 그의 위상을 강화하려 하고 있다. 현재도 참전국 및 의료 지원국가에 연락장교단과 의장대의 추가파견을 촉구하는 등 위상강화 활동을 전개하고 있다.

우리의 입장에서도 공고한 한반도 평화체제 구축시까지 유엔사를 계속 유지하는 것이 바람직할 것이다. 유엔사는 평시에는 지금까지의 전쟁억제력으로서의 기능을 지속적으로 유지하고 있으며, 유사시에는 한국방위에 대한 UN참전국들의 지원체제를 유지할 수 있고, UN군 전투수행체제 유지로 UN참전부대의 즉각적인 전투능력 발휘를 보장하는 순기능의 역할이 있기 때문이다.

그럼에도 불구하고 만약 유엔사를 해체할 경우에는 ① 한·미 합의 후 UN안보리 결의안 제출, ② UNC 관련 협정의 개정, ③ UNC 파견 장교단

---

18) 정전협정이 폐기된다면 UNC의 존속 명분이 상실되고, 정전협정 서명당사자인 UNC는 자동해체되어야 한다는 것이 일반적 인식이며 국민정서이다. 그러나 UNC 해체문제는 정전협정 폐기와는 별도사안으로서 현실적 해체조건 성숙시 법리적 절차를 밟아 해체 가능하다.

19) UNC가 조기해체되면, 북한은 미군이 UN군 모자를 벗게 됨에 따라 주한 미군 주둔명분 약화를 거론하여 미군철수를 더욱 강하게 주장할 것으로 예상된다. 따라서 한국군은 남북관계 진전에 따라 UNC 기능을 점진적·단계적으로 인수해야 할 것이다.

20) 일본 내 UNC 주둔 지위 협정(1954. 2. 19.) : 한국 내 UN 행동지원 군대에 대한 시설 및 역무 제공, UN군이 철수한 날로부터 90일 이내 종료.

과 행정 및 의장요원 철수, ④ 주한미군사령관의 UN군사령관 겸직 해제, ⑤ UNC 후방사령부 기능 상실과 관련하여 한반도 유사사태 발생에 대비하여 미·일간 사전 협의 등의 절차를 거쳐 점진적으로 처리해야 할 것이다.

군사정전위원회와 중립국감시위원회 등 정전협정 관리 기구를 대체할 기구를 구상해야 할 것이다. 우리는 북한과 사전 협의하에 대체 기구를 마련할 수 있을 것이다. 즉 남북한은 '남북군사위원회'의 구성과 운영에 합의하여 군사정전위원회 비서처의 임무와 기능을 단계적으로 이관할 수 있도록 준비해야 할 것이다. 판문점 JSA의 남북 공동경비구역도 한국군이 점진적으로 인수를 추진해야 할 것이다. 남북한은 비무장지대의 관리와 서해 5개 도서의 관할문제를 토의하여 합리적인 방안을 도출하고 한강 하구, 동·서 해상경계선 등 경계선에 합의하여 이 지역을 효율적으로 활용해야 할 것이다.

이러한 유엔사의 해체는 한반도에 안정적인 평화가 정착된 이후에나 고려해 볼 수 있다. 즉 한반도에 평화체제의 여건이 정착된 후 정전체제가 평화체제로 제도적인 전환을 이루는 과정에서 단계적으로 다루어져야 한다. 일단 유엔사 해체문제가 대두될 경우에는 한미 양국은 긴밀한 협조하에 이에 수반되는 제반 관련대책을 협의해야 한다. 북한측과도 군사정전위의 틀 속에서 이 문제를 협의하기 위한 절차를 마련하거나, 남북 당사자 해결원칙에 따라 남북군사공동위에서 협의할 수도 있을 것이다. 이때는 반드시 북한의 평화협정 이행을 감시하는 장치를 마련할 필요가 있다. 평화체제의 안정성을 높이기 위해 평화협정과 유엔사 해체에 대한 'UN안보리 보장의결'을 채택한 후 이를 추진하는 방안이 합리적인 선택일 것이다.

유엔사 해체문제는 단순히 평화협정과 연계된 사안만은 아니다. 동북아의 안정과 유사시 한반도 평화의 복원에 기여하고 있다. 따라서 국가안보전략의 큰 틀 속에서 통합적으로 검토되어야 할 것이다.

제2절
통일 전후 국가안보의 핵심 과제

1. 효율적 · 안정적인 위기관리체제 정착

대한민국은 분단 이후 연속된 위기 속에서 생존해 왔다. 한반도는 지금도 세계에서 위기가 가장 높은 지역의 하나로 분류되고 있다. 그럼에도 불구하고 대한민국의 위기관리 능력은 높지 않은 것으로 평가된다. 특히 천안함 격침과 연평도 포격사태를 보며 국민들은 정부의 위기관리능력에 많은 불신을 갖게 되었다. 천안함 2주기 시점에서 전문가들이 판단한 국가위기 관리능력도 10점 만점에 6.2점으로 낮게 평가 되었다.[21] 가장 큰 문제는 국가 차원에서 안보체제가 정착되지 못했기 때문에, 포괄적인 안보전략에 대한 구체적인 목표, 기조나 지침을 만들어 내지 못하고 있다는 것이다.

통일 전후의 국가안보의 가장 중요한 과제는 발생한 위기를 어떻게 효율적으로 관리하여 국가이익과 국가목표를 추구하면서 평화통일로 연결할 것인가가 될 것이다. 이것은 국가가 위기시 어떠한 기능과 역할을 수행해야 하는가 하는 질문과 연결되어 있다. 즉 국가안보의 위기관리체계의 확립은 안보전략의 전담기구를 정립하고 그 역할과 기능을 정상화시켜 주어야

---

21) 조선일보는 위기관리 전문가 9명으로 위기관리역량평가를 실시하였는데, 위기관리 시스템은 역주행하고 있으며, 국가기관 간 정보공유도 허술하고, 위기 조정통제 능력이 부족한 것으로 평가하였다(조선일보, 2012. 3. 24, 6면 기사 참조).

한다. 이것은 국가의 역할 및 기능과 연계되어 있다.

국가는 어떠한 기능을 갖고 있는가? 학자에 따라 견해의 차이가 있지만, 이를 정리하면 국가의 기능은 제1차적 기능과 제2차적 기능으로 구분할 수 있다.[22] 먼저 1차적인 기능은 개인의 자유와 안전을 보장해주기 위해 대외적으로 적의 침략으로부터 국민과 영토, 그리고 주권을 보호하는 국가안보적 기능과 대내적으로는 국민의 생명과 재산을 보호하고 사회질서를 유지하는 치안유지 기능을 갖고 있다. 국가의 2차적인 기능은 경제, 사회, 문화 등의 제분야에서 공동복지사업을 증진시켜 국민의 삶의 질을 향상시켜 주는 것이다. 따라서 국가는 우리에게 삶의 터전을 제공해 주고 행복의 제요소를 제공해 줄 뿐만 아니라 각자의 이상을 실현토록 보장해 주는 역할을 한다. 국가가 위기시는 제1차적인 기능이 제대로 작동되어야 해결될 수 있지만, 제2차적인 기능도 보완해 주어야 한다.

국가위기는 국가 주권, 또는 국가를 구성하는 안보, 정치, 경제, 사회체계 등 국가의 핵심요소와 가치에 중대한 위해가 가해질 가능성이 있거나, 가해지고 있는 상태를 의미한다. 즉 국가의 1차적인 기능이 제대로 작동되지 않을 때 국가위기가 발생한다.

이러한 국가위기의 특징은 단기경고, 또는 무경고하에 발생할 가능성이 많기 때문에 신속한 판단과 결심이 요구되며, 적시에 효율적으로 관리하지 못할 경우에 위기가 확대되거나, 새로운 위기를 초래하게 된다.

국가안보위기는 국가의 생존, 국민의 생명과 재산에 위협을 미치는 위기이다. 따라서 안보위기는 직접적이고 치명적이며 적시에 효율적으로 대비하지 못한다면 국가의 존망이 영향을 받을 수 있다.

따라서 각 국가들은 국민들에게 안전을 제공함으로써 예측가능한 생활의

---

22) Jacobson, G. A.는 국토보전(군사력)과 국내안전(경찰력), 국제관계(외교력)를 유지하고 국민을 위한 교육을 실시하는 기능으로 구분하였다. Almond, G. A.는 재화·인간서비스 등 자원의 추출과 재화·서비스·가치 등의 분배, 행동규제 등을 기능으로 구분하였다. Johnson, R. J.는 보호·중재·국민결속·편리제고·관리와 행정 등으로 구분하였다.

기반을 마련해 주고 있다. 근대국가는 수세기 동안 국내의 안정뿐만 아니라 국외의 적으로부터 국민을 보호하고 경제적인 번영을 이룩하기 위한 꾸준한 노력을 해 왔다. 즉 국가는 안보위기를 최소화하고 이를 조기에 해결하기 위해 위기 관리체제를 만들어 운영하고 있다. 대한민국도 국가안전보장회의, 외교안보정책조정회의, 국가위기상황센터, 국가재난안전대책본부, 중앙사고수습본부 등의 조직을 만들어 위기를 관리하고 있다.

그러나 천안함격침과 연평도 포격사태의 대응과정에서 보듯이 대한민국의 위기관리체제는 제대로 작동되지 않고 있다. 특히 국가안전보장회의의 기능과 역할이 제대로 수행되지 않음으로써 국민들의 국가안보에 대한 의구심을 증폭시켰다. 미국의 국가안전보장회의의 운영은 우리에게 시사하는 바가 크다.

미국의 국가안보기구는 제2차 세계대전 이후 냉전시대의 도래와 함께 예상되는 위기에 대비하기 위하여 설치되었다. 대통령의 통수권을 보좌하고 국가안보에 대한 정책결정을 보필하기 위해 설치된 핵심조직체이다. 국가안전보장회의는 국가안보에 관련된 국내외적인 정책 및 군사정책을 국가안보적 차원에서 통합 조정하는 기능을 갖고 있으나, 그 편성과 기능은 대통령의 국정운영방침과 통치스타일에 따라 계속 개편되고 있는 사실에 비추어 볼 때 국가안전보장회의가 최고통수권자인 대통령의 조직임을 강력히 시사하고 있다.

'국가안전보장회의'는 1947년 설치된 이래, 국가안보정책을 총괄하는 핵심기구로서 〈그림 5-2〉에서 보는 것처럼 그 역할과 기능을 수행하고 있다.

국가안전보장회의는 미국의 행정부 내 최고위급 안보전략 조정 및 자문기구로서 국무, 국방 등 내각의 행정부처와 긴밀한 업무협조체제를 유지하면서도 이들 내각조직과는 독립된 지위를 유지하고 있다. 군통수권자인 대통령에게 최고위급 정책자문을 제공하는 국가안전보장회의는 미국 '대통령부大統領府'의 일부이면서, 또 한편으로는 백악관 행정조직과는 인사와 재정적으로 독립된 특이한 조직상의 특징을 갖고 있다. 미국의 안보기구는 대통

〈그림 5-2〉 미국의 국가안전보장회의

대 통 령

국가안보 보좌관

사 무 국

기 능 국

지 원 국

국가안전보장회의

• 의장 : 대통령
• 의원 : 부통령, 국방 · 국무 · 재무장관
  경제담당보좌관, UN 대사
※ 상임고문 : CIA 국장, 합참국장
  군비통제 및 군축국장

정책검토 위원회	특별조정 위원회
단기적 문제	단기적 문제

• 국가안보보좌관
• 국무장관 또는 부장관
• 국방장관 또는 부장관
• 국토안보부장관, 합참의장

각료급 위원회(NSC/PC)
(의장 : 안보보좌관)

• 의장 : 국무 · 국방장관, CIA 국장
  합참의장, UN 대사

각료급 위원회(NSC/PC)
(의장 : 안보보좌관)

• 의장 : 국무 · 국방장관, CIA 국장
  합참의장, UN 대사

차석급 위원회(NSC/PC)
(의장 : 안보부보좌관)

• 의장 : 국무 · 국방장관, CIA 국장
  합참부의장

위기대책반
(DC/CM)

부처간 업무조정반(NSC/IWGs)
(의장 : 안보부보좌관)

• 의원 : 차석급 위원회에서 결정

령을 의장으로 하는'국가안전보장회의'와 안보특보를 의장으로 하는 각료급 위원회', 국토안보부 보좌관이 주재하는 차석급 위원회'와 부처 간 업무조정반' 등 4단계의 협의조직을 갖추고 있다.

국가안전보장회의는 그 예하에 사무국을 두고 안보정책에 관해 대통령과 국가안전보장회의를 직접 지원하고 있으며, 국가안보회의의 원활한 진행을 위해 상정될 의안 중 단기적인 문제는 정책 검토위원회에서 장기적인 문제는 특별조정위원회에서 사전 검토하고 있다.

이러한 미국의 국가안전보장회의 정책결정과정을 명시한 표준행동절차는 별도로 존재하지 않는다. 그러나 과거부터 관행처럼 내려온 비공식인 절차에 따라 국가안전보장회의에서는 국가이익과 국가목표에 중요한 영향을 미치는 안보 현안이 발생할 경우에 다음과 같은 절차에 따라 정책을 결정하고 있다.

제1단계는 실무협조 및 관련부처 기관 간 의견조정이 있게 된다. 최초에는 국가안보회의의 참모조직이 주관하여 관련 부처 기관 간 실무협조회의를 개최한다. 그 후 안보보좌관이 주무부서의 차관 급이 참여하는 협조회의를 열어 특정 안보현안에 대한 부처 간 의견을 조정한다. 이러한 협의를 거친 국가안보의 현안은 사안의 성격에 따라 정책검토위원회 또는 특별조정위원회에 회부된다.

제2단계에서는 정책검토위원회 또는 특별조정위원회 검토 후 완전히 합의된 사항은 대통령에게 직접 보고 및 건의한다. 그러나 합의를 보지 못한 사항은 국가안보회의의 본회의에 회부하게 된다.

제3단계는 국가안보회의 본회의 개최다. 본회의는 정책검토위원회 또는 특별조정위원회에서 합의하지 못한 안건들을 집중적으로 검토하여 대통령에게 보고한다.

제4단계는 대통령에 대한 최종적인 결심단계이다. 국가안보회의가 본회의 결과를 요약 정리하여 대통령에게 건의하면, 대통령은 이를 기초로 최종적인 결정을 내리게 된다.

제5단계에서는 대통령에 의해 결정된 사항이 정부부처 및 기관에 하달되게 된다. 중요한 정책은 대통령의 지시(PD)Presidential Directives 형태로 하달되고, 그렇지 못한 정책은 결정메모(NSDM)National Security Decision Memo 형태로 하달된다.

이러한 정책수립을 위해 국가안전보장회의가 자체적으로 정보수집을 담당하지는 않으나, 각종 정부조직을 통해 입수되는 국내외 정보를 바탕으로 정책이 수립된다.

대통령은 국가안전보장회의에 추가하여 '국가지휘기구(NCA)National Command Authority'를 운영한다. 이는 결정된 사안에 따른 행동을 집행함에 있어 군대를 지휘하기 위한 헌법상의 권위Constitutional Authority를 표현하는 용어를 사용한다. '국가전쟁지휘기구'는 통상 대통령과 국방장관으로 구성된다.

이렇게 미국은 국가안전보장회의를 효율적으로 운영하여 국가위기를 관리하고 있다. 세계전략을 다루는 미국과 국가안보전략을 다루는 우리와는 차이는 있지만, 우리에게 시사하는 바가 매우 크다.

지금 한반도에는 평화통일의 길은 아직도 험한데 위기는 항상 문턱에서 서성거리고 있다. 우리는 갈등, 분쟁, 그리고 전쟁에 의한 통일보다는 평화적인 방법으로 통일하여 일류국가를 건설해야 한다.

한국정부는 그 동안 위기관리 시 통상 미국 정부에 지나치게 의존함으로써 초기에 독자적인 결정보다는 미국의 결정을 기다리는 소극적인 대응을 해왔다. 이것은 사태의 확대로 인해 전쟁 발발의 위험성 배제라는 측면과 군사 및 정보능력의 제한 등 응징보복 능력의 한계와 전시작전권의 위임으로 인해 무력응징 시 미국의 협조가 필요한데서 기인하고 있다.

그 동안 미국정부는 한국정부와 공동의 목표를 설정하고 이를 실행하기 위한 사전협의가 부족한 상황에서 독자적으로 정책을 결정하는 경향이 있었다. 따라서 정책결정과정에서 한미 양국은 정보교류 등의 협조체제가 이루어지지 않는 경향이 있었다.

한반도에서 위기발생시 그 발생한 원인이 무엇이며, 북한의 의도는 무엇인지, 어떠한 위협이 내포되어 있는지에 대한 정보판단이 부족한 상황에서 원만한 해결을 위한 조치가 나오기는 제한되어 있다. 따라서 국내의 위기관리 부서 간, 또는 한미 간의 정보교류는 위기관리의 초기 단계에서 가장 중요하다.

작시작전권이 한국군에게 전환되는 2015년 이후에는 우리는 두 가지 중요한 임무를 스스로 해결할 수 있어야 한다. 그 첫째는 위기사태의 확대방지와 전쟁억제이며, 둘째는 적의 도발에 따른 무력응징보복으로서 재도발의 가능성을 완전히 봉쇄하는 것이다. 따라서 우리의 위기관리 능력은 향상되어야 한다.

통일과정에서는 물론이고 통일이후에도 한반도 문제는 동북아질서의 태풍의 눈으로 등장할 수 있는 상황이다. 우리는 북한이 도발을 정책의 한 수단으로 선택하지 못하도록 완벽한 총력안보태세를 확립하고 도발에는 상응하는 응징보복이 있을 것이라는 인식을 북한의 지도자들에게 주지시킬 수 있는 정책대안의 개발과 위기관리 체제의 확립에 관심을 가져야 한다. 즉 상호주의의 적시 적절한 운영이 요구된다.

전시작전권 전환 이후에도 한미 양국은 연합방위체제를 군사동맹 차원에서 계승 발전시켜 지역의 불안정한 요인을 제거하고, 양국정부의 입장과 정책을 조율해 나가야 한다. 왜냐하면 한반도에서 전쟁방지의 역할과 핵과 미사일 등 위기요인의 원척적인 해결은 튼튼한 한미동맹에 기초하고 있기 때문이다.

국가안보위기를 적극적으로 관리하기 위한 수행 전략은 평시위기를 최소화하는 예방억제전략, 국지 도발 시 응징·보복전략, 전면전 도발시 거부·결전전략 및 북한의 위기사태시 즉응 대비전략으로 구분할 수 있다.

첫째, 평시 위기를 최소화하는 예방·억제전략이다. 전쟁에 대비하는 것 이상으로 냉전극복을 위한 평화 이니셔티브가 중요하다. 즉 평화통일이 달성되기 위해서는 전쟁을 억제하고 평화를 보장하는 것이 대전제가 되어야 한다. 즉 평화통일은 전쟁억제를 토대로 평화가 보장되는 조건 위에서 성립될 수 있다.

한반도의 평화체제를 구축하기 위해서는 국제 공조와, 긴장완화 및 신뢰구축을 위한 남북 군사당국간의 대화를 병행하는 이중접근이 필요하다. 즉 평화지키기Peace-Keeping와 평화만들기Peace-Making를 병행하면서 전쟁 억제와 평화 관리를 수행해 나가야 한다.

전쟁억제에 실패해서 전면전이 발발했을 경우, 남북한 상호간에 한반도 전체를 군사적으로 석권하여 통일을 기대하기에는 지정학적인 여건과 전략적으로 많은 제한사항이 있음을 현실적으로 인정할 수밖에 없다면, 최상의 전략은 역시 전쟁을 억제하는 '부전승不戰勝 전략'[23]이다. 북한에 대한 부전승의 목표달성은 군사적 차원에서의 억제가 보장된 가운데 남북관계개선을 통하여 북한의 변화를 유도하여 달성할 수 있을 것이며, 이러한 견지에서 안보전략과 통일전략의 유기적인 관계유지가 중요하다.

남북한 군사당국간 직접적 대화통로를 개설하기 위한 끈질긴 노력이 긴요하다. 기 합의된 제도를 현실화하기 위해서 남북 간 대화통로를 모색하기 위한 적극적인 평화 이니셔티브가 요구된다.[24] 우리측의 제안에 대해서 북측의 반응이 없다고 할지라도, 끊임없이 반복되는 제안을 통해서 최소한 심리적 공세의 효과를 거둘 수 있다는 확신을 가질 필요가 있다. 정치심리전의 핵심은 우리의 강점을 가지고 상대의 약점을 파고드는 것이다.

그런 차원에서 다음과 같은 군사 분야의 평화 이니셔티브를 북한측에 요구할 수 있을 것이다. ① GP간 직통 전화선 설치와 DMZ 내 통로 개설 운

---

23) 한국의 방위전략의 궁극적인 목표는 1979년 10월 제1차 한미군사공동위원회가 전략지시 1호를 통해 한미연합사령관에게 부여한 임무인 "대한민국에 대한 외부의 위협으로부터의 침공을 억제하고 격퇴하는 것"에 표현된 것처럼 '억제와 전승'이다. 그러나 남북한 체제경쟁에서의 승리로 억제의 1차적인 목표는 달성한 것으로 평가할 수 있으며, 이제부터는 민족공동체로의 전환을 위한 억제전략의 궁극적인 목표인 부전승전략으로 상향조정할 수 있을 것이다.

24) 남·북한 사이의 화해와 불가침 및 교류·협력에 관한 기본합의서가 이미 체결(1992. 2. 19.)되어 있음에도 그 실제적 이행이 유보된 상태이다. 남북군사위원회에 대한 구성 및 운영에 관한 합의서 역시 체결(1992. 5. 7.)되어 있지만, 실제적인 이행에는 아무런 진전이 없는 상태이다. 그 근본적인 원인은 물론 북한측의 의도적인 대화거부에 있다.

용, DMZ 내 활동의 사전 통보 및 상호 안전 보장 조치, DMZ 내 공동개발 협의 등의 DMZ의 평화적 이용, ② 서해와 동해지역의 월선 및 충돌방지, 해상재난구조, 평화적 이용 및 협조방안 등의 남북 접적해역의 평화관리, ③ 군사당국간 주요 훈련 및 행사 교환 방문, 교육기관 학생 교환, 스포츠 및 문화활동 교류 등의 남북한 인적교류의 활성화, ④ 상호 군사정보의 교환 및 공개, 의문시되는 시설 및 지역의 합의 방문, 군사 활동 및 부대이전 사전 통보 등의 군사 활동의 투명성 증대 노력, ⑤ 대량살상무기 및 재래식 전력에 대한 배치 제한 및 군비축소 등이다. 이러한 제안들은 대북심리전 차원의 평화 이니셔티브 강화에도 큰 도움이 될 것이다.

둘째, 국지 도발시 응징·보복전략이다. 북한군은 내부체제의 이완 방지 또는 대남 협상의 유리한 여건 조성 등 정치적 목적을 달성하거나 또는 전면전 감행을 위한 명분을 확보하기 위해 서북 도서, 북방한계선(NLL), 접적 지역의 제한된 목표를 의도적으로 공격하거나 점령을 시도할 가능성이 농후하다.

남북한 간에는 대규모 군사력이 첨예하게 대치하고 있어 소규모 무력충돌이 전면전으로 비화될 가능성이 내제되어 있다. 따라서 북한의 도발 의지를 분쇄하기 위한 응징보복은 필요시 달성 가능한 표적을 선정하여 한국군 또는 한미연합전력을 이용하여 선별적으로 시행하면서 전면전으로 확산을 억제해야 한다.

군사지도자는 일반적으로 확전을 선호한다. 전승의 기세를 잡기 위해서다. 그러나 국가지도자는 국가이익을 최우선에 두고 사태를 바라보아야 한다. 우발적인 감성보다는 이순신 장군 같은 냉철한 이성이 필요한 이유이다.

셋째, 전면전 도발시 거부·결전전략이다. 우리의 전쟁 억제노력에도 불구하고 북한군은 국지도발을 의도적으로 전면전으로 확대하거나, 최초부터 기습공격에 의해 무력적화통일을 기도할 가능성이 상존한다.

북한군이 전면적 무력도발을 감행할 경우에는 한미 연합전력으로 초전에

적 주력을 격멸하여 상대적인 전력의 우위를 달성한 후, 조기에 공세로 전환하여 전장을 적지로 확대하는 '공세적 방위'로 국토통일을 달성해야 한다.

이때 북한군의 초전 기습을 거부하고 우리의 생존성을 보장하는 일이 중요하다. 그리고 수도권 북방에서 적 공세의 주력을 저지, 격멸해야 한다. 즉 수도권 북방에서 적의 초기 공세의 충격을 흡수하고, 공격기세를 조기에 약화시키면서, 전장을 적지로 확대하여 후속부대의 진출을 차단하고 수도권의 안전선과 결정적 공세를 위한 발판을 확보해야 한다.

넷째, 북한의 위기사태시 즉응 대비전략이다. 북한의 위기사태란 '북한 정권이나 체제의 붕괴로 이어질 수 있는 극도의 혼란사태'로 우리 정부가 비상조치를 강구할 필요성이 있는 상황을 의미하며, 쿠데타, 내전, 대량 탈북난민 발생, 대량살상무기 통제 불능 사태 등을 상정할 수 있다.[25]

위기사태에 따른 북한의 붕괴시나리오는 ① 외부와의 무력충돌을 통한 붕괴, ② 북한 내부에서 충돌이 발생함으로써 붕괴, ③ 북한이 안으로부터 무너지면서 자진해서 권력을 남한에 헌납하는 경우 등 세 가지를 상정할 수 있을 것이다.

위기사태의 해결을 위한 기본개념은 북한 위기사태와 관련한 조기경보체계를 구축하고, 범정부 차원의 즉응태세를 확립하며, 우리의 안보역량을 총동원하여 북한의 무력도발을 억제함으로써 한반도의 평화와 안정을 유지해야 한다.

이때는 미국 등 유관국과의 긴밀한 공조체제를 구축하고, 외부세력의 부당한 개입을 차단해야 할 것이다.

국가적인 위기 발생시는 현 '청와대 국가위기관리실'이 법적 제도적인 한계로 인해 통합적인 조정통제 능력에 한계가 있다. 따라서 통합적인 조정통제 능력을 제고시키기 위해 헌법에 명시된 국가안전보장회의를 안보전략

---

25) 위기사태의 유형은 주민의식 변화 및 체제이탈형, 엘리트 간의 권력투쟁형, 시민혁명형, 비조직적 주민폭동형, 내전형, 조직적 민족봉기형, 쿠데타형 등이 있을 것이다.

전담부서로 정상화시켜 대통령이 안보전략을 결정하는데 보좌하는 상근조 직으로 강화해야 한다. 이를 위해 국가안전보장회의(KNSC)의 사무처의 기능과 체제를 보완하여 설치해야 한다. 청와대 국가위기관리실은 국가안전 보장회의의 기능을 보좌하는 기구로 활용하면 될 것이다.

안보전략과 정책의 결정과정을 보다 체계적으로 정립해야 한다. 즉 미국의 NSC 운영에서 볼 수 있듯이 우리의 국가안전보장회의의 운영도 보다 실질적이고 효율적인 방향으로 재정비해야 한다. 이곳에 안보 분야 관련부서의 책임자들이 참여하여 전략과 정책을 토의하고 결정하여, 국가적인 위기의 문제는 초동단계에서 종결단계까지 통합되고, 조정통제 되어야 한다.

또한 이명박정부가 폐지한 '비상기획위원회'를 재설치하는 방안을 신중히 검토해야 한다. 만약 어렵다면 청와대 국가위기관리실의 기능을 강화하여야 한다. 위기관리는 사람이 아닌 조직, 즉 시스템이 해야 한다. 따라서 위기의 초동단계에서부터 종결단계까지 일사불란한 조치를 보좌할 수 있도록 정부 각 조직에 산재된 위기관리 업무기능을 통합해야 한다.

위기관리는 안보전략에서 가장 핵심적인 요소이다. 왜냐하면 위기관리에 실패하면 국가의 안위가 흔들리게 되며 국가의 생존이 위협받기 때문이다. 따라서 위기관리에는 최소한의 방심도 허용될 수 없다.

2. 평화통일의 국제적 보장

21세기의 변화된 통일 환경은 우리에게 커다란 기회와 도전을 동시에 제공하고 있다. 국제적으로는 중국의 위상이 높아져 중국을 배제하고 한반도 문제를 해결할 수 없게 되었다. 북한은 3대 세습을 통해 젊고 과격한 김정은 체제의 등장으로 위협의 변수가 더욱 높아졌다.

대한민국이 주도적으로 변화된 환경하에서 위기를 관리하고 평화통일을 달성하기 위해서는 국내외 역량의 효율적인 활용이 대단히 중요하다. 즉 親외세 종속이나 反외세 자주의 냉전적 사고를 넘어서서 외세 활용의 새로운

길을 모색해야 한다.[26]

특히 한반도 평화체제정착과 평화통일과 관련된 문제는 남북한 당사자간의 문제이기도 하지만, 동북아 4국과의 이해관계가 직접적으로 연관되어 있고, 동아시아와 나아가 세계평화와도 깊이 연계된 문제이기도 하다. 따라서 국제환경을 우리에게 유리한 방향으로 조성하는 노력을 강화해야 한다.

주변 4국은 동북아지역에서 안정과 평화를 기조로 하여 한반도에 대한 자국의 영향력을 확대하기 위해 노력하고 있다.

따라서 향후 동북아 강대국들의 한반도 안보전략은 통일과정을 적극적으로 방해하지는 않을 것이다. 그렇다고 남북한 간에 통일을 적극적으로 지원하지도 않을 것이다.

그들은 한반도의 안정과 평화유지가 동북아의 질서구축과 자국의 경제적 이익에 중요하다고 인식하고 있음으로 한반도의 현상 유지를 선호할 것이다. 즉 주변 4국은 남북한 평화정착이라는 현상의 유지에는 긍정적 입장을 보이고 있으나, 궁극적인 통일에 대해서는 소극적인 입장을 보이고 있는 것으로 판단된다.

한반도의 통일과 관련하여 주변국들이 갖고 있는 공통적인 불안이나 부정적 요인은 첫째, 동북아 질서의 급격한 변화가 초래될 수 있고, 둘째, 강력한 통일한국의 부상 가능성을 배제할 수 없으며, 셋째, 통일로 인한 한반도의 혼란 가능성이 상존하고, 넷째, 통일로 인해 자국自國에 미칠 영향이 적지 않을 것이라는 점이다. 따라서 주변국들은 동북아 질서가 평화적이고 안정적으로 정착되기를 희망한다. 다시 말하면 예측할 수 없는 한반도의 통일보다는 남북한 분단의 안정적인 현상 유지를 희망하고 있을 것이다.

그러므로 우리가 평화통일을 달성하기 위해서는 주변국의 우려를 적극적으로 해소해 나가야 한다. 동북아지역의 최대 불안 요인인 남북한 간의 적대적인 대립과 불신을 우선적으로 해소해 나가야 한다. 남북한 간에는 사회

---

26) 하영선 외, 『21세기 한반도 백년대계』(서울 : 풀빛 2004), p.15.

적·문화적 이질감을 극복하는 것이 통일의 선결 과제이며, 주변국에 신뢰를 줄 수 있는 가장 핵심적인 요소이다.

그리고 남북은 평화통일을 지향하면서 평화적이고 점진적인 평화통일의 정책기조政策基調를 유지해야 한다. 주변국의 이익을 고려한 통일 추진도 고려해야 한다. 국민들과 주변국에게는 분단비용이 통일비용보다 훨씬 더 크다는 점을 부각시켜야 한다.

우리는 동북아 공동안보 및 협력안보체제를 구축함으로서 초국가적 위협을 예방할 수 있고 정치, 군사적인 신뢰를 구축할 수 있을 것이다. 안보 복수주의Security Pluralism를 역내에 도입하고 동북아 및 동남아를 연결하는 동아시아 안보협력체제를 발전시켜야 한다. 그리고 해상교통로의 안전, 대테러 협력체제의 발전, 역내 분쟁해결 장치 정착 등을 도모해야 할 것이다.

평화공존 시기를 보다 앞당기기 위해서는 남북한과 미국, 일본, 중국과 러시아를 포함하는 동북아 6국 체제가 안정되어야 하고, 전방위적 안보협력의 중요성이 점증할 것이다. 한반도 관련 다자안보협력체제를 남북한이 공동으로 지역협력체제로 발전적으로 확대해 나가야 할 것이다. 지역안보 협력체제는 남북한 평화공존을 계기로 한반도 평화체제의 정착 및 보장 장치의 일환으로 발전되어야 할 것이다.[27]

미국은 동남아 접근정책의 강화를 위해서 한반도 및 동북아 안정을 강조하고 있다. 동남아는 동북아에 비하여 중국의 패권과 영향력의 확산 여건이 조성되어 있는 반면, 미국의 접근이 용이하지 않다. 미국은 동남아 및 서남아 지역에 대한 개입은 다자형태가 관리에 유리하다고 판단하고 있다.

중국은 그 동안의 다자협력 참여 경험을 바탕으로 국제협력의 중요성을 인식하고, 다자안보 협력체제의 발족의 필요성을 외교적으로 강조하고 있다.

우리는 미국, 중국과의 공동노력으로 동북아 6국 체제를 선행시켜 기존

---

27) 4자회담, 6자회담 등을 넘어 남북한이 중심이 되는 보다 폭넓은 지역안보 및 포괄안보 협력체제 구축이 요망된다.

동남아 중심의 다자협력체제와 결합하여 장기적으로, '동아시아 다자안보협력체'를 발족시켜야 할 것이다.

동북아 지역의 일부 국가 간에는 아직도 정식 외교관계가 없고 영토문제와 이념문제 등으로 불신이 지속되고 있음으로, 역내국가 양자 간의 신뢰구축 노력이 있어야 하며, 동북아 및 동아시아 다자 안보협력체 구성에 대한 기반 구축노력이 선행되어야 할 것이다.[28]

그리고 한반도 문제를 다자적인 방식으로 해결하려고 할 경우에는 한반도 문제의 국제화를 심화시켜 우리의 주도권이 상실될 우려가 있다. 따라서 한국이 동아시아 다자안보협력체 형성과정에서 주도적인 역할을 수행함으로써 동아시아 다자안보협력체가 한반도 평화의 공고화와 평화통일에 긍정적인 방향으로 작용하도록 전략적인 사고를 가져야 할 것이다.

우리는 주변 4국에 대해 통일된 한국이 동북아시아의 평화와 안정에 도움이 되며, 해당국의 국가이익에 도움이 된다는 점을 지속적으로 설득해야 한다. 그래야만 남북한 통일이 동서독의 통일처럼 급속도로 가시화될 경우에 주변 4국이 소극적인 자세에서 탈피하여 남북한의 통일을 적극적으로 지원하려 할 것이다. 통일환경統一環境을 개선하는데 있어 주변국의 협력이 중요한 만큼 자주적이고 능동적인 자세로 통일외교를 전개해 나가야 한다. 독일통일 당시 독일의 헬무트 콜 수상이 소련과 영국 및 프랑스를 설득했던 논리와 노력이 필요한 것이다.

지금은 공산주의의 퇴조로 자유민주주의와 시장경제체제가 인류의 보편적 가치로 확산되고 있어 통일환경은 우리에게 유리하게 전개되고 있다. 그러나 한반도를 둘러싼 동북아정세는 역내 국가들 사이의 상호의존성이 증대되고 냉전冷戰, Cold War의 잔재가 남아 있다. 특히 새로 등장한 김정은 체제하의 북한정권의 불확실성이 계속되어 화해와 긴장의 양면성이 상존하고 있다. 따라서 현실적으로 주변국의 도움 없이 통일을 달성하기는 쉽지 않을

---

28) 김학성 외, 앞의 책, pp.327-330.

것이다.

우리가 주변 4국 중 어느 국가의 이익을 훼손하는 통일을 추구시에는 그 전개과정이 순조롭지 못할 가능성이 높다. 따라서 통일추진은 국제사회와 더불어, 국제사회와 함께 추진해야 할 필요가 있는 것이다. 주변국과 국제 사회를 설득하여 한반도 통일의 지지를 유도하려면 통일한국이 동북아는 물론 세계의 평화와 공동번영을 위해 기여할 것이라는 확신을 심어 주어야 한다. 한반도 문제의 특수성으로 인해 우리의 노력이 보다 실질적인 결과로 이어지기 위해서는 국제사회의 지지와 협조가 필수적이다. 한반도의 평화 와 안정은 동북아 전체의 안정과도 밀접히 연관되어 있음으로 관련 국가와 의 협력이 특히 중요하다.

주변국의 신뢰를 제고하기 위해서는 우리가 통일을 이룬다면, 통일한국 은 주변국들과 선린우호善隣友好관계를 더욱 확대해 나갈 것임을 강조해야 한다. 통일한국은 필요시 무력사용의 포기뿐 아니라 핵무기와 대량살상 무 기의 포기를 선언해야 할 것이다.

미국과 일본에게는 안보와 관련한 경제적 부담이 대폭 감소될 수 있는 점 을 부각시켜야 한다. 중국과 러시아에게는 동북아 경제권의 발전 가능성을 강조하여, 한·중·러 3국 공동의 경제 도약 가능성을 주지시켜야 할 것 이다.

우리는 한반도에서의 평화통일의 당위성과 그로부터 얻을 수 있는 이익 에 대해 주변국을 설득시켜 한반도 통일에 협조를 얻어 내야 할 것이다. 이 것이 바로 국가안보전략의 큰 틀에서 통일전략과 외교안보전략이 효율적으 로 통합되어야 할 이유이다.

한반도 통일은 현실이며, 우리가 주저한다고 해도 국제적 환경이나 북한 의 상황에 따라 우리의 의지와는 상관없이 통일의 작업을 수행해야 할 상황 이 벌어질 수도 있다. 우리가 기회를 효율적으로 이용하지 못할 경우에는 그 기회는 오히려 위협으로 다가올 수 있다. 우리는 안보환경을 적시에 활 용하면서 하시라도 기회를 맞이할 수 있는 충분한 준비를 갖추어 나가야 할 것이다. 기회는 준비된 자에게 오는 것이며, 한 번 가버린 기회는 두 번 다시 오지 않을 수도 있다.

"열차가 잠시 멈추었을 때 빨리 타야 한다. 한 번 떠난 열차는 다시 오지 않을지 모른다"고 기회의 창을 적극 활용할 것을 강조하면서 독일의 통일을 성공적으로 추진했던 헬무트 콜 수상의 경구를 되씹어 볼 필요가 있다.

3. 포괄적 안보와 한미동맹의 발전

통일 전후에 주변국의 가장 큰 관심사는 한국과 미국이 한미동맹을 어느 방향으로 발전시킬 것인가 하는 문제일 것이다. 중국과 러시아는 한미동맹이 더욱 강화되는 것을 바람직하지 않게 생각할 것이다. 특히 중국의 입장에서는 한반도 통일 후 주한미군이 북한지역으로 진주하는 것에 원천적인 거부반응을 보일 것이다.

이것은 독일이 통일될 당시에 소련이 북대서양조약기구에서의 독일의 탈퇴와 NATO군의 동독 지역 진출 금지 등을 독일의 콜 수상에게 요구했던 사항을 보면 쉽게 이해할 수 있을 것이다.

따라서 우리는 통일의 시점까지를 바라보면서 한미동맹을 어떻게 발전시켜 나갈 것인지 사려 깊은 연구가 필요하다. 즉 한미 양국은 전통적인 한미 우호관계를 어떻게 새로운 안보환경에 맞는 한미관계로 발전시켜 나갈 것인지에 대해 긴밀한 대화가 있어야 한다. 그리고 통일을 포함한 미래지향적인 사고의 틀 속에서 한미관계는 새롭게 검증받아야 한다. 그렇지 않다면, 그 동안 지속되고 공유되어 온 한미동맹의 타당성과 필요성을 바탕으로 한 전략 구사는 통일과정 및 그 이후에는 힘들게 될 것이다. 동맹이란 체결국 가간에 공동의 이익이 있을 때 가능하다. 한미동맹이 재조정될 때는 위협에 대비하는 개념을 뛰어넘어 평화를 주도하는 포괄적인 동맹관계로의 발전이 필요하다.

대한민국과 미국은 모두 한미동맹의 목적과 그것이 주는 국가이익에 대한 미래 비전을 보다 명확히 정의하고 이를 공유함으로써 양국 모두 기꺼이 동맹에 따른 비용을 치를 수 있는 여건을 조성해 나가야 할 것이다. 특히 우리는 한미동맹의 도전요인을 효율적으로 관리하고 비전을 제시함으로써 통일 이후까지를 바라보는 중장기적인 동맹발전을 추진해야 할 것이다.

일반적으로 동맹alliance이란 두 개 이상의 국가들 간의 안보협력을 위한 공식적인 협정이다. 한국과 미국은 1953년 12월 1일부로 '한미상호방위조약'을 체결하였다. 이 조약이 발효된 1954년 11월 18일에는 '한국에 대한 군사 및 경제원조에 대한 대한민국과 미합중국간의 합의의사록'을 체결하였다. 이로써 한미 간에는 동맹관계가 시작되었다. 한미동맹은 군사동맹이다. 군사동맹이란 외부의 위협에 대항하여 군사력의 균형을 유지하거나 또는 공동의 적에 대항하기 위한 것이다.

21세기에 진입하면서 대한민국에서는 자주와 자존이란 단어들이 보다 강한 의미로 사용되고 있다. 이에 맞추어 한미동맹의 개선 등이 주장되고 있다. 한미동맹의 3대 축은 '한미상호방위조약', '주한미군 주둔', 그리고 '한미 지휘체계'라고 할 수 있다. 따라서 한미동맹을 개선한다는 것은 이 세 가지를 발전적으로 보완한다는 의미를 지닌다.

한반도의 평화정착과 통일과정은 한국과 미국에 있어 안보환경의 변화를 의미하는 것이다. 이는 한미동맹의 목적과 구조를 변경하도록 하는 영향요소로 작용할 것이다. 특히 남북관계가 개선되고 미·북 간 관계정상화가 이루어지면 한미동맹과 주한 미군의 유지명분이 약화되고, 정전협정을 평화협정으로 대체할 경우 UNC의 존재의의가 상실됨에 따라 UNC 해체, CFC 지휘체제 변경 및 한국군의 전시작전통제권의 환수 등 일련의 변화가 불가피 할 것이다.

한미동맹의 발전방안을 연구하기 위해서는 먼저 한·미 동맹관계의 현실을 올바르게 진단해야 한다. 한국과 미국은 거시적 관점에서는 양국 모두 지금까지의 동맹관계를 〈도표 5-4〉처럼 긍정적으로 평가하고 있다. '한·미 동맹 미래발전 공동협의'시 평가내용은 지난 60여 년 동안 전쟁억제 및

〈도표 5-4〉 한미동맹의 기여도

| 공 동 이 익 | 개 별 이 익 | |
	한 국	미 국
• 한반도의 전쟁억제 • 한반도 평화체제 정착 및 평화적 통일기반 조성 • 역내 평화와 안정 유지 • 역내 WMD 확산 방지 • 양국 및 역내 경제적 번영 촉진	• 유사시 군사지원 확보 • 첨단기술, 교리, 정보 획득 • 군사비 축소로 경제발전 도모 • 주변국과의 갈등 및 군비증강 억제 • 통일에 대한 주변국의 부정적 개입 차단	• 주일·태평양 미군의 안전 위한 전초기지 확보 • 북한과 대 중·러 견제 위한 지역동맹 체제 구성 • 안정적 시장 확보 등 국익 증진 수단으로 활용

한반도 평화와 안정을 유지하였고,[29] 한국군 현대화와 전력강화 지원, 경제적 번영과 민주화를 달성하여 힘의 균형이 우리 쪽으로 기울도록 기여하였다. 미래에도 한·미동맹에 대한 양국의 이익은 다대하며, 동맹유지를 위한 양국의 통수의지가 매우 확고하다는 결론을 내리고 있다.[30]

향후 한반도에서 긴장완화와 신뢰구축이 진전되어 평화체제가 정착되는 경우에는 한미동맹이 지니는 기본전제와 동맹의 목표 및 임무가 변하게 될 것이고, 이에 따라 군사동맹의 구조와 운용도 개선될 수밖에 없을 것이다.

즉 한·미 동맹은 포괄적 안보의 개념으로 아시아 역내 평화와 안정에 기여할 것이다. 그때는 역내 협력을 지원하기 위해 한·미 간 상호운용성이

---

29) 과거 미국은 우리가 한국전쟁의 국가적 위기에 처하자 즉각 달려와 무엇과도 바꿀 수 없는 13만 7,000명(전사 3만 6,940명, 부상 9만 2,134명, 실종 3,737명, 포로 4,439명)의 소중한 목숨을 희생하며 우리를 위기에서 구하였다.

30) 한·미 동맹의 공과에 대해서 역사적으로 고찰해 보면, 지난 60년 간 전쟁억제 및 한반도 평화와 안정을 유지하는데 기본틀 역할을 하였다. 한국군 현대화와 전력강화 지원, 경제적 번영과 민주화를 달성하여 힘의 균형이 한국 쪽으로 기울도록 기여하였으나, 미국의 일방적 철수결정 등 미국이 한국의 수호의지를 불분명하게 한 적이 있었음도 부인할 수 없다. 한국 국민은 한반도 방위에 있어 한국군의 주도적 역할로 이행하는 동맹구조의 변화를 환영하고 있다.

〈도표 5-5〉 한미 양국의 통일단계별 공동목표

구 분	내 용
화해 · 협력단계	• 한반도 전쟁억제 및 정전협정 유지 • 북한을 포함한 역내 대량살상무기 확산 방지 • 대북정책 공조, 북한의 전략적 변화유도 • 역내 평화와 안정유지 • 경제적 번영 촉진
평 화 공 존 단 계	• 한반도 전쟁억제 • 북한 대량살상무기 확산 방지 • 정전협정의 평화협정 전환 준비 • 남북한 군의 군비통제 추진 • 역내 평화와 안정 유지 • 한국 주도의 평화적 통일 지원
통 일 단 계	• 한반도 및 역내 평화와 안정 유지 • 역내 대량살상무기 확산 방지 • 통일한국군의 재창설 지원

증가할 것이며, 대한민국이 타국과 함께 추구하는 다자안보협력기구는 한 · 미 동맹을 보완하는 것이 될 것이다.

따라서 대한민국과 미국은 한반도 통일로 가는 남북관계 발전 단계를 정의하고, 각 단계별 공동의 안보목표를 식별해야 할 것이다(도표 5-5참조).

한반도의 통일로 가는 여정에서 우리는 한 · 미 동맹의 지역안보 동맹으로의 확대 여부도 앞으로 검토되어야 될 중요한 과제이다. 양국의 입장을 보면, 한국은 한 · 미 관계를 축으로 한국과 일본, 그리고 미국과 일본의 2원 구도 하에서 한 · 미 · 일 3국간 필요한 분야에서 제한적 협력을 모색하고 있다. 우선적으로 막대한 대북 억제 소요로 지역 안보역할 확대에 제한을 갖게 될 것이다. 미국은 아시아 중시 정책을 추진하면서 세계질서 주도 차원에서 동북아의 세력균형자의 역할을 지속적으로 추진하려 할 것이다. 그 과정에서 자국의 부담요인을 경감하기 위한 조치의 일환으로 안보역할

책임분담론을 들고 나올 가능성이 농후하다.[31]

미국은 현 한·미 동맹을 자국 주도로 유지하려 할 것이다. 우리도 동맹 구조 변화는 실질적 안보환경의 개선을 고려하면서 점진적이고 능동적으로 추진해야 한다. 미국은 장기적 관점에서 한·미, 미·일 동맹을 최대한 활용하여 중국을 견제하기 위한 한·미·일 3국간 협력체제를 지속적으로 강화하려 할 것이다. 그러나 한·미 동맹의 역내역할 확대문제는 현시점에서 통일 이후까지 부정적인 측면과 긍정적인 측면이 극명하게 교차하고 있어 신중한 검토가 요구된다.

미래 동북아 안보 불안요인은 주로 미·중 간 경쟁관계에서 파생될 것으로 예상된다. 따라서 한·미 동맹의 발전은 이러한 특수성을 고려하여 단기적으로는 통일에 미치는 부정적 영향을 최소화하고, 장기적으로는 주변국과 적대관계가 형성되지 않도록 유의해야 할 것이다.

동맹전략에서 우리가 지향해야 할 안보전략의 방향은 자주적 방위역량 및 한·미 동맹관계를 토대로 전쟁을 억제하면서 평화적인 통일 환경을 구축하는데 중점을 두어야 한다.[32] 그리고 한·미 동맹을 축으로 주변국과 전방위 협력관계를 증진하며, 항구적 번영과 생존을 보장할 수 있는 안정적 안보여건을 발전시켜 나가면서 미국과 일본과의 기존 협력관계를 유지한 가운데 중국 및 러시아와의 협력범위를 지속적으로 확대해야 할 것이다.

그러한 측면에서 보면 주한미군의 역내 역할확대는 수용 가능하나, 한·미 동맹의 '지역안보동맹'으로의 확대는 부적절하다. 따라서 우리는 현 한·미 동맹을 유지하면서 증대된 국력을 바탕으로 능력 범위 내에서 역내

---

31) 한미연합사 참모장 겸 미8군사령관 찰스 캠벨 중장이 2004년 5월 기자간담회에서 "한미연합 군의 한반도 이외 다른 지역 투입 가능성"을 언급한 후 한국 정부가 이를 강력히 항의하여 진화되었으나, 앞으로 미국은 그러한 유혹을 더욱 느끼게 될 것이다.
32) 우리는 중동의 조그마한 나라 이스라엘이 주변 아랍국의 안보위협 속에서도 건재하면서 오히려 주변국을 압박하고 있는 현실을 눈여겨 볼 필요가 있다. 그 비결은 바로 강대국인 미국과의 연계 속에서 스스로를 지킬 수 있는 자위력을 보유하고 있기 때문이다. 따라서 우리도 한반도의 진정한 평화는 튼튼한 한미동맹 관계를 바탕으로 강한 국방력을 보유하고 주변상황에 효과적으로 대처함으로써 확립된다는 것을 인식해야 할 것이다.

역할을 수행하고, 미·중, 일·중 관계의 건설적인 중재자 역할을 수행하는 것이 바람직할 것이다. 그러나 주변국 모두가 참여하는 다자간 안보대화 및 협력체제에는 적극적으로 참여하여 대테러전쟁, 평화유지활동, 인도적 지원 분야 등에서 협력을 강화해 나가야 할 것이다.

한·미 동맹의 역내 역할의 기본개념은 한반도의 군사적 안정을 통해 역내 평화와 안정에 기여하는 것이다. 즉 한반도의 전쟁억제와 평화적 통일을 실현하고, 적정 수준의 주한미군 주둔, 안정적 동맹 유지로 역내 세력균형을 도모하며, 해상교통로의 안전 확보, 다자간 안보협력 추진 등 공동이익을 구현하는 것이다.

그러므로 한국과 미국 양국은 서로 보완적인 역할을 수행해야 할 것이다. 한미 양국 간 역할분담은 한반도 안보는 한미연합 및 공동방위태세를 바탕으로 한국이 주도한다. 미국은 전면전 위협시 대한 방위공약을 이행하며, 동북아 안보는 미국이 주도한다. 한국은 대테러전쟁, 평화유지활동, 인도적 지원 협력 및 미국의 긍정적인 측면에서의 세력균형의 역할수행을 지원하면 될 것이다.

우선 미국은 한반도 전쟁억제 및 평화적 통일을 지원하고, 지역 내 분쟁예방, 전쟁억제, 군비경쟁 방지 등을 통해 역내 세력균형자적 역할을 수행하며 자유민주주의, 시장경제, 인권 등 인류의 보편적인 가치를 수호하는 역할을 수행하게 될 것이다. 반면 한국은 한반도에서 전쟁을 억제하고 주변국과 우호협력관계를 구축하여 지역안정에 기여해야 한다. 그리고 평화적 통일을 달성하여 증대된 국력을 바탕으로 지역의 항구적 발전과 세계평화를 위한 건설적 역할을 수행하면서 미국의 세력균형자적 역할 수행을 지원해야 할 것이다.

이러한 요소를 종합해 볼 때 미래 한·미 동맹의 발전유형은 〈도표 5-6〉에서 볼 수 있는 바와 같이 4가지로 상정해 볼 수 있을 것이다.

미국은 세계 안보전략과 지정학적인 특수성 및 역사적 전통이 반영되어 각기 상이한 동맹유형을 유지하고 있다. 미·호주 형에서 호주는 역내 중심

〈도표 5-6〉 동맹의 형태 분석

<table>
<tr><th colspan="2">구 분</th><th>미 · 일 형</th><th>미 · 호주 형</th><th>미 · 캐나다 형</th><th>NATO 형</th></tr>
<tr><td colspan="2">성 격</td><td>일본 방위동맹 + 지역방위 동맹</td><td>자국방위 독자 책임, 지역안정상호협력</td><td>광역 지역 안보동맹 + 북미 안보동맹</td><td>지역안보동맹</td></tr>
<tr><td colspan="2">주요특징</td><td>• 평시 독자적 지휘 체제 유지
• 유사시 공동작전 협의 위한 실무 차원의 체제 구성</td><td>• 협의체 위주 독자적 지휘 체제 유지</td><td>• 평시 : 독자적 지휘 체제 유지
• 전시 : NATO사령부가 배속부대 통합지휘</td><td>• 평시 : 독립된 통수체제 유지
• 전시 : 연합군사령부 통제</td></tr>
<tr><td rowspan="2">협의체</td><td>정부</td><td>• 안보협의회
• 방위협력소위
• 공동계획 검토위</td><td>• 국방장관회담
• 태평양이사회
• 특별이사회</td><td>• 북대서양이사회 (NATO 차원)
• 합동국방위 (양자 차원)</td><td>• 북대서양 이사회</td></tr>
<tr><td>실무</td><td>• 합동위원회
• 정책위원회
• 합동조정그룹</td><td></td><td></td><td>• 군사위원회</td></tr>
</table>

국이자 영연방 일원으로서 자주적 자국 방위가 가능하기 때문에 지역안보 유지에 중점을 두고 있다. 반면 NATO형은 순수한 지역방위 동맹으로 동북아지역에서 이를 활용하기는 어려울 것이다. 따라서 한 · 미 동맹의 발전은 '미 · 일 형'을 기준으로 검토하되, 양국 간 협의체는 우리 안보여건을 고려하여 간명하게 구성함이 적절할 것이며, 지역 안보동맹으로 역할 확대 시는 '미 · 캐나다형'도 참고할 수 있을 것이다.

평화공존으로 북한의 군사적 위협이 해소되는 경우, 한반도 대내외 안보 상황 변동으로 주한미군으로 상징되는 한미동맹에 대한 재검토 요구가 제기될 것이다. 평화공존기의 안보동맹을 검토 시는 다음과 같은 요소를 고려해야 할 것이다.

첫째, 한국은 주변국에 비해 상대적인 약소국으로서 지정경학적인 조건은 한반도 안보상황의 변화와 무관하게 크게 변화하지 않을 것이다.

〈도표 5-7〉 안보 노선별 분석

분석	안보노선	강 점	약 점
단독방어	자주 국방	• 독자적인 전략적 결정과 판단 용이	• 천문학적인 비용 • 국제 관계 고립
	영세 중립	• 평화국가 인식 제고	• 국제전에 취약 • 안보 발언권 미약
쌍무동맹	한미 동맹	• 현존 안보태세에 적합 • 최강국과 공동이익	• 자주적인 통일 추진 제한
	전략적 동맹	• 주변 강대국 활용 용이 • 중미 관계 발전에 무관	• 외교역량 요구 • 신뢰성 미약
국제조직 또는 다자기구 협력	UN	• 대내외 명분 확보 용이	• 유엔의 권능 취약 • 조기 무력사용 제한
	집단안보	• 다국적군 동원 용이	• 장기지원 보장 미흡 • 동북아 정세 불안

둘째, 동북아의 균형적인 다극체제 대두 가능성은 희박하며, 한국이 중견 국가로서 다극체제를 주도할 능력도 크지 않을 것이다.

셋째, 미국이 우월적 지위에서 행사하는 동북아 국가들과의 역학관계, 특히 대중, 대일 관계에 따라 남북한 관계가 변할 가능성은 상존하고 있다.

넷째, 평화공존기에도 북한의 군사능력에 대한 억지력은 여전히 필요할 것이다.

우리는 현실적인 문제로서 한미동맹 이외의 대안이 있는가를 신중히 검토해야 할 것이다. 그러나 아직까지는 특별한 대안은 없는 것으로 판단된다. 왜냐하면 미국은 최강 군사력을 유지하고 동맹이익을 한국과 공유하고 있으며, 남북 평화공존은 기존 동맹정책을 전환해야 할 만큼의 안보상황이 크게 변화하는 것이 아니기 때문이다. 그리고 한국의 전략적 중립화는 별도의 항으로 다루겠지만, 주변 4국간 국력, 전력, 이념차이 및 한국의 전략적 외교역량의 미성숙 등으로 부적합하거나 시기상조이기 때문이다.[33]

---

33) 냉전시대 유럽의 국가들은 지정학적 위치와 전략적 상황을 활용하여 중립국의 위상을 잘 이용

그러나 〈도표 5-7〉에서 볼 수 있듯이 안보 노선별로 강점과 약점을 분석하면서 필요시 대안을 강구해야 할 것이다.

평화공존 시기에 있어서 한미동맹은 어떻게 발전되어야 할 것인가? 그 기본 개념은 최소한 평화공존 상태의 안보 불이익을 예방하고, 최대한 평화통일 달성 지원을 위해 중립화보다 한·미 동맹을 주축으로 유지하면서 동아시아지역에서의 힘의 역학의 변화에 따라 유연하게 대주변국 우호협력을 공고히 해나가야 할 것이다.

구체적인 발전방향은 동맹 보완성을 위해 동아시아 다자 협력체제에 적극 가담하고, 군사동맹 위주의 한미안보협력을 포괄적 지역 안보기구로 전환하면서 대한민국 주도의 다자협력을 촉진한다. 이때는 NATO 및 일본처럼 독자적 군사지휘체제와 병립적인 협조체제를 위한 장치를 개선해야 한다. 남북 평화공존에 부합되게 방위조약의 불평등 조항을 대등한 협력적 관계로 개선해야 할 것이다. 그러나 주한미군의 평화유지군 전환은 동맹 자체의 변질로서 부적합할 것이다.

통일 이전은 물론 이후에도 일정한 기간까지는 한미안보동맹의 기조는 유지되어야 한다. 한반도 대내외의 안보 여건상 한미 쌍무동맹의 견지가 중요하다. 다자안보협력체제는 쌍무동맹의 보완차원에서 병행 추진될 수 있을 것이다.

한미 안보동맹의 장기적 조정에 영향을 미칠 수 있는 요소는 남북한 통일과정, 미국의 국가안보전략 및 동북아 군사전략, 한반도 주변 국가들의 상호 관계, 통일 이후 예상되는 안보위협, 한·미 양국의 대내 여론, 통일한국의 군사전략 및 전력구조에 대한 주변국 평가 등이 될 것이다.

우리는 한미 동맹의 성격과 역할을 통일 전의 '통일지원 동맹'과 통일 후의 '공동이익 창출 동맹'으로 발전시켜 나가야 할 것이다. 이를 통해서 양국은 독자적인 전략을 추구하는 것보다는 지역의 안정을 달성할 수 있으며,

---

하였으나, 평화공존시대에는 중립을 포기하고 있다.

안보 유지의 비용을 절감할 수 있을 것이다. 그리고 통일과정의 효율적인 관리를 보장하고, 유사시 극단적인 결과 발생 가능성을 축소시킬 수 있다. 한미동맹으로 양국은 능력과 이익에 부합한 지역 안정과 안보에 대한 공헌이 가능하다. 다른 지역 국가들과 함께 양국의 통합된 평화유지 능력을 제고할 수 있고, 양국의 국익에 부합한 정치·경제적 활동을 증대할 수 있는 유인책을 확보할 수도 있을 것이다.

한반도 통일과정에서 주한미군의 주둔문제가 주변국 간의 최대의 쟁점으로 부각될 것이다. 그러나 한반도 평화체제가 구축되고 통일이 이루어진 후에도 미군이 당분간 한반도에 주둔하는 것이 바람직할 것이다.[34] 왜냐하면 통일 후 통일한국군이 지역 내 군사력의 균형을 달성할 수 있는 규모의 군사력을 추구하더라도 통일한국군이 갖추게 될 재래식 전력은 독자적으로 주변강대국들을 상대하기에는 한계성이 있을 수밖에 없기 때문이다. 또한 중국과 러시아의 핵과 미사일 등 전략무기에 대한 강압행위를 억제할 수 있는 전략적 억제력의 유지를 위해서는 당분간 일정한 규모의 주한미군의 유지가 필요하다.

통일한국의 존망에 관한 핵심적 이익이라 할 수 있는 안보이익을 확보하기 위해서는 통일 이후에도 주한미군에 대한 균형적인 시각을 가진 것이어야 한다. 주한미군의 조기철수 주장도 배격되어야 하나, 이와는 대조적으로 주한미군의 반영구적인 한국배치도 결코 가능하지 않으며 또한 바람직하지도 않을 것이다.

미국은 동북아지역의 안정과 경제이익의 지속적인 확보를 위해 주한미군의 계속 주둔을 희망할 것으로 전망된다. 그러나 미국의 안보전략은 전진배치기지 중심에서 원격작전 능력 위주의 '신속기동군' 구조로 개편이 추진될 것이다. 이러한 전략구상이 한미동맹에 주는 함의는 통일이전에 주한미군

---

34) 통일 후 외국군이 철수해야 된다는 법칙이 없음을 독일의 통일은 말해 주고 있다. 외국군의 주둔 여부는 해당국가의 안보현실을 고려하여 관련 당사국 간의 협의하에 결정되는 것이라 하겠다.

의 재배치가 급속한 감축이나 철수로 연계될 수 있다는 점이다.

중국은 주한미군이 통일 이후에도 계속 주둔할 경우 한반도 전체가 미국의 세력권에 포함되어 자국의 이익에 심각한 위협이 될 것으로 우려하여 통일과정에서나 통일 이후 주한미군의 철수를 요구할 것이다.

러시아도 두만강의 국경선에서 주한미군과 대치하는 상황을 기본적으로 거부할 것으로 예상된다.

통일 후 한반도는 역사적으로 증명되었듯이 하시라도 강대국 이익의 각축장이 될 가능성이 높다. 이를 방지하기 위해서는 통일한국의 자주국방태세가 갖추어질 때까지 역내의 균형과 역할을 수행하는 주한미군의 잠정적 주둔은 불가피할 것이다. 통일한국은 통일 이후에도 미군은 북한지역에 주둔하지 않을 것이며, 통일한국의 자주국방 실현 후 '한·미 상호방위조약'은 보편적 국가간의 '선린우호조약善隣友好條約'으로 대체될 수 있다는 점을 들어 주변국을 설득해 나가야 할 것이다.

한미동맹 조정의 기본방향은 동맹전략의 개념에서 상호보완적 국방전략을 이행하는데 필요한 주한미군의 역할과 규모를 점진적으로 축소 조정해 나가야 한다. 동맹국가로서의 공동의무를 확정한 후 공동의 국방전략에 따라 주한미군의 역할, 임무와 책임을 규정해야 한다. 이때는 일방적인 결정이 아닌 한미지휘관계, 기지조정, 방위분담 등 구체적 사항과 연계하여 양국이 긴밀하게 협의하여 그 합의에 따라 관련 내용을 조정해야 한다.[35]

주한미군은 통일 직전 및 직후에는 평화적 통일과정을 촉진하고 보장하는 역할을 수행할 수 있을 것이다. 통일 이후에는 동북아 지역차원에서 안보협력 역할을 담당하며, 다양한 '전쟁 이외의 작전'을 수행할 수 있어야 할 것이다. 이때는 공군과 C4I 전력을 중심으로 약 1만 명 수준의 병력주둔이 바람직할 것으로 판단된다.[36]

---

35) 통일 이후 한미 군사협력체제에 대한 구상으로는 권태영, 정춘일(공저), 『선진국방의 지평: 21세기 국방발전의 비전과 방향』(서울: 을지서적, 1998). pp.425-444 참조.
36) 미국과 호주 간의 안보동맹과 유사한 '최소 주둔형' 검토가 필요하다.

이러한 안보동맹 전략구상을 전제로 할 때, 통일 이후 주한미군의 주둔지역은 현 휴전선 이남지역으로 한정하는 조치가 필요하다고 판단된다. 이러한 주한미군의 주둔지역에 대한 제한 조치는 상대적으로 한반도 인접지역에 중국군과 러시아군 및 일본군의 배치 지역을 제한하는 조건과 연계해서 처리해야 할 것이다. 주한미군의 평시 작전범위 역시 현 휴전선 이남지역으로 한정하는 조치가 필요하다. 중국군 및 러시아군과 직접적으로 대치하게 될 현 휴전선 이북지역에서의 주한미군의 작전활동은 통일한국의 사전승인 조치가 요구된다.

통일한국은 새로운 안보환경에 부합되도록 한미동맹의 성격을 '지역안보동맹地域安保同盟' 또는 '이익창출동맹Profit-generating Alliance'으로 변경을 검토해야 한다. 그리고 주한미군의 주둔 규모, 역할과 임무도 한미 양국의 국익과 동맹의 성격변화라는 커다란 맥락 속에서 조정해 나가야 할 것이다.

한미동맹의 발전방향에 대한 논의는 적절한 시점에 공론화 과정을 거쳐야 할 것이다. 우리가 유념해야 할 것은 이 문제는 우리의 생존과 관련된 것으로 감성적으로 처리해서는 안 된다는 것이다. 국가안보적인 관점에서 생존을 보장하고 국익을 극대화하는 방향으로 이끌어 가야 한다. 그러한 관점에서 볼 때, 통일 이후 20여 년이 지난 시점까지도 NATO체제와 미국군의 주둔을 적절히 활용하는 독일의 전략을 눈여겨보아야 할 것이다.

4. 안보환경의 주도적 관리와 한반도 안전지대 구현

(1) 역내 안보환경의 주도적 관리

한반도 통일 후 중견국가인 통일한국의 출현은 역내 세력균형에 영향을 초래할 것이다. 국가 간 상호갈등 및 역사적으로 잠재된 불안정 요인이 보다 구체적으로 표출될 가능성이 높아질 것이다. 따라서 통일 대한민국은 역내 안보환경을 주도적으로 관리하기 위해 노력해야 할 것이다. 힘이 약한 자가 강한 자를 대상으로 주도적인 힘의 행사를 한다는 것은 쉽지 않다. 그러기 때문에 먼 앞날을 바라보며 지금부터 차근차근하게 준비해 나가야 한다. 이를 위한 기조는 방위충분성 전력을 유지하는 바탕 위에서 자위, 동맹, 집단안보의 '3각 체제'를 유지해야 할 것이다. 왜냐하면 강력한 주변국에 둘러싸인 우리는 3각 체제를 통해서 자주권과 안전보장을 동시에 확보할 수 있기 때문이다.

통일한국은 동북아지역 국가로부터 안보위협을 최소화하고, 안정적인 세력균형 질서를 토대로 상호 공존·공영할 수 있는 평화를 보장하기 위하여 지역 공동안보를 추구해야 할 것이다. 동북아 지역의 안정적인 세력균형 관계는 통일한국의 안보에 매우 긴요하다. 따라서 통일한국은 현재 평양−원산선 이북의 북한지역을 주변 4국간의 군사적 완충지대緩衝地帶로 설정함으로써, 미·중, 미·러 간의 직접적인 군사적인 대치를 차단하는 완충공간의 조성을 검토할 필요가 있을 것이다.[37] 통일한국은 지역 3국인 일본, 중국과 러시아에 대해서 비적대적인 등거리 세력균형을 기본전략으로 견지해야 할 것이다. 그러한 세력균형의 안정화가 지역평화와 한반도의 안전에 유리할 것이다. 특히 중국과 일본 간의 지역 패권경쟁에 대해서 균형자적인 대응이 필요하다. 그러한 의미에서 한·미·일 안보협력의 문제는 신중한 대처가 필요하다. 대일관계는 한·미동맹의 틀 안에서 중국과 러시아와의 상호 균형관계를 신중하게 고려하는 전략선택이 불가피할 것이다.

한 국가가 전략적으로 생존하기 위한 최선의 방책은 상대방의 전쟁하려는 의지를 봉쇄하는 것이다. 그 다음은 동맹관계를 끊어 고립시키는 일이다.[38] 우리는 이 의미를 되새겨 억지전략과 동맹전략을 발전시켜 나가야 한다. 주변국도 한반도 지역에서 주도권을 확보하기 위하여 이러한 노력을 강화할 것이다. 특히 중국은 한미동맹을 약화 또는 와해시키는 노력을 강화

---

37) 역사적으로 한반도 39도선 이북지역에 대한 중립 완충지대 방안은 1902년 러시아에 의해서 일본에 제안된 바 있었으나, 일본에 의해 거부된 전례가 있다. 이러한 중립 완충지대 방안은 20세기 초와는 시대와 환경, 그리고 목적이 모두 다르긴 하지만 통일한국이 주도적으로 고려할 수 있는 전략구상의 방향을 시사하고 있다.

38) 손자, 『손자병법』 「上兵伐謀 其次伐交 其次伐兵 其下攻城」 참조.

할 것이다.

동북아 지역에서는 유럽의 NATO와 같은 형태의 동북아 공동안보를 기대할 수는 없을 것이다. 하지만 한반도를 중심으로 안정적인 세력균형 관계를 기초로 역내의 국가들이 공존·공생·공영을 추구하는 형태의 공동안보의 실현은 가능할 것으로 판단된다. 이러한 공동안보협의체의 발전은 동북아의 평화와 안정은 물론 통일 이후의 한반도 평화를 위한 환경조성에 매우 유익한 진전이 될 것이다. 즉 한반도가 통일되면, '1(통일한국) + 1(미국) + 3(중·일·러)'의 동북아 5자 공동안보체제에 의해서 통일한국은 동북아지역 공동안보를 토대로 평화지향적인 중심국가로서의 국가위상을 확보할 수 있어야 한다.

이를 위해 이미 설립되어 있는 지역 다자안보협력 대화체제에 적극적으로 참여하고 지역 내 국가 간 협력안보 구현에 기여해야 한다. 또한 지역 군비통제기구의 설립을 추진하여 한반도 및 동북아의 안전과 평화기반 조성 노력에 적극 참여해야 할 것이다.

통일 이후에는 국가안보를 군사력으로만 유지하려 해서는 안 된다. 국가안보전략을 번영발전전략 및 일류국가전략과 연계하여 추진해야 한다. 왜냐하면 군사력보다 경제력이 더 튼튼한 안보를 가져올 수도 있고, 대외적인 적의 위협보다 국가 내부의 불안정이 더 위협적일 수 있기 때문이다.

(2) 한반도 안전지대화

대한민국의 안보정책의 최우선 과제는 한반도를 안전지대로 구축하는 문제일 것이다. 한반도의 안전지대화란 대한민국이 지향해 온 안보전략의 목표와 평화통일 노선을 대변하는 목표라 할 수 있다.[39] 이를 달성하기 위해서는 우선적으로 통일전에는 북한의 위협을 제거하고, 다음으로 외부의 위협을 봉쇄해야 한다. 중단기적으로는 억제 전력의 확보, 전략무기의 확산

---

39) 안전지대란 두 국가 간 교류와 협력이 이루어져 상호의존이 심화되어 안보위협이 약화되는 조건에 놓인 상태, 즉 안보적으로 갈등상태가 발생하기 어려운 조건이 구축된 상태를 말한다.

방지를 위한 군비통제, 우발전쟁의 방지 등에서 성과가 있어야 한다. 중장기적으로는 교류와 협력의 확대를 추구하여 평화체제를 정착시키는 것이다. 한반도의 불안정성은 한국의 안보를 위협할 뿐 아니라 동북아의 안보에도 영향을 준다.

특히 한반도 통일과정과 통일 직후에는 이러한 불안정성은 극대화될 것이다. 먼저 우리나라는 내가 지킨다는 상무정신과 국방의 대의가 필요하다. 자위능력을 지속적으로 제고할 수 있도록 적절한 국방비를 지출해야 한다. 국가안보전략 차원에서 스위스처럼 '고슴도치전략' 등 군사전략을 발전시켜 주변국의 도발을 억제할 수 있어야 한다.

북한과 관련해서는 위협의 요인이 근본적으로 북한체제의 성격에서 기인함으로 북한체제의 군사적인 모험성을 억제하고 체제의 변혁을 유도하는 것이 중요하다. 즉 강압외교를 지속하면서 다른 한편으로는 유화책을 구사하여야 한다.

이를 달성하기 위한 세부적인 전략 목표는 ① 북한체제가 군사적 도발을 하지 못하도록 강력한 억제전력 유지, ② 튼튼한 한미동맹을 바탕으로 북한의 군사적 모험성과 전쟁위협으로 체제를 유지하려는 북한의 저의를 포기토록 강요, ③ 핵·미사일을 포함한 대량살상무기 확산 방지 등 상호신뢰할 수 있는 수준의 군비통제 추진, ④ 북한체제가 개혁과 개방으로 선회토록 강압외교와 유화책을 동시에 적용, ⑤ 경제협력 등 포용정책을 통해 긴장완화의 여건 조성, ⑥ 남북한 간 안보협력 강화 등으로 설정할 수 있을 것이다.[40]

다음으로 외부에서 오는 위협을 봉쇄해야 한다. 한반도에서 군사적 분쟁과 충돌을 미연에 방지하고 안전지대를 확보하기 위해서는 다자간 안보협의체를 통한 국제적인 보장이 있어야 한다. 이러한 국제적인 환경조성을 위해 주변 4국의 지지와 협력을 강화하고 동북아 다자안보협력체 구축을 위

---

40) 이민룡, 『한반도 안보전략론』(봉명, 2001), pp.55-57.

해 노력해야 한다. 국제적 지지기반 확충을 위해서는 국제기구와 지역기구의 이해와 협력을 확보하는 노력을 병행해야 한다. 우리는 주변국에게 통일한국의 평화적인 대외노선, 군비통제계획, 비핵화정책에 대한 신뢰를 주고, 세계평화 및 지역의 안정에 기여할 것임을 설득하면서 한반도를 안전지대로 전환해 나가야 한다.

우리는 통일 후 한반도가 갖는 지정경학적인 중심성을 기초로 하여 국가의 위상을 확립하고 나아가 민족웅비의 기상을 드높일 수 있는 비전을 추구하여야 한다. 이를 위해서는 한반도가 안전지대가 되어야 한다. 우리가 민족적인 통합역량과 자주적 국력을 확보하고, 한반도가 처한 전략적인 중심을 잘 활용하면 이 지역의 평화를 창출할 수 있을 것이다.

한반도를 중심으로 한 주변 국가들의 세력관계가 불투명하면 할수록 지역 내의 안전을 증대시킬 수 있는 '공동안보체'나 '다자협력체제'의 형성 필요성이 더욱 높아질 것이다. 즉 세계 4강의 중간 위치에 있는 통일한국은 국제질서 변화로 인해 위험도 따르지만 새로운 기회도 주어진다는 점을 중시하고 한반도에 평화를 창출할 필요가 있다. 그런 차원에서 현실성은 부족하지만 통일한국의 중립화 방안도 검토할 필요가 있을 것이다.

5. 한반도 중립화 방안 검토

통일 전후 우리는 통일의 여건을 조성하고, 주변국을 설득하기 위해 한반도의 중립화를 검토해야 할 필요성에 직면할 것이다. 한 나라의 중립화는 중립조약neutrality pact에 의해 성립될 수 있다. 중립조약이란 특정국가가 전쟁을 하지 않을 것을 약속하고, 동시에 다른 체약국들이 그 국가의 독립과 영토의 보전을 존중할 것을 약속하며, 만약 그것이 침해될 경우에는 다른 체약국들이 원조할 것을 보장하는 조약을 말한다. 1815년 비엔나 회의의 결과로 이루어진 스위스 중립화사례가 대표적이다.

통일한국은 중립화를 표방할 수 있을까? 주변국들이 이를 용인할 수 있을까? 중립화로 얻을 수 있는 것과 잃을 수 있는 것은 무엇일까? 이에 답하기 위해서는 심층 깊은 검토가 필요하다.

통일 전후 한국은 국가안보전략의 일환으로 중립주의, 독자노선, 세력균형, 다자간협력, 안보동맹 등을 검토해야 한다. 다른 사안은 앞에서 다루었음으로 여기서는 한반도 중립화방안에 대해 모색하고자 한다. 왜냐하면 한반도의 통일 시점에서는 주변 4국에 인접한 안보환경 속에서 우리의 안전을 보장하기 위해 통일한국의 중립화 방안에 대해 심도 깊은 논의와 검토가 필요할 것이기 때문이다.

우리가 중립中立, Neutrality[41]이라는 개념을 논의 시는 비동맹이 바람직한 것인지, 또는 불록에 가담하지 않는 것이 최선의 방안인지를 논의해야 한다. 대외적으로는 군사 · 정치적 중립을, 시간적으로는 일시적 중립과 영세 중립 문제를 검토해야 할 것이다.

즉 대외노선에 초점을 맞춘 중립통일이란 통일국가의 대외정책노선이 비동맹, 블록불가담의 중립을 지향하는 것을 말한다. 대외노선의 중립을 말할 때는 좁은 의미에서 군사적 중립[42]만을 가지고 규정할 수도 있고, 좀더 넓은 의미에서는 정치적 중립까지도 생각할 수도 있다. 시간적으로 일시적인 정책노선의 중립을 생각할 수도 있고, 영세중립을 생각할 수도 있다.[43]

특히 통일의 시점에서의 전략환경에 따라 중립의 방식에 차이가 날 수 있기 때문에 사전에 통일준비단계에서부터 전 과정에 이르기까지 세부적으로 검토가 되어야 할 것이다. 여기서 통일과정상의 중립은 통일을 위한 여건 조성을 위해 대외정책을 미리부터 중립화함을 의미하며, 이는 남북한의 긴장완화와 신뢰구축 및 평화체제의 제도화가 정착되었을 때 가능하다.

---

41) 전쟁상태가 발생한 경우, 그 전쟁에 참가하지 않는 국가가 전쟁당사국에 대하여 갖는 지위를 의미하는 전통 국제법상의 개념이다.
42) 군사 중심적으로 생각할 때 타국간의 전쟁에서 어느 한쪽에 가담하지 않는 것과 군사동맹이나 집단안보체제에 가담하지 않는 것을 중립이라고 한다. 다만 유엔과 같은 범세계적인 일반집단 안보체제의 가입은 예외로 인정하는 경향이다.
43) 민병천, 앞의 책, p.333.

역사적으로 보면, 오지마 주한 일본 공사는 1894년 일본 외무대신에게 한반도의 중립화론을 건의하였다.[44] 1902년에는 러시아가 일본의 조선 진출을 막고 만주연결을 차단할 목적으로 러 · 일 · 미 3국의 보장하에 한반도를 영세중립국으로 할 것을 제기하였다. 해방 후에는 혁신계에서 외세와의 단절을 염두에 두고 이를 제기하였다. 미국은 철군에 따르는 미국의 국가이익 상실에 대한 두려움 차원에서 일부 학자를 중심으로 1970년대 이후 한반도 중립화를 주장G. Henderson, E. Reischauer하는 등 여러 차례에 걸쳐 중립방안이 제기되었다.[45]

통일된 한반도가 중립국이 되기 위한 필요조건으로는 우선 약소국이어야 한다.[46] 영토를 확장시키지 않아야 하고, 주변 강대국 경쟁의 지리적 중간에 위치하나 세력을 확장하는 통로에 위치하지 않아야 한다. 주변국이 해당 국의 중립으로 이익을 얻어야 하며, 중립에 대한 국민적 지지와 결의가 확고해야 한다.

이에 추가하여 중립의 역사적 경험과 전통이 많이 있을 때 중립이 가능하나, 한국은 역사적으로 중립의 경험이 거의 없다. 주변국도 한반도를 중립 상태로 두지 않아 중립화 통일이나 통일 이후 중립국이 되기는 쉽지 않을 전망이다. 또한 중립을 지킬 수 있는 군사능력과 경제자립이 어느 정도 이룩되어야 중립이 가능하다. 따라서 모든 통일방식에 대해 진지하고 신중하게 생각하는 자세가 중요하다.

중립국으로 통일시 요구되는 국제협력은 우선 주변 4개국의 지지와 보장을 받아야 하며, 유엔을 통한 다수국가의 지지와 주변 강대국의 평화보장 선언이 있어야 할 것이다.

---

44) 조선을 청나라로부터 일본의 영향권에 포함시키기 위한 모략으로 "조선이 자력으로 독립국답게 되기는 불가하므로… 유럽의 벨지움, 스위스와 같은 지위를 갖도록 하는 것이 바람직하다"고 건의하였으나 일본 조정이 이를 받아들이지 않았다. 일본 각의에서 조선을 단독 보호하기로 결정한 것이다.
45) 그는 닉슨독트린에 따른 미군의 철수론과 연관해서 "한반도의 중립화에 대한 4강의 합의를 얻기 위해 미군철수를 이용해야 한다"라고 주장하였다.
46) 통일국가는 인구 7,000만 명 이상으로 약소국이 아니며 준(準)강대국이다.

통일한국의 중립방안과 연계하여 동북아 세력균형 질서와 공동안보의 실현이라는 전략적 필요성을 감안할 때, 통일 후 현재의 북한지역이나 평양-원산선 이북지역을 주변 4국간의 군사적 완충지대緩衝地帶로 설정하는 문제도 진지하게 논의될 필요가 있다고 판단한다.[47] 즉 군사적으로 미국과 중국 그리고 미국과 러시아가 직접 대치하는 상황을 회피할 필요가 있다는 점을 감안하여, 현 북한지역을 주변 4국간 군사적 완충지대로 보장하는 문제가 검토되어야 할 것이다. 그러나 이 논의는 우리가 주도해야 하며, 우리의 국익에 부합되어야 한다.

한반도의 중립국가로서의 통일은 그것을 가능하게 하는 조건과 그것을 어렵게 하는 조건이 병존한다. 그런데 통일국가가 중립의 정책노선을 유지하느냐보다는 중립적인 통일국가를 만드는 것에 통일한국의 국민과 주변국의 합의 여부도 중요한 변수이다.[48]

국가안보전략 측면에서는 '원교근공遠交近攻'과 '이이제이以夷制夷'의 논리가 국제관계에서의 행태를 결정짓는 중심논리로 적용될 수 있다고 볼 때, 우리의 한정된 국력과 지정학적인 여건을 감안한다면, 통일 이후에도 외국과의 동맹관계유지는 필수불가결할 것으로 판단된다.[49] 그렇다면 중립국이 될 수 없을 것이다.

그리고 통일 이후의 중립은 그에 부합하는 자위역량을 필요로 한다. 또한 주변세력들은 한반도의 중립보장보다는 자기 세력권 내로 끌어들이려 노력할 것으로 예상된다. 그러한 과정에서 힘없는 중립은 성립될 수 없을 것이다. 따라서 우리는 통일 후 조국의 중립방안에 대해 보다 진지하고 신중하게 검토하는 자세를 가져야 한다.

---

47) 청일전쟁의 결과 일본이 중국의 요동반도를 점유하였다가 러시아를 중심으로 하는 3국 간섭으로 반환하게 되고, 아관파천으로 러시아의 한반도 진출이 유리해진데 당황한 일본은, 수세에 몰리면서 한반도 문제를 두고 한반도 39도선 이북지역 중립지대 설정 문제를 러시아와 협상을 기도하였다.
48) 민병천, 앞의 책, pp.333-344.
49) 우리는 독일이 통일 이후에도 NATO에 잔류하고 있는 사실을 눈여겨 보아야 할 것이다.

스위스가 중립국으로 위상을 확고히 할 수 있었던 것은 60만 명이 넘는 동원전력을 유지하며, 전국토를 요새화하고, 고슴도치 전략으로 국토를 사수하려는 국민의지가 있었기 때문이었다.

6. 안보전략 수행역량의 제고로 준강대국 위상 정립

(1) 안보전략 수행역량 제고

우리는 지금부터 통일 후의 국가안보전략을 수립해야 한다. 왜냐하면 ① 통일은 북한의 급변사태 등으로 예상외로 빨리 올 수 있고, ② 안보전략을 수립하고 집행하는 데는 많은 시간과 재원이 소요되며, ③ 남북한군의 군사 통합의 문제를 목표지향적으로 해결해야 하고, ④ 통일 후 급변하는 환경에 신속 정확하게 대응해야 하기 때문이다.

통일한국은 유리한 국력의 요소를 극대화하고 불리한 국력요소를 보완함으로써 동북아 지역의 안정과 평화, 그리고 공동 번영에 적극적으로 기여하는 일각으로서의 역할을 담당하는 체제를 달성하여 새로운 위상을 확보해야 할 것이다.

'안보'는 국가의 생존을 보장하는 산소요, 국민의 생명과 재산을 지키는 보험료이다. 특히 통일과정과 통일 이후의 한반도 안보는 많은 도전에 직면할 것이다. 따라서 우리는 최악의 시나리오까지를 염두에 두고 안보역량을 강화해야 한다. '힘'은 불안한 정세를 진정시키는 특효약이 될 수 있다. 민족의 영광은 때로는 싸워서 쟁취해야 할 때도 있다.

통일 후 한반도 전장을 고려한 전쟁시나리오를 염출해 볼 때, 먼저 전장 공간에 있어서는 서울을 중심으로 반경 1,500km를 고려할 필요가 있다. 이 1,500km 내에는 북경, 상해, 동경 및 블라디보스톡 등 동북아의 주요 도시가 포함된다. 그리고 동아시아 산업의 80%, 군사력의 70%가 집결되어 있는 지구상에서 가장 중요한 전략적 핵심지역이기 때문이다.

장차 예상되는 미래전 양상은 전력시스템에 있어서 감시 · 통제 · 타격체제의 복합적 발전에 따라 장거리 종심 감시 및 타격능력이 증가될 것으로 예상된다. 그리고 정찰·감시범위의 확대와 실시간 지휘통제 및 장거리 정밀타격능력의 확대 등으로 전장에서 시너지효과가 극대화될 수 있다. 전쟁수행방식에 있어서는 전장공간이 수평적 전투중심에서 사이버 공간의 전투로 변화할 것이다. 타격목표는 단순한 적의 부대, 병력, 무기 등의 유형적인 요소보다는 적의 정보시스템이 될 것이다.

우리는 역사적으로 승자는 대부분 새로운 전쟁패러다임을 적용함으로써 압도적 전승을 달성하였다는 교훈을 상기할 필요가 있다. 최근에는 전격전의 개념에 진보된 정보기술을 접목하여 발전시킨 미국의 걸프전과 이라크전을 예로 들 수 있다. 즉 사막의 폭풍이론으로서 이는 공지전투(空地戰鬪, Airland Battle)이론[50]에 항공 및 우주이론이 가미된 것이다. 따라서 요망되는 미래전의 수행개념은 사막의 폭풍이론에 미래 기술정보의 발전을 접목시킨 "NCW 작전 환경하 입체고속기동전+정보마비이론"이 적용되어야 할 것이다.

예상되는 전쟁시나리오는 전쟁형태별로 국지·제한전은 인접국과의 국경분쟁, 독도, 이어도 등 도서문제 및 동·서해에서의 해저자원 분쟁 등을 상정할 수 있다. 전면전은 해양세력보다는 주로 대륙세력과의 전쟁을 고려할 수 있을 것이다.

이때 전쟁 전개 단계별 대응개념은 위기형성단계에서는 예방과 억제가 중요하다. 정치심리전과 외교 및 군사력과 아울러 감시정찰체계 및 동맹관계를 최대로 활용해야 한다. 국지 및 제한전에서는 공세와 응징을 통한 우세 달성이 중요한다. 필요시 선제공격도 고려하되 동시에 확전을 통제해야 할 것이다. 전면전시는 거부와 결전 개념하에서 기반전력을 중심으로 거부와 결전을 시도해야 할 것이다. 동맹 및 연합작전을 구사하고 종전처리단계

---

50) 재래전에 핵, 화학, 전자전 등의 가용전투력을 최대로 통합, 제대별 종심공격으로 전장을 확대하여 적 선두 및 후속제대를 동시에 타격함으로써 조기에 주도권을 장악, 승전의 가능성을 증대시키는 공세적 기동전을 말한다.

에서는 군사적 균형을 복원하여 평화를 회복할 수 있어야 할 것이다.

통일 후 한반도 안정을 위해서는 '거부적 적극방위전략'을 포함한 새로운 국방전략이 발전되어야 한다. 평시와 위기시는 외교력을 이용하여 위기를 방지하는 '예방 · 억제전략'이 중요하다. 국지 · 제한전에서는 적극적인 공세로 응징, 방어하는 '적극방위전략'이 필요하다. 전면전시는 상대가 득보다는 실이 더 커서 조기에 철수하거나 휴전을 제의토록 강요할 수 있는 '거부 및 결전전략'이 요구된다. 동시에 우방 · 동맹국과의 협력을 활용하는 '자주적 연합전략'의 구사가 필요하다.

그리고 통일한국의 외교를 뒷받침할 수단으로 군사력의 중요성이 증가할 것이다. 통일 이후에는 대한민국의 국제적 역할이 확대되는 데 따라 독자적인 힘의 뒷받침이 요구된다. 따라서 군사적 위협 대처에 치중한 통일이전의 국방체제를 비군사적 위협과 일상적인 외교를 뒷받침하기 위한 체제로 정비해야 한다. 즉 한 · 미동맹체제를 중심으로 다양한 다자간 협력안보체제를 구축하기 위하여 인력과 정책을 정비해 나가야 할 것이다.

국가안보전략의 수행역량은 국방과 외교뿐만이 아니라 정치심리, 경제, 사회와 문화 등이 통합되어 높아진다. 따라서 각 분야의 전략이 안보전략에 기여할 수 있도록 통합방위태세의 발전이 요구된다.

(2) 준準강대국 위상 정립

통일한국이 동북아 5국 체제의 구성원이 되기 위해서는 세계 차원의 '준강대국'의 지위를 확보해야 한다. 즉 통일조국의 시점에서 국가목표를 설정할 때는 전반적인 삶의 질은 마땅히 선진국을 지향하여야 하나, 대외적인 힘의 위상은 준강대국의 수준으로 선정해야 할 것으로 판단된다. 준강대국의 위상을 갖추기 위해서는 오늘의 일본과 같은 경제력 규모에 독일, 프랑스와 유사한 규모의 군사력을 구비했을 때 가능할 것이다.

준강대국이란 주변 강대국의 위상에 대비되는 상대적 개념으로서, 통일된 대한민국이 2030년경에 달성할 수 있을 것으로 예상되는 '약 8,000만

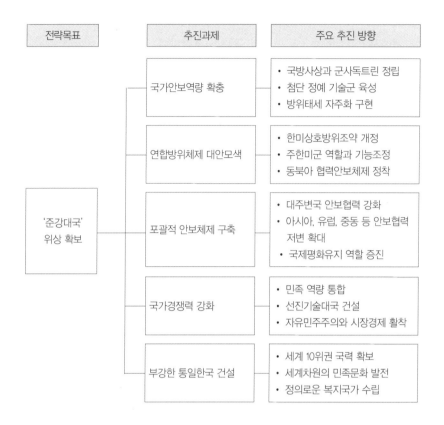

〈그림 5-3〉 준강대국 위상 확보위한 추진 과제

전략목표	추진과제	주요 추진 방향
'준강대국' 위상 확보	국가안보역량 확충	• 국방사상과 군사독트린 정립 • 첨단 정예 기술군 육성 • 방위태세 자주화 구현
	연합방위체제 대안모색	• 한미상호방위조약 개정 • 주한미군 역할과 기능조정 • 동북아 협력안보체제 정착
	포괄적 안보체제 구축	• 대주변국 안보협력 강화 • 아시아, 유럽, 중동 등 안보협력 저변 확대 • 국제평화유지 역할 증진
	국가경쟁력 강화	• 민족 역량 통합 • 선진기술대국 건설 • 자유민주주의와 시장경제 활착
	부강한 통일한국 건설	• 세계 10위권 국력 확보 • 세계차원의 민족문화 발전 • 정의로운 복지국가 수립

명 규모의 인구와 7만 달러 내외의 일인당 국민소득'의 목표를 달성하여 세계 국력 순위에서 10위 이내에 안착하는 수준에 해당될 수 있을 것이다. 그러나 현재의 한국의 발전 속도를 감안해 볼 때, 20년 이상이 경과해야 일본 수준의 경제력을 갖출 수 있고, 인구도 통일이 되어야만 준강대국의 조건이 갖추어진다고 할 수 있을 것이다.

준강대국의 위상을 확보하기 위해서는 〈그림 5-3〉에서 보는 바와 같이 국력을 지속적으로 배양해야 한다. 우선 국가안보역량을 제고시켜 '첨단 정예 정보 기술군'으로 육성하고, 방위태세의 제한된 자주화를 구현해야 한다. 연합방위체제의 대안을 모색하여 한미상호방위조약을 통일환경에 맞게 개정하고, 주한미군의 역할과 규모를 조정하며, 동북아 안보협력체제를 정착시켜야 할 것이다.

만약 2030년 내 통일이 이루어진다면, 통일한국은 분단시대 남북한 양자가 대결하는 단순구조에서 주변의 4강국, 즉 미국, 일본, 중국, 러시아와 연계되는 다원적, 복합적, 고차원의 안보환경 속에서 국가안보전략을 수립해야 한다.

통일한국은 주변국의 위협에 대비하기 위한 독자적인 국방사상, 전략개념 및 군사독트린을 정립해야 한다. 그리고 이를 바탕으로 방위태세를 구축하여 동북아 지역의 중심 국가이며 준강대국이라는 자주적인 국가위상을 안보차원에서 뒷받침해야 한다. 통일국가의 국토방위는 주변국의 침략侵略, Aggression[51]을 억제할 수 있으며, 억제 실패시는 침략국의 침공목표 달성을 거부하는 수준을 유지해야 한다. 즉 침략군을 국토 밖으로 격퇴시켜 생존권을 원상으로 회복하고 상대국에도 동일한 수준의 보복을 할 수 있는 전면적 국토방위가 적절할 것이다.

통일조국의 자주적 방위역량이란 통일조국의 군대가 국토방위의 주도적 역할을 수행할 수 있는 상태를 의미한다. 한 · 미 동맹이나 세력균형 전략과 병행하여, 전쟁 억지능력을 구비한 독자적인 자주 국방태세의 발전이 필요하다. 이러한 통일조국의 국토방위는 어떤 국가, 어느 방향의 군사적 침공에도 융통성 있게 대처할 수 있는 제한된 '전방위전략全防衛戰略, Défense Tous Aximute'[52]의 수행태세를 기본으로 해야 할 것이다. 국경선 · 영해 · 영공에

---

51) UN총회 본회의는 1974년 12월 14일 침략의 정의를 "일국이 타국의 주권, 영역, 정치적인 독립 등을 직접적, 또는 간접적 수단에 의해서 침해하려는 행위, 또는 그러한 상태를 말한다"라고 규정하였다.

52) 특정 국가만을 가상적(假想敵)으로 하지 않고, 특정 동맹국에만 의존하지 않으며, 세계의 어느 국가가 공격해 오더라도 자국의 능력으로 대응할 수 있는 실력으로 전쟁의 발생을 억지하고 저지하며, 일단 전쟁이 발발할 경우에는 자주적으로 자국의 운명을 결정하는 정치적 · 군사적 방책을 말한다.

대한 경계태세를 구축하고, 적의 침공에 대한 조기경보가 가능해야 한다. 그리고 억제 불가시에는 정예의 기동예비전력을 투입하여 공세적 방어작전을 수행할 수 있는 작전태세를 완비하고, 예비전력을 신속히 동원하여 침략군을 격퇴할 수 있는 능력을 보유해야 한다.

이를 위해 통일한국군은 남·북한군의 통합과 재편성 과정에서 국토방위전략을 전면적으로 수행할 수 있는 능력을 갖추어야 한다. 가장 훌륭한 전략은 항상 강력한 군사력을 갖는 데 있다는 것은 만고불변의 원칙이다. 억지력이 없는 외교는 일시적인 미봉책이다. 정치적 자주는 바로 힘이 있을 때만 보장된다는 사실을 역사는 증명하고 있다.

7. 국방사상과 국가안보전략의 재정립

(1) 국방사상과 군사독트린의 정립

통일한국이 자주적인 국방태세를 유지하기 위해서는 국방사상을 재정립하고 군사독트린을 바로 세워야 한다. 군사독트린이란 일정한 국가가 택하는 국가안보의 개념, 국가안보의 목표, 국가안보의 위협요소, 그리고 군사전략에 대한 일련의 논리체제라고 할 수 있다.

분단국으로서 남북한의 군사통합은 바로 기존의 군사독트린에 있어서의 현저한 변화를 초래하면서 새로운 군사독트린의 정립을 필연적으로 요구하게 된다. 군사독트린의 재정립은 통일군대가 통일국가에 걸맞는 자아정체성 확립에 있어서 핵심적인 과제이다. 만일 군사통합의 이행과정에서 논리정연한 군사독트린이 결여된다면 통일군대의 통합성과 효율성은 크게 저하될 것이다.

이를 지원하는 국방목표는 '외부의 군사적 위협과 침략으로부터 국가를 보위하고 지역의 안정과 평화에 기여'하는 데 두어야 할 것이다. 우리는 국가가 아무리 강대하다 하더라도 전쟁을 좋아하면 반드시 망하고, 비록 천하

가 태평하다 하더라도 전쟁을 잊으면 반드시 국가는 위태롭게 된다[53]는 역
사의 교훈을 유념하여 국가를 보위할 수 있는 힘을 갖고 대비하면서도 평화
에 기여할 수 있어야 한다.

　이러한 국방목표를 달성하기 위한 국방정책의 핵심은 전쟁을 억지하여
한반도에 평화를 유지하기 하기 위하여 통일한국의 국력과 위상에 걸맞는
규모의 군사력을 육성하는 것이다. 여기서 군사력이란 단순히 군대의 규모
만을 의미하는 것은 아니며, 가상적국과의 관계에서 한 국가가 보유하고 있
는 실질적인 힘의 총체를 의미하는 것으로, 군사적인 잠재능력도 포함하는
전쟁수행능력의 총괄적인 개념이라고 할 수 있다.[54] 그 기조적인 핵심은 상
무정신과 국방사상이다.

　국방정책은 국가안보목표와 국가 능력간의 관계를 가장 효과적으로 연결
하는 정책으로 파악할 수 있다.[55] 여기서 전자를 강조하면, 국가방위와 국
가안보를 구별하지 않게 되어 국방정책과 안보정책을 동일시할 위험성이
있다. 개념적으로는 국가방위는 국가안보의 하위개념으로 보는 것이 타당
할 것이다. 같은 의미에서 국방정책은 국가목표를 달성하기 위한 국가안보
정책의 핵심이다.

　군사전략은 일반적으로 가장 유리한 조건에서 부대가 교전할 수 있도록
하는 포괄적인 정책이라 할 수 있다. 즉 군사전략은 전장에서 전쟁목적을
구현하기 위하여 군사력을 건설하고, 대규모의 전투력을 기동시키는 기술
을 의미한다.[56]

　통일한국이 대응해야 할 주변국의 전쟁양상과 군사행동의 양태는 전면
전, 제한전과 무력시위 등 크게 3가지로 구분할 수 있다. 전면전의 경우에
는 확률은 낮으나, 해·공군 주도의 전쟁양태가 될 것으로 예측된다. 그러

---

53) 사마법(司馬法), 인본편, "故國雖大 好戰必亡, 天下雖安 忘戰必危".
54) 제정관, 『남북한 군사통합방안과 통일한국 건설방향』(경남대학교 대학원, 1998), p.180.
55) Graham T. Allison, *Conceptional Models and the Cuban Missile Crisis*, American Political Science Review, Vol 63, No.3(September 1969), pp.272-312.
56) Gunther Blumentritt, 류재승역, 『전략과 전술』(서울: 한울, 1994), pp.23-25.

나 중국과 러시아 등은 통일한국과 육지로 연결되어 있는 지정학적인 특성상 지상전투가 최종적으로 일어날 가능성이 상존하고 있음으로 지상전력地上戰力의 중요성도 무시할 수 없을 것이다.

제한전의 경우 전면전 보다 더욱 발생할 가능성이 높으며, 이는 접경지역에서의 군사적인 충돌, 영토문제, 인구이동 통제문제, 환경문제, 해양문제 등의 경제적인 문제의 해결과정에서 군사적인 분쟁으로 비화될 가능성이 높을 것이다.

마지막으로 무력시위에 대한 대응이다. 한반도의 전략적인 위상이 주변 강대국의 강압외교의 대상이 될 수 있다. 이러한 무력시위에 직면하는 경우에는 전면전을 불사하겠다는 강력한 의지를 표명해야 하며, 다자간 안보협력을 통해 다른 주변국의 안보 지원이 필요하게 될 것이다. 따라서 평시부터 지역안보 문제에서 제한된 균형자적인 역할을 수행해야만, 이 같은 위기시에 다른 주변국의 지원을 기대할 수 있을 것이다.

이러한 다양한 안보위협에 대비하기 위해서는 어떠한 군사전략이 바람직할 것인가? 우리의 안전을 주변 4국의 자제심에만 매달릴 수는 없다. 힘의 균형이 존재하는 경우에만 평화를 확보하고 유지할 수 있다는 것을 우리는 19세기 말 한반도 역사에서 배우고 또 배워야 한다.

먼저 주변 강국과 1대 1로 맞서는 공세전략攻勢戰略은 부적합하다. 그렇다고 방어위주의 수세전략守勢戰略으로는 위협에 효율적으로 대응할 수 없을 것이다. 통일한국의 군사전략은 대체로 일반화된 '공세적 방어전략攻勢的 防禦戰略'의 개념 위에서 수립되는 것이 타당하다고 볼 수 있다. 기본적인 군사전략의 목표는 방어에 두되 군사행동 자체는 공세적으로 운용할 수 있는 능력을 구비하여야 할 것이다.

이러한 전반적인 개념 위에서 통일한국군의 군사전략에 포함될 요소들은 다음과 같다.

첫째, 총력전 개념에서 상비군 위주의 전쟁대비태세를 더욱 강화하면서, 한편으로는 동원체제가 적시에 가동될 수 있는 태세를 유지해 나가야 할 것이다.

둘째, 유사시 다른 국가의 군사적인 지원을 효율적으로 이용하기 위해서는 보험적인 차원의 군사외교를 강화하고, 연합작전능력을 배양하여야 할 것이다.

셋째, 조기경보능력의 확보와 예상되는 군사행동에 대한 분석력을 향상시켜야 한다.

넷째, 억제개념을 발전적으로 적용해야 하는바, 특히 거부적인 억제에 중점을 두어 상대방의 취약점을 공격할 수 있는 공군력과 장거리 미사일, 잠수함 전력 등을 확보해야 할 것이다.

다섯째, 군사력 구조와 편제에서는 기동성을 향상시키고, 육·해·공군의 통합작전의 효율성을 극대화시키기 위해서는 통합군체제로 조직되어야 바람직할 것이다.[57] 통일 이전의 3군 합동지휘체제를 통합지휘체제로 발전시킨다면, 통합전력의 극대화 및 양병·용병기능의 전문화가 보다 쉽게 달성될 수 있을 것이다.[58]

어느 국가를 막론하고 생존과 번영에 대한 일차적인 책임은 스스로에게 있다. 따라서 모든 주권국가는 국가의 안전보장과 국익의 옹호 및 증진을 최우선적인 목표로 지향하고 있으며, 이러한 목표를 구현할 수 있는 능력을 갖추고자 하는 것이 바로 자주국방이라 할 수 있다.

자주국방은 무엇보다도 국민 속에 면면히 흐르는 호국사상과 상무정신에 기반을 두고 있다. 세계사를 보면 어느 민족이든 호국사상에 바탕을 둔 상무정신으로 무장하여 국방력이 강했을 때는 영광스러운 역사를 유지하거나 어떠한 수난을 당해도 나라를 지켜 나갈 수 있었다. 그러나 그렇지 못했을

---

57) 제정관, 앞의 논문, pp.185-186.
58) 통합군제의 장점으로서는 ① 통일한국군의 대주변국 대비 약소한 전력으로서 군사전략을 달성하는 방책, ② 군정과 군령의 유기적 연결로서 통합기획 및 분석기능 강화, ③ 평시와 전시 단일 지휘체계를 유지하여 민·군 일체의 총력전 체제 유지, ④ 현대전의 특성인 통합작전을 위한 3군 통괄지휘기구 강화, ⑤ 국가차원에서 국방자원관리에 효율성을 기하고, ⑥ 민군 겸용기술을 적용한 무기체계의 개발이 가능한 구조를 마련하는 것 등이다.

때는 국가를 상실하고 민족 전체가 소멸되는 경우도 비일비재하였다. 우리 민족도 상무정신이 강했을 때는 대외적인 정복활동을 강력히 추진하여 대제국을 건설하였으나, 상무정신이 부족할 경우에는 국가를 상실하고 우리말 조차도 유지할 수 없었다. 따라서 자위적인 방위역량을 구축하는 데 가장 중요한 요소는 상무정신이다.

자주국방을 위해서는 전력증강 등 물적 기반의 구축이 무엇보다 중요하나, 이와 병행하여 군의 확고한 실천의지와 국민의 이해와 참여 등 정신적인 요소가 뒷받침되어야 한다. 즉 진정한 자주국방은 총력안보체제가 구축될 때에야 비로소 달성이 가능할 것이다.

이러한 상무정신을 바탕으로 통일조국은 군의 국제적 역할을 확대하여 국가위상을 제고하고 지역의 안정과 세계평화에 기여할 수 있는 능력을 갖추어야 한다. 앞으로 국가의 경제활동 범위와 규모가 확대되고, 자원의 해외의존도가 높아짐에 따라 국제적으로 평화와 안정의 유지가 국익에 큰 영향을 미치게 될 것이다. 또한 21세기의 새로운 국제 질서는 국제안보의 '무임승차'를 어렵게 할 것이다. 따라서 통일조국은 이러한 새로운 안보환경 하에서 국력에 걸맞는 국제적 역할을 적극 수행함으로써 국가위상을 제고하고 국익을 보호할 수 있어야 한다. 이를 위해 유엔의 국제평화유지 활동, 역내 다자안보협력 등 국제적 군사활동에 적극 참여하여 세계 및 지역의 평화와 안정을 유지하는데 기여해야 한다. 이러한 활동에 능동적으로 참여하기 위해서는 분쟁지역에 신속히 전개하여 다양한 임무를 수행 할 수 있는 '신속대응군迅速對應軍' 부대의 발전이 긴요하며, 이러한 임무를 효과적으로 수행할 수 있도록 평시부터 준비하고 훈련해야 한다.

(2) 국가안보전략과 비대칭적인 방위태세의 발전

냉전 이후 안보전략의 성격은 포괄적인 기능을 함축하는 방향으로 발전하고 있다. 적어도 생존이익과 핵심적인 이익이 생성되는 국방, 외교, 정치 심리, 경제 등의 분야를 포함해야 된다는 데는 큰 이견이 없다. 따라서 졸저는 이 분야를 집중적으로 조명하였다. 그러나 앞으로 안보전략과 정책에는 지금 논란되고 있는 인간안보와 환경안보 등 보다 포괄적인 개념이 포함될 것이다.

즉 통일한국의 국가안보개념은 보다 포괄적이 되어야 할 것이다. 핵심적으로는 국가방위, 정치적 자주, 경제적 번영, 전략자원의 확보 등과 같은 한민족이 추구하는 핵심적인 가치 및 이익을 보호하는 것이 포함되어야 한다. 이러한 포괄적인 국가안보의 개념은 분단시대의 북한의 군사위협으로부터 영토를 지키는 국가방위라는 협의의 안보개념을 초월하는 것이다.

통일한국의 국가안보목표는 '국가의 제반 핵심적 가치 및 이익을 보호 또는 신장시키고, 민족통일의 영속성을 보장하며, 나아가 지역의 안정과 세계평화에 기여하는데 있다'라고 정할 수 있을 것이다.

통일한국의 국가안보전략의 방향은 자주 국방력을 계속 발전시키고 주변 4국과의 쌍무적 협력체제를 구축하며, 다자간 '집단안전보장集團安全保障, Collective Security'[59]체제에 참여해야 한다. 따라서 통일 달성 후 대한민국의 안보외교는 통일이전 상태와 비교시 질적인 변화가 불가피할 것이다. 왜냐하면 ① 통일한국의 위협 요인이 통일 이전보다 다변화하고, ② 통일한국은 통합된 국력을 바탕으로 동북아 세력균형 체제에서보다 중요한 인자로 부상할 가능성이 높기 때문이다.

한반도의 국가위상을 '준강대국'으로 설정할 경우에는 국가안보전략은 통일 초기에는 한국과 미국의 동맹을 견실히 유지하면서, 주변의 위협에 효과적으로 대처하는 것이 바람직할 것이다. 그러나 안정기에 들어서면 어느 일방과의 안보동맹을 맺는 것보다는 가능한 미국과 중국을 주축으로 하는 다자간 안보동맹을 구축하는 방향으로 추진되어야 할 것으로 판단된다.

보다 구체적으로 설명하면, 주변 강대국의 군사적인 위협에 1:1로 대응하는 무모하고 소모적인 경쟁방법 보다는 억제에 필요한 군사력을 유지하면

---

59) 다수의 국가가 그 상호간에 무력행사를 금지하고 이에 위반하여 전쟁, 또는 무력행사를 행하는 국가에 대해서는 기타의 국가가 집단적으로 방지, 또는 진압하는 것을 말한다.

서 지역의 안정성이 위협받게 되면, 다자간의 안보동맹의 일원으로서 조정자에 가까운 균형자로서의 역할을 함께 수행할 수 있는 안보정책을 추진해야 할 것이다. 이것은 지역안보정세에 민감하면서도 직접적으로 대응하는 방식이라 할 수 있을 것이다.

통일한국의 안보전략은 중국과 러시아를 대상으로 하는 '대륙전략大陸戰略' 과 미·일·중·러를 포함한 연안 도서 국가를 대상으로 하는 '해양전략海洋戰略'이 균형 있게 추진되어야 한다. 21세기 통일한국의 안보환경에 적합한 전력 및 지휘기구는 육·해·공군이 균형을 갖춘 구조와 작전의 효율성을 극대화할 수 있는 통합군 형태가 적합할 것이다.

통일한국은 안보외교를 적극적으로 추진하여 대주변국과의 안보협력을 강화하고 아시아, 유럽, 중동 등의 국가들과 포괄적 안보협력의 저변을 확대해 나가야 한다. 국제평화유지활동에 적극 참여하여 동북아평화와 세계평화에 기여하여야 한다. 민족역량을 통합하여 선진기술대국을 건설하고, 시장경제체제를 활착시켜 국가경쟁력을 강화하며, 세계 10위권의 경제대국과 문화대국으로 발전시켜 부강한 일류국가를 창달해야 한다.

통일한국이 주변강국의 침공을 억제하기 위해서는 비대칭적인 전략과 방위태세를 구축함으로써 동북아 지역의 중심 국가라는 자주적인 국가위상을 안보차원에서 뒷받침해야한다. 통일국가의 국토방위는 침략국의 침공목표 달성을 거부하는 수준, 즉 침략군을 국토(영토·영해·영공) 밖으로 격퇴시킴으로써 생존권을 원상으로 회복하는 수준의 전면적인 국토방위가 적절할 것이다.

통일한국군은 이를 수행하기 위한 독자적인 비대칭적인 방위태세를 토대로 하여, 전략적으로는 다음 사항을 고려해야 할 것이다.

첫째, 모든 외부의 위협은 우선적으로 통일한국군의 자체 국방력으로 사전에 억제할 수 있는 태세를 갖춘다.

둘째, 한국군의 국방력으로 억제 실패시는 한·미 동맹에 의한 연합작전으로 격퇴할 수 있어야 할 것이다.

셋째, 침략국과 다른 국가들 간의 세력균형 관계를 활용하여 침략국의 전략적 입지를 압박함으로써 침략의 조기 포기를 강요할 수 있어야 할 것이다.

이러한 세 개의 전략적인 요인을 고려하면서 통일조국의 비대칭적인 국방태세를 구축하여야 한다. 문제는 통일조국의 군대가 국토방위에 주도적인 역할을 감당함으로써 한·미 동맹이나 세력균형에 과도히 의존하지 않는 수준의 독자적인 자주국방태세를 유지하고 발전시키는 것이 중요하다. 왜냐하면 자국의 힘을 믿지 않고 외국세력에 의지한다는 것은 국토를 빼앗기는 화근이 되기 때문이다. 우리는 20세 초반에 왜 일본의 식민지가 되었는가를 되새겨 보아야 한다.

통일조국의 국토방위는 어떤 국가나 어느 방향과 어떤 형태의 군사적 침공에도 융통성 있게 대처할 수 있는 전면적인 국토방위전략 수행태세를 기본으로 해야 할 것이다. 이를 위해 국경선, 영해와 영공에 대한 경계 및 방어 작전태세를 구축하고, 적의 침략시에는 정예의 기동예비전력을 투입하여 공세적인 방어작전을 수행할 수 있는 작전태세를 유지해야 한다. 그리고 대규모의 예비전력을 신속히 동원하여 침략군을 격퇴함으로써 국토의 원상을 회복하고 적에게 다시는 침략할 수 없도록 타격을 가하는 전면적인 국토방위전략 수행태세가 구축되어야 한다.

주변 강국의 위협에 효율적으로 대비하면서 이러한 억제능력을 제고하기 위해서는 비대칭 불균형전력을 확보해야 할 것이다.

우선 '대칭성'은 상대와 비슷한 규모의 군사력을 가지고 상대와 동일, 또는 유사한 방법으로 전장을 운영함을 의미한다. 반면에 '비대칭성'이란 상대와 차별화된 군사력을 가지고 상대와 다른 차별화된 전장운영방법으로 싸우는 것을 의미하는 것이다. 이는 군사력이 약한 국가가 군사력이 강한 국가에 대적하기 위해서 상대의 취약점, 또는 틈새를 활용한다는 점에서 강대국에 둘러싸인 우리의 안보환경을 고려해 볼 때 매우 의미 있는 군사력 건설, 유지 및 운영 전략이다.[60] 이러한 비대칭성은 제2차 세계대전시 히틀러가 스위스를 공격하지 못한 이유이기도 하다. 앞에서 설명했듯이 북한도 한미동맹군을 상대로 비대칭적인 전략과 무기를 개발하고 있다.

아울러 의지적인 측면의 비대칭 전력도 고려할 수 있다. 태평양전쟁시 미국이 일본 본토를 쉽게 공격하지 못한 것은 가미가제 등 특공사상 때문이었다는 분석이 있다. 즉 미국은 일본의 본토 공격시 엄청난 피해를 감수해야만 했다. 이와 같이 약소국이라 할지라도 주변국에게 큰 피해를 입힐 수 있다는 의지의 표명이 비대칭 전력이 될 수 있을 것이다.

비대칭성을 달성하기 위해서는 상대의 예상되는 장점과 취약점을 분석하여 대응개념을 도출해야 한다. 대륙국가가 가지는 강점과 약점, 해양국가가 가지는 강점과 약점을 식별하여, 강점은 회피하고 약점은 최대한 활용할 수 있는 수단과 방법을 찾아 이를 우리의 적극방위전략에 용해시켜야 할 것이다. 즉 해상침략에는 상륙의 어려움을 최대한 활용해야 하고, 대륙으로부터의 침략에는 하천과 산악 등 지형의 이점을 최대로 활용해야 한다. 사이버로부터의 침략에는 정보공격에 대한 방어의 어려움을 최대로 활용해야 한다. 주권 관할권 침략에는 상대의 중심을 집중 공격함으로써 응징 보복해야한다.

비대칭성을 달성하는 수단으로서는 ① 미 실현 잠재능력(핵 Option 등), ② 가용한 장사정 정밀타격 시스템, ③ 감시·정찰·지휘통제를 연동한 전력 시스템, ④ 정보마비 시스템, ⑤ 국지적 항공우세수단, ⑥ 응징보복수단(핵심전력)+거부수단(기반전력)+공세수단(연합전력) 등이 될 수 있다. 그리고 현재의 소극적인 '고슴도치' 전략에 추가하여 적극적인 '독침' 전략도 병행할 필요가 있다. 예를 들면 ICBM 기술이나 핵옵션의 확보가 '독침'이 될 수 있을 것이다.

---

60) 비대칭성의 사례는 군사력 구조에 있어서는 태평양전쟁시 일본의 항모, 독일의 V-1과 V-2 로켓, U-Boat 등을 들 수 있다. 군사력 운용에 있어서는 Guderian의 전격전 및 기갑부대, 모택동의 인해전술, 맥아더의 인천상륙작전을 들 수 있다.

정보·기술군을 구성하는 주요 요소간의 비중을 차별화하는 방법도 매우 중요한 비대칭성이 될 수 있다. 따라서 통합적인 정보전을 수행할 수 있는 능력을 구비해야 할 것이다. 걸프전은 초전 3일에 승패가 결정되었으며, 미국은 이라크전에서 최초 24시간에 결정적인 승기를 확보하였다. 미래전은 초반 정보전에서 판가름된다는 점을 고려, 평시부터 사이버전쟁을 위한 능력을 확충해야 한다. 비대칭성 수단은 대칭수단과 연계 복합될 때 그 효과가 극대화될 수 있다. 따라서 우리의 가용한 경제기술력을 고려하여 주변국과 차별적인 첨단 정보·기술군을 육성하고 발전시켜 나가야 한다.

이를 위해 비용이 적게 들면서 전투효과 및 전쟁억제 효과가 큰 독특한 전력 구조를 지향해야 한다. 그리고 민수 및 상업용 기술개발을 위한 국가와 기업의 중·장기 발전계획에 편승하여, 비용을 적게 들이면서 목적을 달성하도록 해야 한다. 또한 국방재원 중 연구개발 비용을 대폭 확충하고 정부·기업·학교의 연구 개발 기반을 최대한 활용해야 할 것이다. 또한 선진기술에 모방적 창조전략으로 접근하여 적은 비용으로 긴요 전력을 확보해야 한다. 핵심기술은 선별해서 집중적으로 발전시켜 나가야 하며, 장기 차원에서 일관성 있게 추진해 나가야 할 것이다.

(3) 군사력 건설 방향

앞에서 설명한 바와 같이 통일한국의 국방정책과 군사전략은 적절한 군사력 건설과 연계되는바, 그러한 군사력의 구체적인 수준, 규모, 운용방식 및 성격 등의 문제를 연구 발전시켜 구체화해 나가야 하며, 고도의 전문성을 보유한 직업군을 육성해야만 부여된 임무를 수행할 수 있을 것이다.

군사전략이란 국가안보전략과 국방전략의 하위 개념이다. 즉 군사력의 건설 및 운용에 대한 이론체계이다. 통일 후 군사전략은 당시의 전략환경을 고려하여 수립하여야 할 것이다. 그러나 이때 기본적으로 고려해야 할 사항으로는 통일한국은 주변국가와 새로운 군사관계를 정립한다는 개념에 입각하여 전략방향을 설정해야 하며, 상대적으로 한반도의 국토가 협소하고 종

〈도표 5-8〉 3단계 거부적 적극방위 개념

단계	방위권	군사전략 개념	군사 수단
1	• 한반도 영향권 • 서울중심 800~1,500km • 경계 및 감시지역	• 정치·외교 중심의 억지전략 • 제3국과 군사협력 관계 구축 • 응징보복 가능성 과시	• 전략적 감시 및 경보 수단 • 전략적 방호 수단 • 전략적 타격 수단
2	• 한반도 방위권 • 서울중심 500~800km • 주전장 지역	• 적극적 기만, 기동방어 전략 • 적 방향으로 전장개념 활용 • 제3국과의 군사협력 유지 • 선제적 타격능력 과시	• 전장 지휘통제 수단 • 각종 유도무기 • 해상·공중타격전력
3	• 한반도 영토권 • 서울중심 500km 내 • 결전 지역	• 단기 결전 전략 • 정규전과 비정규전의 배합 • 제3국의 군사지원 • 상대 핵심표적에 대한 타격 위협	• 지·해·공 통합 전장운용 • 동원 체제 적극 보장 • 특수전 전력의 최대 활용

심이 짧은 점을 감안하여 가능하면 한반도 외부에서 전쟁을 수행하여 인명과 재산피해를 최소화해야 한다는 점이다.

군사전략의 목표는 "외부의 군사적 위협과 침략으로부터 국가를 보위하고 제반 안보이익의 증진을 위한 정부의 대내외 노력을 뒷받침하며, 지역안정과 세계평화에 기여함"에 두어야 할 것이다. 이를 구현하기 위해 '공세적 방어전략'을 실천하면서 주변국에 결코 위협적인 공세적 전력은 아니지만 억제를 달성할 수 있는 군사력을 구비해야 한다. 즉 한반도 중심의 억제개념을 초월하여 주변강대국의 군사행동을 억제할 수 있는 전략적 억제력을 확보해야 한다.

통일 이후의 작전운용을 현시점에서 다루는 데는 한계가 있다. 따라서 이를 대체할 수 있는 방법으로 작전운용의 고려요건이 되는 지리적 문제와 발생 가능한 분쟁형태를 원용하여 유형별 전력운용을 설정할 수 있을 것이다. 그리고 '거부적 적극방위拒否的 積極防衛' 개념을 구사해야 한다. 가능하면 〈도표 5-8〉에서 볼 수 있듯이 3단계 방위권에 입각하여 국경선 이외 또는 그 주변을 주 전장화하여 우리 측의 피해를 최소화하고, 우리의 의지를 적에게 강요할 수 있어야 할 것이다.

첫 번째 영역은 평시, 또는 분쟁시 통일한국의 의지를 적극적으로 표현할 수 있는 원거리 영역으로, 전력 측면에서는 원거리의 감시수단이나 타격수단이 이 영역과 관계가 있으며 그 수단의 정밀도나 파괴력 확보를 통해 전략적인 능력을 갖추어야 할 것이다.

두 번째 영역은 분쟁시 통일한국의 전력을 이용하여 의지를 관철시킬 필요가 있는 접경지역으로 이는 국토의 전장화를 최소화하면서 상대방의 군사적 위협에 실질적으로 대응하는 영역이다. 이 영역에 관련해서는 '군사혁신'의 근간을 이루는 첨단 무기체계와 정보체계를 지속적으로 구축함에 주안을 두어야 한다. 합동차원에서 시스템 복합체계를 설계하고 그 하부체계로서 전장감시체계, 지휘통제체계, 중심정밀타격체계, 항공과 미사일 방호체계 등의 유기적 운용이 가능하도록 발전시키는 것이 바람직할 것이다.

세 번째 영역은 통일한국의 주권을 가장 소극적으로 수호하기 위한 영역으로 생존권의 보호를 위해 반드시 지켜야 할 최후의 영역이라 할 수 있다. 이 영역과 관련해서는 앞서의 두 가지의 전력에 부가하여 방어중심의 기반전력으로서, 질 위주로 재편된 현존전력과 정예화된 동원전력을 갖추어야 할 것이다.

통일한국군은 주변 강대국의 군사행동을 억제할 수 있는 전략적 억제력을 구비해야 한다. 이를 위해 통일한국군의 육·해·공군의 무기체계가 전략적 성격을 갖추도록 개편하고, WMD 무기체계를 제조할 수 있는 기술 잠재력을 확보해야 한다.

통일한국군은 새로운 형태의 한·미 군사협력체를 발전시켜 미국의 강력한 군사지원을 보장받아야 하며, 주한미군의 계속 주둔에 대한 합의를 도출해야 할 것이다. 그리고 주변강국의 군사력을 감안하여 기술집약적인 선진 군대로 전환해야 하며, 상비군 중심의 안보개념에서 탈피하여 효율적인 동

원체제를 확립함으로서 국방재원을 절약해야 한다.[61]

그리고 '공세적방어전략'을 구현할 수 있도록 억제력이 확보된 공세전력의 완비에 주력하고 고슴도치형 억제전략을 병행하여 적의 직접적인 침략 동기를 억제하고, 적이 침략시 입게 될 손실(물리적 손실, 국제적 고립, 봉쇄 등)이 두려워 감히 군사적 행동을 하지 못하도록 충분한 보복과 기대 이상의 피해를 줄 수 있는 수준의 비대칭적인 군사력을 보유해야 할 것이다.

---

61) 통일 이후의 병역 및 동원체제에 대한 연구로는 권희면, 정부성 공저. 『통일한국의 병역제도구상』, 국방논집, 제38호(1997년 여름), pp.165–186. 정원영, 『남북한 동원체제와 통일한국군』, 한국군사 제7호(1997년 7월), pp.127–148 참조.

용어해설

국가(國家, Nation) : 국가란 하나의 특정지역[領土]에 있어서 구성되는 인간집단[國民]의 대다수에 의해서 인정된 최고 유일의 정치적 권위[主權]를 가지며, 또한 그 권위에 따르는 하나의 정치적 공동사회조직체이며 또한 국제사회에 있어서의 독립된 국제정치단위로서, 보다 간단히 표현하면 주권, 국민과 영토로 형성되는 국제사회에 있어서의 독립된 정치단위

국가이익(國家利益, National Interest) : 국가가 그 국가목표를 추구하고 달성하기 위하여 국가의지를 결정할 때 기준점이 되는 요소

국가목표(國家目標, National Objectives) : 국가가 목적하는 것, 즉 국가이익을 추구하고 달성하기 위하여 국력을 집중하고 노력을 지향해 나가는 목표

국력(國力, National Power) : 국가가 그 국가목표 또는 국가정책을 달성하기 위하여 보유하는 능력으로서, 가장 원시적인 요소로서는 인구, 영토, 천연자원 3가지를 말하나 21세기에는 정보지식력, 과학기술력 등 연성국력이 중시

비전(Vision) : 개인, 또는 조직의 구성원이 바라거나 희망하는 미래의 상태 내지 소원이나 꿈이 실린 목표로서 전략은 비전을 세우고 비전을 실현할 수 있는 접근방법을 제시

목표(目標, Objective) : 행동을 통해 얻으려는 최후의 결과로서 비전을 구성원의 입장에서 합리적으로 정비하고 구체화한 것으로 통상 무형적인 목표와 유형적인 목표로 분류

전략(戰略, Strategy) : 정치·사회적 집단과 개인이 이익을 구현하고 목표를 달성하기 위하여 가용한 수단과 방법을 효율적으로 활용하는 방책

대전략(大戰略, Grand Strategy) : 국가, 또는 전쟁의 정치적 목적을 달성하기 위하여 한 국가나 연합국가의 모든 자원을 조정하고 효율적으로 운영하는 방책

국가전략(國家戰略, National Strategy) : 국가의 이익을 구현하고 목표를 달성하기 위해서 전시와 평시에 있어서 국가의 국방, 외교, 정치, 경제, 사회복지, 문화, 과학기술, 교육 등의 역량을 발전시키며, 국력의 모든 수단과 방법을 통합·조정하여 효율적으로 개발·사용하는 과학과 기술. 졸저에서는 국가대전략과 기능별전략 및 분야별전략을 포함하는 포괄적 개념으로 사용

분야별 전략(分野別 戰略) : 국가이익을 구현하고 국가목표를 달성하기 위하여 전략수단에 따라 분야별로 추진하는 전략

안보전략(安保戰略, Security Strategy) : 국가전략의 일부로 군사·비군사적인 위협으로부터 국가 생존을 보전하기 위해 전·평시 국가 제역량을 효율적으로 운용하는 방책

생존전략(生存戰略, Survival Strategy) : 국가의 이익 중 국가의 안전보장을 구현하며, 국가목표 중 생존을 보장하기 위한 전략으로서 통상 안보전략과 유사한 개념으로 사용

국방전략(國防戰略, Defense Strategy) : 안보전략을 지원하면서, 국방목표를 달성하기 위해 국방의 제요소를 효과적으로 계획 · 준비 · 운용하는 방책으로 국방정책과 군사전략에 대한 방향을 제시

군사전략(軍事戰略, Military Strategy) : 국방목표 달성을 위해 군사력을 건설하고 운용하는 방책

외교안보전략(外交安保戰略, Foreign Affairs Security Strategy) : 국가이익을 구현하고 국가안보목표를 달성하기 위해 대외관계에서 사용하는 외교수단에 대한 종합적이고 체계적인 방책

경제안보전략(經濟安保戰略, Economic Security Strategy) : 국가목표를 달성하면서 국가의 안보와 번영발전을 위해 사용하는 경제수단에 대한 종합적이고 체계적인 방책

억제전략(抑制戰略, Deterrent Strategy) : 국가전략의 수동적인 측면으로서, 일국이 침략을 하려고 할 경우 그 침략을 함으로써 얻어질 이익 이상으로 견디기 어려운 손해를 입게 될 것이라는 것을 그 국가에 인식시킴으로써 침략을 미연에 방지하고, 전쟁이 발발하였을 경우 그 전쟁의 규모, 치열도 등이 확대되는 위험성을 억제하기 위하여 사용되는 방책

직접전략(直接戰略, Direct Strategy) : 국가전략의 능동적인 측면으로서 국가안보목표를 달성하기 위해 군사력을 우선적으로 사용하는 전략

간접전략(間接戰略, Indirect Strategy) : 국가전략의 수동적인 측면으로서 국가안보목표 달성을 위해 군사력을 최소한으로 사용하면서 정치, 외교, 경제, 사회, 심리적인 요소를 주도적으로 활용하는 전략

장기전략(長期戰略, Long-term Strategy) : 대체로 10년의 대상기간을 가진 기획차원의 전략으로서 장기전략은 여러 개의 중기, 또는 단기전략으로 세분화하여 집행

중기전략(中期戰略, Medium-term Strategy) : 대체로 3년 이상 10년 미만의 대상기간을 가진 전략으로서 일반적으로 5개년 계획이 주로 활용

단기전략(短期戰略, Short-term Strategy) : 통상 3년 미만의 전략을 말하며, 바로 정책으로 연결되어 집행됨으로써 실현성이 높다는 장점과 전략이 추구하는 구조적인 변동이나 획기적인 발전이 어렵다는 단점 보유

정책(政策, Policy) : 국리민복을 증진하려고 하는 시정(施政)의 방법이며, 정치상의 방책으로서 통상 전략을 달성함에 있어 직면하게 되는 각종 조건을 현실적으로 해소하는 방안체계

국방정책(國防政策, Defence Strategy) : 대내외 위협과 침략으로부터 국가의 생존을 보호하기 위해 군사 · 非군사에 걸쳐 각종 수단을 유지 · 조성 · 운용하는 정책

안보(安保, Security) : 국내외 각종 군사적 · 비군사적 위협으로부터 국가목표를 달성하기 위해 정치 · 외교 · 경제 · 사회 · 문화 · 군사 · 과학기술 등 제수단을 종합적으로 운용함으로써 기존의 위협을 효과적으로 배제하고 또한 일어날 수 있는 위협의 발생을 미연에 방지하며 나아가 불시의 사태에 적절히 대처하는 것

포괄적 안보(包括的 安保, Comprehensive Security) : 냉전종식 이후 안보위협이 다양해지고 국가간 상호 의존성이 심화됨에 따라 안보의 고려 영역이 확대되어, 정치 군사뿐만 아니라 경제 · 환경 · 자원 · 마약 · 인권 · 난민 등의 개념을 포함하는 안보개념

집단안보(集團安保, Collective Security) : 다수 국가가 상호간 전쟁을 금지하고 만약 침략행위가 발생될 경우 침략국 이외에 체제 내 모든 국가들이 침략국에 대해 효과적 집단조치(정치 · 외교 · 군사)를 취함으로써 체제 내 어떤 국가가 다른 국가를 침략하는 것을 방지하고 제거한다는 안보개념으로 통상 가상적국을 상정하지 않음

집단방위(集團防衛, Collective Defense) : 체제 외부에 가상적국을 상정, 외부로부터의 무력공격에 대해 안보적 이해관계를 같이하는 다수의 국가들이 공동 대처하는 방위개념

협력안보(協力安保, Cooperative Security) : 국가간 군사적 대립관계를 청산하고, 협력적 관계의 설정을 추구함으로써 상호 양립이 가능한 안보목적을 달성한다는 탈냉전시대의 안보개념

냉전구조(冷戰構造, Cold War Structure) : 한반도 정전체제 + 남방 3각 관계(한 · 미 · 일)와 북방 3각 관계(북 · 중 · 러)의 대결 구도

탈냉전구조(脫冷戰構造, Post-Cold War Structure) : 한반도 평화체제 + 지역 국가간 적대관계(Hostilities) 해소

정전체제(停戰體制, Armistice Regime) : 군사적 대결관계의 정지를 위해 유지하는 기본 틀

정전협정(停戰協定, Armistice Agreement) : 전쟁 중 적대행위를 정지하기 위하여 전쟁당사자간에 체결되는 협정형식의 합의문서

평화협정(平和協定, Peace Treaty/Agreement) : 전쟁상태의 종결과 평화의 회복, 평화복구 당사자간 법적 관계를 규정한 정치적 성격의 협정

평화체제(平和體制, Peace Regime/Mechanism) : 법적 전쟁상태 종결 및 실제적 평화가 회복 · 유지되는 기본 틀

평화공존(平和共存, Peaceful Coexistence) : 자본주의체제와 사회주의체제라는 상이한 정치 · 경제 · 사회체제가 평화적으로 공존하는 것

위기관리(危機管理, Crisis Management) : 어떤 위기 상태에 있어서 기본적인 국가이익을 포기하지 않고 전쟁으로의 확대를 방지하면서 분쟁의 평화적인 해결을 둘러싼

모든 조치

방위충분성전력(防衛充分性戰力) : 적의 침략 행위와 일방적인 자국의 국익 강요를 저지할 수 있으면서도 적이 위협으로 인식하지 않을 만한 정도의 방위적 군사력

군사동맹(軍事同盟, Military Alliance) : 2개 국가나 그 이상의 복수국가간의 합의에 의해 성립되는 집단적 안전보장의 한 방식으로서 군사적 공동행위를 맹약하는 제도적 장치나 사실적 관계

위협(威脅, Threat) : 가상 또는 잠재적인 적의 공격기도, 군사능력, 이와 관련한 국제환경 변화로부터 받는 인식 및 심리적 긴장상태

안보위협(安保威脅, Security Threat) : 국가의 생존과 번영을 불가능하게 하거나 손상시킬 수 있는 국가의 모든 분야에서 발생하는 당면 및 예상되는 위협

초국가적 위협(超國家的 威脅, Transnational Threat) : 탈냉전 이후 중요시되고 있는 새로운 위협으로 국가, 또는 비국가 행위자가 군사력 이외의 수단으로 국경을 초월하여 야기하는 비군사적 위협의 한 형태(상대국은 군사, 또는 비군사적 수단으로 대응)

새로운 위협(New Threat) : 강대국과의 전쟁에 기반을 둔 냉전기의 위협과는 달리, 탈냉전기에 새롭게 직면하는 국가안보에 대한 위협으로서 국제테러, 국제범죄, 대량살상 무기의 확산, 환경 및 경제를 둘러싼 갈등 등을 포함하는 제반 위협을 총칭하는 개념

불특정 위협(不特定 威脅, Unspecific Threat) : 현존하는 북한의 위협에 대비되는 개념으로 역내 안보구조의 불확실성과 잠재적인 국가간 갈등요소로 인해 유발될 수 있는 군사적 위협의 형태

주적(主敵, Main Enemy) : 현실적이고 직접적인 위협의 주체로서 상호 무력으로 대치하고 있어 가장 심대한 위협을 주고 있으며, 이에 따라 군사훈련, 배치, 장병정신교육 등 군사대비태세에 있어 주 대상이 되는 '적'

가상적(假想敵, Hypothetical Enemy) : 현실적이고 직접적인 위협이 아니라 전쟁·군사작전계획 수립 목적상 위협으로 상정하는 '적'

잠재적(潛在敵, Potential Enemy) : 현실적이고 직접적으로 드러난 구체적인 위협은 아니지만 앞으로 위협으로 부각될 수 있는 '적'

비대칭위협(非對稱威脅, Asymmetric Threat) : 상대국가 또는 비국가 행위자가 구사하는 통상적 수단·방법과는 다른 상대적 비교우위에 있는 수단·방법을 통해 상대방의 약점을 집중 공격하여 강점을 마비, 또는 약화시키는 위협의 형태

비대칭전략(非對稱戰略, Asymmetric Strategy) : 전략환경과 군사적 능력, 전쟁수행방법의 변화를 고려하여 적의 강점을 회피하고 약점을 공격하여 적이 효과적으로 대응하지 못하도록 함으로써 목표를 달성하는 전략

약어정리

ARF(Asian Regional Forum) : 아세안 지역안보포럼

ASEAN(Association of South-East Asian Nations) : 동남아 국가연합

CFC(ROK/US Combined Forces Command) : 한 · 미 연합군사령부

CODA(Combined Delegated Authority) : 연합권한 위임사항

CSCAP(Council for Security Cooperation in Asia-Pacific) : 아태안보협력이사회

GDP(Gross Domestic Product) : 국내총생산

GNH(Gross National Happiness) : 국가행복지수

GNI(Gross National Income) : 국민총소득

GNP(Gross National Product) : 국민총생산

NHP(National Hard Power) : 경성국력

NSP(National Soft Power) : 연성국력

IAEA(International Atomic Energy Agency) : 국제원자력기구

MDL(Military Demarcation Line) : 군사분계선

MCM(Military Committee Meeting) : (한 · 미) 군사위원회회의

NCMA(National Command and Military Authority) : 한 · 미 국가통수 및 군사지휘기구

NCOE(Network Centric Operational Environment) : 네트워크 중심 작전환경

NCW(Network Centric Warfare) : 네트워크 중심작전

NEACD(Northeast Asia Cooperation Dialogue) : 동북아 안보체제

NEASED(Northeast Asia Security Dialogue) : 동북아 안보대화

NIS(National Innovation System) : 국가기술혁신체계

NLL(Northern Limit Line) : 북방한계선

NP(National Power) : 국력

NPT(Nuclear Non-Proliferation Treaty) : 핵확산금지조약

KNSC(Korean National Security Council) : 한국 국가안전보장회의

OSCE(Organization for Security and Cooperation in Europe) : 유럽안보협력기구

PKF(Peace-Keeping Forces) : 평화유지군

PKO(Peace-Keeping Operations) : 평화유지활동

SCM(Security Consultative Meeting) : (한 · 미) 안보협의회의

참고문헌

1. 국내 문헌

가. 단행본

『국가전략』, 세종연구소, 1996-2011.

『국가전략기초론』, 국방대학원, 1992.

『국방백서』, 국방부, 1995-2011.

『국제질서 전환기의 국가전략』, 세종연구소, 2002.

『남북 기본합의서 및 분야별 부속합의서 타결과정』, 통일부, 1998.

『남북기본합의서 불가침분야 실천대책과 협상전망』, 국방연구원, 1992.

『남북정상회담과 한반도 평화』, 세종연구소, 2001.

『남북한 화해ㆍ협력 시대에 즈음한 통일문제 연구의 새 지평』, 통일문제 연구협의회, 1998.

『모두 잘사는 나라 만드는 길』, 한국경제연구원, 2002.

『북한의 국가전략』, 세종연구소 북한연구센터, 한울아카데미, 2003.

『북한의 체제전망과 남북경협』, 미래전략연구원 연구총서 3, 윤영관 엮음, 한울아카데미, 2003.

『일본의 대외팽창과 전쟁지도』, 국방대학교, 1995.

『전환기 한국의 국가안보전략』, 국방대학교, 2011.

『조선말대사전, 북한사회과학출판사』, 1992.

『통일문제의 이해, 통일교육원』, 2000.

『통일 환경과 남북한 관계』, 통일연구원, 1999-2000.

『평화번영과 국가안보: 참여정부의 안보정책구상』, 국가안전보장회의, 2004.

강진석, 『한국의 안보전략과 국방개혁』, 평단, 2005.

강종일 외, 『한반도의 중립화 통일은 가능한가』, 들녘, 2001.

공로명 외, 『위기극복의 국가학』, 기파랑, 2007.

공병호, 『대한민국, 번영의 길』, 해냄, 2005.

곽차섭, 『마키아벨리즘과 근대국가의 이념』, 현상과 인식, 1996.

구영록, 『대한민국의 국가이익』, 법문사, 1995.

─────, 『한국과 햇볕정책: 기능주의와 남북한 관계』, 법문사, 2000.

구해우, 『2002년 한반도 문제의 타결을 위한 과제』, 미래전략연구원, 2002.

권태영, 『육군비전 2030연구』, 한국전략문제연구소, 2009.

김강영, 『남북정상회담과 한반도 평화체제 구축』, 국가문제연구소, 2000.

김경호, 『국제정치환경과 한반도 통일』, 세종출판사, 2001.

김계동, 『북한의 외교정책』, 백산서당, 2002.

김구섭 외, 『한반도평화체제 전환시 군사적 영향평가 및 대응방향』, 국방연구원, 1996.

──────, 『북한의 체제변화에 대한 안보전략』, 국방연구원, 1997.

김달중 편저, 『외교정책의 이론과 이해』, 오름, 1999.

김달중 외, 『새천년 한반도 평화구축과 신지역질서론』, 오름, 2000.

김덕 편, 『국제질서의 전환과 한반도』, 오름, 2000.

김동성 외, 『신국가안보전략의 모색』, 세경사, 1993.

김성철 편, 『대한민국의 국가전략 2020: 동북아경제협력』, 세종연구소, 2005.

──────, 『미중일관계와 동북아질서』, 세종연구소, 2003.

김성한, 『한반도 평화체제 구축방향과 평화협정의 내용』, 전략연구 통권 19호, 2000.

김열수, 『국가안보』, 법문사, 2010.

김영호, 『통일한국의 패러다임』, 풀빛, 1999.

김용민 외, 『갈등을 넘어 통일로: 화해와 조화의 공동체를 위하여』, 통일교육원, 2004.

김용제, 『남북한 신뢰구축과 교류 · 협력활성화 방안』, 통일문제연구소, 1993.

김재한, 『한반도 냉전구조 해체와 남북한 평화체제 구축방안』, 국가안보연구소, 2000.

김재호, 『김정일 강성대국 건설전략』, 평양: 평양출판사, 2000.

김진항, 『전략이란 무엇인가?』, 양서각, 2006.

김창수, 『한반도 평화체제 수립과 군축을 위한 분석과 제언』, 통일시론, 1998.

김철수, 『헌법학신론』, 박영사, 2001.

김학성 외, 『한반도 평화전략』, 통일연구원, 2000.

김학준, 『21세기 한반도 통일전략』, 국방부, 1996.

김희상, 『21세기 대한민국안보』, 전광, 2000.

노태구, 『평화통일의 정치사상』, 신인간사, 2000.

대통령정책자문위원회, 『선진복지 대한민국의 비전과 전략』, 동도원, 2006.

로버트 엑셀로드저, 이경식 옮김, 『협력의 진화(이기적 인간의 팃포탯 전략)』, 시스테마, 2009.

류상영 외, 『국가전략의 대전환』, 삼성경제연구소, 2001.

문정인 외, 『남북한 정치 갈등과 통일』, 도서출판 오름, 2002.

민병천, 『평화통일론』, 대왕사, 2001.

박건영, 『평화통일을 위한 한국의 통일외교전략』, 세종연구소, 2000.

박기덕 편, 『대한민국의 국가전략 2020: 정치 · 사회』, 세종연구소, 2005.

박봉현, 『대통령리더십과 통일정책』, 한울아카데미, 2002.

박세일, 『대한민국선진화전략』, 21세기북스, 2006.

박영규, 『한반도 군비통제의 재조명 : 문제점과 개선방향』, 통일연구원, 2000.

박영준 외, 『안전보장의 국제정치학』, 사회평론, 2010.

박종천 외, 『한·미 군사협력−현재와 미래−』, 세종연구소, 2001.

박종철 외, 『통일이후 갈등해소를 위한 국민통합방안』, 통일연구원, 2004.

박종철 외, 『2020선진대한민국의 국가전략: 총괄편』, 통일연구원, 2007.

박준영, 『국제정치학』, 박영사, 2000.

박형중, 『"불량국가" 대응전략』, 통일연구원, 2002.

박호성 외, 『북한사회의 이해』, 인간사랑, 2002.

박휘락, 『전쟁, 전략, 군사입문』, 법문사, 2005.

배기찬, 『코리아 다시 생존의 기로에 서다』, 위즈덤하우스, 2006.

배정호, 『일본의 국가전략과 한반도』, 통일연구원, 2001.

────, 『일본의 국가전략과 안보전략』, 나남출판, 2006.

백낙청 외, 『21세기의 한반도 구상』, 창비, 2004.

백종천, 『한반도평화안보론』, 세종연구소, 2006.

백종천 편, 『한국의 국가전략: 전략환경과 선택』, 한국경제연구소, 2004.

백종천·이민룡, 『한반도 공동안보론』, 일신사, 1993.

백학순 편, 『남북한 통일외교의 구조와 전략』, 세종연구소, 1997.

────, 『북한의 국가전략』, 세종연구소, 한울아카데미, 2005.

복거일외, 『21세기 대한민국』, 나남출판, 2005.

부잔 베리외, 『안전보장(安全保障)』, 국방대학교 안보문제연구소, 1998.

서주석, 『남북 교착상태와 한반도 평화정착』, 미래전략연구소, 2001.

송대성, 『한반도 평화체제』, 세종연구소, 1998.

────, 『남북한 신뢰구축 : 정상회담 이후 근본 문제점 해결방안』, 세종연구소, 2001.

────, 『한반도 평화체제 구축과 미국』, 군사문제연구원, 2001.

송종환, 『북한협상행태의 이해』, 오름, 2007.

신상진, 『중·미관계와 한반도 외교안보 및 통일문제를 중심으로』, 통일연구원, 2000.

신지호, 『북한의 개혁·개방』, 한울아카데미, 2000.

양영식, 『통일정책론』, 박영사, 1997.

유지호, 『예멘의 남북통일』, 서문당, 1997.

육군사관학교, 『국가안보론』, 박영사, 2001.

이규열, 『남북한 실질적 군비통제 방안』, 한국전략문제연구소, 2000.

이민룡, 『한반도 안보전략론』, 봉명, 2001.

이상철, 『안보와 자주성의 딜레마: 비대칭 동맹이론과 한미동맹』, 연경문화사, 2004.

이상현 편, 『한국의 국가전략 2020: 외교 · 안보』, 세종연구소, 2005.

이용민, 『한반도평화체제 제도화 방안연구』, 호남대학교 행정대학원, 2001.

이우재 역, 『중국의 세계전략』, 21세기북스, 2005.

이인배, 『북한의 군비통제와 대한민국의 대응방안』, 북한연구소, 2002.

이종석, 『분단시대의 통일학』, 한울, 1998.

이창주 외, 『한반도 평화공존과 공동체』, 한민족포럼, 2001.

이태환 편, 『한국의 국가전략 2020: 동북아 안보협력』, 세종연구소, 2005.

이호재 편, 『한반도 평화론』, 범문사, 1986.

임영태, 『대한민국 50년사, 건국에서 제3공화국까지』, 들녘, 1999.

임혁백, 『새천년의 한국과 세계 : 국가비전과 전략』, 나남출판, 2000.

장청수, 『한반도 신질서와 통일전망』, 범우사, 2000.

전경만 외, 『동북아시대의 국가안보전략연구』, 국방연구원, 2005.

정성장 편, 『한국의 국가전략 2020: 대북 · 통일』, 세종연구소, 2005.

정세진, 『동아시아 국제관계와 한반도』, 한울아카데미, 2002.

정용길, 『통일로 가는 길』, 고려원, 1993.

제성호, 『한반도 평화체제의 모색』, 지평서원, 2000.

조영갑, 『韓國危機管理論』, 팔복원, 1995.

차영구 외, 『국방정책의 이론과 실제』, 도서출판 오름, 2002.

천용택, 『평화통일을 위한 강력한 국방태세 확립』, 국방부, 2001.

최 강, 『국제 군비통제 방향 및 대응방향』, 한국전략문제연구소, 2000.

최완규 외, 『북한연구방법론』, 한울아카데미, 2004.

최의철, 『남북한 교류 · 협력 활성화 방안』, 통일연구원, 2000.

피터 드러커 저, 이재규 역, 『Next Society』, 한국경제신문, 2002.

한승주, 『남과 북, 그리고 세계』, 나남, 2000.

하영선 외, 『21세기 한반도 백년대계』, 풀빛, 2004.

하정열, 『한반도 통일 후 군사통합 방안』, 팔복원, 1995.

――, 『일본의 전통과 군사사상』, 팔복원, 2004.

――, 『한반도의 평화통일전략』, 박영사, 2004.

――, 『국가전략론』, 박영사, 2009.

――, 『한반도 희망 이야기』, 오래, 2011.

――, 『상호주의전략론』, 오래, 2012.

홍관희, 『북한의 체제위기와 우리의 통일전략』, 통일연구원, 1999.

――, 『남북관계의 확대와 대한민국의 국가안보』, 통일연구원, 2000.

황주홍 외, 『지도자론』, 건국대학교출판부, 2002.

나. 논문

곽승지, 「김정일체제의 21세기 국가전략: 강성대국을 중심으로」, 『통일연구』 제4호.

구상희, 「한국의 안보와 과학기술전략」, 『국가전략』 제2권 제2호(세종연구소, 1996).

구영록, 「탈국가중심주의와 평화체제」, 『국가전략』 제3권 제2호(세종연구소, 1997).

──, 「한국의 안보전략」, 『국가전략』 제1권 제1호(세종연구소, 1995).

권희면, 정부성 공저, 「통일한국의 병역제도구상」, 『국방논집』 제38호(1997년 여름).

김계동, 「한국의 안보전략구상」, 『국가전략』 제3권 제1호(세종연구소, 1997).

김기수, 「남북한 정치통합의 모색"(한양대 행정대학원 박사학위논문, 2000).

김일영, 「북한붕괴시 한국군의 역할 및 한계」, 『국방연구』 제49권 제2호(국방연구원, 2003).

김재관, 「21세기 중국의 대국화 신안보전략」, 『대한민국의 국제정치』 제19권 제1호, 2003봄호.

류길재, 「김정일 정권하의 북한체제와 체제변화 가능성의 검토」, 『국가전략』 제3권 제1호(세종연구소, 1997).

문정인, 「김대중 정부와 한반도 평화체제 구축」, 『국가전략』 제5권(세종연구소, 1999).

박건영, 「평화통일을 위한 대한민국의 통일외교전략」, 『국가전략』 제6권 제1호(세종연구소, 2000).

박광기, 「동북아 평화체제 구성과 전망에 있어서 한미 안보협력관계의 의미와 역할"(통일원, 1996).

서동만, 「현 남북관계 상황분석 및 타개방안」, 『안보정책논총(2)』(국가안전보장회의 사무처, 2001).

서주석 외, 「남북관계 변화에 따른 남북군사관계 조정방안」, 『안보정책 논총(2)』(국가안전보장회의 사무처, 2001).

손재식, 「평화통일의 과제와 방책」, 『오토피아』 제13권 제1호, 1998.

오승렬, 「정상회담 이후 남북관계 전망과 과제」, 『남북 정상회담의 성과와 남북관계의 전망』(통일연구원, 2000).

이규열, 「중장기 한미동맹 발전방안」, 『안보논총』(국가안전보장회의사무처, 2001)

이기종, 「남북한 한반도 평화전략과 평화체제 구축과제」, 『통일정책연구』 제8권 제1호, 1999.

이대원, 「남북한 군사적 신뢰구축 방안연구」, 국방참모대학, 1998.

이석수, 「분단과 대립을 넘어서 : 한반도 평화체제의 모색」, 『통일연구』 제3권 제1호, 1999.

──, 「대북포용정책의 평가와 전망」, 『2000년대 한반도 주변국과 북한의 안보정책』(국방대학교 안보문제연구소, 2000).

이윤규, 「보이지 않는 전쟁! 심리전이야기」, 『육군협회』, 2009년 8월호.

이장희, 「한국정전협정의 평화협정체제로의 전환방안」, 『한국법학회논총』 제39권 1호 (1994)

이종학, 「전략이론이란 무엇인가」, 서라벌군사연구소, 2002.

임동원, 「한국의 국가전략」, 『국가전략』 제1권 제1호(세종연구소, 1995).

전성훈, 「방어적 충분성(NOD)이론과 한반도 안보전략」, 『국가전략』 제1권 제2호(세종연 구소, 1995).

──, 「대한민국의 국가이익과 국가전략」, 『국가전략』 제5권 제2호(세종연구소, 1999).

전태형 · 김수영 공저, 「독일통일의 교훈과 한반도 통일」, 『국방논총』 제20호(1992).

정성장, 「김정일시대 북한의 선군정치와 당군관계」, 『국가전략』 제7권 제3호, 2001 가 을 · 겨울호.

정원영, 「남북한 동원체제와 통일한국군」, 『대한민국군사』 제7호(1997년 7월)

정용길, 「분단국가의 통일사례가 한반도 통일에 주는 교훈에 관한 연구」, 『동국대학교 행정논집』 제22호(동국대학교, 1994).

정원식, 「국가전략의 탐구」, 『국가전략』 제3권 제2호(세종연구소, 1997).

제성호, 「한반도 평화체제 구축방안」, 『국가전략』 제2권 제1호(세종연구소, 1996).

──, 「평화체제 전환 시 한국이 견지해야 할 기본원칙과 조건」, (민주평통자문위원회 의, 1995)

제정관, 「남북한 군사통합 방안과 통일한국 건설방향」, (경남대학교 대학원, 1998).

차영구, 「안보 · 군사통합, 2000년부터 남북공동시대 진입」, 대통령21세기위원회, 『2000년에 열리는 통일시대』(동아일보사, 1993).

최종철, 「초국가적 안보위협과 한국의 안보 : 새로운 인식과 대응책 구상」, 『한국안보의 주요 쟁점과 전략』(국방대학교 안보문제연구소, 2000).

하정열, 「독일통일의 배경과 교훈」, 『국방』(국방부, 1990).

──, 「독일연방군 통합이 주는 교훈」, 『국방』(국방부, 1991).

──, 「상호주의 시각에서 본 남북관계 분석」, (북한대학원대학교, 2010).

──, 「북한 3대 세습과 군부의 진로」, 『전략연구』(한국전략문제연구소, 2011).

함택영, 「한반도 평화체제 수립방안 : 평화협정, 군축 및 경제통합」, 『안보 정책논총』(국 가안전보장회의 사무처, 2001).

허문영, 「대북정책 및 통일문제 관련 국내여론 현황 및 통합방안」, 『안보정책논총(2)』 (국가안전보장회의 사무처, 2001).

현인택, 「한반도 평화체제의 제 문제 : 세계의 평화협정의 합의와 한반도 평화체제의 주 요 쟁점」, 『전략연구』(한국전략문제연구소, 2000).

2. 외국 문헌

Albrecht, Ulrich, *Die Wiedervereinigung. Die Regelung der aeusseren Aspekte* (Manuskript), Berlin, 1991.

Andrew Mack and Paul Keal, *Security and Arms Control in the North Pacific*, 1998.

Axelrod, Robert, *The Evolution of Cooperation*, New York: Basic Books, 1984.

──────, *Conflict of Interest, A Theory of Divergent Goals with Application to Politics*, Chicago: Markham, 1970.

Beaufre, Andre, *Introduction to Strategy*, London: Faber & Faber, 1965.

Boulding, E. Kenneth, *Stable Peace*, Austin: University of Texas Press, 1978.

Bruce W. Bennet, "The ROK-U.S. Alliance From a U.S. Perspective," 「전략연구」제8권 제13호(한국전략문제연구소, 2001).

Buzan, Barry, *An Introduction to Strategic Studies*, London: Macmillan Press, 1987.

Collins, John M., *Military Strategy: Principles, Practices, and Historical Perspectives*, Washington D.C.: Brassey's Inc., 2002.

Diehl, F. Paul, *International Peacekeeping*, Baltimore and London: The Johns Hopkins University Press, 1993.

Farwick, Dieter, *Ein Staat-Eine Armee*, Report Verlag, 1992.

Fukuyama, Francis, *End of History and the Last Man*, Free Press, 1992.

Galtung, Johan, "*A Structural Theory of Integration*," Journal of Peace Research, Vol.5, No.4, 1968.

Giddens, Anthony, *Beyond Left and Right: The Future of Radical Politics*, Cambridge: Polity, 1994.

Haas, Richard, "*Policymakers and the Intelligence Community in this Global Era*," CIA Strategic Assessments Group Annual Conferens, Wednesday, Nob.15, 2001.

Hegre, Havard, "*Development and the Liberal Peace: What Does it Take to Be a Trading State*," Journal of Peace Research, Vol.37, No.1, 2000.

Hoffmann, Stanley, *Gullivers Troubles, or the Steering of American Foreign Policy*, New York: McGraw-Hill, 1968.

Howard, Micheal, "The Forgotten Dimension of Strategy," *Foreign Affairs*, Vol.57, No.5, 1979.

Kaiser, Karl, *Deutschlands Vereinigung. Die Internationalen Aspeckte*, Bergisch- Gladbach, 1991.

Kaiser, Karl, *Deutschlandsvereinigung*, Bastei Luebbe, 1991.

Kessler, Richard, *Ein runder Tisch mit scharfen Ecken*, Nomos, 1993.

Keohane, Robert O., *After hegemony: Cooperation and Discord in the World Political Economy*, Princeton: Princeton University Press, 1984.

Keohane, Robert O., Nye, Joseph S. *Transnational Relations and World Politics*, Cambridge: Harverd University Press, 1973.

Lancy, James T. and Fason T. Shaplen, "How to deal with North Korea," *Foreign Affairs*, Vol.82, No.2(2003 March–April), pp.16–30.

Liddell Hart, B. H., *Strategy: The Indirect Approach*, rev. de., London: Faber & Faber, 1967.

Nye, Joseph S., "*Hard Power, Soft Power*," The Boston Globe (August 6), 1999.

Perry, J. William(U.S.–North Korea Policy Coordinator and Special Advisor to the President and the Secretary of State Washington DC), *Review of United States Policy Toward North Korea : Findings and Recommendations*(October 12, 1999).

Plock, Emest D., *East German–West German Relations and the Fall of the GDR*, 1993.

Schoenbohm, Joerg, *Zwei Armeen und ein Vaterland*, Siedler Verlag, 1992.

SIPRI, *Armaments, Disarmament and International Security*(SIPRI yearbook 1999).

Snyder, Craig A., "*Contemporary Security and Strategy*," in Craig A. Snyder, ed., New York: Routledge, 1999.

Snyder, Don M., *The National Security Strategy: Documenting Strategic Vision*, US Army War College: Strategic Studies Institute, 1995.

Steinberg, Rolf, *Der Weg zur deutschen Einheit*, Nicolai, 1990.

US Department of Defense, *The National Defense Strategy of the United States of America*, 2005.

Von Beyme, Klaus, *Das Politische System der Bundesrepublik Deutschland nach der Vereinigung*, Piper, 1993.

Von Kirchbach, Hans Peter, *Abenteuer Einheit*, Report Verlag, 1992.

Von Schewen, Werner, "*Military Force Reductions in Germany since 1989*," Lecture Paper Delivered at the Military Operations Research Society

Korea on May 28, 1996.

菊澤研宗, 『戰略學 立體的 戰略の 原理』, ダイヤモンド社, 2008.
石津朋之, 『現代戰略論-戰爭は政治の手段か』, KEISO, 2000.
吳春秋, 『大戰略論』, 국방대학교, 2000.

부록

1. 대한민국의 국가안보전략 변천사(1948-2012)

대한민국의 국가안보전략을 발전시키기 위해서는 과거 우리의 안보전략을 살펴본다는 것은 필요하고 의미 있는 일이다. 이를 위해 8 · 15 광복 이후 대한민국의 안보전략의 개념과 변천과정을 살펴보고자 한다. 대한민국의 안보전략을 분야별로 구분하면 국방, 외교, 통일, 정치심리, 경제, 사회 등으로 나타난다. 여기서는 보다 간략하게 기술하기 위해 국방, 외교, 정치심리, 경제와 통일에 중점을 두고 기술하였다. 우리나라의 발전과정에서 국가지도자가 각 시대별로 어떤 안보전략을 수립하여 추진하였으며, 그 결과가 어떻게 나타났는가를 살펴보는 일은 미래의 안보전략을 수립하는데 반성과 디딤돌의 역할을 할 수 있을 것이다.

본 저서에서는 대한민국의 국가안보전략의 변천과정을 다음과 같이 다섯 시기로 나누어 살펴보고자 한다. 시기를 이렇게 구분한 것은 졸저 『국가전략론』과 일관성을 유지하기 위해서이다.

제1기 건국, 전쟁 및 전후 복구기(1945-1960)
제2기 근대화 추진기(1961-1971)
제3기 고도성장기(1972-1987)
제4기 민주화와 균형발전 추구기(1988-1997)
제5기 남북한 교류협력 강화 및 선진국 도약기(1998-2012)

(1) 건국, 전쟁 및 전후 복구기(1945-1960)

한반도의 안보정세는 일제치하로부터 광복 후 일정 시점까지, 혼란의 연속이었다. 미소간의 합의로 38선을 경계로 한 국토분단의 조짐이 나타났다. 북쪽에는 소련의 지원을 받는 공산주의 체제가 등장하였고, 남쪽에서는 미국의 지원을 받는 민주주의 체제가 등장하였으나, 초기 3년 동안은 국가의 모습조차 갖추지도 못하였다.

대한민국은 미·소 냉전의 시작과 때를 같이하여 1948년 탄생되었다. 소련은 제2차 세계대전 종전과 함께 점령지역인 동유럽 8개국과 북한을 공산화하고, 서유럽지역으로 이른바 '스탈린의 적화공세'를 확대해 나가고자 했다. 미국은 '트루먼독트린[1]'과 '마셜계획'으로 이를 저지했고, 소련은 '코민포름COMINFORM[2]'을 조직하여 이에 대항하면서 동서분단은 굳어지고 민주주의와 공산주의 양 체제의 냉전으로 발전되었다. 한편 중공군의 중국본토에서의 총공세와 때를 같이하여, 스탈린의 적화공세는 아시아 여러 지역에서 민족해방운동에 편승하여 게릴라전으로 전개되었다. 그러나 냉전초기 미국의 대응은 군사적 대결태세보다는 정치, 경제, 이념적 대결의 성격을 띠고 있었으며, 대한민국을 포함한 아시아대륙은 트루먼독트린에서 제외되었다.

이런 혼란의 와중에 남한만의 총선거가 UN한국위원단의 감시하에 1948년 실시되었다. 당해 연도 7월 20일 국회에서 실시한 선거에서 이승만 초대 대통령이 선출되었고, 7월 24일 취임식에 이어 건국내각이 이루어졌다.

해방정국의 혼란과 좌우익의 대결, 6·25전쟁의 초기 비참한 후퇴와 UN군에 의한 반격, 중국군의 참전, 휴전, 보릿고개로 불리는 극빈의 생활체험, 체제적인 부정이 만연했던 이승만 정권 등은 당시의 대표적인 국내환경

---

1) 1947년 3월 미국 트루먼 대통령이 의회에서 선언한 미국 외교정책, 그 요지는 공산주의 세력의 확대를 저지하기 위하여 자유와 독립의 유지에 노력하며, 소수자의 정부지배를 거부하는 의사를 가진 여러 나라에 대하여 군사적·경제적 원조를 제공한다는 것이다.
2) Communist Information Bureau의 약자임.

이었다. 국가재원의 90% 이상은 외국의 원조에 의존하였다. 정치적인 정체성의 기초를 확립하는 기간이었다.

광복 후부터 정부수립 이전에는 미군정에 의해 통치되던 시기라 변변한 안보전략이나 정책은 수립될 수 없었다. 당시의 국가이익은 신생국의 안전보장과 자유민주정부의 수립과 체제의 안정 등에 있었다. 1948년 8월 15일 광복 제3주년을 맞아 정부수립 선포식을 거행하였는데 당시의 국가목표는 '건국, 헌정질서의 확립, 반공反共과 북진통일'이었다.[3]

대한민국 정부수립과 함께 이승만 정부가 당면한 과제는 ① 민주헌정民主憲政의 기본질서와 국가통치체제의 확립, ② 국민생활 안정대책의 강구, ③ 농촌과 산악지역에서 확대일로에 있는 공산반도의 진압과 치안회복, ④ 반공태세의 강화를 통한 국민단결 등이었다.

이승만 대통령은 외교력을 발휘하여 미국의 원조를 가능한 최대로 획득하여 민생의 안정을 도모하면서 국민적 통합을 통해 반공태세를 확립하고자 하는 국가전략을 추진하였다. 그러나 국가안보전략은 수립할 방안도 없었고, 필요성도 느끼지 못했다.

국가안보차원에서 신생정부의 가장 큰 부담은 공산당에 공조하는 세력을 진압하고 치안을 확보하는 문제였다. 북한은 6·25 남침에 앞서 1949년 9월의 게릴라 총공세를 준비하면서 여름철 녹음기에 게릴라 기간요원을 대거 남파하였다. 38선 일대에서는 여러 차례의 국부적 군사 충돌사건을 야기하여 국군부대를 후방 게릴라진압작전에 전환하지 못하도록 견제했다. 그러나 이승만 정부는 1949년 11월초부터 약 6개월간 겨울철을 이용한 대대적인 군경합동 토벌작전을 전개하여 게릴라의 완전소탕에 성공하게 되

---

3) 1948년 8월 15일 '건국(建國)'은 대한민국의 좌표를 설정했다는 의미가 있다. 한 달여 앞서 발표된 제헌헌법은 대한민국이 "주권이 국민에게 있으며 개인의 자유와 재산권을 보장하는 민주공화정 체제"라고 밝히고 있다. 이에 따라 정치적으로는 자유민주주의, 경제적으로는 시장경제 이념을 토대로 하는 국가 정체성이 자리를 잡았다. 김일영 성균관대 교수는 "초대 이승만(李承晚) 대통령은 남한에 먼저 정부를 세우고, 이를 토대로 북한을 통일하자는 2단계 전략이었다"면서 "최선은 아니지만 가능한 범위 내에서 차선의 선택이었다"라고 평가했다(조선일보, 2008년 8월 14일).

었다. 남로당의 5·10 선거 반대 폭력투쟁 개시 이래 약 2년간의 무력투쟁 기간에 국민들의 피해는 막심했다. 또한 사태가 얼마나 심각했는가는 1949년도 정부예산지출의 60%를 치안유지비가 차지했다는 사실로도 짐작할 수 있다.⁴⁾

이승만 대통령은 반공 무력통일전략을 견지하였다. 기회 있을 때마다 북진통일北進統一과 함께 '흡수통일론'과 '무력통일론' 등을 내세웠다.⁵⁾

이승만 대통령은 대미 안보외교에 각별한 노력을 경주했으나 미국의 호응을 얻는 데는 실패했다. 1949년 6월의 주한미군 철수를 앞두고 이 대통령은 안보체제 확립을 위해 ① NATO와 같은 태평양 반공동맹을 결성하든지, ② 한·미 상호방위조약을 체결하든지, 아니면 ③ 미국이 대한민국방위를 확약하는 공식 선언을 해줄 것을 성명서를 통해 요청하였다. 그리고 전차를 비롯한 해군과 공군의 장비 원조도 요청하였다. 그러나 아시아대륙에서 손을 떼기로 한 미국은 그 필요성을 인정하지 않았고, 애치슨 당시 미국 국무장관은 "대한민국이 미국의 아시아방위선 밖에 있다"고 발표(1950. 1. 12)하기에 이르렀다.

1950년 6월 25일 북한의 기습남침으로 전쟁이 개시되자 이 대통령은 미군을 비롯한 유엔군의 참전을 유도하고, 국군의 작전지휘권을 유엔군 사령관에게 이양하여 미국과 유엔의 협력을 얻어 전쟁승리로써 국토통일을 성취하고자 전력을 경주하였다.

이승만 대통령은 한국전쟁 초기에 미국군과 연합군의 참전을 성사시키고, 한국군의 38도선 이북으로의 북진을 묵인하였다. 1953년 6월 미국의 휴전협정의 수용요구에 반발하여 반공포로 2만 6,424명을 전격 석방함으로써 한미상호방위조약을 이끌어내 안보체제를 튼튼히 한 점은 주목할 만

---

4) 임동원, 「한국의 국가전략」, 『국가전략』 제1권 1호(세종연구소, 1995), pp.23-24.
5) 이승만 정부는 1948년 8월 15일에 '통일에 관한 3개항'을 발표하였다. 그 내용은 다음과 같다.
   ① 대한민국 정부는 한반도에서 유일한 합법정부이다. ② 북한 지역에 100석의 국회의원 자리들을 유보하여 주며, 또한 그들이 이를 조속히 채워 줄 것을 기다린다. ③ 북한지역에 대한 (대한민국의) 주권회복 권리를 천명한다.

한 일이다.[6]

미소 냉전체제가 심화됨에 따라 미국의 극동전략의 일환으로 대한민국은 자유진영의 최전방기지로서, 그리고 반공의 첨단기지로서 중요한 전략적 역할을 수행하게 되었다. 또한 미국의 대한민국에 대한 군사·경제원조도 대폭 증가되었다.

대한민국의 1950년대의 국가안보전략은 구체적으로 수립된 바는 없다. 개념적으로 보면 미국과의 안보동맹을 확립하여 미군을 대한민국에 주둔시키고, 군사원조를 획득하여 우리의 군사력을 증강하면서 반공 및 안보태세를 강화하는 한편, 미국의 경제원조를 획득하여 재해복구와 경제재건을 추진하는 것이었다. 당시의 국가안보전략의 핵심은 한미공동방위체제의 확립과 국군병력의 증강을 통한 안보태세의 강화에 있었다.

이승만 대통령은 1953년 5월 정전협정체결의 전제조건으로 3개 항의 요구사항을 미국에 제시했다. 즉 ① 한미공동방위체제의 확립, ② 국군증강을 위한 군비제공, ③ 미국의 해·공군의 계속 주둔이 그것이다. 그러나 미국이 정전협정체결 후에나 고려될 수 있다는 소극적인 반응을 보이자 반공포로를 일방적으로 석방하여 정전협정체결에 제동을 걸었다. 미국은 서둘러 '한미상호방위조약' 체결에 동의함으로써 한미안보동맹체제가 확립되는 계기가 되었다.

이 조약에 따라 미국의 육군 2개 사단 및 지원부대와 1개 공군사단 등 6만 명이 한국에 주둔하게 되었다. 대한민국 국군병력은 한때 최대 72만 명으로 증강되어, 육군은 20개 보병사단과 10개 예비사단으로 발전하였다. 그리고 유엔군 사령관이 국군에 대한 작전통제권을 행사할 수 있게 하고,

---

6) 분단과 전쟁, 빈곤과 혼란 등 최악의 조건이었던 대한민국 건국 당시의 상황에서는 미국식 민주주의를 뿌리내리기는 불가능했고, 살아남아 국가발전을 이루기 위해서는 '강한 국가(Strong State)'가 되어야만 했다. 이승만 정부는 ① 공산세력의 침략과 같은 건국 초기의 온갖 도전과 위기를 극복하고 나라를 지켰으며, ② 민주주의와 시장경제를 중심으로 한 근대국가의 법적·제도적 장치를 마련했고, ③ 한·미 동맹을 통해 안보의 기틀을 다지고 국군을 창설했으며, ④ 농지개혁과 교육혁명 같은 사회경제적 개혁을 단행해 국가건설의 기초를 다졌음을 인정해야 할 것이다.

미국은 군사원조를 계속 제공하기로 합의하였다.

미국의 봉쇄정책과 미군의 전방배치전략에 힘입어 이 대통령은 국군을 증강하면서, 한미안보동맹 강화와 미군주둔의 보장 등 확고한 한미 공동방위체제를 확립하는 데 성공하였다.

1950년대의 이승만 정부에서는 그나마 국가안보전략이 최고의 국가전략이었다. 남북이 분단되어 대치된 상태에서 한반도에서 전쟁의 발발로 국가의 운명이 위태로운 시기였기 때문이었다. 공산주의의 침략으로부터 영토를 지키고 국민의 생명과 재산을 보호하는 것이 생존차원에서 존망의 국가이익이었다. 당시 이승만 정부는 미국으로부터 군사적 · 경제적 지원을 많이 받아 내 안보를 강화하고, 전쟁으로 폐허가 된 국가경제를 재건하며, 북진통일을 완수하는 것이 최대의 국가목표였다. 그리하여 이승만 정부는 미국과의 한미군사동맹을 체결하였고, 반공노선을 줄곧 견지하였다.

국가안보전략 차원에서 이승만 대통령의 가장 두드러진 특성은 국제비전과 한반도 문제의 판독능력이 뛰어났다는 점이다. 그의 국제비전과 전략은 냉전과 분단, 그리고 전쟁의 소용돌이 속에서 읍소와 협박을 통해 공고한 한미동맹을 체결토록 유도하였고, 남북분단을 관리하여 주변국을 능숙하게 견제해 낸 것에서 드러난다. 12년 집권 동안 이 대통령의 일관된 정치적 목표는 한국의 독립과 반공이었고, 주된 수단은 국방과 외교였다.

(2) 근대화 추진기(1961-1971)

미 · 소 간의 대결은 1960년대에 들어서며 핵무기를 포함한 군비경쟁과 제3세계 지역에 대한 분쟁개입으로 전개되었다. 핵전력을 독점한 미국에 도전하여 소련의 핵폭탄 및 장거리 운반수단 개발노력이 가속화되면서 핵무기 경쟁이 가열되었고, 서로가 핵공격을 할 수 있는 핵전력의 양극화시대로 접어들었다. 그리고 중 · 소 간에는 이념분쟁이 본격화되어 갔다.

한편 베트콩이 남부월남에서 게릴라전을 개시하자 미국은 군사지원을 강화하는 한편 1964년부터는 미군이 직접 개입하였다. 이러한 정세를 배경으로 하여 미국의 대외원조는 점진적으로 감소추세를 나타내게 되었다.

휴전 이후 북한은 소련과 중국의 원조를 얻어 군사력을 꾸준히 증강하였으며, 4대 군사노선을 추구하던 1960년대 중반에는 어느 정도의 대남 군사력 균형을 이루게 되었다. 그러나 북한은 중·소 분쟁이 심화되고, 소련의 김일성 비판이 강화되자 독자적인 생존노선을 강화하였다. 이념적으로는 주체사상을 주창하고, 비동맹국가와 관계를 정립하면서 국제적 위상을 높이기 위하여 노력하였다.

장면 정부의 제2공화국은 국가전략이나 안보전략을 수립할 틈이 없었다. 장면 내각의 통일정책은 대한민국 헌법절차에 의한 유엔감시하의 인구비례에 따른 남북한 총선거였다. 통일정책의 현실화를 위해 "평화적인 방법에 의한 자유민주통일의 원칙하에 유엔의 결의를 존중한다"는 '평화통일론'으로 전환하였다. 이승만 정부의 대북정책을 발전적으로 계승하면서 북한 불승인 원칙하에 2개의 대한민국을 부인하는 '할슈타인원칙'을 고수하였다.

장면 정부는 외교안보전략 측면에서도 '저자세외교'라는 비판을 받을 정도로 대미안보외교에 적극성을 보였다. 대일외교에 있어서도 한일관계의 정상화를 모색하는 방향으로 전환하였으나 적극적인 정책추진을 하지는 못하였다.

박정희 장군이 중심이 되어 5·16군사정변으로 집권한 군사정권이 내세운 행동강령은 '혁명공약 6개항'[7]에 명시되어 있듯이 ① 반공태세의 재정비 강화, ② 자유우방과 유대강화, ③ 부패와 구악일소, ④ 자립경제 건설, ⑤ 국력배양으로 집약된다.

이 시기에 있어서 존망의 국가이익은 공산주의의 침략을 예방하여 생존을 보장하는 것이었으며, 핵심적 국가이익은 조국근대화와 민족중흥의 경

---

7) 6개항이란 ① 반공을 국시의 제일로 삼고 반공태세를 재정비 강화할 것, ② 미국을 위시한 자유우방과의 유대를 공고히 할 것, ③ 모든 부패와 구악을 일소하고 청렴한 기풍을 진작시킬 것, ④ 민생고를 시급히 해결하고 국가자주경제의 재건에 총력을 경주할 것, ⑤ 국토통일을 위하여 공산주의와 대결할 수 있는 실력을 배양할 것, ⑥ 양심적인 정치인에게 정권을 이양하고 군은 본연의 임무로 복귀한다는 것이었다.

제사회적 틀을 마련하는 것이었다.

박정희 정부는 '경제제일주의'를 내세우고, 새 정치풍토를 마련하여 자립경제건설과 산업혁명의 성취로서 민족중흥을 이룩한다는 명확한 국가목표를 제시했다.

박정희 대통령은 '일면 국방, 일면 경제건설'이라는 구호 아래 경제건설을 추진하였다. 그는 미군이 주둔하고 있고 한미안보동맹이 유지되고 있는 한 어떠한 위협에도 대처할 수 있다는 자신감으로 인해 안보문제보다는 경제건설에 국력을 총집중하고자 하였다. 더구나 감소추세에 있는 미국의 경제원조가 끊어지기 전에 이를 최대로 활용하고자 한 것이다.

공업입국工業立國을 통한 조국 근대화를 위해 박정희 정부는 1960년대에 두 차례의 경제개발 5개년 계획을 추진하였다. 경제개발전략은 우선 노동집약적인 '경공업 중심의 수출주도형 공업화'를 통해 고용증대와 수출산업을 육성하는 것이었다.

박정희 정부는 경제발전에 필요한 자본과 기술을 획득하기 위하여 일본과의 관계정상화를 추진했다. 또한 월남전에 한국군을 파병하여 한미안보협력을 강화하는 한편 경제발전의 전기를 마련하게 된다.

국가안보문제에서는 외부의 위협보다도 내부의 위협, 즉 빈곤이 공산주의의 온상이 된다는 것을 중시했다. 통일문제는 아예 '선先 건설 후後 통일'로 돌려 놓았다.[8] 외교적으로는 미국과의 튼튼한 안보동맹을 유지하는 한편, 외교력을 집중하여 미국, 일본, 유럽 등 우방국으로부터 자본과 기술을 도입하고자 하였다.

이 시기는 국가안보전략이 태동하는 기간이었으며, 자주국방이라는 개념

---

8) 박정희 정부는 장면 내각의 통일정책을 그대로 이어받으면서 '선건설 후통일(先建設 後統一)'이라는 원칙에 보다 역점을 두어 통일방안의 논의보다는 통일을 위한 역량을 배양하는 데 힘쓰는 '통일역량 배양정책'을 내세웠다. 북한을 제압할 수 있는 힘의 우위를 확보한 후에 대한민국의 제도를 북한에 확대해 나가자는 것이다. 그러나 1970년대 초 미·소의 데탕트가 진행되고 미국과 중국의 관계가 개선됨에 따라 그 여파가 한반도에도 파급되어, 대한민국 정부는 1960년대에 조성한 국력을 바탕으로 평화통일정책을 추구하였다. 요컨대 박정희 정부는 가능한 문제, 또는 비정치적인 문제부터 해결해 나가면서 점진적으로 통일로 접근해 나가자는 것이다.

으로 처음으로 논의되었다.

(3) 고도성장기(1972-1987)

1950년대에 시작한 미소냉전체제는 1970년대에 접어들면서 강대국들 간에 긴장완화와 관계개선 등 화해의 움직임, 즉 데탕트로 나타났다. 미·소간에 핵전력의 전략적 균형이 형성되면서 급등하는 핵 경쟁 비용을 줄이기위한 군비통제 움직임이 대두되었다. 이러한 과정에서 미국은 '닉슨독트린 (1969. 7)'을 통해 "아시아의 방위는 일차적으로 아시아 국가의 책임"임을 선언하고 월남전 종식을 위한 평화협상을 추진하여 1973년에는 평화협정이 체결되었다. 중·소의 이념분쟁이 국경분쟁으로 확대되는 가운데, 미국과 중국이 '핑퐁외교'를 통해 화해하고 관계개선을 추진하였다. 중국이 유엔회원국에 가입하였으며, 일본과 중국의 관계도 정상화되었다.

한반도의 안보상황은 이러한 강대국 간의 긴장완화와 화해움직임에도 불구하고 오히려 악화되었다. 1960년대 초반 '4대 군사노선'을 채택한 북한은 군사력 증강에 박차를 가하여 1960년대 말에는 남한에 비해 군사력의 우위를 확보하게 되며, 점점 그 격차가 심화되었다. 또한 북한은 1968년 초에 청와대 습격을 기도하였고, 미국 해군 정보함인 푸에블로호를 나포하는가하면, 그해 가을에는 삼척과 울진지역에 특공대를 침투시키는 등 도발행위를 자행했다. 미국은 닉슨독트린에 따라 1971년에는 주한미군 1개 사단 약2만 명을 철수하고 휴전선의 방어는 대한민국 국군이 전담하게 되었다.

박정희 정부는 호전적인 북한이 군사력 증강에 박차를 가하여 남·북한간에 군사력 격차가 크게 벌어지고 있는데도 미국이 우리와의 사전협의도없이 주한미군 1개 사단의 철수를 결정하고, 남부베트남을 위태롭게 할 수도 있는 평화협정을 추진하였다는 데 큰 충격을 받았다. 또한 북한의 동맹국이며, 한국전쟁에 개입하여 통일의 기회를 좌절시킨 중국과 화해하고 유엔안보이사회의 상임이사국으로 받아들이는 현실에 당면하여 안보상의 불안감을 갖게 되었다.

박 대통령의 1970년대의 국가안보전략은 '유신체제'로 정치적 안정을 유지하면서 '중화학공업건설'로 고도의 경제성장을 지속하여 자주국방을 추진하고, 남북대화를 통해 긴장완화와 평화정착을 이룩하는 것이었다.

박 대통령의 1970년대 경제안보전략은 '중화학공업건설로 고도성장과 자주국방'을 이룩하는 것이었다. 그의 전략구상은 제3차 및 제4차 경제·사회개발계획에 반영되어 '1백 억 달러 수출, 1천 달러 국민소득'의 목표는 4년을 앞당겨 1977년에 달성되었다. 이 기간 중 우리 경제는 눈부신 고도성장을 통해 '한강의 기적'을 이루어 냈다.

1970년대의 안보전략은 한·미 안보협력체제를 유지하며 '자주국방自主國防'을 추진하고 국제사회에서 대북우위를 확보하는 것이었다. 안보전략개념을 '한·미 연합억제전략'에 두고, 한·미 군사협력체제를 유지하면서, 주한미군의 주둔을 보장받고, 휴전상태를 유지하는 가운데 자주적 방위전력을 우선적으로 발전시켜 나가려는 것이다.

그는 자주국방을 위해 방위세를 신설하여 전력증강의 재원을 마련하였다. 중화학공업건설과 병행하여 방위산업을 육성, 일부 고성능장비를 제외한 대부분의 무기와 장비를 국산화하려고 시도하였다. 1974년 초에는 '율곡계획'이라 불리는 장기 군사력건설계획이 확정되어 시행에 들어가게 되었다. 1980년대 초까지는 거의 대부분의 육군의 주요 무기와 장비들이 국산화되었다.

박 대통령의 1970년대 대북전략은 '남북대화'를 통해 한반도의 군사적 긴장을 완화하고, 전쟁을 방지하며 평화를 정착시키려는 것이었다. 승공통일을 위해 먼저 통일역량을 배양(先건설 後통일)하는 한편 북한을 계속 고립시키려 한 1960년대의 대북정책을 새로운 전략환경에 맞게 일부 수정하였다. 북한의 실체를 인정하지 않던 과거의 입장으로부터 벗어나, '북한의 국제기구참여'나 '유엔공동가입'에 반대하지 않으며, 북한의 고립화전략 대신에 북한과의 선의의 체제경쟁을 제의하고, 대결 대신에 긴장완화, 멸공통일 대신에 평화통일을 주장하였다. 이산가족 재회를 위한 남북적십자회담을 개최하는 한편 남북 당국 간에 '7·4남북공동성명'을 채택하고 남북조절위원회를 통해 접촉과 대화를 추진했다.[9] 그리고 1973년 6월 23일에는 '6·23선언'을 발표하였는데, '7개 항의 평화통일 외교정책 선언'[10]은 후일 남북한의 유엔동시가입 등 안보·외교 분야에 많은 영향을 주었다.[11]

국가안보전략을 중시한 박정희 정부는 경제성장을 바탕으로 반공을 국시로 하여 안보를 강화함으로써 '일면 건설, 일면 국방' 전략을 지속하였다. 1970년대 후반에는 미국과의 인권분쟁 및 미군철수 논의와 관련해 핵무기의 개발이 시도됨으로써 한미동맹관계에 위기가 찾아와 전통적 안보전략이 크게 흔들린 바 있었으나, 안보전략과 번영전략의 핵심적인 기조는 큰 변화 없이 1990년대까지 이어졌다.

박정희 대통령이 1979년 10·26사건으로 사망한 후 1979년 12월 21일 최규하 국무총리가 10대 대통령에 취임하였으나, 국정의 실권은 전두환 장군 등 신군부에 있었다. 1980년 9월 1일에는 전두환 장군이 제11대 대통령으로 취임하여 10월 27일 제5공화국 헌법을 공포하였다. 1981년 3월 3일 전두환 대통령이 제12대 대통령에 취임함으로써 제5공화국이 정식 출범하여 과감한 제도적 개혁을 도모하면서 한편으로는 국가안정을 우선하는 정책을 추진하였다.

전두환 대통령의 권위주의정권의 국가안보전략은 박정희 정부의 연장선

---

9) 이 '7·4남북공동성명'에서는 '평화 통일 3대원칙: 자주, 평화, 민족대단결'이 제안되었으며, 이를 위하여 '남북조절위원회'가 탄생하기도 하였다.

10) ① 평화통일은 민족지상의 과제이며, 이를 위하여 노력하여야 한다, ② 상호간에 내정불간섭과 상호불가침을 실시한다, ③ 남북공동성명 정신에 입각하여 남북대화를 위하여 노력한다, ④ 북한의 국제기구 참여에 반대하지 않는다, ⑤ 북한과 함께 UN에 가입하는 것을 반대하지 않는다, ⑥ 호외평등의 원칙하에 모든 국가들에 문호를 개방하고, 특히 이념과 체제를 달리하는 국가들에 대해서도 문호를 개방한다, ⑦ 우방국들과 기존의 유대관계를 더욱 공고히 한다는 것을 내용으로 한다.

11) 제4공화국은 1973년 6월 23일 '평화통일에 대한 외교정책 특별선언'을 발표하고 대북정책과 통일정책을 일원화시켰다. 이 선언을 통해 대한민국 정부는 남북한 유엔 동시가입에 반대하지 않으며, 이념과 체제를 달리하는 국가와도 문호를 개방할 것을 천명하였다. 또한 정부는 1974년 8월 15일 평화정착, 문호개방과 신뢰회복, 통일성취라는 평화통일 3대 기본원칙을 제시하였다. 결국 박정희 정부의 통일정책의 이론적 근거는 단계적·점진적 접근방법에 기초한 기능주의적 통합이론과 안정형 분단 유지를 추구한다는 의미에서 독일 모델을 따랐다고 볼 수 있다.

에서 파악될 수 있을 것이다. 제5공화국은 국정목표로서 '선진조국의 창조'라는 대명제 아래 '민주주의의 토착화, 복지사회의 건설, 정의사회의 구현, 교육혁신과 문화 창달' 등 구호를 내세웠다. 경제안보전략에서는 과거 성장제일주의 정책에서 벗어나 저물가, 저금리, 저환율의 '3저(低)정책'과 부동산 투기억제 등 '안정우선정책'을 추진하여 성공하였다. 외교안보전략에서는 활발한 정상외교를 벌이는 한편, 소련과 중국 등의 사회주의 국가들과도 관계개선을 시도하였다.

제5공화국은 1982년 1월 22일 대한민국이 추구하는 평화통일방식으로 '민족화합민주통일방안'을 천명하고, 이를 북한이 수락할 것을 촉구하였다. 이 통일방안은 당시까지 대한민국 정부가 제시한 모든 통일정책을 집대성한 것으로서 단계적 접근방법에 의한 구체성과 실현성에 중점을 둔 '先평화後통일'의 기본원칙에 기초한 것이다. 즉 '잠정협정'을 통해 남북한 상호간에 신뢰를 회복하고, 민주통일에 이르는 단계에서 남북한 주민의 뜻을 대변하는 남북대표로 가칭 '민족통일협의회의'를 구성하여 그 기구에서 통일헌법을 기초하며, 그 통일헌법이 자유로운 국민투표를 통해 확정되면 그에 따라 민주적 총선거를 실시, 통일국회와 통일정부를 구성하여 '통일민주공화국'을 수립하자는 것이다.

(4) 민주화와 균형발전 추구기(1988-1997)

대한민국에서 올림픽이 거행된 1988년을 즈음하여 국제정세에 큰 지각변동이 일어났다. 공산체제의 붕괴와 냉전의 종식이 그것이다. 고르바초프의 등장 이래 소련에서 경제개혁이 추진되면서 공산당 일당독재체제를 청산하는 정치적 민주화개혁이 뒤따랐다. 1989년 말에는 동서냉전의 상징인 베를린장벽이 무너지고 동구권 국가들 사이에서 탈공산주의 민주화혁명이 전개되었다. 공산주의는 더 이상 이데올로기나 또는 체제로서 그 존립가치가 사라지게 된 것이다. 미·소 간에는 중거리핵무기(INF) 폐기와 전략핵무기의 단계적 감축(START)이 이루어졌다. 유럽에서도 양대 진영 사이에 재래식군비감축(CFE)이 이루어졌다. 이러한 탈이념, 탈군사화를 통한 탈냉전의 과정은 독일의 통일(1990. 10)과 냉전종식을 선언하는 파리헌장채택(1990. 11), 그리고 소비에트연방의 해체(1991. 12)로 절정에 달했다.

중국도 1978년 이래 개혁 · 개방정책을 통해 시장경제로 전환하면서 비약적인 경제성장과 국민생활수준의 향상을 이룩하게 되었다.

냉전체제 40여 년 간 유지해 온 미국의 '봉쇄전략封鎖戰略, Blockade Strategy'도 본래의 사명을 다하게 되고 이 정책을 구현하기 위한 미군의 '전방배치전략前方配置戰略, Foward Defence Strategy'도 수정이 불가피해졌다. 미국은 국가이익을 위해 앞으로도 태평양세력으로 계속 남을 것이며, 동맹국의 방위를 위해 동북아지역에 군사력을 계속 배치할 것이나 방위비 분담을 동맹국에 요구할 것이라는 정책을 밝혔다. 그리고 "주한미군은 공군을 주축으로 계속 잔류할 것이나 지상군 병력은 20세기 말까지 3단계로 나누어 대부분 철수할 것"이라는 계획도 발표했다.

이와 함께 미국은 전세계에 배치된 전술핵무기의 철수 및 폐기를 선언(1991. 9)하고, 대한민국 영토에서도 핵무기를 철수하였다.

공산권에서의 변화와 국제냉전의 종식으로 북한은 커다란 정치 · 심리적 충격과 함께 경제적 타격을 받게 되었다. 1994년 김일성의 갑작스런 죽음과 국제적 고립화와 함께 경제적 난관에 봉착하여 김정일을 중심으로 한 세력들은 '고난의 행군'[12]을 통한 체제생존과 새로운 국제환경에의 적응을 위한 노력을 경주하게 된다.

그러나 대한민국은 30여 년 동안 꾸준히 추진해 온 경제 · 사회개발계획

---

12) 김일성 사망 후 나라의 경제사정이 극히 어려워지자 이를 극복하기 위해 주민들의 희생을 강요시키면서 김정일이 내놓은 당적 구호이다. 고난의 행군정신은 로동신문, 조선인민군, 로동청년의 북한 3대 신문에 공동사설 형식으로 1996년도 신년사에서 그해의 가장 중요한 목표와 기본사상으로 제시했다. "전체 당원들과 인민군 장병들과 인민들은 사회주의 3대진지를 튼튼히 다지며 백두밀림에서 창조된 고난의 행군정신으로 살며 싸워 나가야 한다." 이것은 1996년을 맞이하여 1월 1일에 발표된 조선노동당 중앙위원회 기관지 '로동신문'과 '조선인민군', '로동청년' 공동사설에서 강조한 내용이다. 이 사설 발표 이후 고난의 행군정신은 경제건설에서 성과를 올리는 선동구호로 이용됐을 뿐 아니라 체육 · 과학 · 문예 등 전 부문을 규정짓는 개념으로 급속히 확산됐다. 특히 문화 예술 부문이 고난의 행군정신 구현에 앞장섰다.

으로 경제력이 크게 신장되었다. 올림픽이 개최된 1988년을 기준으로 볼 때, 국토면적은 협소하나(세계 98위) 인구는 4천200만 명(세계 22위)에 경제 규모는 1,752억 달러(세계 15위), 1인당 국민소득은 4,127달러(세계 33위), 교역량은 1,125억 달러(세계 11위)에 이르게 되었다.

민주정의당의 노태우 후보가 1988년 2월 25일 제13대 대통령으로 취임하였다. 그는 당시의 국제적인 상황을 적시적절하게 활용하여 '북방정책'과 민주화를 위한 각종 조치들을 적극적으로 추진하였으며, 남북고위급회담을 개최하여 남북 간에 평화정착을 위한 '남북기본합의서'를 체결하였다.[13]

'6·29 민주화특별선언'의 결과로 역사상 최초의 평화적 정권교체를 이룩한 노태우 정부가 당면한 과제는 국가적인 대행사인 88서울올림픽을 성공적으로 치르며,[14] 탈냉전의 호기를 포착하여 소련 및 중국 등 북방사회주의 국가들과의 관계를 정상화하고, 북한과의 관계를 개선하여 안보환경을 개선하고 평화통일을 촉진하는 것이었다.

노태우 정부의 국가안보전략은 새로운 전략적 환경에 부응하여 한미안보 협력관계를 전향적으로 재정립하고 자주국방체제를 강화하는 한편 '북방외교'를 통해 소련 및 중국과의 관계정상화로 안보환경을 개선하는 것이었다.[15] 노태우 대통령은 자주국방체제를 강화하는 차원에서 미국과의 협상을 통해 평시작전권을 환수하였다. 노 대통령이 "모스크바와 북경을 통해

---

13) 건국 60년의 역사에서 국민들의 민주화 요구가 본격화되었던 1987년 이후 21년에 대해 학계와 정치권은 '민주화의 시대'로 규정하고 있다. 1987년 6월 항쟁으로 대통령 직선제 개헌이 이뤄져 민주화의 시대가 개막했다. 1993년에는 박정희 대통령 이후 30년 만에 군 출신 정권이 끝나고 문민정부가 출범했고, 1995년에는 지방자치단체장 선거가 실시돼 민주화의 저변이 확대되었다. 산업화 과정에서 억압되었던 민주주의와 인권이 크게 신장되었고 대통령, 국회의원부터 시장과 교육감까지 국민이 직접 뽑는 제도와 절차로서의 민주주의가 발전하였다. 지난 21년을 이끌어온 시대정신은 다름 아닌 민주화였다(연세대 사회학과 김호기 교수).
14) 건국 이후 가장 큰 국제행사였던 서울올림픽은 대한민국의 존재를 전세계에 알리는 엄청난 효과를 가져다 주었다. '한강의 기적'으로 불리는 우리의 경제성장, 올림픽 직전에 이루어진 정치적 민주화 등을 전세계에 선보이면서 대한민국도 당당한 세계무대의 주역으로 자리잡을 수 있게 되었다. '벽을 넘어서'란 캐치프레이즈를 내건 서울올림픽은 '동서화합'의 발판을 마련했다는 평가도 받고 있다.
15) 노태우 대통령은 취임 당시 북방외교를 천명한 후 헝가리와 수교(1989년), 옛 소련과 수교(1990년), 대만과 외교단절 및 중국과 수교(1992년)로 북방외교의 기틀을 마련하였다.

서 평양으로"라고 표현했듯이, 노태우 정권은 북한과 동맹관계를 유지하고 북한을 정치·경제·군사적으로 지원해 온 이들 국가들과의 관계개선을 통해 북한의 변화를 유도하고 한반도의 안정과 평화를 도모하려 하였다. 또한 남북한 유엔공동가입을 실현하고 건국 이래 대한민국 외교의 사각지대가 되어 온 사회주의권과의 정치·경제적 관계를 정상화하여 국익을 추구하고 국위를 선양하려 노력하였다.

통일전략은 '한민족공동체통일방안'을 구현하는 것으로 국제냉전 종식의 호기를 활용하여 한반도 냉전구조를 해체하고, 남북관계를 개선, 평화공존의 기틀을 마련하여 평화통일을 촉진하려는 것이었다.[16] 우선 불신과 대결의 남북관계를 화해와 협력관계로 전환하고, 전쟁을 방지하고 평화를 정착시키며, 다방면의 교류 협력을 통해 민족동질성을 회복하고 민족공동체를 형성해 나가려는 것이다. 즉 남북이 서로 오가고 돕고 나누는 과정을 통해 북한의 변화를 유도하고, 점진적인 민족사회의 통합을 통해 국가통일을 이룩하려는 것이었다.[17]

북방외교의 성공으로 안보환경이 변화되고 소련, 중국과의 교역과 경협도

---

16) 제6공화국은 1989년 9월 '한민족공동체 통일방안'을 발표하면서 "민족자결의 정신에 따라 자주적으로, 무력행사에 의하지 않고 평화적으로, 민족대단결을 도모하여 민주적으로"라는 통일의 3원칙과 신뢰구축협력→남북연합→단일민족 국가건설의 3단계로 통일을 실현시켜 나가겠다고 천명하였다. 통일의 과도기적 체제로서의 '남북연합'은 남북관계 전반에 대한 최고협의결정기구로서 '남북정상회담'을 두고, 남북한 정부대표로 구성되는 '남북각료회담'과 남북한 동수(同數)의 국회의원으로 구성되는 '남북평의회'를 설치하도록 하였다. 또한 남북연합 체제하의 각료회의와 평의회 일부를 지원하고 합의사항 이행 등 실무를 위해 공동사무처를 두며, 서울과 평양에 상주 연락대표를 파견하는 것으로 되어 있다. 이 통일방안은 남북연합의 발족을 계기로 민족공동체의 회복과 발전을 도모하는 여러 가지 공동사업들을 추진하기 위해 비무장지대의 적성지역을 '평화구역'으로 설정할 것을 제의하였다.

17) 노태우 대통령은 1988년 7월 7일에 '7·7특별선언'을 발표하였다. 그 내용은 "남북한이 대결상태를 청산하고, 선의의 동반자관계를 승화시키자"는 주장과 함께 6개항의 정책개항들이 제시되었다. 이 내용은 "① 남북한 동포 간 상호교류 및 해외동포들의 자유로운 남북한 왕래실현, ② 이산가족들 간의 생사, 주소확인, 서신왕래, 상호방문 등을 적극적으로 추진, ③ 남북한 교역의 문화를 개방하여 남북한 간의 교역을 민족내부에서의 교역으로 간주하기로 할 것, ④ 비군사적 물자에 대해서는 우방국가들과 북한 사이의 교역을 반대하지 않을 것, ⑤ 남북한 간의 소모적인 경쟁과 대결외교의 종식 및 이를 위하여 남북한 대표들이 국제무대에서 자유로이 만나서 민족의 공동이익을 위하여 협력하기로 할 것, ⑥ 북한에 미국 및 일본 등의 남한의 우방국들과의 관계개선에 협조할 용의가 있음" 등이었다.

크게 증진되었다. 특히 북한과의 평화공존정책을 토대로 남북고위급회담을 통해 "남북사이의 화해와 불가침 및 교류 협력에 관한 기본합의서"를 채택하고 이를 실천에 옮기기 위한 '분야별 부속합의서'를 채택하는 데 일단 성공했다. 다만 실천의 문턱에서 북한의 핵무기 개발의혹으로 말미암아 남북관계가 일시적으로나마 교착상태에 빠지게 되었다. 그러나 남북한 간의 인적·물적 교류의 물꼬를 트고 소규모나마 교류가 시작되는 계기가 되었다.

김영삼 대통령이 1993년 2월 25일 제14대 대통령에 취임함으로써 '문민정부文民政府'가 탄생하였다. 그는 과감하고 중단 없는 위로부터의 개혁을 추진하였다.

김영삼 대통령은 '신한국 창조'를 국가목표로 제시하고 '과감하고도 중단 없는 위로부터의 개혁'을 선언하였다. 김영삼 정부는 국가목표를 달성하기 위한 국정지표로 '깨끗한 정부, 튼튼한 경제, 건강한 사회, 통일된 조국'을 설정하였다.

김영삼정부의 국가안보전략은 노태우 정부의 북방정책을 계승하면서, 통일과 외교안보전략을 중심으로 추진되었다. 김영삼 정부의 통일전략은 '화해협력, 남북연합, 통일국가'라는 통일방안을 실천해 나가기 위해 '민주적 국민합의, 공존공영, 민족복리'를 3대 통일정책의 추진기조로 삼았다.[18]

한편 김영삼 정부는 김일성 사망 등 급변하는 한반도 정세에 맞추어 종합적인 통일 청사진으로서 '한민족공동체 건설을 위한 3단계 통일방안'을 천명하였다.[19] 이 통일방안은 약칭 '민족공동체 통일방안', 또는 '공동체 통일방안'이라고도 한다. 이 통일방안의 기본철학은 자유와 민주를 핵심으로 하고, 1체제·1정부를 궁극적인 목표로 삼았다. 그리고 통일과정에서는 '국가

---

18) 1989년 9월 11일에는 통일방안 다운 통일방안인 '한민족공동체 통일방안'이 나왔으며, 이는 김영삼 정부의 '민족공동체 통일방안'(1994년 8월 15일)으로 이어졌다.

19) 3단계 통일론은 첫째, 남북한이 냉전구조의 산물인 적대와 불신관계를 청산하고 신뢰를 회복해 나가면서 화해와 협력의 관계로 발전하는 단계이며, 둘째, 남북한의 관계개선이 어느 정도 활성화되고 정례화되면서 제도화된 남북기구들이 나타나는 남북연합의 단계이고, 셋째, 남북 평의회에서 제정한 통일헌법을 바탕으로 1민족·1국가·1체제·1정부의 형태로 통일을 이루는 통일국가단계이다.

통일'보다는 '민족통일'을 우선시하고, 특히 '7천만 한민족공동체 통일'과 '자유민주주의 체제'를 강조하였다.

외교안보전략에서는 신외교정책을 수립하고 그 기본방향으로 세계화, 다변화, 다원화, 지역협력 및 미래지향의 통일외교 등 5대 기조를 설정하였다.

(5) 남북한 교류협력 강화 및 선진국 도약기(1998-2012)

세계가 21세기를 맞기 위해 분주했던 20세기 말의 전략환경은 이념과 체제 및 제도간의 갈등과 대립이 현저히 감소한 반면 경제의 중요성은 부각되었다. 탈냉전의 질서변화는 세계정세의 방향을 화해와 협력으로 전환시켰으며, 국제질서의 다원화와 국제적 상호 의존성은 증대되었다. 국제질서가 자율성이 커지고 개방화되면서 지역차원에서는 분쟁이 증대되었다. 냉전시대에 비해 탈냉전시대의 상황은 오히려 유동적이고 불확실성이 더욱 증대되었다.

1990년대 후반은 태국에서 시작된 경제위기가 다른 아시아 국가로 확산되면서 대한민국에도 초유의 금융위기가 발생하였다. 2000년대 초에는 미국의 부시 대통령의 등장으로 'Pax Americana'정책이 강화되었으나, 미국의 심장부에 대한 테러단의 공격으로 대테러전이 확산되고, 아프가니스탄과 이라크에 대한 공격이 현실화되었다. 부시 대통령은 북한을 악의 축으로 지정하고 김정일을 제거해야 할 대상자로 지목함으로써, 당시 한국정부가 추진하던 화해협력정책은 제한을 받을 수밖에 없었다.

김대중 대통령은 1998년 2월 25일 제15대 대통령에 취임하였다. 취임초기에 그에게 주어진 가장 큰 과제는 경제위기의 극복을 위한 구조조정이었다.

김대중 대통령은 '민주주의와 시장경제의 병행발전론'을 국정운영의 철학으로 제시하였다.

국민의 정부의 국가목표는 ① 당면한 경제위기 극복, ② 한반도에 평화체제의 정착, ③ 국정개혁 추진 등이었다. 김대중 정부의 1998년 국정지표는 '국정전반의 개혁, 경제난국의 극복, 국민화합의 실현, 법과 질서의 수호'로 설정하였으며, 1999년 국정지표는 '국정개혁 강화, 경제재건 시작, 국민화합 실현, 지식기반 확충, 문화관광 진흥'으로 되어 있다.

국민의 정부에서는 처음으로 국가안보목표를 정하여 사용하였다. 즉 국가안보전략의 모습을 갖춘 것이다. 국민의 정부의 국가안보전략의 목표는 1998년도 국방백서에 명기된 바와 같이 ① 확고한 자주적 안보태세의 유지와 역내 국가들과의 협력을 통해 한반도에서의 전쟁을 억제하면서 항구적인 평화체제의 구축을 위해 노력, ② 화해와 협력을 통해 남북관계를 개선하고 평화공존관계를 정착시키면서 통일의 기반을 조성, ③ 과감한 구조개혁을 통해 국가경쟁력을 회복하고 경제적인 재도약을 위해 노력 등 세 가지로 요약할 수 있다.

이러한 목표를 달성하기 위한 국가안보전략의 기본방향은 자주적인 안보태세를 유지하면서 미국과의 안보동맹을 유지하고 남북한 간의 평화공존을 추구하면서 지역 및 세계국가들과 우호협력관계를 발전시켜 나가는 것이었다.

국가안보전략의 기조는 ① 확고한 안보태세의 유지로 전쟁을 억제하는 가운데 남북한 간 냉전적 대결구조를 해체하여 한반도의 안정과 평화기반을 공고히 하고, ② 화해와 협력의 증진을 통해 남북관계를 개선하고 평화공존관계를 구축하며, ③ 국제협력을 강화하여 다양한 대내외적 위협으로부터 국가의 안정을 보장하면서 번영과 발전을 도모하는 것이었다.

대한민국의 국방목표는 『국방백서 1988』에 명시되어 있는데 "외부의 군사적 위협과 침략으로부터 국가를 보위하고, 평화통일을 뒷받침하며, 지역의 안정과 세계평화에 기여한다"는 것이다.[20]

---

[20] 외부의 군사적 위협과 침략으로부터 국가를 보위한다 함은 당시 주적으로 명시한 북한의 현실적 군사위협뿐만 아니라 우리의 생존권을 위협하는 모든 외부의 군사적 위협으로부터 국가를 보위하는 것이며, 평화통일을 뒷받침한다 함은 전쟁을 억제하고 군사적 긴장을 완화시켜 한반

목표달성을 위한 국방정책의 기본방향은 ① 선진 정예 국방 달성, ② 대북 군사정책 발전 및 한반도 긴장 완화 추진, ③ 한·미 동맹관계 발전 및 주변국 안보협력 강화, ④ 국민과 함께 하는 국민의 군대 육성 등 네 가지였다.

포용정책으로 상징되는 김대중 정부의 통일전략의 목표는 평화·화해·협력실현을 통한 남북관계의 개선이었다. 즉 평화정착을 통한 남북한 간 평화공존을 실현하고, 평화통일로 가는 기반을 조성하는 것이다. 대북정책의 3대 원칙으로는 ① 평화를 파괴하는 일체의 무력도발 불용, ② 흡수통일 배제, ③ 화해협력의 적극 추진 등이었다.[21]

국민의 정부의 통일전략의 추진기조는 안보와 협력의 병행추진, 평화공존과 교류의 우선 실현, 화해협력으로 북한의 변화여건 조성, 남북 간 상호이익 도모, 남북당사자 해결 원칙하에 국제적 지지확보, 국민적 합의에 기초한 대북정책 추진 등이었다. 대북정책의 추진방향은 남북한 대화를 통한 남북기본합의서의 이행 및 실천, 정경분리원칙에 입각한 남북경협 활성화, 남북이산 가족문제의 우선 해결, 북한 식량문제 해결을 위한 대북지원을 탄력적으로 제공, 대북경수로 지원사업의 차질 없는 추진, 한반도의 평화환경의 조성 등이었다.

김대중 대통령은 6·25전쟁 이후 갈등과 전쟁의 위협으로 계속되던 남북관계를 전환시켜 국민들을 전쟁의 공포로부터 벗어날 수 있는 계기를 마련하기 위해 노력하였다. 그러나 대한민국사회 전반으로 볼 때, 심각했던 문

도의 평화와 안정을 이룩함으로써 조국의 평화적 통일에 기여함을 의미한다. 지역의 안정과 세계평화에 기여한다 함은 우리의 국가위상과 안보역량을 바탕으로 이웃 나라들과 군사적 우호협력관계를 더욱 증진시킴으로써 지역의 평화와 안정에 기여하고, 나아가 유엔을 중심으로 한 세계평화유지 노력에도 적극 참여함으로써 유엔 회원국으로서의 책임과 의무를 다하겠다는 뜻을 반영한다는 것이다.

21) 대북 정책의 3대 원칙을 보다 구체적으로 살펴보면 ① 평화를 파괴하는 일체의 무력도발 불용(전쟁억제를 위한 확고한 안보태세 유지, 무력도발에 대해서는 상응한 대응조치, 공고한 평화체제 구축), ② 흡수통일 배제(남북간 평화공존을 통한 남북연합 실현, 단계적 평화통일 추진), ③ 화해·협력의 적극 추진(남북기본합의서의 이행, 북한 스스로의 변화노력을 지원, 남북간 동질성 회복과 민족전체의 복리증진) 등이다.

제는 그의 집권기에 진행된 정치적인 행위들이 사회적인 합의를 통해 이루어지지 못함으로써 '퍼주기 논란' 등 우리사회의 보수와 혁신세력 사이에 내부갈등이 심화되었다는 점이다.

노무현 대통령은 2003년 2월 25일 제16대 대통령에 취임하였다. 노무현 정부는 국민들의 자발적인 모금과 선거운동이 대통령선거를 승리로 이끄는 데 중요한 역할을 하였을 뿐 아니라 향후의 국정운영에서도 국민의 참여가 핵심 역할을 할 것이라는 의미에서 '참여정부'라 명명하였다.

노무현 정부는 국가안보전략의 기반이 되는 국가이익 내념을 재정립하였다. 노무현 정부는 대한민국의 헌법에 근거하여 국가이익을 '국가안전보장, 자유민주주의와 인권 신장, 경제발전과 복리증진, 한반도의 평화적 통일, 세계평화와 인류공영에 기여' 등 다섯 가지로 정의하였다.

참여정부는 국가안보의 목표로 ① 한반도의 평화와 안정, ② 남북한과 동북아의 공동번영, ③ 국민생활의 안전 확보 등 세 가지를 설정하고 국가안보목표를 달성하기 위해 일관되게 견지해야 할 국가안보전략의 기조로는 ① 평화번영정책 추진, ② 균형적인 실용외교 추구, ③ 협력적 자주국방 추진, ④ 포괄안보 지향 등 네 가지로 정하였다.[22]

노무현 대통령은 재임기간 동안 초유의 대통령 탄핵사태를 맞았으며, 수도의 지방 이전과 한미동맹의 약화 등으로 국민의 지지를 얻는 데 실패하였다. 그러나 한·미 FTA를 관철시킨 점과 적정수준의 국방비를 보장하면서 국방개혁을 추진한 점은 높은 평가를 받을 수 있을 것이다.

이명박 대통령은 2008년 2월 25일 취임하였다. 이명박 정부의 국가안보전략을 평가하기는 시기상조이다. 따라서 사실적인 내용만을 간략하게 기술할 것이다.

이명박 정부는 대한민국 헌법의 기본 이념인 자유민주주의와 시장경제원리에 기초하여 '선진화를 통한 세계 일류국가'를 국가비전으로 설정하

---

22) 국가안전보장회의, 『평화번영과 국가안보』(국가안전보장회의, 2004), pp.20-24.

였다. 국가 비전을 실현하기 위하여 '화합적 자유주의'를 국정 이념으로, '창조적 실용주의'를 실천 이념으로 삼고 있다.

이명박 정부는 변화와 실용을 바탕으로 부문별 5대 국정지표를 설정하였다. 첫째, 국민을 섬기는 정부를 지향한다. 둘째, 자유무역협정(FTA)를 적극적으로 추진하고 투자를 유치하기 위하여 과감하게 규제 개혁을 단행하고, 기술혁신을 촉진함으로써 활기차고 열린 시장을 지향한다. 셋째, 생산적 복지와 맞춤형 복지를 추구하고 빈곤의 대물림을 차단하며, 고高신뢰 사회를 구축한다. 넷째, 교육개혁과 대학의 경쟁력 강화, 평생직업 능력 개발, 과학기술 투자와 과학인재 유치에 힘써 인재대국의 평생학습 국가를 지향한다. 다섯째, '비핵 개방 3000' 구상과 21세기의 창조적 한미동맹, 한반도 경제공동체 등을 통하여 글로벌 코리아를 지향한다.

이명박 정부는 이러한 5대 국정지표 구현을 위해 43개 핵심과제와 63개 중점과제 그리고 86개 일반과제 등 총 192개의 국정과제를 추진하고 있다.

이명박 정부는 국가안보목표를 ① 한반도의 안정과 평화 유지, ② 국민안전 보장 및 국가번영 기반 구축, ③ 국제적 역량 및 위상 제고로 설정하였다.

국가안보목표를 구현하기 위해 이명박 정부는 첫째, 대한민국의 방위역량과 한미동맹을 바탕으로 한반도의 안정을 유지하고, 남북 간 교류협력과 주변국과의 다양한 협력을 통해 한반도의 평화를 보장하기 위해 노력하고 있다. 둘째, 다양한 안보위협으로부터 국민 생활의 안전을 보장하고, 동시에 국가번영의 기반이 되는 경제·사회적 안전 확보를 지향하고 있다. 셋째, 세계평화, 자유민주주의와 공동번영에 적극적으로 기여하고, 국제사회와 협력을 강화하여 연성강국으로 도약을 시도하고 있다.[23]

이명박 정부는 국가안보목표를 달성하기 위한 안보전략기조를 ① 새로운 평화구조 창출, ② 실용적 외교와 능동적 개방 추진, ③ 세계로 나가는 선

---

23) 국방부, 『국방백서 2010』 제2장, pp.32-37.

진안보 추구 등 세 가지로 구체화하여 추진하고 있다. 이명박 정부의 평화통일전략과 대북정책은 '비핵 개방 3000'으로 요약할 수 있다. 그러나 비탄력적인 상호주의의 엄격한 적용과 북한에 의해 자행된 박광자 피살사건, 천안함 폭침사건과 연평도 포격사건 등으로 남북관계는 경색국면을 벗어나지 못하고 있다.

대한민국의『안보전략사安保戰略史』를 시대별로 회고해 보면, 〈도표 부-1〉에서 확인할 수 있듯이 생존을 위한 국방전략과 경제발전을 통한 번영·발전전략이 두 축을 형성하였다. 여기에 국가안정과 국민화합을 위한 정치심리전략, 평화적인 통일전략, 한미동맹 강화와 국위선양을 위한 외교안보전략이 가미되었다. 안보전략의 큰 틀에는 근본적인 변화는 없었다. 그러나 대한민국의 안전보장이 경제적인 번영과 정치적인 안정이 없이 이루어질 수 없다는 점이 확인되었다.

〈도표 부-1〉 시기별 안보전략

시 기	안보전략적 환경	시대정신, 국가이익, 국가목표	안보전략의 핵심
I 건국과 전쟁, 전후복구기 (1948-1960)	• 소련의 전후공세(팽창정책) • 국제냉전 개시(봉쇄정책) • 남·북한 정권수립 • 한국전쟁과 정전협정 체결 • 휴전 및 냉전체제 심화 • 미국의 봉쇄정책, 전방배치 전략 • 미 군사·경제원조 강화 • 대한민국 군사력 우세 유지	• 자주, 건국 • 신생국의 안전보장 • 자유민주정부의 수립 • 헌정질서의 확립 • 반공, 북진 통일 • 국가재건 • 안전보장 • 국민 대단결	• 건국과 국가통치체제 확립 • 한국전쟁 승리 및 휴전체제 유지 • 국민생활안정 통한 국민단결 • 안보태세 확립과 치안확보 • 반공과 북진 무력통일 • 한미동맹 강화와 공동방위 체제 확립 • 국군 전력 증강
II 근대화 추진 (1961-1971)	• 미·소 핵경쟁 및 대결강화 • 중·소 분쟁 및 월남전쟁 • 북한 주체사상과 4대군사로선 • 4·19혁명과 5·16쿠데타 • 남북한 경제개발 경쟁 • 남북 군사력 균형 • 북한 군사력도발 강화	• 자유우방과 유대강화 • 조국 근대화 • 민족중흥 • 자립경제 건설 • 국력배양	• 한미 안보협력 강화 • 월남참전과 한미동맹 공고화 • 선 경제건설 후 통일 • 자주국방 기반 구축 * 안보전략 태동기
III 고도경제 성장기 (1972-1987)	• 미·소핵균형, 동서 데땅트 • 닉슨독트린, 주한미군 부분 철수 • 미·일, 대중국 관계개선 • 월남전종식, 남부월남 패망 • 북한 군사력 우세	• 산업화 • 자주, 자조, 자립 • 자립경제 • 안보, 번영, 통일 • 선진조국 창조	• 자주국방 • 중화학공업건설 • 남북대화와 긴장완화 • 국가안정 유지 * 안보전략 모색기
IV 민주화와 균형발전 추구기 (1988-1997)	• 국제냉전종식과 냉전구조해체 • 공산권 붕괴 • 중국 개방·개혁 확대 • 김일성사망과 고난의 행군 • 남북기본합의서 체결 • 민족공동체 통일방안 수립	• 민주화, 권위주의청산 • 개혁과 개방 • 평화공존과 평화통일 추진 • 문민화, 세계화	• 경제와 안보 균형 발전 • 북방정책, 소·중과 수교 • 남북관계개선, 평화공존 • 힘 우위의 대북전략 추진 • 신축적 상호주의 * 안보전략 수립기
V 남북화해 협력과 선진국도 약기 (1998-2012)	• 미국 주도 대테러전 • 국제경제위기, IMF 체제 • 북한의 핵개발, 강성대국과 선군정치 • 김정일사망, 김정은 3대세습 • 남북정상회담, 대결국면 격화 • 보·혁 간 갈등구조 증폭	• 경제위기 조기극복 • 지식기반 확충 • 한반도평화와 동북아 번영 • 비핵개방 3000 구상 • 갈등해결 및 균형발전	• 전쟁억제 및 평화체제구축 • 자주적 안보태세 강화 • 협력적 자주국방 • 다자회담 통한 북핵 해결 • 국제평화유지활동 적극 참여 • 포괄적·비탄력적 상호주의 • 안보전략 정착 및 혼란기

2. 북한의 국가안보전략

김일성과 김정일 시대의 북한은 국가안보전략을 공식적으로 발표한 적은 없다. 김정일은 '강성대국強盛大國'과 '선군사상先軍思想'을 내세우며 국가를 운영하였다. 김정은 체제의 북한은 이러한 큰 틀 속에서 그동안 유지해 온 안보전략, 대남(혁명)전략, 경제발전전략, 대외전략 등을 체제의 위협이 되지 않는 범위 안에서 조금씩 수정해 가며 추진할 것으로 추정할 수 있다.

북한은 세계에서 가장 극단적인 주체사상 중심의 정치체제를 유지하고 있다. 북한이 지난 60여 년 동안 추구해 온 국가이익을 정리해 본다면, 북한의 정치적 독립을 견지하면서, 수령 중심의 정권을 유지하고, 북한방식에 의한 통일을 달성하며, 북한의 경제발전과 군사현대화를 추구하는 것이다.[24]

김정은 정권하의 북한의 국가목표는 앞에서 언급한 대로 강성국가의 건설로 북한체제를 유지하고, 한반도 통일을 구현하며, 사회주의 체제를 확산시키는 것이다.

이를 구현하기 위해 북한은 남한과의 관계에 있어서 다음과 같은 전략을 추구하였다. 이것은 ① 남한을 타도하고 궁극적으로 정복할 수 있는 독자적 능력을 개발하고, ② 남한의 대미관계를 약화시키고 남한에서 미군의 철수를 유도하며, ③ 북한의 독립을 해치지 않으면서 중국과 러시아를 포함한 다른 나라의 지원을 계속 받는 것 등으로 정리될 수 있을 것이다.[25]

북한은 공산주의 이념이 추구하는 전세계의 공산화를 국가전략의 최종목표로, 지역적 범위에서의 남조선혁명을 당면목표로 설정하고,[26] 당면목표를 추구하기 위해 혁명전략 및 대남전략에 초점을 맞춰 적극적 공세적인 태도를 취해 왔다. 이에 따라 안보전략은 혁명전략, 또는 대남전략에 종속된

---

24) Norm D. Levin, 『신데탕트와 韓國安保』(서울: 대한민국국방연구원, 1990), p.127.
25) 『국가전략』 제1권 1호(세종연구소), pp.47-49.
26) '조선로동당규약'(2012. 4. 11. 개정) 전문 참조.

부수적인 것으로 인식되어 협의의 군사전략 차원에서 취급될 수밖에 없었다.

북한의 국가안보전략의 주체는 북한정권 수립 이후 김일성에서 김정일을 경유하여 최근에는 김정은으로 두 차례 바뀌었지만, 목표와 수단은 북한의 안보환경 변화에 따라 시기별로 일정하게 변화된 형태로 나타났다.[27] 안보전략의 주체로서 김정일은 탈냉전적 상황에서 제기된 안보위협에 적극적으로 대처하는 등 상황인식과 대응방식에서 김일성과 다른 양상을 보였다. 특히 그는 군의 중요성을 강조하는 가운데 선군정치를 내세워 안보문제를 포함한 정책전반에서 실사구시實事求是적인 태도를 견지하였다.

북한의 국가안보전략 목표와 관련해 가장 두드러진 특징은 북한이 대내외로부터의 안보위협이 높을 때는 안보이익이 사활적 이익으로 강조되는 되어 왔다는 점이다. 특히 동구권 붕괴 이후 탈냉전 상황에서는 안보위협이 최고조에 달해 안보위협에 대응하는 데 총력을 기울였다.

북한은 핵과 미사일을 포함한 군사력을 안보전략의 핵심 수단으로 적극 활용하고 있다. 1970년대 이후 대화를 포함한 외교력과 경제력을 병행하여 활용한 때도 있었다. 특히 탈냉전 이후에는 심각한 경제난으로 인한 체제불안이 가중되자 이를 해소하기 위해 미국으로부터의 체제안전을 보장받으려는 노력과 함께 서방 자본주의국가들과의 관계개선을 꾀하는 가운데, 대내 부문에서 제한된 개혁개방정책을 추진하는 등 경제문제에 각별한 관심을 기울였다.

북한은 그 동안 안보위협의 직접적 대상을 미국에 두고 남한을 미국의 범주에 포함시켜 왔다. 남한을 미국의 식민지로, 남한 당국을 미국의 괴뢰정부로 인식한 데 따른 것이다. 따라서 북한이 1974년 3월 이후 평화협정 체

---

27) 북한이 정권 초기에 안보전략에 대해 상대적으로 소홀히 했던 것은 냉전체제하에서 사회주의 진영 내 관련국가 간의 연대, 특히 소련과 중국의 안보우산에 의한 집단방위의 메커니즘이 작동하고 있었던 데 기인한다. 그리고 북한당국이 혁명전략과 대남전략에 중점을 둠으로써, 국가전략을 수행하는 데 안보불안 요인을 제거하기 위해 공세적 방식을 취해 왔던 것도 중요한 이유의 하나라고 할 수 있다.

결 당사자로 남한이 아닌 미국을 제기한 것은 안보전략 측면에서 보면 미국으로부터 체제안전을 보장받으려는 복안이 숨어 있었다고 할 수 있다.[28]

김정일 정권의 북한은 1990년대 이후 전략적 태도에서의 모호성과 이중성으로 인해 국가전략, 특히 혁명전략과 대남전략에서의 변화 여부에 대한 의혹을 불러일으켰다. 그러나 국가안보전략의 측면에서 보면 방어적이고 수세적인 태도를 일관되게 유지해 왔다. 이러한 점에서 핵문제와 관련한 미국과의 갈등도 북한이 안보위협에 대처하기 위한 좀 더 유용한 수단을 확보하는 과정에서 빚어진 결과로 볼 수 있다. 항상 '피포위심리'로 심각한 안보불안을 겪고 있는 북한으로서는 체제안보를 강구하는 데 주력할 수밖에 없으며, 이것이 미국을 겨냥한 비대칭적인 대량살상무기 개발 형태로 나타났다고 평가할 수 있을 것이다.

북한이 앞으로 미국으로부터의 체제안전이 보장될 경우 안보전략 추진에 있어서 더욱 현실적으로 변할 가능성이 높다. 즉 북한은 일차적으로 핵문제를 통해 미국으로부터 체제안전을 제도적으로 보장받으려 할 것이다. 중장기적 관점에서 이러한 상황이 성숙하면 남북한 혹은 북한과 미국 간 군사적 신뢰구축은 물론 한반도에서의 평화체제 구축에도 유리한 환경이 조성될 것이다.[29]

김정일과 김정은 체제의 북한은 강성대국 건설을 위해 군의 역할을 특별히 강조하면서 선군정치를 주창하고 있다. 김정은은 2012년 4월 15일 김일

---

28) 북한이 대미평화협정 체결을 제의한 것에 대해서는 통상 대남전략 차원에서 주한미군 철수를 획책하여 남조선혁명을 꾀하려는 것으로 인식되어 왔다.

29) 북한이 1990년대 들어 대량살상무기 개발에 주력한 것은 변화된 상황하에서 재래식 무기만으로 안보를 보장받을 수 없다고 판단한 데 따른 것으로 볼 수 있기 때문이다. 북한이 강성대국론을 제기하면서 광명성 1호 발사를 강성대국 건설의 중요한 성과로 제시한 것에서도 이러한 의도를 엿볼 수 있다. 미사일 및 핵무기 개발은 자체 안보수단을 강화하는 것일 뿐만 아니라, 대외협상력을 높이는 기재로도 활용될 수 있다는 점에서 북한에게는 절실한 문제라고 할 수 있다. 실제로 북한은 핵무기 개발을 동결하는 조건으로 미국과 제네바 합의를 이끌어낸 데 이어 미사일 발사 유예를 조건으로 1999년 9월 미국으로부터 경제제재 완화조치를 얻어낸 바 있다. 북한이 6자 핵협상과정에서 핵무기개발계획을 미국으로부터 체제보장을 받는 지렛대로 활용하고 있는 것도 같은 맥락에서 이해할 수 있다.

성 탄생 100주기 행사에서도 기념사를 통해 선군정치를 강조하였다. 그 핵심요소로 첫째, 정치사상강국 건설을 위한 군의 투철한 사상의식과 수령에 대한 충실성을 강조한다. 둘째, 군사강국 건설을 위한 안보의 보루로서 군의 역할, 그리고 셋째, 경제강국 건설을 위한 군의 사업 참여 등을 강조하고 있다. 또한 북한은 선군정치가 나라의 전반적인 국력을 최상의 높이에 이르게 하는 것임을 강조한다. 선군정치가 혁명과 건설의 어떤 어려운 과제도 해결할 수 있는 '만능의 정치'일 뿐 아니라 "사회주의 건설에서 새로운 비약을 일으켜 나가는 원동력"이라는 것이다. 이러한 상황인식은 감정은 체제하에서도 상당 기간 동안 지속될 가능성이 높다.

북한의 대남전략對南戰略은 본질적으로는 한반도에서의 '민족국가형성'이라는 목표를 달성하기 위한 노력을 포함하고 있다. 동시에 '통일(통합)'이라는 가치 추구와 깊은 관련이 있다. 이는 기본적으로 경쟁국가인 남한을 붕괴시킴으로써 북한의 통치 권위를 한반도 전역에 확산하려는 북한 지도부의 통일 민족국가 형성 욕구와 관련되어 있다. 단지 북한지도부가 통일을 추구할 때 어떤 전략과 방법을 사용하는가에 따라 북한 대남전략의 구체적인 내용이 시대에 따라 다르게 나타나게 된다고 하겠다.

북한의 대남전략 목표는 '기본목표'와 '행동목표'로 나누어서 생각해 볼 수 있다. 해방 직후 한반도가 분단되고 남북한에서 각각 단독정부가 수립되자, 북한 지도부는 경쟁자인 남한 지도부를 제거하여 한반도 전체를 통일하려는 목표를 갖게 되었다. 이 목표는 한반도에서 동일한 민족을 상대로 남북한 양국가가 경쟁을 하고 있는 동안에는 크게 변할 수 없는 '기본목표基本目標'라고 할 수 있다.

이 기본목표는 북한이 추구하는 '통일'이라는 가치와 연결되어 있다. 이는 북한 지도부의 능력과 환경구조에서의 변화에 따라, '북조선 민주기지' 구축, 무력을 통한 통일기도, '남조선 혁명'완수, 연방제 통일국가 건설 등 '행동목표'로 시대에 따라 달리 구체화되었다.

북한의 통일을 달성하려는 기본목표와 이를 구현하려는 전술적 차원의 행동목표도 북한이 확보하려는 국가의 정통성, 안보, 경제발전, 국가위신 등에 의해 영향을 받게 되었다. 현실적으로 당장 성취가 불가능한 통일보다는 좀더 직접적이고 현실적인 국가목표에 의해 영향을 받게 된 것이다. 따라서 1990년대에 들어서는 북한경제의 붕괴 등 북한 내부의 능력 저하와 사회주의권의 몰락이 가져온 국제환경의 악화로 인해 북한의 구체적인 대남전략은 통일보다는 북한체제의 생존을 기약하기 위한 남한과의 '평화공존平和共存'의 추구로 변화하였다.[30]

북한은 그 동안 공세적인 통일전략 차원에서 1960년, 1973년, 1980년, 1991년, 그리고 2000년 등 다섯 번에 걸쳐 연방제 통일방안을 제시하였다. 북한의 연방제 통일방안은 처음의 공세적인 '통합형' 연방제에서 점진적으로 수세적인 '공존형' 연방제로 변화하였다.

북한은 대남전략을 수립하고 실천할 때, 역량이 증가하고 국내외 환경이 유리해지면 대부분 공세적인 전략을 추구하였다. 심지어는 군사적 수단을 사용하면서까지 통일을 추구하였다. 그러나 역량이 저하되고 국내외 환경이 불리해지면 수세적인 전략으로 전환하였다. 이 경우 장기적인 관점에서 남북한 간의 화해·협력과 평화공존을 중심으로 대남전략을 추진하였다.

북한의 대남전략은 통일(통합)을 위한 가용자원과 능력의 변화와 안보환경의 변화에 영향을 받아 상대적으로 우세한 힘을 통해 공세적으로 통일을 이룩하려는 초기의 전략으로부터 1980년대 후반 이후 흡수통일을 두려워하면서 방어적인 입장에서 남한과의 화해·협력과 평화공존을 적극 추구하는 전략으로 변화하였다.[31] 북한은 1990년대에 들어서부터는 남한과의 화해·협력과 평화공존을 적극적으로 추구하는 전략으로 변화한 것으로 보이며, 특히 2000년 6월 남북정상회담 이후에는 그러한 변화는 더욱 본격적으

---

30) 전체적으로 북한의 대남전략은 통일을 위한 능력과 가용자원의 변화, 그리고 국제환경의 변화에 영향을 받아, 상대적으로 우세한 힘을 통해 공세적으로 통일을 이룩하려는 초기의 전략으로부터 1980년대 후반 이후 흡수통일을 두려워하면서 방어적인 입장에서 남한과의 화해·협력과 평화공존을 추구하는 전략으로 변화하였다.
31) 백학순 외, 앞의 책, pp.16-17.

로 이루어졌다.[32]

그러나 북한의 대남전략과 통일정책의 근본은 미 제국주의자들로부터 남한을 해방하는 민족해방과 남한에서 노동자, 농민 등이 착취계급이 쥐고 있는 정권을 탈취하는 인민민주주의 혁명을 달성하는 것에 두었으며, 지난 반세기 동안 이 틀에서 벗어난 적이 없다. 북한의 대남전략과 통일정책을 가장 잘 나타내는 북한노동당 규약이 1956년 4월 제3차 전당대회, 1961년 9월 제4차 전당대회, 1970년 11월 제5차 전당대회와 1980년 10월 제6차 전당대회에서 각기 수정 내지 개정되었다. 그러나 당의 당면목적이 공화국 북반부에서의 사회주의 완전실현과 '전국적 범위에서의 민족해방과 인민민주주의 혁명과업완수'로 표현되는 공산화 통일이며 최종목적은 온 사회의 공산주의사회 건설이라는 것에는 큰 변화가 없었다.[33] 그리고 지난 2010년 9월 28일 조선로동당 대표자회가 개최되고, 조선로동당 규약은 1980년 제6차 당대회 이후 30년 만에 개정되었다. 김정은의 후계체제 정착을 위한 조항이 수정 보완되었으나, 북한의 혁명전략에는 큰 변화가 없다.

북한은 핵과 미사일 문제를 다루는 과정에서도 미국이 한미동맹관계를 이용하여 남북관계에 제동을 걸게 될 것을 우려하고 있다. 특히 미국이 그러한 제동을 걸 경우, 남한이 민족공조를 포기하게 될 것을 우려하여 그러한 일이 일어나지 않도록 나름대로 많은 노력을 기울여 온 것으로 보인다. 북한으로서는 민족공조가 미국의 반복적 대치정책에 대항하고 미국의 부당하고 지나친 압력과 개입을 막는 방패 역할을 해주기를 기대해온 것으로 보인다.

우리의 외교안보전략에 해당하는 북한의 초기 대외전략對外戰略은 기본적

---

32) 김정일 정권의 대남전략은 한마디로 '실용주의적 연합전선전술'로 요약할 수 있다. 북한은 대한민국의 적극적 대북정책을 식량난과 경제난을 극복하기 위한 주요수단으로 활용하고 있다. 김정일 정권은 또한 과거 한반도의 북·미 대결을 '한민족 대 외세'의 대결구도로 전환시키려 하고 있다. 이른바 민족공조, 외세배격 전략이다. 향후 대한민국의 대북정책은 이러한 북한의 대남전략을 역이용할 수 있도록 추진되어야 할 것이다.
33) 송종환, 「북한협상행태의 이해」(오름, 2007), p.94.

으로 소련의 세계혁명 전략을 수용하여 수립되었음을 북한은 밝히고 있다. 냉전기 사회주의국가들의 대외전략이 기본적으로 마르크스 레닌주의, 특히 레닌과 스탈린의 '프롤레타리아 국제주의'의 영향을 받았던 것과 같다. 북한의 대외전략은 다른 사회주의 국가의 대외전략과 일정한 공통점이 있으나 세부적으로는 차이점들도 나타나고 있다. 이는 대외전략을 추진하는 과정에서 북한이 직면했던 대내외 환경의 영향을 받았기 때문이다.

북한 대외안보전략의 특징은 다음과 같이 설명할 수 있을 것이다. 첫째, 북한은 대외관계에서 정치적 자주성 견지와 프롤레타리아 국제주의를 동시에 강조하였다. 둘째, 북한은 '지배주의'에 대한 반대 입장을 표명하면서 특히 중국과 소련이 북한의 내정에 개입하는 것을 경계해 왔다. 셋째, 북한은 '미제국주의'에 맞서기 위해 사회주의 국가들과의 군사동맹보다 자주국방에 의거하는 방법을 택하였다. 넷째, 북한은 국제관계에서 '완전한 자주권과 평등권'을 행사하기 위해 대내적으로 자립적 민족경제건설을 추진해 왔다.

냉전시대 북한의 대외전략 목표는 '남조선혁명'에 유리한 국제환경을 조성하기 위해 '국제혁명역량'의 강화, 정통성 확보를 위한 외교적 우위 차지, 대한민국의 국제적 고립 등을 달성하는 것이었다. 이를 위해 북한은 외교의 대상을 제3세계로 확대하였다. 1970년대 초부터는 대서방 외교를 적극적으로 추진하면서 일정한 성과를 거두기도 하였다.

그런데 탈냉전과 동구권 국가의 붕괴로 '국제혁명역량'이 소진되었다. 미국이 세계 유일의 초강대국으로 부상하였다. 또한 북한이 극심한 경제난에 봉착하게 됨으로써 대외전략의 근본적인 수정이 불가피하게 되었다. 국제무대에서 사회주의 진영의 단결과 비동맹운동의 강화를 통해 대한민국을 고립시킨다는 목표는 불가능한 것으로 판단하였다. 탈냉전이 초래한 고립 상태로부터 벗어나 체제 생존에 우호적인 주변 환경을 만드는 것이 절실한 당면 목표가 되었다.

2000년 6월 15일 남북정상회담의 개최는 북한이 국제무대에서의 남한 고립화라는 냉전기 대외전략 목표를 공식적으로 포기한 것을 의미하는 것이었다. 이러한 대외전략의 수정 덕분에 북한은 남한 정부의 도움을 받아 2010년까지 미수교 상태의 서유럽국가들 대부분과 관계 정상화를 이루게 되었다.

북한의 외교안보전략은 지역별, 대상별로 기조를 달리하고 있다. 첫째, 중국, 러시아 등과는 전통적 협력관계를 유지 · 발전시킨다. 경제력을 급속하게 회복하고 있는 러시아에 대하여 전략적으로 접근하고, 중국과 새로운 경쟁을 유발한다. 둘째, 미국, 일본, 유럽연합 등 서방과의 관계개선을 통해 체제안전에 대한 보장과 경제적 실리 획득이라는 두 가지 목표를 동시에 추구하고 있다. 이러한 목적을 달성하기 위하여 북한이 보유한 '대량살상무기'를 다양하게 카드화한다. 셋째, 국제기구와 비정부기구(NGO)들과는 식량난 해소 차원에서 유대를 강화한다. 다시 말해, 1990년대 이후 북한의 외교활동은 이념, 정치 위주에서 실리, 경제를 강조하는 현실주의적인 외교노선으로 나아가고 있다고 판단된다.

북한의 공식적인 경제안보전략經濟安保戰略인 '중공업우선의 경공업 · 농업 동시발전노선'은 축적방식에서 볼 때, 과거 다른 사회주의국가들의 중공업 우선주의와 다를 바 없다고 분석되고 있다. 북한은 전후 국내외의 반대에도 불구하고 중공업 우선주의를, 소규모 경제임에도 불구하고 자립경제를, 미국과의 전쟁을 염두에 둔 국방건설노선을 추진했다. 그 배경에는 '분단'의 산물로서 남한과의 체제경쟁이 중요한 역할을 하였다.

북한의 경제안보전략을 구성하는 또 하나의 내용은 자립적 민족경제의 건설이다. 북한의 자립적 민족경제는 북한의 개념규정에서 나타나듯이, 경제발전론의 시각에서 볼 때 '대내지향적이고 수입대체적인 발전전략'이라고 할 수 있다. 생산의 인적 · 물적 요소들을 자체로 보장할 뿐 아니라 민족국가 내부에서 생산과 소비가 연계되어 독자적으로 재생산을 실현해 나가는 경제체계이다.[34]

---

34) 『경제사전』 제2권(평양: 사회과학출판사, 1985), p.208.

북한 경제안보전략의 중요한 구성요소는 경제·군사병진노선이다. 앞에서 보았듯이 다른 사회주의국가들 또한 소련 중심의 경제·군사병진노선을 추구했다. 그러나 다른 사회주의국가들과 달리 북한은 세계 제1의 군사강국인 미국과 직접적으로 대치하면서도 독자적인 군사노선을 추진해 왔다.[35]

북한의 경제안보전략의 변화는 '국가자원의 부족' 현상의 심화에서 비롯된다. 중공업 우선전략이 초기에는 급속한 경제발전을 가져왔지만, 생산단위에서 비효율적 생산관리와 중공업우선주의가 초래하는 산업간 불균형 등이 부족의 경제를 야기하였다. 그리고 지나친 자립적 민족경제건설노선과 경제·군사병진노선이 자원제약을 더욱 심화시킨 결과를 초래하였다.

북한의 경제안보전략은 1990년대에 와서야 질적인 변화를 보이기 시작했다. 그 이전에는 부분적인 전략 변화로 대응했으나, 1990년대 후반에는 다시 중공업우선주의로 복귀하기까지 했다. 이러한 경제발전전략의 지속성은 남북한의 적대적 대립과 전쟁의 위협이 강요하는 경제·군사병진노선의 지속, 그리고 군수산업의 토대인 중공업의 우선발전을 요구하는 데 따른 것이라 할 수 있다. 물론 시장화가 경제발전전략의 전환을 촉진하는 힘으로 작용하겠지만, 안보위기는 중공업 우선 경제발전전략의 전환을 억제해 왔으며, 향후 안보위기가 지속되는 한 이러한 경향은 지속될 것이다.[36]

2002년 7월 1일부터 이른바 7·1 조치가 시행되었다. 이어 2003년에는 종합시장이 등장했다. 북한 나름대로는 경제개혁에 착수한 것이다. 재정난의 완화 측면과 주민들에 대한 상품공급 증대 측면에서는 제한적인 성과도 가능할 것이다. 하지만 부작용이 만만치 않은데, 대표적인 것은 인플레이션이다. 또한 시장경제 질서의 확산에 따른 사회적 변화도 심각한 수준이다. 기존 질서의 동요, 주민의식의 변화는 김정은 체제 입장에서 보면 매우 부담스러운 일일 것이다.

---

35) 백학순 외, 앞의 책, pp.270-281.
36) 백학순 외, 앞의 책, pp.18-25.

우리의 국가안보전략 차원에서 김정은 후계체제의 정착문제가 가장 큰 관심사로 떠올랐다. 김정은이 김정일 지녔던 직책을 물려받고 당·정·군을 완전히 장악한 것으로 보이지만, 앞으로 김정은 체제가 정착될지는 좀 더 두고 보아야 할 것이다. 권력세습에 따른 정통성의 결여, 경제난을 극복하지 못할 경우 주민들의 지지 결여, 핵개발로 인한 국제적인 고립과 대미 관계개선의 한계 등은 체제 정착에 있어서 암초로 작용될 수도 있을 것이다. 역량부족으로 국정운영에 차질이 초래되거나 다양한 정치 세력들 간의 정책갈등과 이합집산, 그리고 정치적 역동성이 발생할 가능성도 배제할 수 없을 것이다.

김정은 체제의 국가안보전략 전망도 예단하기 어렵다. 본질적으로 독재집단의 후계체제는 전임자의 사상과 위업을 계승할 인물이 필수조건이므로 김정은은 당연히 전임자인 김정일의 전략과 정책의 기조를 계승해야 하는 구조와 논리를 갖고 있다.

김정은 체제가 국가안보전략과 대남정책에 미치는 영향은 크게 두 가지로 예측할 수 있을 것이다. 첫째, 내부취약구조를 은폐하고, 체제결속을 도모하기 위해 긴장을 조성하는 것이다. 둘째, 내부문제의 해결에 집중하기 위해 대외적인 유연자세를 견지하는 것이다.

북한의 국가안보전략은 단기적으로 '선군정치하의 강성국가건설'을 향한 방향으로 나아갈 것이다. 중기적으로는 북한이 비핵화와 개방 쪽으로 움직이기보다는 핵을 방패삼아 미국과 흥정을 벌이는 기존의 정책을 고수할 것이다. 그것은 2012년 4월 15일 김정은의 연설 속에서 가시화되고 있다. 그러나 장기적으로 볼 때, 변화를 도모하지 않고는 생존이 불가능할 것이므로 체제생존을 위한 전략적·전술적인 변화를 모색할 것으로 전망된다.

북한의 핵문제는 당분간 해결될 전망이 불투명한 가운데 북한은 대외 협상력을 높이려고 노력할 것이다. 북한은 중거리 탄도미사일을 배치하고, 2006년과 2009년에는 핵실험을 강행하였다. 또한 김정은 정권은 2012년 4월에는 장거리 미사일 발사 시험을 하였다. 앞으로 북한은 추가적인 핵실험과 장거리 미사일 발사를 통해 미국과 남북관계의 돌파구를 마련하려 할 것이다. 김정은의 체제구축과 북한 주민들의 단결을 도모하기 위해서도 핵과 미사일 카드를 수시로 꺼내들 가능성이 상존한다. 북한은 이 과정에서 협상의 주도권을 장악하고자 할 것이다. 따라서 핵확장억제를 위한 전략과 국제사회의 공동노력의 필요성이 더욱 증가하고 있다.

김정은 정권은 대남 및 혁명전략에서도 기존의 큰 틀을 벗어나지 않는 범위 내에서 전술적인 변화를 하면서 전략적인 목표를 달성하기 위해 노력할 것으로 전망된다. 전술적인 변화 차원에서 남북한 관계는 당분간 안보적인 긴장이 고조되는 가운데 한동안 소강상태가 지속될 것으로 전망된다.

앞으로 김정은 체제가 불안해질수록 한반도의 불안정성이 커질 수 있다. 특히 우리는 김정은 시대에 통일전략을 준비해야 할 시점에 서 있다. 여기서 북한체제를 어떻게 변화시킬 것인가 하는 것이 근본적인 문제이다. 따라서 북한의 혁명전략과 안보전략의 변화를 예의 주시해야 한다.

그러나 남북관계에서 우리에게 가장 중요한 것은 주도적이고 능동적인 태도와 전략이다. 우리는 북한의 혁명전략과 안보전략에 수동적으로 반응해서는 안 된다. 우리가 원하는 방향으로 북한과 주변국을 이끌고 가는 적극적이고 주도적인 국가안보전략이 필요하다. 그 중심에 오늘 우리가 서 있다.

3. 국가안보전략의 핵심 추진과제

목 표	핵 심 추 진 과 제		
안보 전략	• 핵심 국가이익과 주권수호 • 한반도 평화창출과 평화통일 • 부강한 일류국가 건설 • 지역의 안정과 세계 평화에 기여	• 국가안보 역량 확충 • 총력안보체제 유지 발전 • 북한 변화 촉진 • 남북한 간 평화체제 정착 • 포괄적 안보체제 구축 • 상무정신과 국방대의 함양	• 국가성장동력 유지 • 자위역량 강화 • 민·관·군 통합방위태세 발전 • 전략동맹체제 강화 • 국가위기관리체제 정착 • 준강대국 위상 확립	• 굳건한 국방력 건설 • 화해협력정책 지속 추진 • 북핵 포함 WMD문제해결 • 전쟁억제와 평화 관리 • 안보 협력외교 강화 • 다자안보 협력체제 정착
국방 전략	• 일류정예강군 육성 • 자주적 국방역량의 강화 • 영토수호와 평화 관리	• 튼튼한 국방태세 확립 • 첨단 군사력 건설 • 상무정신 함양 • 방위충분성 전력 확보 • 군의 합동성 강화 • 견고한 군사동맹 체제 발전	• 병역제도의 개선 • 군사독트린 정립 • 정보·기술 위주의 군구조개선 • 국방운영체제의 효율성제고 • 한반도 평화체제 정착지원	• 국방예산 안정적 보장 • 북한 비대칭 위협의 효율적 관리 • 군사적 신뢰구축의 구현 • 국방개혁의 안정적 추진
외교 안보 전략	• 대한민국의 독립과 주권 보장 • 한반도 평화정착과 평화통일 기반 확충 • 일류국가의 위상 확립	• 외교안보 추진역량 강화 • 핵심 국가이익의 구현 • 상생협력의 외교전략 추진 • 안보외교의 다변화·다원화 • 국제평화유지활동 강화	• 외교전문 인력확충 • 한미동맹의 유지 발전 • 평화통일 촉진환경 조성 • 평화통일의 국제적 보장 • 전략적동반자 관계 정립	• 국제기구 참여 인력확대 • 동북아협력안보 체제 구축 • 주변강국의 안정적 관리 • 안보 협력외교 강화
정치 심리 전략	• 다원적 자유민주주의 국가 건설 • 삶의 질이 보장된 품격 있는 사회정착 • 올바른 국가전략의 수립 및 추진	• 미래지향적인 시대 정신 강화 • 일류국가 지도자 양성 • 부패방지시스템 정착 • 갈등구조의 통합 및 화합 • 생산적 정치체계 구현	• 건실한 제도의 보완 • 법치주의 확립 • 개방·통합 리더십 개발 • 국가경영능력 제고 • 전쟁지도개념과 수행체제 발전	• 작고 효율적인 정부 • 공공부문 효율성 극대화 • 상호주의 전략의 효율적 적용 • 국가전략 수행능력 확충

경제 안보 전략	• 부강하고 역동적인 나라 • 더불어 잘사는 경제 공동체 • 국가안보에 기여하 는 활력 있는 경제	• 활력 있는 경제 발전 • 지식기반 경제구조 정착 • 중소기업 경쟁력 강화 • 고부가가치 산업 육성 • 규제개선 및 개방 확대 • 국방기술협력체계 발전	• 희망찬 복지국가 건설기반 확충 • 경쟁의 공정성 제고 • 상생하는 노사문화 정착 • 노동시장 유연안정 성확보 • 방위산업 중점 육성	• 시장경제 활성화 • 전통산업의 특화 • 신기술산업 중점 육성 • 중산층 기반 확충 • 부품ㆍ소재산업 전 략적 육성
평화 통일 전략	• 평화로운 국토통합 달성 • 공동이익을 추구 하는 민족공동체 형성 • 평화통일된 자유ㆍ 민주ㆍ복지국가 수립	• 민족공동체 통일방 안의 기본이념 구현 • 화해협력정책의 투 명성ㆍ일관성 보장 • 국토 균형발전과 통일인프라 구축 • 북한 인권개선 지원	• 냉전종식과 평화체 제 정착 • 북한체제 변화 유도 • 교류ㆍ협력사업 확 충과 인도적 지원 강화 • 남북관계 안정적 관리 및 급변사태 대비	• 전쟁포로와 납북자 송환 • 민족공동생활권 형성 • 법적ㆍ제도적 통합 추진 • 통일정책의 조화 유지 • 상호주의전략의 신축성과 균형성 유지

색인

후기|後記

저자는 40여 년 동안을 국가안보와 씨름하면서 살고 있다. 지난 10여 년 동안 각고의 노력을 하고도 능력과 지혜가 제한되어 미흡한 졸저를 세상에 내놓는다. 한없이 두렵고 부끄럽다.

국가안보 분야는 아직도 학문적인 체계정립이 덜된 영역이다. 학자에 따라 백가쟁명이다. 꾸준히 진화 중이다. 포괄적 안보, 협력안보, 환경안보 등의 새로운 개념을 포함하여 국가안보 분야에 논리적인 체계를 세웠다고 자족해 본다. 그 논리적인 체계에 의거해서 우리 조국의 생존의 방책과 번영의 길을 제시해 보았다.

이 책이 대한민국이 산재된 생존위협을 극복하고 평화통일을 이루어 일류국가로 한 단계 도약하는데 도움이 되었으면 한다. 더불어 국가안보를 걱정하는 모든 분들에게 조그마한 등불이 될 수 있기를 바란다. 특히 국가안보의 현장에서 열심히 노력하는 실무자들과 국가안보전략을 연구하는 전략가들에게 나침반의 역할을 할 수 있기를 기원한다. 이 책은 저자가 2009년 발간한 『국가전략론』(박영사, 2009)과 큰 맥을 함께하고 있다. 국가전략에 관심이 있는 분은 참조하셔도 좋을 것이다. 이 모든 분들께 이 책을 바친다.

저자는 그 동안 우리 조국으로부터 엄청난 혜택과 은혜를 받고 오늘을 살고 있다. 또한 좋은 스승들을 만나 많은 가르침을 받았다. 나의 조국과 스승님께 감사드린다. 졸저는 주변의 다함없는 격려와 도움에도 불구하고, 오직 저자의 능력 부족으로 미흡한 부분이 많다. 이러한 내용은 독자들의 충고를 받아 가면서 지속적으로 보완해 나갈 것이다.

사랑하는 조국 대한민국이여! 평화 속에서 부강한 국가가 되라! '평화통일된 일류국가'가 될 때까지 튼튼한 안보 속에서 번영발전하라!